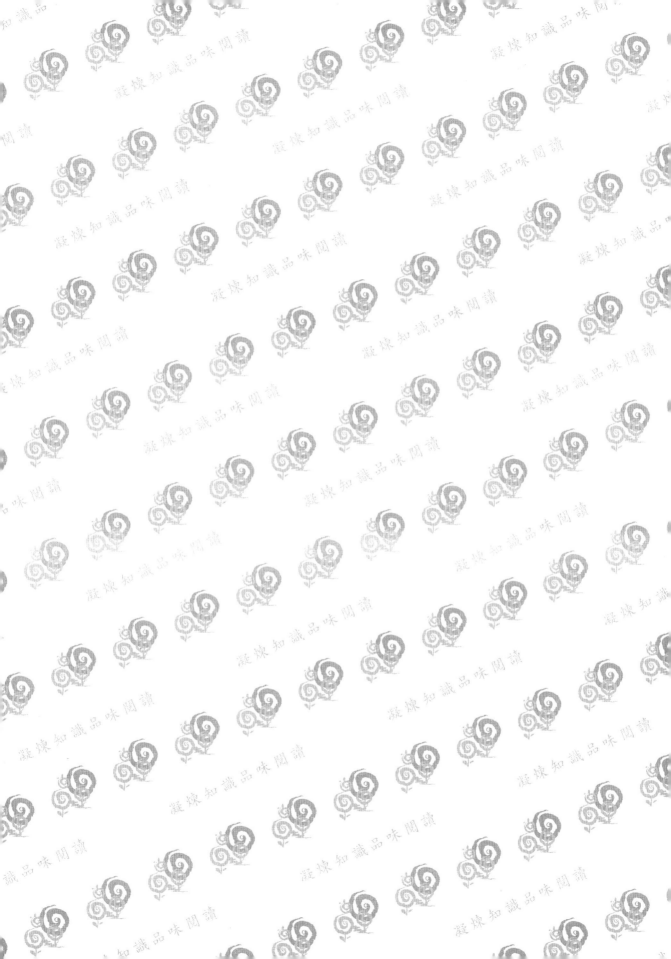

能源科技
永續發展
系列著作

太陽能轉換成電能的最佳裝置

太陽電池
Solar Cells

總編輯　黃惠良　曾百亨

作　者　黃惠良　蕭錫鍊　周明奇
　　　　林堅楊　江雨龍　曾百亨
　　　　李威儀　李世昌　林唯芳

五南圖書出版公司 印行

序 言

　　太陽電池自 1954 年由貝爾實驗室和 RCA 公司幾位傑出的科學家發明問世以來，終於在今天因為石油價格一再攀升與環保意識逐漸高漲而成為一個新興的光電產業。太陽電池無疑是再生能源中最佳的選擇，現今的產品規格與製造成本還有很大的空間可以推展，材料與元件技術的研發將會是太陽電池產業決勝的關鍵。現今在風起雲湧的建廠潮流中，需才孔急，產學研單位也多方進行量產和前瞻性的研究，有鑑於學子與工程師們對此領域專業知識的需求，念茲在茲，於是積極邀約多位學者專家參與編寫與校訂，歷經兩年的努力，一本完整介紹太陽電池的中文教科書終於問世。

　　本書由吾人召集在太陽電池領域的學者依各人的專長撰寫，從基本原理到各種不同材料所製成的太陽電池均涵蓋在內。書中的章節由導論開始，先介紹太陽電池元件的運作原理與設計，再分別就結晶矽材料之製備、單晶矽與多晶矽太陽電池、非晶矽太陽電池、化合物半導體太陽電池 (包括 III-V、II-VI、I-III-VI 等)、新型太陽電池 (含染料敏化電池、有機材料、Hybrid、量子點結構) 等分章介紹，期能藉由多面向的材料製程與元件設計理念，讓讀者了解太陽電池研發過程的全貌。

　　本書的出版承蒙撰稿專家們的鼎力協助以及五南圖書出版公司同仁們的費心幫忙，在此一併致謝。

總編輯　黃惠良

2008 年 12 月

目 錄

第一章
導 論

黃惠良
清華大學電子所教授

1.1 太陽電池為什麼那麼重要？

1.1.1 市場前景

由於地球暖化現象日益嚴重，世界各國對二氧化碳的排放量均採嚴格的管制，再加上石酒匱乏，40 年後將消耗殆盡，其價格持續攀升，這些因素都促成了對替代能源的重視與需求，也激發了太陽電池產業的蓬勃發展。過去 5 年來，太陽電池產量平均以 36% 的高成長率逐年增加，未來如果矽材料每年可供應 6GW-10GW 使得短缺情況大幅改善後，每瓦裝置成本將可由 7 美元降至 3.5 美元；更進一步而言，如果多晶矽太陽電池的轉換效率超過 18%，以日曬時間平均 4.2 小時來計算，假設長期投資報酬率為 6%，則每度發電成本會降到 0.23 美元，此與經濟合作發展組織（DECD）國家尖峰發電成本一樣。此即所謂「黃金交叉」，預計在 2015 年前後會發生如圖 1.1，太陽電池市場將因此而有爆炸性的發展，從此太陽電池將成為發電（亦是能源）的主力，其前途是無可限量的。

當前太陽能發電占總能源比例極小，僅有 0.037%，圖 1.2 是全球能源使用量及其組成展望圖，由該圖可看到太陽能發電於 2040 年占所有能源的比例

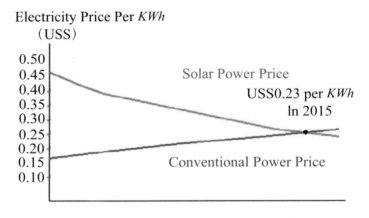

圖 1.1 傳統發電與太陽能發電之成本趨勢圖

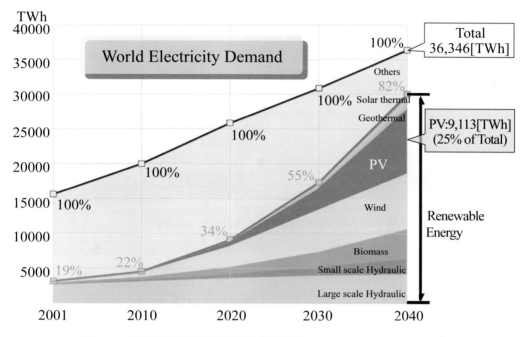

圖 1.2　全球能源使用量及其組成展望圖（來源：SHARP, Japan）

預估約為 25%，另根據德國世界變遷研究委員會（WBGU）的預測，到 2100 年該比例更可達 50%。回到近年來太陽電池使用的情形，以 2006 年為例，圖 1.3 顯示世界各國使用太陽電池的用量比例。圖 1.4 則明示由 1999 年至 2007 年間全球太陽電池累計之裝置容量，其中的小插圖為 2007 年之裝置容量總共為 8 GW，其中以德、日、美等三國為最大宗，從歷年的裝置容量趨勢來看，平均成長率（CAGR）高達 55%，此可解釋為何太陽電池產業前仆後繼、方興未艾。

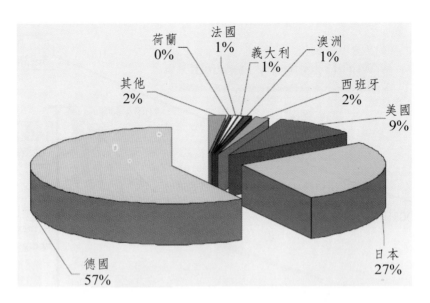

圖 1.3　2006 年太陽電池市場分布圖（來源：JPEA, March 2007）

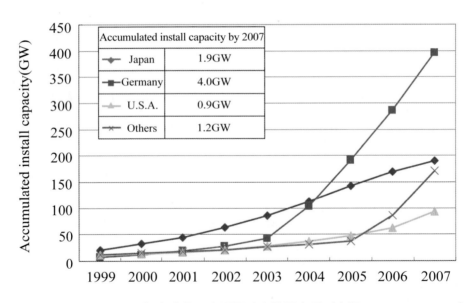

圖 1.4　1999～2007 年全球各國太陽電池之裝置容量（來源：SHARP, Japan）

1.1.2　給小朋友的一段話

　　筆者多年前寫了一本書《太陽能》給小朋友，其中有一段話對太陽有所敘述，其涵義是太陽能源無限，甚為有趣，茲擷取於下：

太陽能是地球的生命泉源

　　不知道各位有沒有去阿里山看過日出？清晨五點鐘左右，如果你在祝山的觀日峯面對著清澈的雲海，觀賞絢爛的太陽從山背後一下子閃耀跳了出來，大放光芒，那份亮麗一定會逼得你張不開眼睛，那份心情是何等地令人悸動！你有沒有想過這光芒四射的太陽對於生物及大自然生態究竟有什麼影響及重要性呢？

　　事實上，射到地面的太陽能，對地球的生態造成決定性的影響，在生物界，動植物就是靠著太陽能來維持生命的。植物將水和二氧化碳藉著光合作用製成碳水化合物（有機物），並且同時放出氧氣；動物是吸進新鮮空氣中的氧氣而吐出二氧化碳。所以植物是靠這些碳水化合物來提供能量的來源，而動物是靠著氧氣來維持生命的。換句話說，一切生物能量的最根本來源，還是太陽能。

1.2 太陽電池發展的一些小（但很重要）的故事

1.2.1 太陽電池在美國的故事（也是 J. J. Loferski 的故事）

1954 年是很重要的一年，美國貝爾實驗室（Bell Laboratories）有兩位研究員發表應用矽 P/N 接面（Junction）照光即可發電，取其名為太陽電池（Solar Cell）。同年同月美國 RCA 公司兩位研究員 J. J. Loferski 與 R. Rarapport 亦發表矽 P/N 接面照光發電的研究成果，應其主管要求，取名為 Nuclear Battery（時為核子時代，符合當年的時尚），從此開啟太陽電池的新紀元。

稍後 J. J. Loferski 離開 RCA 公司，任教於 Brown 大學，一直以太陽電池的研究為其一生的志業。Loferski 教授除了發明矽太陽電池之外，亦發明砷化鎵（GaAs）太陽電池，同時也是第一位建立太陽電池理論體系者（準確預測太陽電池效率與半導體能隙之間的關係）。Loferski 教授在 Brown 大學時期曾經接受美國軍方資助，建立 Vander Graff 加速器以模擬太陽電池在太空中各種輻射之實驗與輻射防護。這裡面還有一個小故事，在 1960 年初，是原子能極為盛行的時代，當時美國所發展的人造衛星需要配備可以長期使用的能源系統，為此曾組織一個委員會，其成員有 20 人，其中除了 Loferski 教授及其他兩位之外，幾乎全都主張應用小型原子爐作為衛星的能源動力，當時 Loferski 教授建議發展太陽電池面板作為人造衛星之電源，最後終於說服其他委員，開啟太陽電池在人造衛星上的應用，並延續至今日。否則，衛星內置一小型原子爐在太空軌道繞行，終有一天會掉落到地球表面，其後果將不堪設想。

此後，Loferski 教授陸續從事 CuS/CdS、Si Grating Cells、CIGS 與 Tandem Cells 等太陽電池相關研究的創新開發，逾 48 年不懈（為四位太陽電池發明人之中唯一持續到他的生命盡頭者），舉凡太陽電池發展的重要里程碑都有他的足跡與貢獻。因此，Loferski 教授成為首屆 IEEE William Cherry Award 的獲獎者，也獲入列太陽電池名人堂（Hall of Fame）的榮耀，世稱 Loferski 為「太陽電池之父」實不過譽。

　　Loferski 生前喜歡臺灣，一生來臺 18 次，1994 ～ 1995 年在新竹清華大學擔任傑出講座教授一年。

1.2.2　太陽電池在臺灣的故事

　　1976 年，筆者在 Loferski 教授指導下研發新型的 CuS/CdS 薄膜太陽電池，獲博士學位後返臺任教於清華大學。時值第一次能源危機，油價高漲。筆者擔任原委會核能研究所顧問，指導矽晶太陽電池之發展暨應用，單晶矽太陽電池最高效率達 16%，亦自製太陽電池板，作為電動摩托車充電之用，行駛中科院院區歷時兩年，非常順利。1980 至 1995 年間，擔任工研院太陽電池小組顧問，指導其非晶矽太陽電池之發展。1980 年，筆者與洪傳獻（時任工研院太陽電池小組主任）在 Journal of Solar Cells 發表論證臺灣太陽電池發展的策略，該文主張由油價來決定研發的方向，此即若油價貴的話，則單晶、多晶、非晶矽等太陽電池均可發展，而若油價降低，則只專注非晶矽太陽電池的發展，此一想法是基於非晶矽材料除了應用於太陽電池之外，亦可用於 TFT-LCD 及其他各式感測器。在該期間又參與指導我國第一個太陽屋的設計與建造，並發展出關鍵的軟硬體設施。1980 ～ 1986 年間，為因應太陽電池及半導體工業未來發展的需要，筆者主持國科會第一個科技整合計畫「矽烷計畫」，整合中科院、工研院、核能所、清大、臺大等 15 個團隊發展矽材料各層面的關鍵技術。

　　1995 ～ 1998 年間，筆者擔任中華一號衛星太陽電池面板的指導，奠定其順利運轉的基礎。而最有趣者，則為陪同工研院團隊以五日時間應玉山國家公園管理局之邀登玉山北峰勘測天候，當時憑藉軍用直升機之助將 4 KW 太陽電池面板運抵北峰裝置於氣象站屋頂，那是我國最高地點的太陽能發電裝置。

1.3　臺灣太陽電池產業之緣起與挑戰

1.3.1　臺灣太陽電池產業之發軔

臺灣太陽電池產業其實開始的很早（60 年代初），主要是再利用 4 吋的報廢矽晶片，從事擴散的製程，所產出的太陽電池作為手錶的一種能源，可惜此項發展未能持續。

1988 年，中研院葉玄院士由工研院能礦所所長退休，募集資金在新竹科學園區創立「光華非晶矽公司」從事 4KW 矽薄膜太陽電池的製造，產出各式消費性產品及路燈等所需的太陽電池，此項發展持續至今，為國際上極少數無政府補貼而能生存下來的太陽電池公司，延續太陽電池的香火而不綴。

直至 1993 年茂迪公司左元淮博士在南科設廠，成功製作單晶多晶矽太陽電池，進而成為股王。此外，中美矽晶公司亦成功轉型成為太陽電池矽晶片材料的主要供應者。

近年來由於油價高漲，各式太陽電池產業如雨後春筍快速發展，2008 年，臺灣的太陽電池裝置容量逾 1,800 MW，在國際上名列前茅。

1.3.2　臺灣太陽電池產業的挑戰

衡諸臺灣各家太陽電池廠商之優勢與弱點，其要點如下：

臺灣 IC 產業生產技術成熟加上臺灣半導體人才充沛，將可在太陽電池產製的良率與產率上占有優勢；而且臺灣半導體產業長於將產能提高到極限，這在國際競爭上是一大優勢，近來由於太陽電池產業在臺灣起飛迅速，在質與量方面已逐漸形成群聚效益，而且臺灣精密機械工業已臻成熟，雖然在半導體 IC 及光電 LCD 方面由於其設備之複雜度與成熟度（尤其是產品良率的限制）仍難以與國際大廠抗衡，但在太陽電池光電方面，若自動化技術更加精進，則臺灣自製太陽電池生產設備（甚至整廠輸出）的機會將大幅度增高。如此，更有

可能在製造成本上予以降低而增加競爭力。

　　其次，太陽電池產製將面臨逐年降價的壓力，因此更有機會藉由製造成本的降低打開市場而增加市場占有率。在矽晶圓太陽電池方面則面臨兩項考驗，其一為太陽電池效率的提昇，其二是低價格多晶矽材料的充分供應。前者在德、日均有優良的研發架構，例如在德國有 University of Constance（學校）、Fraunhofer Institute（等同臺灣的工研院）及 Centrotherm（製程設備的製造及整合廠）三位一體而奠定並取得國際上的領導地位。

1.4　太陽電池技術總論與評價

　　目前太陽電池產品是以半導體為主要的光吸收材料，在元件結構上則使用 p 型與 n 型半導體所形成的 p-n 接面產生內在電場，藉以分離帶負電荷的電子與帶正電荷的電洞至兩端點而生電壓。由於結晶矽材料與元件在技術的成熟度方面領先其他半導體材料，最早期的太陽電池即為結晶矽所製成，直到近幾年結晶矽太陽電池仍有大約 90% 的市場占有率，除了技術與投資門檻較低之外，矽原料不虞匱乏等，都是造成其市占率居高的主因。

　　在結晶矽太陽電池之後，大約 1980 年左右開始有非晶矽薄膜太陽電池產品導入市場，率先應用在小型電子產品如計算機、手錶等，接著因技術演進而有大面積的太陽電池模組用於建築物，甚至以其可撓曲之特性進而創造更寬廣多元的應用。只要是具有直接能隙的半導體材料，其光吸收係數很高，如 GaAs、CdTe、CIGS 等，都可以做為薄膜太陽電池結構中的光吸收層，厚度僅需數個微米（μm）。比起具間接能隙的結晶矽材料一般需要數百微米的厚度，薄膜太陽電池用料較少，再加上結晶矽原料價格居高不下，在材料成本上會顯著低於結晶矽太陽電池，若未來技術成熟度和自主性提升，將有利於市占率的提高，圖 1.5 即為日本 Sharp 公司對不同形式太陽電池的產量預測，以 2012 年為例，薄膜太陽電池的市占率將有 40%，相對於結晶矽太陽電池的 55%，

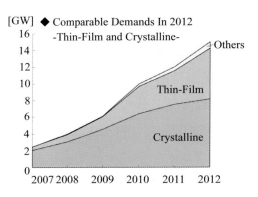

圖 1.5　日本 Sharp 公司對不同形式太陽電池的產量展望圖

與目前的狀況有明顯的差別。

　　目前現有各種已量產或接近量產的半導體太陽電池如表 1.1 所示，該表格列出各種太陽電池的製程方法、小面積電池與大面積模組的能量轉換效率、穩定性評比等，並指出各太陽電池所面臨的問題或未來可能有所突破之處，提供讀者參考。

　　太陽電池是否能廣泛使用做為一般能源，關聯到它的發電成本是否能與市電競爭。大量生產之下確有大幅降低成本的空間見表 1.2，而因技術的精進來提升電池效率也有助於成本下降，見圖 1.6。圖 1.7 中分別顯示 2007 ～ 2030 年間太陽能、核能、火力的發電成本預估，火力發電因石油存量匱乏導致成本逐年增加，核能發電成本得以持平，至於太陽能發電則如上所述，因量產與技術進展而降低其成本，到 2030 年將可能與核能發電成本相當。

表 1.1　現有半導體太陽電池產品之比較（資料來源：美國 ISET 公司）

	Crystalline	Thin Films			
Material	Si	a-Si	CdTe	CIGS	Thin film Si
Manufacturing Process	Crystal Growth and Doping	PECVD	Close Space Sublimation/ Vapor Transport	Evaporation/ Selenization	PECVD

	Crystalline	Thin Films			
Champion Cell Efficiency	21%	13% Triple junction	16%	19.9%	>10%
Champion Module Efficiency	~15%	7.5%	8.5%	13.4%/16.6%	N/A
Potential for Production Cost of <$1.00/Watt	Doubtful	Fair	Good	Very Good	Very Good
Flexible Modules	No	Yes	No	Yes	Possible
Stability	Very Good	Intrinsic Degradation	Contact Degradation	No Known Degradation	Assumed Good
Space Power Application	Yes	No	No	Yes	Unknown
Remarks	Shortage of Feedstock	Poor materials utilization	Cadmium Toxicity	Non-Vacuum Process for low cost production	Prospect for Distant Future

表 1.2　以目前不同種類的薄膜太陽電池模組在 20MW 與 2GW 產量下所計算每瓦的製造成本（包括材料、設備、人工、良率等）

產　量 種　類	20MW	2GW
a-Si (η =7%)	$ 2.02	$ 0.30
CdTe (η =11%)	$ 1.25	$ 0.21
CIGS (η =12%)	$ 1.34	$ 0.26

　　一般依產品問世之先後，常稱結晶矽為第一代太陽電池，非晶矽、CdTe、CIGS 等材料所製成的薄膜太陽電池為第二代，尚在開發中者如染料敏化太陽

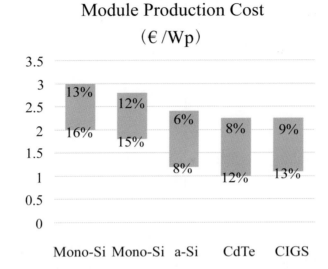

圖 1.6　各種太陽電池模組在不同電池效率下每瓦之製造成本比較

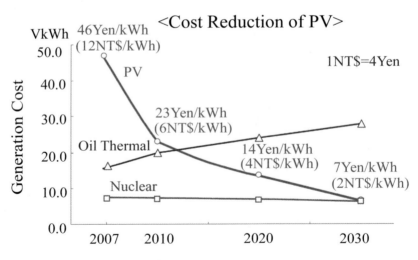

圖 1.7　太陽能、核能、火力的發電成本預估（an estimate based on NEDO 2030 by SHARP）

電池為第三代。圖 1.8 呈現不同世代的太陽電池其發電效率與成本，在此圖中以兩種方式表達成本，其一以單位面積成本來表示，另一則以每瓦成本表示，

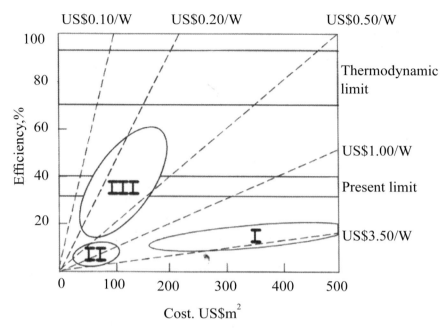

圖 1.8　不同世代的太陽電池之發電效率與製造成本（Martin A. Green, "Third Generation Photovoltaics", Springer, 2003）

後者能上涵蓋單位面積成本與發電效率兩者之改善所得到的效益。第三代太陽電池因材料與元件設計的不同而有不同的產品，預期某些產品可達 60% 的發電效率，新世代太陽電池很顯著的不同在於其每瓦之成本大幅降低到 0.6 美元以下。

1.5　太陽電池產業未來致勝的策略

　　太陽能發電的成本除了太陽電池模組之外，還包括支架、變壓器等，如果再加租購土地來架設太陽電池發電系統，成本更是昂貴，因此太陽電池效率若未達 15% 以上，太陽能發電市場將無法成長。

　　結晶矽太陽電池已發展了 50 年，目前的能量轉換效率只到 16%，未來可

能還要一段時間才會進入成熟期，太陽電池每提高能量轉換效率 1%，就可降低 7% 的成本。以目前單晶矽與多晶矽太陽電池 16 ～ 17% 的能量轉換效率來計算，目前發電成本約為每瓦 2.3 美元，如果未來 5 年以每年能提高 1% 的能量轉換效率，則 5 年後其發電成本為每瓦 1.6 美元，這是結晶矽太陽電池發電成本的極限。

如果太陽能發電成本要下降到每瓦 1 美元以下，就必須採用薄膜太陽電池技術，讓小面積薄膜太陽電池的能量轉換效率達到 20%，或大面積模組可達 15% 的效率。目前薄膜太陽電池模組依材料之不同而有 7 ～ 13% 不等的能量轉換效率，見表 1.1。須待研發趕上 15% 的能量轉換效率，使其逐年加入太陽電池市場。

以往太陽電池產業進入障礙低，廠商紛紛投入，造成市場競爭激烈，使太陽電池的售價每年以 8% 的幅度下降，太陽電池廠商大都面臨極大的成本壓力。隨著歐洲市對技術及電池效率的要求逐漸提升，如果廠商沒有自行研究開發擁有專利智財權，未來就會陷入困境。

目前臺灣生產太陽電池的廠商都是向國外設備商購買整套製程技術，包括配方與技術細節等專利權，由於彼此使用相同的設備與材料，甚至相同的產品設計，因此產品的規格差異很小。何況大多數多晶矽太陽電池廠商都面臨缺料問題，這確是一大隱憂。因此在產品降價壓力的太陽電池產業，唯有掌握料源與電池設計能力，才能在下一階段的競爭中勝出。

第 二 章
半導體太陽電池元件原理

蕭錫鍊
東海大學物理系教授

2.1 前言

半導體太陽電池簡單而言就是一個經過最佳化設計，可以吸收部分太陽光，轉換產生電壓、電流的半導體光偵測器。但與一般電池應用不同的是：①半導體太陽電池輸出的電壓、電流會受負載影響而改變，不像一般電池可以輸出固定電壓；②當有適當光線照射時，半導體太陽電池才能輸出電能，也就是說，半導體太陽電池沒有儲存電能的能力。

半導體材料會吸收光子產生電子和電洞。透過適當設計，將不同摻雜類型半導體材料組合在一起，就構成二極體。一個半導體二極體具有內建電場，會將載子分離（電子和電洞通稱為載子），在特定的方向形成電流。所以基本上半導體太陽電池是一個經過設計的半導體二極體，可以吸收太陽光譜中能量大於半導體能隙的光波，將太陽光的能量轉換成電能。

圖 2.1 為半導體太陽電池示意圖。太陽光從電池的前端入射，大部分光波

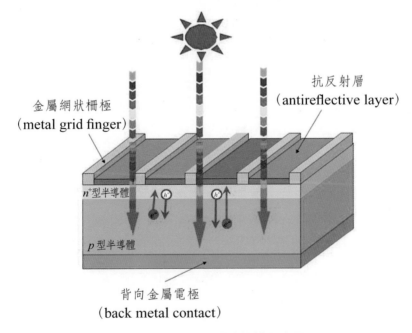

圖 2.1　半導體太陽電池結構示意圖

穿透抗反射層，進入到半導體層中，少部分光波則會被金屬網狀電極及抗反射層反射回到大氣。二極體的上電極接觸由金屬網狀柵極所組成，設計考量以減少遮光面積讓光波射入半導體中，半導體吸收光能後轉換為電能。在網狀柵極間的抗反射層會增加光被半導體吸收量。一個半導體二極體是用 n 型半導體和 p 型半導體所組成，要製作這樣的元件要經由擴散、離子佈植或沉積過程來摻雜雜質，以形成 p-n 接面，二極體的其他電極接觸則是在太陽電池背後鍍上金屬層製成。

所有的電磁輻射，包括太陽光都是由光子所組成，它們都帶有特定的能量。光子也具有波的性質，因此具有波長 λ，光子能量與光波波長對應關係為

$$E_\lambda = \frac{hc}{\lambda} \tag{2.1}$$

h 為蒲朗克常數，c 為光速。只有具有足夠能量（大於半導體材料能隙）的光子才可以產生電子－電洞對，對於電能的產生才有幫助，因此在設計有效的太陽電池時，太陽頻譜是一個重要的考量。

太陽表面溫度為 5762K，它的輻射能譜非常接近黑體輻射，其涵蓋光譜範圍由紫外光區至紅外光區（約 0.2 至 3μm）。太陽輻射和所有黑體輻射一樣是等向性（isotropic）的。然而，太陽和地球的距離非常遠（大約 1 億 5 千萬公里），所以只有部分光子可以直接射到地球上。在實際應用上，常把入射到地球表面上的太陽光視為平行光束。在地球大氣層外，位於其圍繞太陽軌道平均距離處，太陽輻射強度被定義為太陽常數（solar constant），其值約為 1366W/m²。太陽光從大氣層外進入大氣層後會被雲及大氣散射、吸收，其能量強度隨著光通過大氣層的路徑長度（或光通過的空氣質量）而減少，因此就定義出「空氣質量（Air Mass）」來表示太陽輻射經過大氣層後還有多少輻射強度到達地球表面。因為太陽光所通過的空氣質量基本上跟太陽方位與地表垂直線夾角相關，所以空氣質量數值就定義為

$$\text{Air Mass} = \frac{1}{\cos\theta} \tag{2.2}$$

θ 是入射角（當太陽在頭頂正上方為 $\theta = 0$）。估算空氣質量可以很容易的由物體的高度 H 與其陰影長度 S 推得

$$\text{Air Mass} = \sqrt{1 + (S/H)^2} \qquad (2.3)$$

由於陽光在大氣中會有散射和反射，所以在地表會吸收太陽光漫射的部分（非直接入射），這部分的光大約是直接入射光的 20%。由於有漫射的部分，為了清楚區別，因此常會在空氣質量數值後面加上 g（global）或 d（direct）來進一步定義。例如 AM1.5g 光譜代表包含漫射光，AM1.5d 光譜則不包括漫射光。

圖 2.2 所示為黑體輻射（T = 5762K）、AM0 和 AM1.5g 太陽輻射光譜。其中 AM0 曲線表示零空氣質量情況，代表在地球大氣層外的太陽光譜。AM0 光譜與人造衛星及太空探測應用有關。而一般在地球表面上，太陽輻射光譜是以空氣質量 1.5（AM1.5）來表示，這個光譜代表當太陽位於與垂直線夾 48 度角時，落在地球表面的太陽光頻譜，其總入射功率密度約為 963W/m^2。

具體而言，本章主要介紹半導體太陽電池的基本原理。首先，會對半導體的基本性質做簡略的回顧，包含能帶結構和載子的產生、復合以及傳導現

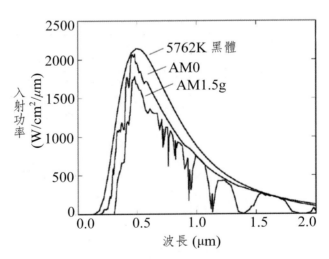

圖 2.2　黑體輻射（溫度為 5762K）、AM0、AM1.5g 太陽輻射光譜

象。接下來會討論 *p-n* 接面二極體的靜電特性、推導出光照下半導體太陽電池的電流－電壓特性，定義出半導體太陽電池元件特性參數，包括：開路電壓（open circuit voltage, V_{OC}）、短路電流（short circuit current, I_{SC}）、填滿因子（fill factor, *FF*）、轉換效率（conversion efficiency, η）、量子效率（quantum efficiency）及收集效率（collection efficiency, η_C）等。最後，會討論關於半導體太陽電池的運作和特性分析，包括能隙和效率之間的關係，還有太陽電池頻譜響應、寄生電阻以及溫度效應等。

2.2　半導體物理基礎

要了解半導體太陽電池的運作需要熟悉固態物理的基本概念，所以本節會介紹必要的概念以了解太陽電池的物理原理。

固態材料依照其電導性質可以區分為導體（conductor）、半導體（semiconductor）及絕緣體（insulator）。圖 2.3 列出部分材料電導率（conductivity）及相對應電阻率（resistivity）。其中半導體材料之電導率介於

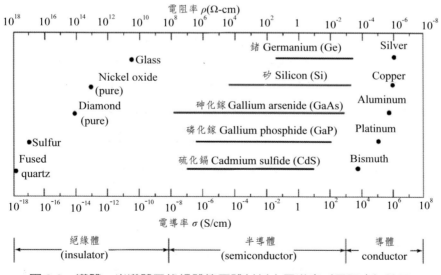

圖 2.3　導體、半導體及絕緣體等固體材料之電導率（電阻率）範圍

導體與絕緣體之間，容易受到溫度、光照、磁場及雜質原子的影響。實際上，半導體材料的導電率可以透過摻雜不同濃度的雜質原子達到調變目的，其調變範圍可以高達 10 的十次方。另外，溫度對半導體材料導電度的影響也跟對金屬材料有很大差異；一般而言，金屬材料的導電度受溫度改變影響不大，且基本上溫度越高，導電度越差；而半導體材料的導電度則跟溫度有極密切關聯性，會隨著溫度增加而提高導電度。但也就是因為其電導率的高調變性及靈敏度，使得半導體成為電子元件應用中最重要的材料。

　　大部分半導體太陽電池產品以矽半導體為主，也有部分以砷化鎵（GaAs）、磷化銦鎵（GaInP）、銅銦鎵硒（CuInGaSe）和碲化鎘（CdTe）等半導體材料製作而成。其中矽、鍺等半導體是由單一種元素所組成，稱為元素（element）半導體。其他由兩種元素（三族和五族、二族和六族）、三種元素甚至四種元素所組成的半導體，通稱為化合物（compound）半導體。與元素半導體相比，化合物半導體的合成常需要較複雜的程序。通常挑選材料時都會選擇其吸收特性符合太陽能譜，並考慮材料及製程成本。

2.2.1　晶體結構

　　固態材料也可以依據其原子排列方式、鍵結型態及晶體幾何結構來分類（如圖 2.4）。其中一類固態材料，原子排列既缺少長程有序排列規則（long range order），也沒有明顯短程有序結構（short range order），稱為非晶（amorphous）材料。另一類固態材料，原子或原子群以規則有序方式排列形成週期性的三度空間陣列，稱為晶體（crystalline）材料。晶體材料又可以進一步區分為單晶（single-crystalline）固體及多晶（polycrystalline）固體。單晶結構顧名思義就是材料內部原子規則排列地延伸整個晶體（crystal）。多晶結構則是整個塊材（bulk）中存在許多幾百埃（Angstrom）至幾百微米（micrometer）範圍的晶粒（grain），雖然每個晶粒內部原子都如同單晶般規則有序地排列，但晶粒跟晶粒間沒有規則方位（orientation）跟間距，因此有晶界（**grain**

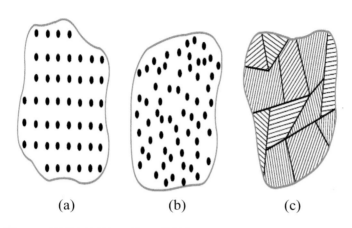

圖 2.4　固態材料的三種類型結構：(a) 單晶、(b) 非晶、(c) 多晶

boundary）存在。晶界常存有許多缺陷（defect）、懸空鍵（dangling bond）及雜質（impurity），造成材料物理及化學性質上的不良影響，尤其對於載子傳導特性而言，晶界所造成的捕捉（trap）及散射（scattering）效應，常嚴重影響材料中載子的遷移率（mobility）。

　　透過 X 光及電子束繞射（diffraction）技術，可以精準地區分單晶、多晶或非晶結構。但因為要分析電子在非晶材料中的行為相對於電子在單晶材料複雜許多，所以單晶結構就成為了解固態材料物理性質的基礎。至於非晶及多晶半導體材料性質的分析雖然複雜難解，但實務分析上，晶體結構的固態理論所延伸出來的概念結合缺陷理論，仍可以應用到這些材料上。因此本章所介紹半導體的基本概念也都是著重在單晶半導體材料。

　　單晶結構因為具有週期性三度空間原子排列，可以依照其排列的規則跟對稱性找到一些組成單元（building block），如果將這些組成單元重複堆疊在一起，向四面八方連續延伸，就可以產生整個晶體結構，因此這個組成單元就稱為晶胞（unit cell）。對特定晶體結構而言，晶胞的選擇有許多可能，Bravais 從對稱性分析發現，晶體可以區分成 14 種結構（如圖 2.5），包括三斜晶體（Triclinic）、單斜晶體（Monoclinic）、正交晶體（Orthorhombic）、正方晶體（Tetragonal）、立方晶體（Cubic）、三角晶體（Trigonal）或稱菱形晶體

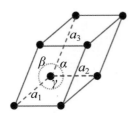 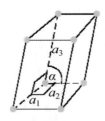 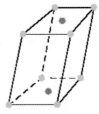

簡單單斜　　　　　　簡單單斜　　　底心單斜

I. 三斜晶體($a_1 \neq a_2 \neq a_3$，$\alpha \neq \beta \neq \gamma$)　　II. 單斜晶體($a_1 \neq a_2 \neq a_3$，$\beta = \gamma = 90° \neq \alpha$)

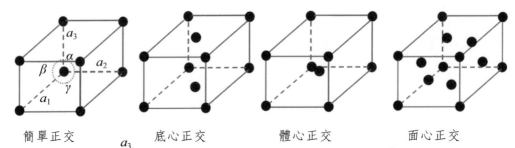

簡單正交　　　　底心正交　　　　體心正交　　　　面心正交

III. 正交晶體（$a_1 \neq a_2 \neq a_3$，$\alpha = \beta = \gamma = 90°$）

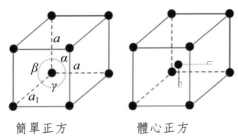 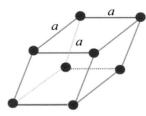

簡單正方　　　　體心正方　　　　　　　三角（菱形）晶體

IV. 正方晶體（$a_1 \neq a$，$\alpha = \beta = \gamma = 90°$）　V. 三角（菱形）晶體（$\alpha = \beta = \gamma < 120°$，$\neq 90°$）

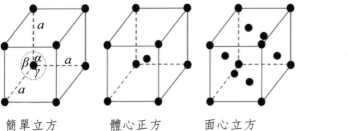 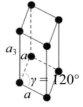

簡單立方　　　體心正方　　　面心立方　　　　　六角晶體

VI. 立方晶體（$\alpha = \beta = \gamma = 90°$）　　VII. 六角晶體（$a_3 \neq a$，$\alpha = \beta = 90°$，$\gamma = 120°$）

圖2.5　三度空間十四種 Bravais 晶格結構

（Rhombohedral）及六角晶體（Hexagonal）等七大類型。其中立方晶體又可區分成簡單立方（simple cubic）、體心立方（body-centered cubic）及面心立方（face-centered cubic）三種結構。對半導體材料而言，面心立方晶體是最重要結構之一，包括鑽石結構及閃鋅結構都屬於面心立方晶體。

表 2.1 是元素週期表，其中標有顏色元素是組成半導體材料的主要成員。其中矽屬於四族元素，這代表它有四個價電子，這四個價電子可以和鄰近的原子形成共價鍵。在單晶矽中，原子排列成具有四面體鍵結的鑽石晶格（diamond lattice）（參見圖 2.6(a)），每一個鍵結間的角度都是 109.5°。特別的是，這種排列可以利用兩個面心立方體（face-centered-cubic）的單位晶胞（unit cell）相互貫穿堆疊而成，晶格常數 a 是單位晶胞的邊長，一個完整的晶格可以利用數個單位晶胞堆疊形成。另一個與鑽石結構相似的是閃鋅晶格（zincblende lattice）（參見圖 2.6(b)），它與鑽石結構的差異在於兩個相互貫穿面心立方副晶格中的組成原子不同，一個為三族或二族，另一個為五族或六族。大部分三五族半導體和二六族半導體具有這種結構，例如砷化鎵（三五族）和碲化鎘（二六族）。

對一個單晶材料而言，原子排列是三度空間的，沿著各平面或方向，原子

表 2.1　元素週期表

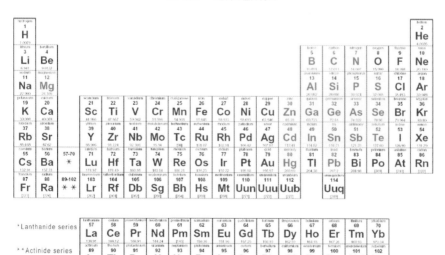

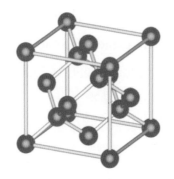 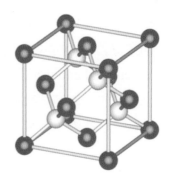

(a) 鑽石晶格：元素半導體（如矽、鍺、碳）　　(b) 閃鋅晶格：三五族化合物半導體
　　　　　　　　　　　　　　　　　　　　　　　　（如砷化鎵、磷化鎵、磷化銦……）

圖 2.6　半導體材料常見兩種結構

的排列週期及鍵結電子雲分布都不同，可想而知，其物理性質也會有所差異，因此在晶體中，常用所謂的米勒指數（**Miller indices**）來界定一晶體中不同平面。米勒指數決定法則為先找出平面在正交座標系三正交軸上的截距（以晶格常數為計量單位）。再取這三個截距值倒數，並將其化簡成最簡單整數比。最後將整數比以（*hkl*）表示，即為單一平面的米勒指數。圖 2.7 所示為米勒指數決定方法及立方晶體中重要平面的米勒指數。

2.2.2　電子能帶結構

　　如前所述，在鑽石或閃鋅結構晶格中，每個原子被四個最鄰近原子所包圍，每個原子提供四個價電子，與最鄰近原子價電子形成鍵結，所以每一個鍵結包含一對電子（參考圖 2.8(a)）。低溫時，價電子被束縛在原子間，無法自由移動，因此無法導電。但在高溫時，熱振動會將受束縛價電子游離成為自由電子，就可以參與電流的傳導。而當價電子被游離成為自由電子的同時，原本鍵結電子對少了一個價電子，形成一個空缺（參考圖 2.8(b)），此空缺有可能由鄰近價電子所填補，造成相當於空缺移動的現象，此處必須特別注意來填補空缺

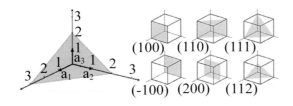

圖 2.7　米勒指數決定方法及立方晶體中重要平面的米勒指數

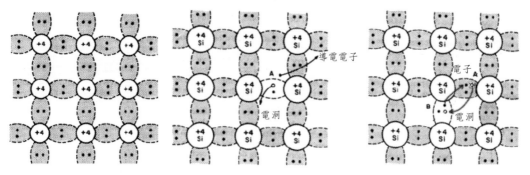

圖 2.8　(a) 半導體材料中，每個原子被四個最鄰近原子所包圍，各提供四個價電子，與最鄰近原子價電子形成鍵結

(b) A 鍵結中的價電子吸收到足夠能量，而跳脫游離成為自由電子，在它重新回到空出的鍵結位置之前，可以在晶格之間移動，因此稱為導電電子。原本鍵結電子對少了一個價電子，形成一個空缺，稱為電洞

(c) B 鍵結的價電子跑去填補 A 鍵結的空缺，造成空缺從 A 鍵結移動到 B 鍵結位置，可視為電洞的移動

的必須是受束縛的價電子才會形成空缺移動，如果填補的是自由電子，則空缺會消失而非移動，稱為復合（recombination）。因此可以把空缺想像成帶有正電荷（因空缺在電場中移動的方向與電子移動的方向相反）類似電子般的粒子，就稱為電洞（hole）。（參考圖 2.8(c)）

　　從波耳氫原子模型得知：一孤立原子系統，其電子能量只能允許不連續能階狀態存在。其能階狀態可以用主量子數（n）及角動量量子數（l）來標示。當兩個原子距離足夠遠時，其電子系統並不發生任何量子交互作用（庖立互不相容原理），因此兩個原子系統內電子分別具有相同能量狀態，稱為雙簡併

（doubly degenerate）態。但當兩原子靠近到發生交互作用時，原本簡併的電子能階會一分為二，能量較低的能階稱為鍵結軌域（bonding orbital），而能量較高的能階則稱為反鍵結軌域（antibonding orbital）。如圖 2.9 所示。當有 N 個原子聚集形成固體時，原子內層電子（core electrons，核心電子）與周圍原子之內層電子間原則上不會互相作用，仍保持跟孤立原子系統一樣的分立能階（discrete energy states）。原子外層電子則會重疊且交互作用，此時能階就分裂

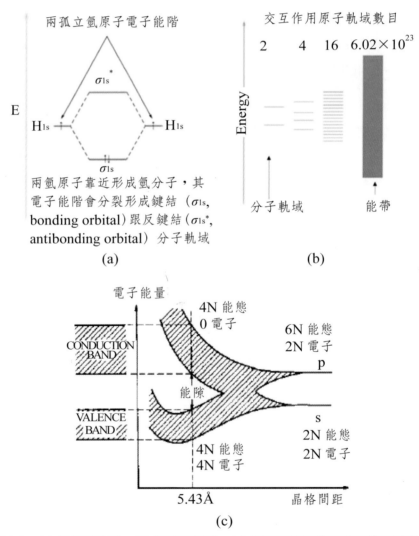

圖 2.9　(a) 氫分子軌域、(b) 能帶的形成、(c) 半導體導電帶及價電帶的形成

成 N 個分離但非常接近的能階。當 N 很大時，將形成一連續的能帶。因此探討固體材料電子性質時，價電子扮演主要的角色。

　　圖 2.10 即以碳原子為例，說明當碳原子之價電子以 sp^3 混成（hybrid）軌域鍵結時，因為 sp^3 混成軌域鍵結組態具有四面體結構，因此最後會堆疊組成鑽石結構固體材料，所形成之能帶結構顯示在電子完全填滿之分子軌域（molecular orbital）與完全沒有電子占據之分子軌域之間有一約 6 電子伏特（eV）能量差的禁止能帶（forbidden gap），即為能隙（energy gap），展現出絕緣體的性質。但當碳原子之價電子以 sp^2 混成軌域鍵結時，因為 sp^2 混成軌域鍵結結構具有平面三角形的鍵結組態，因此最後會堆疊組成石墨層狀結構固體材料，原子層與層之間鍵結相對微弱，所形成之能帶結構顯示電子完全填滿之分子軌

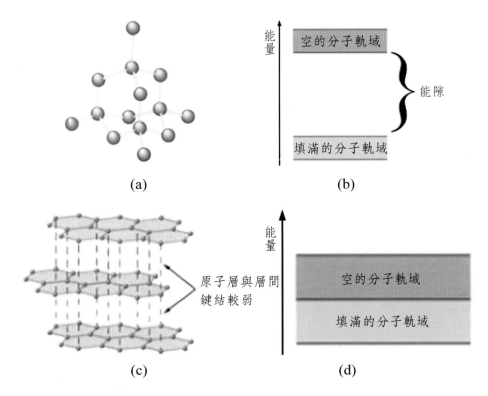

(a)　　　　　　　　　　　　　(b)

(c)　　　　　　　　　　　　　(d)

圖 2.10　(a) 鑽石結構及 (b) 相對應之絕緣體特性分子軌域能態示意圖、(c) 石墨結構及 (d) 相對應之金屬性質分子軌域能態示意圖

域與完全沒有電子占據之分子軌域重疊的性質，展現出金屬特性。

　　半導體中實際能帶的分裂更為複雜，當原子間距離縮短時，各量子能態（例如 s 跟 p）間會互相作用及重疊，在平衡狀態下的原子間距，能帶會再次分裂（如圖 2.9(c)），能量較低能帶有 $4N$ 個量子態，較高能帶也有 $4N$ 個量子態。因為每個原子有四個價電子，所以共有 $4N$ 個價電子。在絕對零度時，電子會從最低能態開始占據，因此能量較低能帶（即價電帶）剛好完全被填滿，而能量較高能帶（即導電帶）的能態則沒有任何電子占據，價電帶頂部至導電帶底部之間沒有任何能態，自然不會有任何電子具有這一段能量範圍，屬於禁止能量區域（forbidden energy），故將價電帶頂部至導電帶底部能量差值稱為能隙（energy gap）。在物理上，能隙值代表將半導體材料的價電子從鍵結中游離成為自由電子所需要的最少能量。

　　至於半導體材料的週期性單晶結構如何影響電子特性？可以想像價電子在材料內部，會受到來自於原子核及核心電子對它的作用，當然還有其他價電子的影響，因為原子核及核心電子分布也具有週期性關係，因此它們所建立的電位場，也會有週期性結構，就好像一個粒子受限在一個三維空間且內部具有週期性位能結構的盒子裡。解決這個問題必須利用量子力學的概念，也就是將電子視為波動，透過求得電子波函數 Ψ 來分析電子行為。而電子波函數可以從時間無關的薛丁格方程式解得

$$\nabla^2\Psi + \frac{2m}{\hbar^2}[E - U(\vec{r})]\Psi = 0 \qquad (2.4)$$

其中的 m 是電子質量，$\hbar$ 是簡化的蒲朗克常數，E 是電子的能量，U 是在半導體內部的週期性位能。

　　求解這個量子力學問題超出了本書的學習範圍，但是滿足此方程式的解可以說明並解釋半導體的能帶結構（電子在固體材料中允許占據的能量態與相對應動量之間的關係）。具體來說，複雜量子力學計算的結果顯示，電子在晶體裡運動的行為很接近一個電子在自由空間的運動。只要以有效質量 m^* 取代電子質量 m 即可。因此就可以套用古典牛頓力學的粒子理論來處理電子在固態材

料中的行為。

而從古典牛頓力學的粒子理論來探討自由電子的運動，自由電子能量與動量關係為

$$E = \frac{p^2}{2m} \qquad (2.5)$$

P 為動量，m 為自由電子的質量。

因此，電子在晶體內部移動必須滿足

$$E = \frac{p^2}{2m^*} \qquad (2.6)$$

圖 2.11 顯示直接能隙半導體材料其能量與動量關係示意圖，並說明價電子的游離及電洞的產生。允許的能量對應於晶體的動量 $p = hk$，k 是相對應於薛丁格方程式解的波向量（為了簡化，這裡用純量來表示）。能帶的直接影響如下：在價電帶下面的能帶假設已被電子完全地占據，而在導電帶上面的能帶假設是空的。因此電子的有效質量被定義為

$$m^* \equiv \left[\frac{d^2 E}{dp^2} \right]^{-1} = \left[\frac{1}{\hbar^2} \frac{d^2 E}{dk^2} \right]^{-1} \qquad (2.7)$$

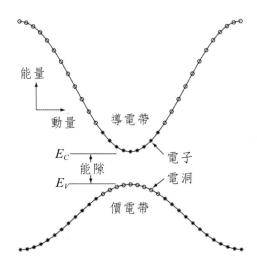

圖 2.11 直接能隙半導體材料的能量與動量關係示意圖。在價電帶頂端電子受熱激發躍遷至導電帶底部的空能階，留下空洞。激發到導電帶的電子及留在價電帶的電洞分別為帶負電及帶正電的可活動電荷，導致半導體材料獨特的傳導性質

需要注意的是在每個能帶的有效質量不是常數。此外，在價電帶的頂端，其有效質量實際上是負的。電子本來由底部到頂端填滿整個能帶，然而由於頂端的一些電子受到熱擾動的影響躍遷至導電帶，使得價電帶靠近頂端的能態是空的。這些空的能態表現的傳導電流如同正電荷載子參與傳導，此有效質量為正的載子稱做電洞。概念上來說，處理具有正有效質量的電洞是較容易的，表現的像是古典的帶正電的粒子。價電帶的頂端和導電帶的底端在外形上趨近於拋物線，而在導電帶靠近底部的電子有效質量是常數，就好像價電帶靠近頂端的電洞有效質量一樣。當導電帶的最小值和價電帶的最大值同時發生在相同的晶體動量，如圖 2.11 所描繪的樣子，此半導體就是具有直接能隙（direct band gap）的半導體。當它們不是落在一條直線上時，此半導體就稱為非直接能隙（indirect band gap）半導體。

實際上，電子在固體材料中允許占據的能量態與相對應動量之間的關係相當複雜，如圖 2.12 為矽、鍺、砷化鎵及氮化鎵之能帶結構圖。對矽而言，雖然其價電帶頂部發生在 Γ 點（$p=0$），但導電帶底部則發生在約 $\frac{3}{4}$（$\Gamma \to X$）處；對鍺而言，其價電帶頂部與矽相同，都發生在 Γ 點（$p=0$），但導電帶最低點則發生在 $\frac{1}{2}$（111）處（L 點）；因此，當電子從矽或鍺價電帶頂部躍遷到導電帶最低點時，不僅需要能量的轉換，也需要動量的交換，這種現象會發生在所有非直接能隙半導體材料。對屬於直接能隙半導體材料，如砷化鎵而言，其價電帶頂部與導電帶最低點都發生在相同動量處（Γ 點），因此當電子從砷化鎵價電帶頂部躍遷到導電帶時，不需要動量的交換。

相對於電子動量，光子所具有的動量極微小，因此當光子與半導體材料內電子發生交互作用時，能交換的動量極為有限，導致電子在能帶間轉移時，若無其他粒子參與，其動量改變極為微小。也就是說，非直接能隙半導體材料內的價電子較不容易藉由吸收一個光子能量從價電帶頂部躍遷到導電帶底部；導電電子也不容易藉由放射出一個光子能量，從導電帶底部躍遷到價電帶頂部。相對的，直接能隙半導體材料比較能夠有效的透過電子在能帶間躍遷來吸收或放射出光子。

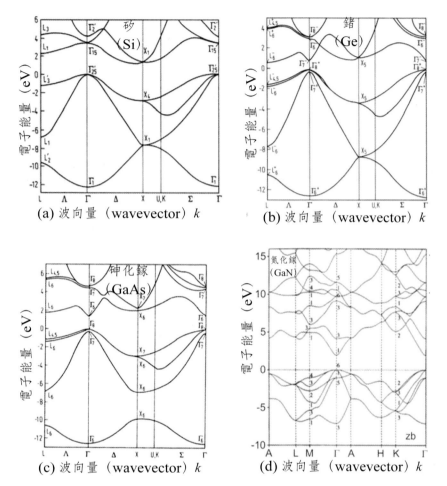

圖 2.12　(a) 矽 (Si)、(b) 鍺 (Ge) 及 (c) 砷化鎵 (GaAs) 及 (d) 氮化鎵 (GaN) 之能帶結構圖

　　即使是非晶固態材料也會展現出相似的能帶結構（如圖 2.13 所示）。原因是非晶材料仍有一定程度的短程有序（short range order），在極短範圍內，原子仍有一定程度的規則排列，以非晶矽材料為例，其原子結構仍維持四面體鍵結組態，也就是原子間仍以 $sp3$ 混成軌域共價鍵方式鍵結，其原子平均間距及平均鍵結角度，仍近似於結晶矽材料。因此局部電子波函數仍需遵守原子規則排列所建立的週期位能，整個塊材電子波函數則可視為各局部波函數的疊加。簡單的說，可以將非晶材料視為由許多極微小分子網狀連結而成的材料，每一

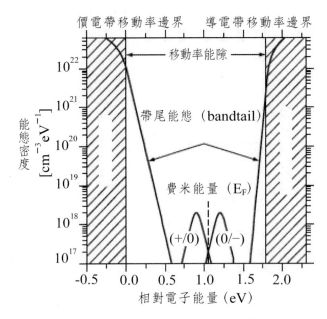

圖 2.13　非晶半導體材料之電子能態示意圖

個極微小分子內的原子結構並不完全相同，但仍有相對應的能帶特徵，極微小分子與分子之間則有許許多多的缺陷，因此整體非晶材料的能帶特性就包含許許多多極微小分子所具有能帶結構的疊加，及局部缺陷態的組合。因為極微小分子內電子波函數受原子週期性位能影響，其能帶結構仍類似晶體材料一般，具有價電帶跟導電帶特徵，但跟晶體材料不同的是，由於結構較為紊亂，有部分晶體材料中的延展能態（extended states）會轉變為侷限能態（localized states），所形成之塊材能帶結構包含有電子波函數重疊延展到整個塊材的延展能帶，也包含電子波函數侷限在局部區域的侷限能態；其中，因為電子或電洞占據在侷限能態上是無法有效移動的，電子及電洞在材料內只能透過重疊延展的能帶移動，所以在非晶材料中，就定義「移動率能隙（mobility gap）」來取代晶體材料的「能隙（band gap）」概念，將價電帶分為兩部分：價電帶移動率邊界能量以下能帶及價電帶尾能態（valence band tail）。導電帶也包括導電帶移動率邊界以上及導電帶尾能態（conduction band tail）。而非晶材料內含有

高密度懸空鍵（dangling bonds），這些懸空鍵只有一個電子，可能會捕捉一個電子或釋放掉電子，因此形成缺陷，會在費米能量附近形成缺陷態，使得載子生命期縮短，材料特性變差。實際非晶材料應用上，常需摻入大量氫原子鈍化（passivation）懸空鍵，降低缺陷態，以提高導電度。

2.2.3 能態密度及載子統計分布

前面幾節，已詳細介紹半導體材料之結構及電子能態，但更有興趣的是材料內部的載子濃度，因為載子濃度的多寡直接影響了材料的導電度，當然材料內部的載子濃度會受到溫度、光照、電場、磁場、壓力及雜質等影響，為簡化問題，在不考慮上述影響前提下，本節將嘗試求得在熱平衡狀態下——本質半導體（intrinsic semiconductor）材料之能態密度及載子濃度。

所謂熱平衡狀態是指一物理系統在給定一恆定溫度，且無外在干擾如光激發、電激發、壓力之穩定狀態。一本質半導體材料在此狀態下，其載子的產生是因為熱擾動激發價電帶電子躍遷到導電帶，在價電帶留下等量的電洞。欲求得在導電帶的電子濃度（每單位體積的導電電子數）及在價電帶的電洞濃度（每單位體積的電洞數），就必須要先知道能態的分布及電子占據特定能量範圍的機率。

因為電子在材料系統內並不是如同古典粒子般可以具有任一的能量，事實上，電子屬於費米子（fermions），在材料系統內必須遵守庖立互不相容原理（Pauli exclusion principle），所以任意兩個電子不可以占據在相同能階，根據此一特性，一個電子占據在能量為 E 的能態之機率可由費米－狄拉克分布函數（Fermi-Dirac distribution function）得出。費米－狄拉克分布函數又簡稱為費米函數，其數學式如下

$$f(E) = \frac{1}{1 + e^{(E - E_F)/kT}} \tag{2.8}$$

其中 E_F 是費米能量，k 是波茲曼常數，T 是絕對溫度。如圖 2.14 所示，費米函數是一個溫度的函數。在絕對零度時，費米函數呈現的是階梯函數，能量比 E_F 小的能態有電子占據的機率是一（完全填滿），而能量比 E_F 大的能態完全不可能填有電子。當溫度上升，由於熱擾動的影響，會使得在費米能量下方的部分電子躍遷到費米能量上方能態，此時，電子占據在費米能量的機率為 $\frac{1}{2}$。

對於在價電帶的電洞而言，其占據在能量為 E 的能態之機率，事實上就等於沒有電子占據在能量為 E 狀態的機率，所以可以推得

$$f_p(E) = 1 - f(E) = 1 - \frac{1}{1 + e^{(E-E_F)/kT}} \qquad （2.9）$$

所謂能態密度（density of states）就是每單位體積每單位能量所允許存在的能態數目，其單位為能態數目／電子伏特·立方公分（No. of states/eV.cm^3）。至於能態密度的推導，考慮電子被侷限在一個邊長為 L 的立方體內運動，電子波函數可以從解三維自由電子的薛丁格波動方程式（Schrödinger equation）

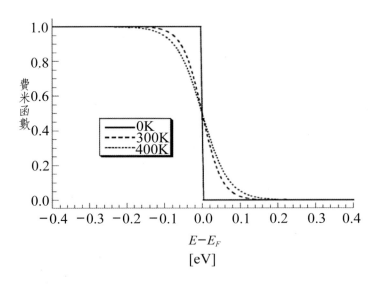

圖 2.14　不同溫度下的費米函數

$$-\frac{\hbar^2}{2m}\left[\frac{\partial^2}{\partial x^2}+\frac{\partial^2}{\partial y^2}+\frac{\partial^2}{\partial z^2}\right]\Psi=E\Psi \qquad （2.10）$$

其中
$$E=\frac{p^2}{2m}=\frac{\hbar^2(k_x^2+k_y^2+k_z^2)}{2m} \qquad （2.11）$$

其波函數的解為
$$\Psi(x,y,z)=A\exp[i(k_x x+k_y y+k_z z)] \qquad （2.12）$$

而滿足週期性邊界 $\Psi(x+L,y,z)=\Psi(x,y+L,z)=\Psi(x,y,z+L)=\Psi(x,y,z)$ （2.13）

有解之條件為

$$k_x=n_x\frac{2\pi}{L}\ ,\ k_y=n_y\frac{2\pi}{L}\ ,\ k_z=n_z\frac{2\pi}{L}\ ,\ n_x,n_y,n_z=0,\pm1,\pm2,\pm3,\cdots（2.14）$$

代表電子在立方體內所容許波函數波向量的值是不連續的，其 $\Delta k=\dfrac{2\pi}{L}$ 。

所以 $\Delta k_x \cdot \Delta k_y \cdot \Delta k_z=\left(\dfrac{2\pi}{L}\right)^3$ 可以視為在動量空間內一個能態所占的體積，因此根據（2.11）式，如圖 2.15 所示，在能量為 E 範圍內（在動量空間內，半徑為 $\dfrac{\sqrt{2mE}}{\eta}$ 的球體），所允許存在的能態數目為

$$\frac{半徑為\frac{\sqrt{2mE}}{\eta}之球體體積}{每個能態所占的單位體積}=\frac{\frac{4\pi}{3}\left(\frac{\sqrt{2mE}}{\eta}\right)^3}{\left(\frac{2\pi}{L}\right)^3}=\frac{L^3(2mE)^{\frac{3}{2}}}{6\pi^2\eta^3} \qquad （2.15）$$

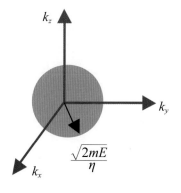

圖 2.15 電子能量跟三維動量空間關係示意圖

再考慮到每個能態可以容許兩種自旋狀態，則總能態數目為 $N = \dfrac{L^3(2mE)^{\frac{3}{2}}}{3\pi^2\eta^3}$。

所以能態密度 $g(E)$ 就可以從 $g(E) = \dfrac{d}{dE}\left(\dfrac{N}{L^3}\right)$ 計算得到。

最後推得

$$g(E) = \frac{m\sqrt{2mE}}{\pi^2\eta^3}\mathrm{cm}^{-3}eV^{-1} \tag{2.16}$$

考量到電子在半導體材料內運動行為，可以視為有效質量 m_n^* 帶負電的載子（電子）在導電帶傳導，及有效質量 m_p^* 帶正電的載子（電洞）在價電帶傳導，所以上述推導之能態密度，可以直接應用到導電帶及價電帶，而得到在導電帶的能態密度如下

$$g_C(E) = \frac{m_n^*\sqrt{2m_n^*(E - E_C)}}{\pi^2\eta^3}\mathrm{cm}^{-3}eV^{-1} \tag{2.17}$$

而價電帶的能態密度如下

$$g_V(E) = \frac{m_p^*\sqrt{2m_p^*(E_V - E)}}{\pi^2\eta^3}\mathrm{cm}^{-3}eV^{-1} \tag{2.18}$$

結合上面所引入的費米函數跟能態密度，就可以獲得熱平衡狀態下電子和電洞的濃度如下

$$n_0 = \int_{E_C}^{\infty} g_C(E)f(E)dE = \frac{2N_C}{\sqrt{\pi}}F_{1/2}((E_F - E_C)/kT) \tag{2.19}$$

$$p_0 = \int_{-\infty}^{E_V} g_V(E)[1 - f(E)]dE = \frac{2N_V}{\sqrt{\pi}}F_{1/2}((E_V - E_F)/kT) \tag{2.20}$$

其中 $F_{1/2}$ 是帶根號費米－狄拉克積分

$$F_{1/2}(\xi) = \int_0^{\infty} \frac{\sqrt{\xi'}d\xi'}{1 + e^{\xi' - \xi}} \tag{2.21}$$

而導電帶有效能態密度 N_C 與價電帶有效能態密度 N_F 分別定義如下

$$N_C = 2\left(\frac{2\pi m_n^* kT}{h^2}\right)^{3/2} \tag{2.22}$$

$$N_V = 2\left(\frac{2\pi m_p^* kT}{h^2}\right)^{3/2} \tag{2.23}$$

由上面推導結果，可以發現當費米能量（E_F）低於導電帶最低點能量（E_C）$3kT$ 以上，且費米能量（E_F）高於價電帶最高點能量（E_V）$3kT$ 以上時，其載子濃度可以被近似為

$$\text{電子濃度 } n = N_C e^{(E_F - E_C)/kT} = n_0 \tag{2.24}$$

$$\text{電洞濃度 } p = N_V e^{(E_V - E_F)/kT} = p_0 \tag{2.25}$$

此時半導體被稱為非簡併的（nondegenerate）。

在非簡併半導體材料裡，熱平衡狀態的電子和電洞濃度之乘積如下

$$pn = p_0 n_0 = n_i^2 = N_C N_V e^{(E_V - E_C)/kT} = N_C N_V e^{-E_g/kT} \tag{2.26}$$

可以發現此乘積與費米能量無關，而是與半導體材料之能隙大小及電子、電洞的有效質量相關。

前面也提到，本質半導體在熱平衡狀態下，導電電子的產生是透過熱擾動將價電帶電子激發到導電帶，所以導電帶電子數目等於價電帶的電洞數目，也就是 $n_0 = p_0 = n_i$，n_i 就是本質半導體的載子濃度。而此載子濃度 n_i 可以從（2.26）的式子被計算出來

$$n_i = \sqrt{N_C N_V}\, e^{(E_V - E_C)/2kT} = \sqrt{N_C N_V}\, e^{-E_g/2kT} \tag{2.27}$$

而本質半導體熱平衡狀態下的費米能量 E_F 又可被定義為本質費米能階 E_i

$$E_F = E_i = \frac{E_V + E_C}{2} + \frac{kT}{2}\ln\left(\frac{N_V}{N_C}\right) \qquad (2.28)$$

在室溫狀態下，$\frac{kT}{2}\ln\left(\frac{N_V}{N_C}\right)$ 項遠比能隙小，因此本質費米能階一般非常靠近能隙的中間。

表 2.2 為室溫下三種常見半導體材料的基本物理特性，可以清楚的看出相對於原子密度而言，本質載子濃度極稀少，平均約 10^9 至 10^{16} 個原子才會貢獻一對導電電子跟電洞，而且能隙越大，熱擾動所能產生的載子濃度越低，代表其導電度越差。由此可知，本質半導體的導電度基本上相當接近絕緣材料。

圖 2.16 則是將本節所探討的本質半導體材料在熱平衡狀態下的能帶圖、能態密度、費米函數及載子濃度分布等特性，定性描繪以增加讀者的了解。其中 (a) 能帶圖特別強調電子受熱擾動激發從價電帶躍遷至導電帶，在價電帶留下空能態，價電帶內的其他電子會移動填補此空能態，就如同空能態在移動一般，其移動方向與電子相反，等同於一帶正電的空洞在移動，所以就稱為電洞。在本質半導體中，每產生一個電子，勢必伴隨一個電洞的產生。

表 2.2　室溫下矽（Si）、鍺（Ge）及砷化鎵（GaAs）之基本物理特性

物理特性 ＼ 半導體種類	鍺（Ge）	矽（Si）	砷化鎵（GaAs）
晶格常數（Å）	5.646	5.431	5.653
原子密度（原子數／cm^3）	4.46×10^{22}	5.02×10^{22}	4.42×10^{22}
導電帶有效能態密度 N_C（cm^{-3}）	1.04×10^{19}	2.8×10^{19}	4.7×10^{17}
價電帶有效能態密度 N_V（cm^{-3}）	6.0×10^{18}	1.04×10^{19}	7.0×10^{18}
本質載子濃度 n_i（cm^{-3}）	2.4×10^{13}	1.45×10^{10}	1.79×10^{6}
能隙 E_g（eV）	0.67	1.12	1.42
介電係數（$\varepsilon/\varepsilon_0$）	16.0	11.9	13.1
少數載子生命期（秒）	1.0×10^{-3}	2.5×10^{-3}	1.0×10^{-8}
電子遷移率（cm^2/V-sec）	3900	1500	8500
電洞遷移率（cm^2/V-sec）	1900	480	400

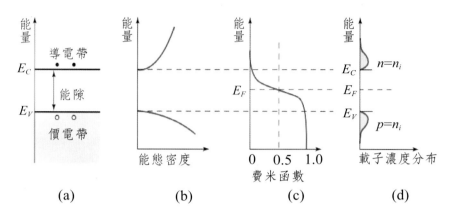

圖 2.16　本質半導體在熱平衡狀態下之 (a) 能帶圖、(b) 能態密度、(c) 費米函數及 (d) 載子濃度分布之示意圖

　　而圖 2.16(b) 則描繪出導電帶與價電帶之三度空間的能態密度，其特徵就是在一給定的有效載子質量下，能態密度會隨能量開方根增加。將圖 2.16(b) 的能態密度分布與 (c) 圖的費米函數相乘，就可以得到 (d) 圖的載子濃度分布，再將 (d) 圖上下的陰影面積個別積分，所得到的就是電子跟電洞的濃度，也就等於本質載子濃度。

2.2.4　施子（donor）與受子（acceptor）

　　在上節討論到本質半導體的導電度並不好，基本上相當接近絕緣材料，沒有太多用途。但是如果將適當雜質摻入，就會發現半導體導電度可以大幅度的被調控，此種摻入雜質的半導體就稱為外質半導體（extrinsic semiconductor）。

　　摻入雜質以改變半導體材料導電度的概念可以從圖 2.17 了解，以矽半導體材料為例，當矽材料摻入 V 族的砷（As）元素（如圖 2.17(a) 所示），晶格內一個矽原子被一個帶有五個價電子的砷原子所取代，此時砷原子會傾向與四個鄰近矽原子形成共價鍵，其第五個價電子雖然仍被束縛，但因砷原子與周圍矽原子形成共價鍵結，導致砷原子第五個價電子束縛能大幅減弱，能在接近室溫

39

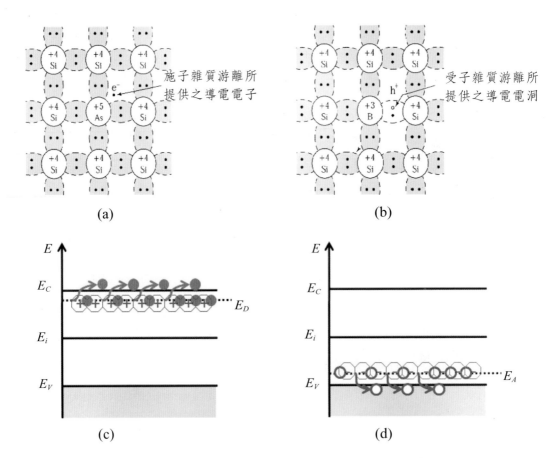

(a)   (b)

(c)   (d)

圖 2.17　矽半導體材料內摻入 (a)V 價砷原子及 (b)III 價硼原子。(c) 砷原子會在導電帶跟本質費米能階中間的禁止能帶內產生額外的侷限能態（E_D），稱為施子能階（donor level），施子能階上的電子，很容易受熱擾動而游離躍遷到導電帶，成為導電電子。(d) 硼原子則會在價電帶跟本質費米能階中間的禁止能帶內產生額外的侷限能態（E_A），稱為受子能階（acceptor level），受子能階上缺少一個電子，所以價電帶的電子很容易受熱擾動而游離躍遷到受子能階，在價電帶留下空洞，成為導電電洞

溫度下，就游離變成導電電子。而砷原子就好像扮演著提供導電電子的角色，因此，就稱砷原子為「施子（donor）」。此時，半導體材料內的導電電子數目就由所摻雜雜質濃度來決定，且一般遠大於本質載子濃度，此時半導體內的傳導是由電子（負電荷）主導，所以稱之為「n 型半導體」。

　　同理，當矽材料摻入 III 族的硼（B）元素（如圖 2.17(b) 所示），晶格內一個矽原子被一個帶有三個價電子的硼原子所取代，此時硼原子會傾向與四個鄰近矽原子形成共價鍵，但卻缺少一個價電子，就如同共價鍵上有一個空洞，在接近室溫溫度下，其周圍矽原子所形成共價鍵內的價電子就極有可能游離，來替補硼原子不足的價電子，而在價電帶產生導電電洞。硼原子就好像扮演著接受價電子的角色，因此，就稱硼原子為「受子（acceptor）」。此時，半導體材料內的導電電洞數目就由所摻雜雜質濃度來決定，此時半導體內的傳導是由電洞（正電荷）主導，所以稱之為「p 型半導體」。

　　從能量及能階角度來討論，將砷原子的價電子游離使其變成導電電子，或將價電帶電子激發到硼原子，被硼原子束縛，所需要的能量都稱為游離能，因此砷原子會在導電帶跟本質費米能階中間的禁止能帶內產生額外的侷限能態（E_d），稱為施子能階（donor level）（如圖 2.17(c)），施子能階上的電子，很容易受熱擾動而游離躍遷到導電帶，成為導電電子。而少掉一個價電子的砷原子就變成砷正離子（As^+）。硼原子則會在價電帶跟本質費米能階中間的禁止能帶內產生額外的侷限能態（E_a），稱為受子能階（acceptor level）（如圖 2.17(d)），受子能階上缺少一個電子，因此價電帶的電子很容易受熱擾動而游離躍遷到受子能階，在價電帶留下空洞，成為導電電洞。所以硼原子就多了一個電子而變成硼負離子（B^-）。

　　圖 2.18 是對鍺（Ge）、矽（Si）跟砷化鎵（GaAs）等半導體摻入不同雜質所對應的施子或受子能階。其中，必須注意的是單一原子雜質有可能會形成好幾個能階，以碳摻入矽半導體為例，會形成一個施子能階與一個受子能階。

　　因為所摻雜的施子或受子雜質需要一定能量才能游離化，而一般提供此能量的來源就是熱能，所以外質半導體材料的導電電子濃度或導電電洞濃度除了受雜質濃度影響外，也受溫度影響。假設所摻雜的施子或受子雜質濃度為 N_D 或 N_A，則游離比例分別為

$$\frac{N_D^+}{N_D} = \frac{1}{1 + g_D e^{(E_F - E_D)/kT}} \tag{2.29}$$

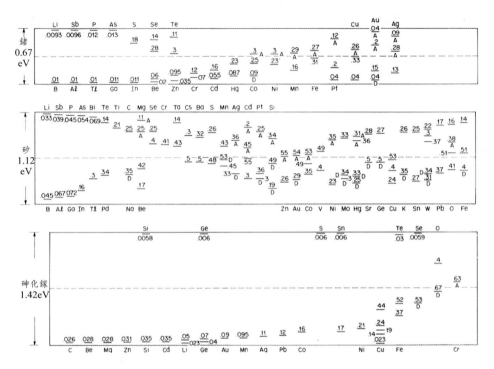

圖 2.18　不同雜質在鍺（Ge）、矽（Si）跟砷化鎵（GaAs）等半導體所對應的施子或受子
能階及游離能（單位為 eV）。能階能量比能隙中心高的，除了標示 A 的能階為受子能階外，
都為施子能階。能階能量比能隙中心低的，除了標示 D 的能階為施子能階外，都為受子能
階。所有施子雜質的游離能都是從導電帶底端量得。所有受子雜質的游離能都是從價電帶
頂端量得

$$\frac{N_A^-}{N_A} = \frac{1}{1 + g_A e^{(E_A - E_F)/kT}} \qquad (2.30)$$

其中 g_D 和 g_A 分別是施子和受子雜質能階的簡併因子（degeneracy factor）。簡
併因子是考慮到自旋簡併及電子軌域的簡併，一般來說，導電帶電子的波函數
比較接近 s 軌域性質，所以只有自旋的簡併度，也就是 $g_D = 2$。價電帶電子的
波函數比較接近 p 軌域性質，p 軌域有三重簡併度，可是受到晶格場（crystal
field）及自旋－軌道耦合（spin-orbital coupling）的影響，所以 $g_A = 2$ 或 4。
　　一般在室溫情形下，施子和受子常常會被假設為完全的游離化，所以在 n

型半導體裡 $n \approx N_D$，而在 p 型半導體裡 $p \approx N_A$。因為半導體材料摻入雜質後，其導電電子或電洞的增加會促使費米能階移動，要推得費米能階的位移量，可以從（2.24）式得知

$$n = N_C e^{(E_F - E_C)/kT} = N_C e^{(E_i - E_C)/kT} \cdot e^{(E_F - E_i)/kT} = n_i \cdot e^{(E_F - E_i)/kT} \approx N_D \qquad （2.31）$$

因此在 n 型半導體裡，費米能階的位移量可以求得為

$$E_F - E_i = kT \ln \frac{N_D}{n_i} \qquad （2.32）$$

同理，從（2.25）式得知

$$p = N_V e^{(E_V - E_F)/kT} = N_V e^{(E_V - E_i)/kT} \cdot e^{(E_i - E_F)/kT} = n_i \cdot e^{(E_i - E_F)/kT} \approx N_A \qquad （2.33）$$

在 p 型半導體裡費米能階的位移量可以推得為

$$E_F - E_i = -kT \ln \frac{N_A}{n_i} \qquad （2.34）$$

圖 2.19 及圖 2.20 所示為 n 型及 p 型半導體在熱平衡狀態下的能帶圖、能態密度、費米函數及載子濃度分布等特性示意圖。施子跟受子雜質都會在禁止能帶內產生額外的侷限能態，侷限能態密度由摻雜雜質濃度決定。其中施子（donor）雜質的游離能為從導電帶往下算起 E_D，受子（acceptor）雜質的游離能為從價電帶往上算起 E_A。受到雜質提供電子或電洞的影響，費米能階會隨摻雜種類及濃度而有不同位置。對 n 型半導體而言，費米能階會往導電帶底部移動，摻雜濃度越高，越靠近導電帶底部。對 p 型半導體而言，費米能階會往價電帶頂部移動，摻雜濃度越高，越靠近價電帶底頂部。但在一給定溫度下，將（2.31）式跟（2.33）式相乘，發現不論 n 型或 p 型半導體之摻雜濃度為何，其電子與電洞濃度乘積恆保持定值：$np = n_i^2$，與本質半導體中電子與電洞濃度乘積關係（（2.26）式）相同，也就是「在熱平衡狀態下，不論是本質半導體或

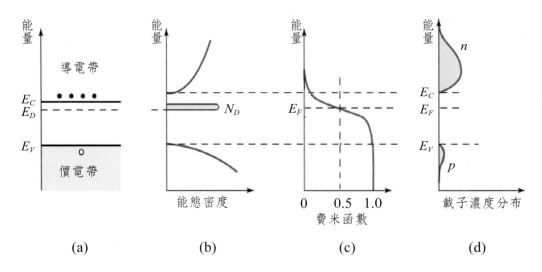

圖 2.19　n 型半導體在熱平衡狀態下之 (a) 能帶圖、(b) 能態密度、(c) 費米函數及 (d) 載子濃度分布之示意圖

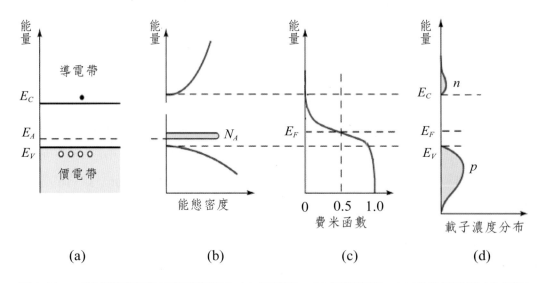

圖 2.20　p 型半導體在熱平衡狀態下之 (a) 能帶圖、(b) 能態密度、(c) 費米函數及 (d) 載子濃度分布之示意圖

摻有雜質的外質半導體，對同一種半導體，固定溫度下的電子濃度與電洞濃度

的乘積恆維持定值，且等於其本質半導體載子濃度的平方。」稱為「質量作用定律（mass-action law）」。此定律相當實用，可以提供簡易估算載子濃度的途徑。一旦費米能量位置被確定，就可如同處理本質半導體一般，將能態密度與費米函數相乘，就可以得到載子濃度在能量上的分布。

所以在室溫狀況下，假設所有雜質完全游離化，則如果摻雜的是施子雜質（以矽為例，施子雜質包括磷、砷、銻等），且其濃度為 N_D，則電子濃度 n 就約等於 N_D，而電洞濃度就可以從（2.26）式推得 $p = \dfrac{n_i^2}{N_D}$，因為 $n \gg p$，所以電子在這裡就稱為多數載子（majority carrier），電洞就稱為少數載子（minority carrier）。反之，如果摻雜的是受子雜質（以矽為例，施子雜質包括硼、鎵、銦等），且其濃度為 N_A，則電洞濃度 p 就約等於 N_A，而電子濃度就可以從（2.26）式推得 $n = \dfrac{n_i^2}{N_A}$，因為 $p \gg n$，所以電洞在這裡就稱為多數載子（majority carrier），電子就稱為少數載子（minority carrier）。

如果一半導體材料同時摻有施子與受子雜質，則會發生所謂的「補償（compensation）效應」，因為受子能態較施子能態低，所以材料內施子雜質多餘的價電子會傾向於躍遷到受子雜質能階，如果施子雜質濃度較受子雜質高，則受子雜質能階會完全被填滿，剩下的施子雜質價電子才會游離躍遷到導電帶，形成導電電子；反之，如果受子雜質濃度較施子雜質高，則施子雜質多出的價電子會全部躍遷到受子雜質能階，剩下的受子雜質能階才會接收價電帶電子躍遷，在價電帶形成導電電洞；因此較高濃度雜質會決定半導體的傳導類型，且其有效摻雜濃度為 $| N_D - N_A |$。此時，在室溫情形下，施子和受子被假設為完全游離，因此，從電中性考量，總正電荷必須等於總負電荷，所以

$$p + N_D = n + N_A \qquad (2.35)$$

如果 $N_D \gg N_A$，則從（2.26）及（2.35）式，可求得

$$n_n = \frac{\left[N_D - N_A + \sqrt{(N_D - N_A)^2 + 4n_i^2} \right]}{2} \quad \text{及} \quad p_n = \frac{n_i^2}{n_n} \qquad (2.36)$$

如果是 $N_a \gg N_d$，則可求得

$$p_p = \frac{\left[N_A - N_D + \sqrt{(N_A - N_D)^2 + 4n_i^2}\right]}{2} \quad 及 \quad n_p = \frac{n_i^2}{p_p} \qquad (2.37)$$

下標的 n 跟 p 分別代表 n 型及 p 型半導體。

　　上面所討論的非簡併半導體摻雜情形，基本上摻雜的雜質濃度並不會太高，半導體材料的能帶結構並不會受到雜質侷限能態的影響而有所變化，此時其費米能階離導電帶或價電帶大於 $3kT$ 以上，因此其載子分布可以近似用馬可仕威爾－波茲曼統計定律（Maxwell-Boltzman distribution）來處理。但如果摻雜的雜質濃度太高時，摻雜雜質對半導體材料而言，就不再只是成分或結構上的微小擾動而已，此時由於大量摻雜的效應（heavy doping effect）會使得雜質原子之電子波函數發生重疊，而形成所謂的雜質能帶（impurity band），同時，大量的雜質原子存在晶格內，電子會感受到散亂的（random）局部電位能變化，原本半導體材料內週期電位分布受到破壞，就會有所謂的帶尾能態（tail states）的產生，有點類似前面所討論非晶半導體的能態特性，雖然雜質所造成的週期電位紊亂遠不如非晶半導體，但所形成的帶尾能態仍會進入到禁止能帶（forbidden gap）內，導致能隙變小，本質載子濃度增加，稱為「能隙窄化（band gap narrowing）」。此時，費米能階會從禁止能帶移動靠近甚至進入導電帶或價電帶，此時其費米能階離導電帶或價電帶小於 $3kT$，因此其載子分布必須用費米－狄拉克統計定律（Fermi-Dirac distribution）來處理，此種半導體就稱為簡併半導體（degenerate semiconductor）。此效應會不利於太陽電池性能，所以在設計太陽電池時必須特別考量，除了在金屬接觸區域外，要儘量避免高摻雜效應的發生。

2.2.5　光吸收

　　半導體太陽電池運作的基礎是藉由吸收太陽光來產生電子電洞對。當光子

射入半導體材料時，價電帶的電子會被激發躍遷到導電帶，此種過程稱為「基本吸收」（fundamental absorption）。在光吸收過程中，所有參與的粒子其總能量和動量都必須遵守物理守恆定律。因為光子的動量 $P_\lambda = h/\lambda$（λ 是光波波長，一般約為數千埃），遠小於晶格動量 $P = h/a$（a 是晶格常數，一般約為數埃），因此在光吸收過程中，光子與電子作用所能交換的動量極小。對一給定的光子能量 hv 而言，其吸收係數正比於：電子從初始狀態 E_i 躍遷到末狀態 E_f 的機率 P_{if}，占據在初始狀態的電子密度 $g_i(E_i)$，及電子可以占據的末狀態密度 $g_f(E_f)$；並且將所有滿足能量差為 hv 之可能狀態躍遷全部加總，亦即

$$\alpha(hv) \propto \sum p_{if} g_i(E_i) g_f(E_f) \tag{2.38}$$

其中 $E_f - E_i = hv$。

　　對本質半導體在絕對零度時而言，基本上，價電帶所有能態都是填滿的，而導電帶所有能態都是空的，因此在光子吸收過程將導致一個價電子被激發到導電帶（產生一個導電電子），同時在價電帶留下一個空能階（產生一個電洞），因而產生電子電洞對。此一概念上的光吸收結果雖然適用所有半導體材料，但在過程上，對直接能隙半導體及非直接能隙半導體卻有些許的差異。

　　首先來探討直接能隙半導體材料的光吸收過程，在直接能隙半導體如砷化鎵（GaAs）、磷銦化鎵（GaInP）、碲化鎘（CdTe）和銅銦鎵硒（Cu(InGa)Se$_2$）中，基本的光子吸收過程如圖 2.21。假設簡化的價電帶與導電帶結構，也就是價電帶跟導電帶電子的能量－動量關係都近似於（2.5）式自由電子模型的能量－動量關係（拋物線），所以電子在初始狀態（價電帶）能量－動量關係可以寫為

$$E_i = -\frac{p^2}{2m_p^*} \tag{2.39}$$

而電子在末狀態（導電帶）之能量－動量關係則可以寫為

$$E_f = E_g + \frac{p^2}{2m_n^*} \tag{2.40}$$

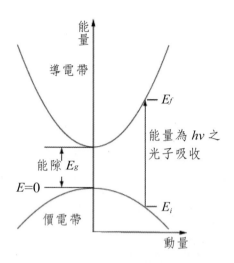

圖 2.21　直接能隙半導體材料之光子吸收過程示意圖，入射光子的能量為 $hv = E_f - E_i > E_g$

在此假設價電帶頂部為能量零點。

因為對直接能隙半導體材料而言，電子在初始狀態（價電帶）所具有的動量跟被激發到末狀態（導電帶）所具有的動量幾乎相等，因此電子從初始狀態 E_i 躍遷到末狀態 E_f 的機率 P_{if} 就跟光子能量 hv 無關，也跟初始狀態 E_i、末狀態 E_f 無關。（2.38）式就可以寫為

$$\alpha(hv) \propto p_{if} \sum g_i(E_i)\, g_f(E_i + hv) = p_{if} \cdot JDOS(hv) \tag{2.41}$$

其中 *JDOS(hv)* 稱為聯合能態密度（joint density of state）。

再從（2.39）、（2.40）式可以推得滿足能量守恆定律的能階躍遷條件為

$$hv = E_f - E_i = E_g + \frac{p^2}{2}\left(\frac{1}{m_n^*} + \frac{1}{m_p^*}\right) = E_g + \frac{\eta^2 k^2}{2}\left(\frac{1}{m_n^*} + \frac{1}{m_p^*}\right) \tag{2.42}$$

所以

$$hv - E_g = \frac{\eta^2 k^2}{2}\left(\frac{1}{m_n^*} + \frac{1}{m_p^*}\right) = \frac{\eta^2 k^2}{2m_r^*} \tag{2.43}$$

其中 $m_r^* = \left(\dfrac{1}{m_n^*} + \dfrac{1}{m_p^*}\right)^{-1}$ 為折合質量（reduced mass）。

（2.43）式之數學形式相當類似於前面 2.2.3 節推導能態密度時，自由電子氣體被束縛在固定邊長 L 立方體情況下之能量－動量關係，唯一的差別是自由電子氣體的能量 E，而在這裡變為光子能量減去能隙（$hv-E_g$），因此可以類似方式求得符合價電帶與導電帶能量差為 hv 之聯合能態密度（joint density of state）為

$$JDOS(hv) = \frac{m_r^* \sqrt{2m_r^*(hv-E_g)}}{\pi^2 \eta^3} \, cm^{-3}eV^{-1} \qquad (2.44)$$

因此根據（2.41）式，在直接能隙半導體中的光吸收係數就可寫為

$$\alpha(hv) \approx A^*(hv-E_g)^{1/2} \qquad (2.45)$$

其中 A^* 跟半導體材料之折射係數、電子有效質量及有效電洞質量等參數有關。如果一半導體之折射係數為 4，且假設其電子有效質量及有效電洞質量皆等於自由電子質量，則其光吸收係數約為

$$\alpha(hv) \approx 2 \times 10^4 \cdot (hv-E_g)^{1/2} cm^{-1} \qquad (2.46)$$

這裡的光子能量 hv 及能隙 E_g 的單位都以電子伏特（eV）來表示。

在某些半導體材料中，量子選擇定律（quantum selection rule）不允許動量為零之電子進行直接躍遷，但是動量不為零之電子則可以直接躍遷，此時其躍遷機率 P_{if} 不再是定值，而是隨動量平方增加而增加（$p_{if} \propto k^2$）。又從（2.43）式得知 $hv-E_g \propto k^2$，所以 $p_{if} \propto hv-E_g$。代入（2.38）式可得

$$\alpha(hv) \approx \frac{B^*}{hv}(hv-E_g)^{3/2} \qquad (2.47)$$

其中 B^* 為常數。如同上述的例子，如果一禁止直接躍遷之直接能隙半導體材料折射係數為 4，且假設其電子有效質量及有效電洞質量皆等於自由電子質量，則其光吸收係數約為

$$\alpha(hv) \approx 1.3 \times 10^4 \cdot \frac{(hv - E_g)^{3/2}}{hv} \, \text{cm}^{-1} \qquad （2.48）$$

至於在非直接能隙的半導體材料如矽（Si）和鍺（Ge）中，價電帶的能量最大值和導電帶的能量最小值發生於不同的晶格動量處，導致在光吸收的過程中，電子的動量無法自行達到守恆，也無法靠與光子動量交換達到守恆，就必須透過另外一種粒子的作用來滿足動量守恆定律，此種粒子就是所謂的聲子（phonon）。聲子是晶格振動（lattice vibration）能量量子化（quantization）的一種粒子，由於聲子雖然所攜帶的能量較低，但相對地卻具有較高的動量，因此在光吸收過程中，有機會參與作用，協助電子達到動量守恆。雖然聲子所具有能量之範圍很廣，但只有那些能滿足電子躍遷所需動量之聲子會參與光吸收過程，如圖 2.22 所示。假設聲子的特徵能量為 E_{ph}，則發現，不論是吸收特定能量的聲子，或激發產生特定能量的聲子，都可以促使價電帶的電子吸收光子能量，躍遷到導電帶，這兩種過程都必須滿足能量守恆定律，也就是

$$hv_e = E_f - E_i + E_{ph} \qquad （2.49）$$

$$hv_a = E_f - E_i - E_{ph} \qquad （2.50）$$

在非直接能隙半導體中所發生的間接躍遷跟上述的直接躍遷最大的不同是：發生直接躍遷的條件，是價電帶中電子所占據的初始能態只能躍遷到導電帶中

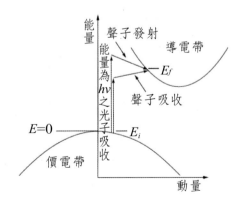

圖 2.22　在非直接能隙的半導體材料中，電子受光子激發從價電帶躍遷到導電帶，光子的能量可能為 $hv < E_f - E_i$ 或 $hv > E_f - E_i$。但不論是吸收或激發產生聲子，光吸收過程中，總能量和動量都必須滿足守恆定律

具有相對應動量的空能態；而間接躍遷則沒有這樣的限制。也就是電子可以從任何價電帶能態躍遷到導電帶上的任一個空能態。因此吸收係數就正比於初始能態密度跟末狀態能態密度的乘積，並積分所有滿足 $E_f-E_i=hv\pm E_{ph}$ 之能態組合。同時，吸收係數也正比於跟聲子產生交互作用的機率。

最後可推得，如果光吸收過程是藉由吸收聲子來完成電子之躍遷，則其吸收係數為

$$\alpha_a(hv)=\frac{A(hv-E_g+E_{ph})^2}{e^{E_{ph}/kT}-1}\qquad（2.51）$$

如果是透過激發產生聲子來完成電子之躍遷，則其吸收係數為

$$\alpha_e(hv)=\frac{A(hv-E_g-E_{ph})^2}{1-e^{-E_{ph}/kT}}\qquad（2.52）$$

由於這兩種情況都可能發生，因此間接躍遷之吸收係數 $\alpha(hv)=\alpha_a(hv)+\alpha_e(hv)$。

從上面式子中，可以發現在極低溫情況下，聲子密度非常小，使得 $\alpha_a(hv)$ 非常小。此外，上面的推導是假設在光吸收過程中，只有一個聲子參與作用，但事實上有可能同時有許多型態的組合參與作用，例如縱模的聲頻聲子（longitudinal acoustic phonon）或橫模（transver）的聲頻聲子（TA phonon）或 TA+LA…。

實際上，在直接能隙半導體材料中，也可能發生聲子輔助的光吸收（間接躍遷），如圖 2.23(a)，電子在初始能態 E_i 也可能透過聲子作用，躍遷到 E_f^a 或 E_f^e 的末狀態。同樣的，在間接能隙半導體材料中，如果入射的光子能量過高，在沒有聲子輔助情形下，也會發生直接躍遷，如圖 2.23(b)，電子在初始能態 E_i^* 會吸收高能量光子直接躍遷到 E_f 的末狀態。以矽（Si）為例，能產生直接躍遷之光子能量約高於 3.3 電子伏特（eV）。相對於直接躍遷光吸收過程，間接躍遷需要電子跟聲子來參與，其吸收係數不僅跟電子占據在初始狀態（價電帶）的能態密度及未填滿末狀態（導電帶）的能態密度有關，還決定於能提供所需動量之聲子密度，因此間接躍遷之光吸收係數常較直接躍遷之光吸收係數

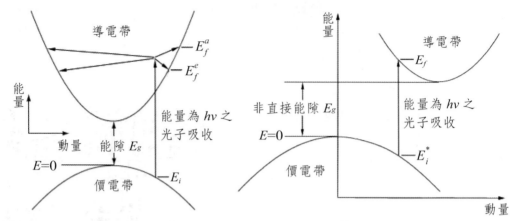

圖 2.23　(a) 在直接能隙的半導體材料中，也可能發生間接躍遷。(b) 而在非直接能隙半導體中也會發生高能量的直接躍遷

小，導致光子在非直接能隙半導體中所能穿透之深度，遠較在直接能隙半導體深。圖 2.24 為室溫（300K）狀況下，矽（Si）、鍺（Ge）、砷化鎵（GaAs）、磷化銦（InP）、氫化非晶矽（a-Si:H）及三元、四元化合物等半導體材料之光吸收係數和光子能量之關係圖。從圖中可以清楚發現直接能隙半導體材料如砷化鎵（GaAs）、磷化銦（InP）在能隙邊界具有上升極為快速的光吸收係數。反之，非直接能隙半導體材料如矽（Si）、鍺（Ge）之光吸收係數則隨能量增加緩慢上升。

　　除了前面所介紹的幾種光吸收過程外，還有其他幾種機制也可能扮演著重要的角色：譬如當半導體材料外加有電場時，會增加電子穿隧（tunneling）到禁止能帶（forbidden gap）的機率，導致光吸收起始值往較低能量偏移及光吸收係數的增加。此效應稱為 Franz-Keldysh 效應。還有透過禁止能帶內的侷限能態來吸收光子也是一種可能發生的途徑。此外，在高摻雜（heavy dpoed）半導體材料或者高階注入（high-level injection）情形，會發生導電帶有部分能態被填滿或價電帶有部分能態沒有電子占據等簡併效應，導致光吸收起始值往較高能量偏移的現象，被稱為 Burstein-Miss 偏移（shift）。

　　此外，在導電帶的電子有可能會吸收光子的能量而躍遷到導電帶中能量更

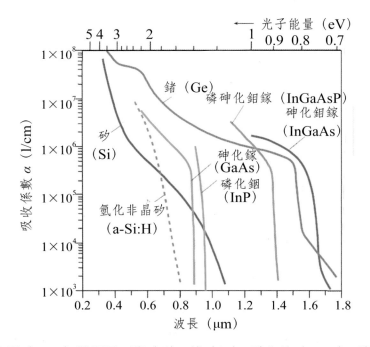

圖 2.24　室溫（300K）狀況下，矽（Si）、鍺（Ge）、砷化鎵（GaAs）、磷化銦（InP）、氫化非晶矽（a-Si:H）及三元、四元化合物半導體材料之吸收係數和光子波長（能量）的關係圖

高的未填滿能態，相同的，價電帶中能量較低的電子也會吸收光子的能量而躍遷到價電帶中能量較高的空能態（電洞），都稱為自由載子吸收（free carrier absorption）。因為自由載子吸收係數會隨著入射光波波長增加而增加（$\alpha_{fc} \propto \lambda^{\gamma}$；$1.5 < \gamma < 2.5$），所以一般只有在光子的能量 $h\nu < E_g$ 時，此效應會扮演比較重要的角色。

　　自由載子吸收現象可以被利用來探測太陽電池的超量載子濃度（excess carrier concentration），以決定載子復合的相關參數，但在單接面太陽電池元件中，它並不會影響到電子電洞對的產生，因此可以被忽略。但對於串疊型多接面太陽電池（tandem solar cell）來說，其元件結構為多種能隙的半導體電池結構串疊在一起，從光線入射方向過來，依序為寬能隙（E_{g1}）電池，緊接著為中能隙（E_{g2}）電池，再來為窄能隙（E_{g3}）電池，依此串聯，其中 $E_{g1} > E_{g2} > E_{g3}\cdots$。

此結構設計的目的是希望在光吸收過程中，能量小於 E_{g1} 的光子會穿透第一層電池，到達第二層；能量小於 E_{g2} 的光子會穿透第二層電池，到達第三層；依此類推。但自由載子吸收效應將會減少入射進入第二層及第三層的光子數量，進而影響到整體太陽電池的效率。

在一個太陽電池元件中，假設光線從 $x = 0$ 端入射，則每個位置電子電洞對（electron-hole pair）產生的速率事實上跟吸收係數有重要關聯，一般可以將此一速率（每立方公分每秒產生的電子電洞對數量）寫為

$$G(x) = (1 - m) \int_{\lambda} (1 - R(\lambda)) \cdot S(\lambda) \cdot \alpha(\lambda) \cdot e^{-\alpha x} d\lambda \qquad (2.53)$$

其中 m 是金屬柵極遮蔽因子（metal grid shadowing factor）、$R(\lambda)$ 是反射係數、$\alpha(\lambda)$ 是吸收係數、$S(\lambda)$ 是入射的光子通量（每單位面積每秒每單位波長入射的光子數量），也就是將每單位波長入射的光子功率密度除以所對應的光子能量。

從（2.53）式可以推得電子電洞對產生速率隨位置變化關係為 $G(x) \propto e^{-\alpha x}$，代表電子電洞對的濃度隨光子穿透深度而指數遞減，如圖 2.25 所示。

2.2.6 載子復合

前面有提到不論是本質半導體或摻有雜質的外質半導體，在熱平衡狀態下，其電子濃度與電洞濃度的乘積恆維持定值。如果此一熱平衡狀態受到擾亂，譬如以照光激發產生電子電洞對或外加偏壓方式注入電流，則材料內部

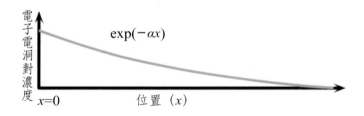

圖 2.25　電子電洞對（electron-hole pair）濃度隨位置變化的關係圖

勢必會發生一些使系統回復熱平衡狀態的過程，讓電子及電洞濃度回到平衡狀態。對於以光照或注入電流而造成系統內載子超量的現象，回復平衡的機制就是「復合（recombination）」。所謂的復合就是讓一個導電電子從導電帶，躍遷回價電帶，填補一個價電帶的空能態（電洞）的過程。復合過程所釋放出來的能量，可以輻射光子方式釋出，也可以透過碰撞，將能量轉移給其他載子或造成晶格震盪（熱）。一般，如果在復合過程是以輻射光子方式釋放能量，則稱為發光性復合（radiative recombination），反之，則被稱為非發光性復合（nonradiative recombination）。復合過程又可分類為直接（direct）及間接（indirect）過程，其中直接復合又稱為帶至帶復合（band-to-band recombination）。而間接復合則包括透過禁止能帶中的缺陷能態達成復合，或透過能量與動量轉換至第三個粒子來達成復合（也就是所謂的 Auger 復合）。這些可能的復合機制對太陽電池的效能有重大的影響，將一一的介紹。

首先來探討發光性復合（radiative recombination），事實上，發光性復合就是光吸收的反向過程（inverse process），在光吸收過程中，價電子吸收光子的能量，從價電帶躍遷到導電帶成為導電電子，並在價電帶留下一個空能態，成為電洞；因為光子僅攜帶微小的動量，為了滿足動量守恆，電子或直接躍遷到具有幾乎相等動量的導電帶空能態上，或在聲子輔助下，躍遷到導電帶空能態上。而發光性復合就是導電帶的電子直接躍遷回價電帶，填補價電帶的空能態（電洞），並同時放射出光子。所以復合速率（R）應該正比於導電帶的電子濃度（n）、價電帶的空能態（電洞）濃度（p）、及電子從導電帶躍遷到價電帶空能態的機率（P_{cv}）三者乘積，也就是

$$R = P_{cv} \cdot np \qquad （2.54）$$

要了解發光性復合速率，必須先從熱平衡狀態開始。實際上，所謂在熱平衡狀態下，一半導體材料會具有多少濃度電子或電洞，並不是指這些導電電子或電洞永遠存在不會消失，而是熱擾動產生電子電洞對的速率（G_{th}），與電子

電洞對復合消失的速率（R_{th}）相等，也就是 $R_{th} = G_{th}$；其中下標「th」代表是熱平衡狀態下。因此，不管是本質、n 型或 p 型半導體，只要是在熱平衡狀態下，其產生電子電洞對的速率必須等於電子電洞對復合速率，使得載子濃度維持 $pn = n_i^2$ 的狀況。

當超量載子被導入時，其總復合速率（R_c）可以表示為

$$R_c = R_{th} + U = P_{cv}(n_0 + \Delta n) \cdot (p_0 + \Delta p) = P_{cv}np \qquad (2.55)$$

其中 $n = n_0 + \Delta n$，$p = p_0 + \Delta p$，Δn、Δp 為超量載子濃度，而 n_0、p_0 分別代表熱平衡狀況下電子與電洞濃度；U 則為淨復合速率。

我們知道當 pn 乘積值趨近於平衡時的 $n_i^2 = n_0 p_0$，總復合速率（R_C）會回復為 R_{th}。也就是 $R_c = R_{th} = P_{cv} n_i^2$，求得

$$P_{cv} = \frac{R_{th}}{n_i^2} = \frac{R_{th}}{n_0 p_0} \qquad (2.56)$$

所以（2.55）式可以改寫為

$$R_{th} + U = \frac{(n_0 + \Delta n) \cdot (p_0 + \Delta p)}{n_0 p_0} \cdot R_{th} = \frac{n_0 p_0 + n_0 \Delta p + p_0 \Delta n + \Delta n \Delta p}{n_0 p_0} \cdot R_{th} \qquad (2.57)$$

在低階注入（low-level injection）情況下，$\Delta n \Delta p$ 相對於 $n_0 p_0$ 可以忽略不計，因此可以寫為

$$\frac{U}{R_{th}} \approx \frac{\Delta n}{n_0} + \frac{\Delta p}{p_0} \qquad (2.58)$$

假設 $\Delta n = \Delta p$，則從上式中可以發現：U 主要由濃度較低的載子決定，也就是少數載子（minority carrier）。而在熱平衡狀況下，顯然 $U = 0$。

由此可以發現超量少數載子發光性復合消失所需要的時間就等於超量少數載子濃度與淨復合速率之比值，所以超量少數載子的生命期（lifetime；τ）就可以定義為

$$\tau \equiv \frac{\Delta n}{U} = \frac{1}{R_{th}} \frac{n_0 p_0}{n_0 + p_0} \qquad (2.59)$$

也就是淨復合速率

$$U = \frac{\Delta n}{\tau} \qquad (2.60)$$

以本質半導體而言，$n_0 = p_0 = n_i$，因此由（2.59）及（2.60）式可以推得 $\tau = \frac{n_i}{2R_{th}} = \frac{1}{2P_{cv} n_i}$ ，$U = \frac{n - n_0}{\tau_n} = \frac{p - p_0}{\tau_p}$ 。

對一 n 型半導體來說，$n_n \approx n_{n0} \gg p_{n0}$，可推得 $U = \frac{p_n - p_{n0}}{\tau_p}$，其中 $\tau_p = \frac{1}{P_{cv} n_{n0}}$。而對 p 型半導體，則 $p_p \approx p_{p0} \gg p_{p0}$，故 $U = \frac{n_p - n_{p0}}{\tau_n}$ ，其中 $\tau_n = \frac{1}{P_{cv} p_{p0}}$。這裡 n_{n0}、p_{n0}、n_{p0} 以及 p_{p0} 分別代表在熱平衡狀況下，n 型及 p 型半導體中的電子與電洞濃度。

在高階注入（low-level injection）情況下，$\Delta n = \Delta p \gg n_0, p_0$，因此（2.57）及（2.59）式可以寫為

$$\frac{U}{R_{th}} \approx \frac{\Delta n(n_0 + p_0 + \Delta n)}{n_0 p_0} \qquad (2.61)$$

$$\tau \equiv \frac{\Delta n}{U} = \frac{1}{R_{th}} \frac{n_0 p_0}{(n_0 + p_0 + \Delta n)} \approx \frac{1}{P_{cv} \cdot \Delta n} \qquad (2.62)$$

對非直接能隙半導體材料而言，因為在導電帶底部的電子所具有動量並不匹配於在價電帶頂端的電洞，在復合過程必須要有聲子的輔助，才能同時達到動量與能量的守恆，所以發生發光性復合的機率常遠小於直接能隙半導體材料。因此經由能隙中間的缺陷能態（trap states）進行間接躍遷，為非直接能隙半導體材料中主要的復合過程。這些侷限缺陷能態（localized trap states）包括一些過渡金屬（transition metal）或貴重金屬（normal metal），如鐵（Fe）、鎳（Ni）、鈷（Co）、鎢（W）、金（Au）等雜質所形成之深層能階（deep level），也包括輻射或製程中所產生的一些缺陷（defects），如空位（vacancy）、

間隙（interstitial）、對位（antisite）、複合點缺陷（defect complex）、錯位（dislocation）及晶界（grain boundary）等所形成之缺陷能態；電子與電洞透過這些缺陷能態進行捕捉復合的過程中，是以發射聲子（phonon emission）方式釋放能量，而不會發光，所以此種復合過程稱為非發光性復合（nonradiative recombination），一般常以所謂的 Shockley-Read-Hall（SRH）模型說明。

圖 2.26 即根據 SRH 模型所提出電子及電洞透過侷限缺陷能態進行發射或捕捉等過程之示意圖。由圖中可清楚了解透過電洞發射及電子發射過程可產生電子電洞對；同樣的，電子及電洞也可以透過捕捉過程完成復合。

從上述四種電子電洞發射捕捉過程，嘗試來推導 SRH 模型的載子復合速率。首先假設所討論的半導體材料是一個非簡併（non-degenerate）的系統，且具有密度 N_t、能階 E_t 之單一侷限缺陷能態（single level trap），且 N_t 遠小於多數載子濃度，並定義相關物理參數如下：

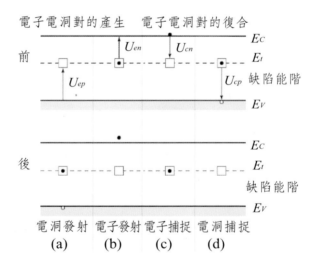

圖 2.26 在熱平衡狀態下，電子電洞對（electron-hole pair）經由能隙中間的缺陷能態（E_t）進行發射、捕捉等過程之示意圖

U_{cn} 代表單位體積內電子被缺陷能態捕捉之速率（單位為 $1/\text{cm}^3 \cdot \text{sec}$）

U_{en} 代表單位體積內電子從缺陷能態發射之速率（單位為 $1/\text{cm}^3 \cdot \text{sec}$）

U_{cp} 代表單位體積內電洞被缺陷能態捕捉之速率（單位為 $1/\text{cm}^3 \cdot \text{sec}$）

U_{ep} 代表單位體積內電洞從缺陷能態發射之速率（單位為 $1/\text{cm}^3 \cdot \text{sec}$）

c_n 及 c_p 分別代表電子與電洞被缺陷能態捕捉之比例常數（單位為 $1/\text{cm}^3 \cdot$ sec），分別正比於電子或電洞與缺陷復合中心作用之截面積（σ_n、σ_p）與電子或電洞之平均熱速度（$\langle v_{th} \rangle = \sqrt{\dfrac{3kT}{m^*}}$）。也就是 $c_n = \langle v_{th} \rangle \, \sigma_n$、$c_p = \langle v_{th} \rangle \, \sigma_p$。

e_n 及 e_p 分別代表單位時間電子與電洞從缺陷能態被發射之機率（單位為 1/sec），則在熱平衡狀態下，一個缺陷能階被電子填滿的機率為

$$f_t = \frac{1}{1 + e^{(E_t - E_F)/kT}} \tag{2.63}$$

一般而言，電子被缺陷能態捕捉的速率應該正比於導電帶的電子濃度、電子被缺陷能階捕捉的作用截面積（cross section），以及沒有被電子填滿之缺陷能態密度，可以寫為

$$U_{cn} = c_n \cdot n \cdot N_t \cdot (1 - f_t) \tag{2.64}$$

而電子從缺陷能態被發射出來的機率，則只跟被電子填滿之缺陷能態密度，以及單位時間電子從缺陷能態被發射之機率有關，所以可以寫為

$$U_{en} = e_n \cdot N_t \cdot f_t \tag{2.65}$$

同理，電洞被缺陷能態捕捉的機率 U_{cp} 及從缺陷能態被發射出來的機率 U_{ep} 分別可以寫為

$$U_{cp} = c_p \cdot p \cdot N_t \cdot f_t \tag{2.66}$$

$$U_{ep} = e_p \cdot N_t \cdot (1 - f_t) \tag{2.67}$$

根據所謂的複雜平衡定律（principle of detailed balance）：在熱平衡狀態下，缺陷能階發射跟捕捉電子或電洞的速率必須相同，也就是

$$U_{cn} = U_{en} \tag{2.68}$$

$$U_{cp} = U_{ep} \tag{2.69}$$

所以就可以得到

$$e_n = c_n \cdot n_0 \cdot (1 - f_t)/f_t \tag{2.70}$$

$$e_p = c_p \cdot p_0 \cdot f_t/(1 - f_t) \tag{2.71}$$

將（2.70）及（2.71）式相乘，可以獲得

$$e_n e_p = c_n c_p \cdot n_0 p_0 = c_n c_p \cdot n_i^2 \tag{2.72}$$

又從（2.63）式得到

$$(1 - f_t)/f_t = e^{(E_t - E_F)/kT} \tag{2.73}$$

最後可以解得

$$e_n = c_n \cdot n_0 \cdot e^{(E_t - E_F)/kT} = c_n \cdot n_1 \tag{2.74}$$

$$e_p = c_p \cdot p_0 \cdot e^{(E_F - E_t)/kT} = c_p \cdot p_1 \tag{2.75}$$

其中定義

$$n_1 = n_0 \cdot e^{(E_t - E_F)/kT} = n_i \cdot e^{(E_F - E_i)/kT} \cdot e^{(E_t - E_F)/kT} = n_i \cdot e^{(E_i - E_t)/kT} \qquad (2.76)$$

$$p_1 = p_0 \cdot e^{(E_F - E_t)/kT} = n_i \cdot e^{(E_i - E_F)/kT} \cdot e^{(E_F - E_t)/kT} = n_i \cdot e^{(E_i - E_t)/kT} \qquad (2.77)$$

代表當費米能量 E_f 剛好跟缺陷能態能量 E_t 一致時之電子及電洞濃度。

現在來討論系統在非熱平衡，但處於穩定態（seady state）情形，此時電子被缺陷能態捕捉的淨速率為

$$U_n = U_{cn} - U_{en} = c_n \cdot N_t \cdot [(n-n_0) \cdot (1-f_t)] = c_n \cdot N_t \cdot [n \cdot (1-f_t) \cdot n_1 f_t] \qquad (2.78)$$

而電洞被缺陷能態捕捉的淨速率則為

$$U_p = U_{cp} - U_{ep} = c_p \cdot N_t \cdot [(p-p_0) \cdot f_t] = c_p \cdot N_t \cdot [p \cdot f_t - p_1 \cdot (1-f_t)] \qquad (2.79)$$

假設維持電中性（$\Delta n = \Delta p$），並考慮電子跟電洞被缺陷能態捕捉之淨速率相同（$U_n = U_p = U$）情況下，可以推得

$$f_t = \frac{c_n n + c_p p_1}{c_p(p + p_1) + c_n(n + n_1)} \qquad (2.80)$$

代入（2.78）及（2.79）式，求得

$$U = U_n = U_p = \frac{(np - n_i^2)}{\tau_{p0}(n + n_1) + \tau_{n0}(p + p_1)} \qquad (2.81)$$

$$= \frac{(np - n_i^2)}{\tau_{p0}(n + n_i e^{(E_t - E_i)/kT}) + \tau_{n0}(p + n_i e^{(E_i - E_t)/kT})}$$

其中

$$\tau_{p0} = \frac{1}{c_p \cdot N_t} = \frac{1}{\sigma_n \langle v_{th} \rangle \cdot N_t} \qquad (2.82)$$

$$\tau_{n0} = \frac{1}{c_n \cdot N_t} = \frac{1}{\sigma_p \langle v_{th} \rangle \cdot N_t} \qquad (2.83)$$

將 $n = n_0 + \Delta n$、$p = p_0 + \Delta p$ 代入（2.81）式，可求得超量載子的生命期為

$$\tau_0 = \frac{\Delta n}{U_n} = \frac{\Delta p}{U_p} = \frac{\tau_{p0}(n_0 + n_1 + \Delta n)}{(n_0 + p_0 + \Delta n)} + \frac{\tau_{n0}(p_0 + p_1 + \Delta p)}{(n_0 + p_0 + \Delta p)} \qquad (2.84)$$

因為在低階注入情況下 $\Delta n \ll n_0$ 且 $\Delta p \ll p_0$，所以（2.84）式可以簡化為

$$\tau_0 = \frac{\tau_{p0}(n_0 + n_1) + \tau_{n0}(p_0 + p_1)}{n_0 + p_0} \qquad (2.85)$$

可以發現在低階注入狀況下，超量載子生命期跟超量載子濃度無關。此外，對一 n 型半導體而言，因為 $n_0 \gg p_0, n_1, p_1$，所以可以再化簡得 $\tau_0 = \tau_{p0}$。同理對 p 型半導體（$p_0 \gg n_0, n_1, p_1$），則可化簡得 $\tau_0 = \tau_{n0}$。由此可知，對於外質半導體，其超量載子生命期主要是由少數載子的生命期所決定。也顯示少數載子生命期在低階注入狀況下之超量載子復合過程中是非常重要且關鍵的物理量。

在高階注入（high level injection）狀況下，則 $\Delta n = \Delta p \gg n_0, p_0$，（2.84）式變成

$$\tau_h = \tau_{p0} + \tau_{n0} \qquad (2.86)$$

顯示高階注入極限下，超量載子生命期達到最大值，且跟注入超量載子濃度無關。一般而言，在介於低階注入跟高階注入極限之間的所謂中階注入（intermidiate-injection）情形下，超量載子生命期會跟注入超量載子濃度相關，也會跟 n_1、p_1 相關，而 n_1、p_1 則跟所摻入雜質濃度相關。

從上面的討論，了解到在半導體內部載子復合機制中，少數載子生命期是一個極為重要的物理參數，一個具有較少缺陷密度的高品質半導體材料，其少數載子生命期會較長；反之，一個具有較多缺陷密度的低品質半導體材料，其少數載子生命期會較短。因此少數載子生命期的長短對半導體元件的性能扮演很重要的角色，譬如會影響到 p-n 接面太陽電池的轉換效率及雙載子接面電晶體之切換速度等。

除了在材料內部的侷限缺陷能態會形成電子電洞對的復合中心外，材料表面及介面，由於原子結構的突然中斷，會產生許多缺陷，如懸空鍵（dangling bonds）。一般，這些表面及介面缺陷也會在能隙中間形成具有連續分布的缺陷能帶，稱為表面能態（surface states）。如同前面 SRH 模型所討論的缺陷能態一般，這些表面能態也會扮演電子電洞對的復合中心，並大幅增加載子在表面區域的復合速率。考慮表面能態不再如同 SRH 模型所討論的單一缺陷能態 E_t，而是具有連續分布的缺陷能帶密度分布 $D_s(E_t)$，故將（2.81）式稍作修正後，表面復合速率可以表示為

$$R_S = \int_{E_V}^{E_C} \frac{pn - n_i^2}{(p + n_i e^{(E_i - E_t)/kT})/S_n + (n + n_i e^{(E_t - E_i)/kT})/S_p} D_S(E_t)dE_t \qquad (2.87)$$

其中，E_t 為缺陷能階能量，$D_S(E_t)$ 為相對應 E_t 能量之表面缺陷態密度；並定義出相對應於載子生命期之物理參數：電子及電洞之表面復合速率

$$S_n = \frac{1}{\tau_{n0}} = \sigma_n \cdot \langle v_{th} \rangle \cdot N_{st} \qquad (2.88)$$

$$S_p = \frac{1}{\tau_{p0}} = \sigma_p \cdot \langle v_{th} \rangle \cdot N_{st} \qquad (2.89)$$

在這裡，N_{st} 代表每單位面積表面缺陷態的數目，也就是表面缺陷態復合中心的密度。

在低階注入狀況，且在表面電子濃度等於本體多數載子濃度（也就是 n 型半導體）的極限情況下，（2.87）式可簡化為

$$R_S = S_p(p - p_0) \qquad (2.90)$$

同理，在表面電洞濃度等於本體多數載子濃度（也就是 p 型半導體）的極限情況下，（2.87）式可簡化為

$$R_S = S_n(n - n_0) \qquad (2.91)$$

接下來，要討論帶至帶歐傑復合（band-to-band Auger recombination）。

歐傑復合有些類似於發光性復合過程，在帶至帶發光性復合（band-to-band radiative recombination）過程中，電子跟電洞對復合時，會將其能量以光子形式釋放，而歐傑復合則是將其能量轉移給另一個載子。如同發光性復合是光吸收的逆反應，而 Auger 復合則是撞擊游離（impact ionization）的逆反應，所謂的撞擊游離是指當一個高能電子撞擊到晶體原子，會將原子間的鍵結價電子游離，產生電子電洞對。

　　圖 2.27 所示為帶至帶歐傑復合的兩種可能過程及其相對應的逆反應。歐傑復合是一種三個粒子共同參與作用的過程，其中過程包括導電帶中的電子跟電子碰撞，獲得動能的電子能量提升，損失動能的電子跟價電帶的電洞發生復合（如圖 2.27(a) 所示），其相對應的逆反應就是高能量電子撞擊到晶體原子，導致原子間的鍵結價電子游離，產生電子電洞對（如圖 2.27(b) 所示）；或是價電帶中的電洞跟電洞碰撞，獲得動能的電洞能量提升，而損失動能的電洞跟導電帶的電子發生復合（如圖 2.27(c) 所示），其相對應的逆反應就是高能量電洞撞擊到晶體原子，導致原子間的鍵結價電子游離，產生電子電洞對（如圖 2.27(b)

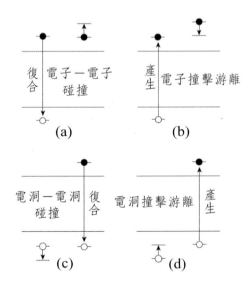

圖 2.27　(a)、(c) 為歐傑復合的兩種可能過程；(b)、(d) 為其相對應的逆反應

所示）。在歐傑復合過程獲得能量的高能電子或電洞最後會藉由多次發射聲子（與晶格原子碰撞）方式逐步消耗能量，回到導電帶的底部（電子）或價電帶的頂部（電洞）。

在能隙較小的半導體材料如銻化銦（InSb）中，其少數載子的生命期常被歐傑復合所決定，載子易透過電子－電子或電洞－電洞碰撞所引起的歐傑復合而喪失能量。此外，因為歐傑復合過程包含三個粒子參與作用，通常當載子濃度非常高時（高摻雜濃度或高階注入情況），其效應會越顯重要。

要推導歐傑復合速率，必須考量歐傑復合過程包含三個粒子參與作用，因此如果是電子－電子碰撞引發的歐傑復合，其復合速率應該正比於導電帶的電子濃度（n）的平方、價電帶的空能態（電洞）濃度（p）、及發生電子捕捉的機率（P_{An}）；如果是電洞－電洞碰撞引發的歐傑復合，其復合速率應該正比於價電帶的空能態（電洞）濃度（p）的平方、導電帶的電子濃度（n）、及發生電洞捕捉的機率（P_{Ap}）；而歐傑復合的總速率必須將兩種可能過程的速率加總一起，所以可以表示為

$$R_{Auger} = P_{An} \cdot n^2 p + P_{Ap} \cdot np^2 \qquad （2.92）$$

當系統處於熱平衡狀況下，其復合速率應該等於載子產生速率，因此此時

$$R_{Ath} = G_{th} = P_{An} \cdot n_0^2\, p_0 + P_{Ap} \cdot n_0\, p_0^2 \qquad （2.93）$$

因此當系統在非熱平衡，但處於穩定態（seady state）情形，此時歐傑復合的淨速率可以寫為

$$U_A = R_{Auger} - G_{th} = P_{An} \cdot (n^2 p - n_0^2\, p_0) + P_{Ap} \cdot (np^2 - n_0\, p_0^2) \qquad （2.94）$$

其中 P_{An}、P_{Ap} 可以從歐傑復合相對應的逆反應（撞擊游離過程）計算求得，也就是在熱平衡下，電子透過歐傑復合消失的速率應該會等於電子撞擊游離產生電子電洞對的速率對電子能量之波茲曼分布函數（Boltzmann distribution）

平均，也就是

$$P_{An} \cdot n_0^2 p_0 = \int_0^\infty P(E)\,(dn/dE)\,dE \tag{2.95}$$

$P(E)$ 是單位時間內，能量為 E 的電子發生游離碰撞的機率，可以被表示為

$$P(E) = (mq^4/2h^3) \cdot G \cdot (E/E_t - 1)^S \tag{2.96}$$

其中 $G < 1$，反映半導體能帶結構複雜函數的一個參數；E_t 是撞擊游離過程相關的一個數值，一般約為 1.5 倍的能隙值（$E_t \approx 1.5E_g$），而指數 S 則由晶格在動量空間（momentum space）在臨界能量（threshold energy）為 E_t 時之對稱性所決定，為一整數。將（2.96）式代入（2.95）式，可以得到

$$P_{An} \cdot n_i^2 = \left(\frac{S}{\sqrt{\pi}}\right)\left(\frac{mq^4}{h^3}\right) \cdot G \cdot \left(\frac{kT}{E_t}\right)^{(S-1/2)} e^{-E_t/kT} \tag{2.97}$$

（2.97）式顯示電子的歐傑復合機率跟溫度及半導體能隙的指數函數相關。以矽（Si）跟鍺（Ge）為例，矽半導體的 $P_{An}(\text{Si}) = 2.8 \times 10^{-31}\text{cm}^6/\text{sec}$、$P_{Ap}(\text{Si}) = 10^{-31}$ cm^6/sec，而鍺半導體的 $P_{An}(\text{Ge}) = 8 \times 10^{-32}\text{cm}^6/\text{sec}$、$P_{Ap}(\text{Ge}) = 2.8 \times 10^{-31}\text{cm}^6/\text{sec}$。

而歐傑生命期（Auger lifetime）則由（2.94）式推得

$$\tau_A = \frac{\Delta n}{U_A} = \frac{1}{n^2 \cdot P_{An} + 2n_i^2(P_{An} + P_{Ap}) + p^2 \cdot P_{Ap}} \tag{2.98}$$

假設一個本質半導體（$n = p = n_i$），其 $s = 2$ 且 $P_{An} \neq P_{Ap}$，代入（2.98）式求得

$$\tau_{Ai} = \frac{1}{3n_i^2(P_{An} + P_{Ap})} = 3.6 \times 10^{-17}\,(E_t/kT)^{3/2} e^{E_t/kT} \tag{2.99}$$

顯示本質半導體的歐傑生命期跟溫度及能隙有密切關聯。在室溫（300K）時，本質矽的歐傑生命期約為 $4.48 \times 10^9\text{sec}$，而本質鍺的歐傑生命期約為 $1.61 \times 10^3\text{sec}$，因此對大部分的本質半導體而言，歐傑復合是一個不太可能會發生的

復合過程。

　　另外（2.98）式也顯示對於高摻雜濃度的半導體材料而言，其歐傑生命期與多數載子濃度平方成反比。所以能隙小、高摻雜或高溫三種狀況下，歐傑復合過程常會主導材料內部載子的生命期。譬如在摻雜濃度約為 $10^{19}\mathrm{cm}^{-3}$ 的 n 型半導體，其歐傑生命期約為 $10^{-8}\mathrm{sec}$。也就是考慮 n 型半導體（$n_0 \gg p_0$）在低階注入（$\Delta n \ll n_0$）情況下，歐傑復合的淨速率可以簡化為

$$U_A \approx P_{An} \cdot n_0^2 \cdot (p-p_0) \tag{2.100}$$

因此
$$\tau_{Ap} = \frac{p-p_0}{U_A} = \frac{1}{P_{An} \cdot n_0^2} \tag{2.101}$$

同理，對 p 型半導體（$p_0 \gg n_0$）在低階注入（$\Delta p \ll p_0$）情況下

$$\tau_{An} = \frac{n-n_0}{U_A} = \frac{1}{P_{Ap} \cdot p_0^2} \tag{2.102}$$

　　至於在高階注入（high level injection）狀況下，則 $\Delta n = \Delta p \gg n_0, p_0$，（2.98）式變成

$$\tau_{Ah} = \frac{1}{\Delta n_i^2(P_{An}+P_{Ap})} \tag{2.103}$$

　　前面分別介紹了幾種載子復合的可能過程，但實際上在半導體材料中，每一個復合過程，都平行的在發生，而且在能隙內，也有可能存在多種的缺陷，因此載子總復合速率應該是每一種復合過程速率的相加，也就是

$$U_{total} = \left[\sum_{traps.} U_{SRH,i}\right] + U_{radiative} + U_{Auger} + \cdots \tag{2.104}$$

因此載子的有效生命期可寫為

$$\frac{1}{\tau_{total}} = \left[\sum_{traps,i}\frac{1}{\tau_{SRH,i}}\right] + \frac{1}{\tau_{radiative}} + \frac{1}{\tau_{Auger}} + \cdots \tag{2.105}$$

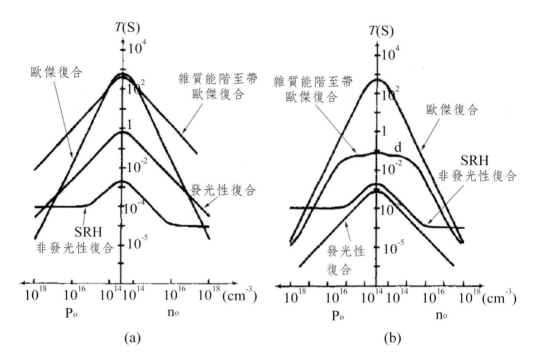

圖 2.28　室溫下 (a) 非直接能隙半導體（如矽、鍺）與 (b) 直接能隙半導體材料在不同摻雜濃度時，四種復合過程所主導載子生命期的比較

　　為了讓讀者對上述所介紹的各種復合過程在實際上對載子生命期的影響有全盤概念，圖 2.28 定性地描繪出四種復合過程對超量載子生命期的作用，及多數載子濃度對超量載子生命期的影響。圖 2.28(a) 為非直接能隙半導體材料超量載子生命期的比較圖，可以清楚的發現在一般摻雜濃度範圍，透過缺陷態捕捉的復合過程（SRH 非發光性復合）是載子復合的主要途徑，而當摻雜濃度提高至 $10^{18} cm^{-3}$ 以上，則帶至帶的歐傑復合會主導超量載子生命期。但對直接能隙半導體材料而言（如圖 2.28(b)），除了在高摻雜情況，發光性復合始終主導超量載子生命期。

2.2.7　傳導及擴散

　　誠如前面所討論的，半導體材料內部的導電電子和電洞，其行為可以視為如自由電子般具有相同電荷量（電子帶負電，電洞帶正電）及有效質量 m_n^*、m_p^*（納入晶格位能場的影響）。在熱平衡狀態下，一個古典粒子的平均熱能可由能量均分定理（equipartition theorem）得到，也就是一個粒子的動能將會平均、相等地分配在各個自由度上，每個自由度具有 $1/2kT$ 的能量，其中 k 為波茲曼常數（Boltzman constant），T 為絕對溫度。因此在半導體內載子的動能為

$$E_k = \frac{m^* \langle v_{th} \rangle^2}{2} = \frac{3kT}{2} \tag{2.106}$$

其中 m^* 為載子的有效質量，而$\langle v_{th} \rangle$則為平均熱速率。因此，在熱平衡狀態下，半導體內的載子會如理想氣體般，在任意方向進行快速的移動。如圖 2.29(a) 所示，此一隨機熱運動可以視為載子與晶格原子、雜質離子、晶體缺陷、其他載子、聲子或其他散射中心碰撞所引發的一連串隨機散射過程。雖然此一連串散射過程是完全隨機的，但仍可以定義兩次碰撞間載子所移動的平均距離為平均自由徑 l（mean free path），同理，載子兩次碰撞所間隔的平均時間稱為平均自由時間 τ（mean free time）。一般，在室溫下，半導體中載子的熱速度約為 10^7cm/sec，平均自由徑約為 10^{-5}cm，而平均自由時間則約為 10^{-12}sec。

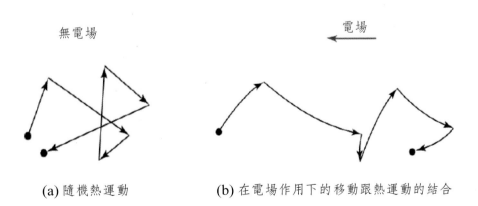

無電場　　　　　　　　　　　　　電場

(a) 隨機熱運動　　　　　　　(b) 在電場作用下的移動跟熱運動的結合

圖 2.29　半導體中電子運動示意圖

　　此外，半導體內的導電電子和電洞也如同古典粒子般，具有漂移（drift）和擴散（diffusion）的性質。所謂漂移是指帶電粒子對外加電場的反應，也就是當電場外加在一個均勻摻雜的半導體時，其內部載子會承受一個 $q\vec{E}$ 的作用力，因此在任兩次碰撞之間，會沿著電場方向（q 為正電荷，如電洞）或反方向（q 為負電荷，如電子）加速移動（如圖 2.29(b) 所示）。其能帶圖會沿電場的方向往上彎（如圖 2.30），看起來，就好像電子往下滑而電洞往上浮。

　　上述無電場下的隨機熱運動將導致在足夠長時間下，單一載子的淨位移為零，但在外加電場下，雖然仍有隨機熱運動，但任兩次碰撞間載子加速的方向始終維持一致，因此，一段時間後，載子會沿著電場方向（電洞）或反方向（電子）有平均速度及淨位移，此一平均速度就稱為漂移速度（drift velocity）。此一漂移速度可以從載子在平均自由時間內從電場所獲得的動量除以載子有效質量求得，也就是

$$\vec{v_d} = \frac{載子動量}{m^*} = \frac{在自由飛行期間電場所提供動量}{m^*} = \frac{\vec{F} \cdot dt}{m^*} = \frac{q\vec{E} \cdot \tau}{m^*} \quad （2.107）$$

可以發現載子漂移速度會正比於所施加電場，兩者絕對值的比值就定義為載子的遷移率（mobility），也就是

$$\mu = \frac{|\vec{v_d}|}{|\vec{E}|} = \frac{q\tau}{m^*} \quad （2.108）$$

載子遷移率的單位為平方公分／伏特－秒（cm^2/V-sec），是一個描述施加電場

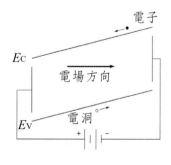

圖 2.30　以能帶圖（band diagram）概念，說明載子在半導體中受到電場作用下，產生漂移效果

強度對載子移動速度影響的重要參數，除非施加電場太強，否則一般半導體材料的載子遷移率基本上跟電場強度無關。

因此，電子與電洞的漂移電流密度可寫成

$$\vec{J}_n^{drift} = -qn\vec{v}_{d,n} = q\mu_n n\vec{E} = -q\mu_n n\nabla\phi \qquad (2.109)$$

及

$$\vec{J}_p^{drift} = -qp\vec{v}_{d,p} = q\mu_p p\vec{E} = -q\mu_p p\nabla\phi \qquad (2.110)$$

其中ϕ為電位場（$\vec{E} = -\nabla\phi$）。

前面提到，載子的傳導之所以會展現出有限的自由移動時間，最主要的原因是因為載子會受到一連串的散射，而載子發生碰撞的總機率應該就等於每一種可能散射機制發生機率的總合，如果載子的總平均自由時間為τ_{total}，則單位時間發生碰撞的總機率就等於$1/\tau_{total}$，由此反推，如果單位時間載子跟 A 散射中心發生碰撞機率為P_A，則載子與 A 散射中心兩次碰撞所間隔的平均時間$\tau_A = 1/P_A$，因此$P_A = 1/\tau_A$；同理類推，故

$$\frac{1}{\tau_{total}} = \frac{1}{\tau_A} + \frac{1}{\tau_B} + \frac{1}{\tau_C} + \cdots \qquad (2.111)$$

又從（2.108）式得知載子遷移率正比於平均自由時間，因此，可以將各種散射機制對載子遷移率的影響，比照平均自由時間概念寫為

$$\frac{1}{\mu_{total}} = \frac{1}{\mu_A} + \frac{1}{\mu_B} + \frac{1}{\mu_C} + \cdots \qquad (2.112)$$

在各種可能的散射機制中，晶格散射（lattice scattering 或 phonon scattering）與游離化雜質散射（ionized impurity scattering）是最重要的兩個機制。知道任何半導體材料處於絕對零度以上溫度環境，原子會產生熱振動（thermal vibration），也就是所謂的聲子（phonon）。這些振動會擾亂晶格的週期位能分布，並藉由碰撞與載子交換能量。因此當溫度越高，熱振動越激烈，晶格散射也就越顯著，載子的平均自由時間就越短，當然載子的遷移率就越

小；理論分析顯示，晶格散射所造成的遷移率限制跟溫度的關係可以寫為

$$\mu_L = C_L T^{-3/2} \tag{2.113}$$

而游離化雜質散射則是載子與摻雜雜質離子間透過庫倫力（Coulomb force）作用發生散射，造成載子路徑偏移；其發生的機率跟游離化雜質離子總濃度直接相關，但溫度升高，由於載子的移動較快，載子在雜質離子附近停留的時間較短，因此發生散射的機率會降低；理論上，游離化雜質離子散射所造成的遷移率限制可寫為

$$\mu_I = \frac{C_I T^{3/2}}{N_D^+ + N_A^-} \tag{2.114}$$

因此，在不考慮散射機制跟載子漂移速度之間的複雜相關性，半導體材料的載子遷移率可以簡單的寫為

$$\frac{1}{\mu_{total}} = \frac{1}{\mu_L} + \frac{1}{\mu_I} \tag{2.115}$$

由於溫度及雜質濃度變化對此兩種散射機制影響差異極大，因此可以藉由實驗量測載子遷移率與溫度或雜質濃度變化之關係，來了解究竟何種散射機制主導載子傳導。

因為晶格散射所造成的遷移率限制跟溫度的二分之三次方成反比，而雜質離子散射則跟溫度的二分之三次方成正比，圖 2.31 所示為在矽半導體材料中，不同施子雜質濃度下所量測到的電子遷移率隨溫度變化關係。可以發現當施子雜質濃度較低時（<10^{17}cm³），矽電子遷移率隨溫度變化會呈現接近線性減少的趨勢，大致符合晶格散射所造成的限制關係；但隨著施子雜質濃度的增加，電子遷移率隨溫度變化會開始呈現先上升再下降的趨勢，明顯為晶格散射與雜質離子散射隨溫度改變產生消長效應，也就是溫度較低時，雜質離子散射效應較為顯著，因此隨溫度升高，電子遷移率也會增加；在溫度較高時，晶格散射效應變重要，因此隨溫度繼續升高，電子遷移率反而減少。

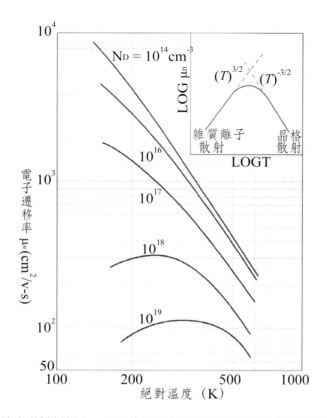

圖 2.31　矽半導體材料中，不同施子雜質濃度下電子遷移率隨溫度變化關係圖

以矽半導體材料為例，在室溫下，其載子遷移率可以近似為

$$\mu_n = 92 + \frac{1268}{1 + \left(\dfrac{N_D^+ + N_A^-}{1.3 \times 10^{17}}\right)^{0.91}} \text{ cm}^2/\text{V-s} \tag{2.116}$$

及

$$\mu_p = 54.3 + \frac{406.9}{1 + \left(\dfrac{N_D^+ + N_A^-}{2.35 \times 10^{17}}\right)^{0.88}} \text{ cm}^2/\text{V-s} \tag{2.117}$$

也就是在雜質濃度較低狀況下，載子遷移率是由晶格散射所主導，當雜質濃度到達約 10^{17}cm^3 以上，雜質離子散射效應就變得顯著。

圖 2.32 所示為室溫下矽跟砷化鎵半導體材料中所量測到的載子遷移率隨雜質濃度變化關係。由圖中可以看出當雜質濃度約低於 10^{16}cm^3，載子遷移率會

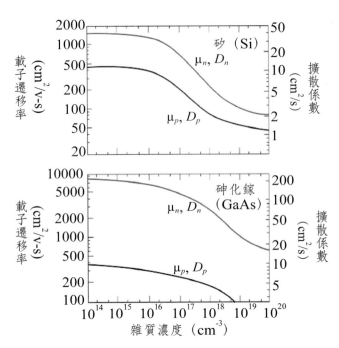

圖 2.32　矽跟砷化鎵半導體材料在室溫下，載子遷移率及擴散率隨雜質濃度變化關係圖

趨向於最大值，此時影響遷移率的主要散射機制為晶格散射；而當雜質濃度約大於 10^{19}cm^3，則載子遷移率會趨向於最小值，此時影響遷移率的主要散射機制為雜質離子散射。此外，也可以發現電子遷移率遠較電洞遷移率大，主要原因是在半導體材料內導電電子的傳導接近自由電子的運動，其有效質量較小，而電洞的傳導則是鍵結電子的移動，其有效質量相對較大。

　　而所謂的擴散是指在半導體材料中，如果載子濃度空間分布不均勻，則載子會傾向於從高濃度區域向低濃度區域移動，因此產生電荷的流動，稱為擴散電流（diffusion current）。擴散電流密度可以寫成

$$\vec{J}_n^{diff} = qD_n \nabla n \tag{2.118}$$

$$\vec{J}_p^{diff} = -qD_p \nabla p \tag{2.119}$$

其中 D_n、D_p 是電子和電洞的擴散係數（diffusion coefficient）。（2.118）及（2.119）式闡明了擴散電流密度是由載子濃度的梯度所驅動。

　　（2.118）及（2.119）式的推導，可以從擴散過程著手，假設一維載子濃度變化情形如圖 2.33 所示，由於系統處於恆溫狀態，每一位置的載子平均熱能皆相等，則單位時間單位截面積內淨通過 $x = 0$ 位置的載子就等於單位時間內從左邊跨過 $x = 0$ 平面的載子數目（F_1）減掉從右邊跨過 $x = 0$ 平面的載子數目（F_2）；要知道 F_1 跟 F_2 的數值，必須先了解載子具有一平均熱速度（$\langle v_{th} \rangle = \sqrt{\dfrac{3kT}{m^*}}$），且進行隨機熱運動，因此每一位置向右或向左運動的機率各為 $\dfrac{1}{2}$，因為載子跟載子間發生碰撞會改變行進方向，這裡的單位時間必須小於載子的平均自由時間 τ，所以可以知道基本上在 $x = 0$ 左邊或右邊距離 l（$l = \langle v_{th} \rangle \tau$）長度範圍內的載子只有一半會跨過 $x = 0$ 平面，因此 F_1、F_2 就分別等於圖 2.33 中 $x = 0$ 平面左邊或右邊長方形斜線區域內載子的一半，也就是

$$F_1 = \frac{\frac{1}{2}n(-l/2) \times \langle v_{th} \rangle \, \tau}{\tau} = \frac{n(-l/2) \cdot \langle v_{th} \rangle}{2} \qquad (2.120)$$

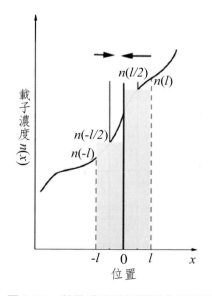

圖 2.33　載子濃度隨位置變化示意圖

太陽電池

$$F_2 = \frac{\frac{1}{2}n(l/2) \times \langle v_{th} \rangle \tau}{\tau} = \frac{n(l/2) \cdot \langle v_{th} \rangle}{2} \tag{2.121}$$

因此淨通過載子數目就等於

$$F = F_1 - F_2 = \frac{[n(-l/2) - n(l/2)] \cdot \langle v_{th} \rangle}{2} \tag{2.122}$$

又當 $l \to 0$ 時，圖 2.33 載子濃度的梯度可以寫為

$$\frac{dn}{dx} = \lim_{l \to 0} \frac{[n(l/2) - n(-l/2)]}{l} \tag{2.123}$$

所以（2.122）式可以表示為

$$F = \frac{[n(-l/2) - n(l/2)] \cdot \langle v_{th} \rangle \cdot l}{2 \cdot l} = -\frac{\langle v_{th} \rangle \cdot l}{2}\frac{dn}{dx} = -D\frac{dn}{dx} \tag{2.124}$$

其中
$$D = \frac{\langle v_{th} \rangle^2 \cdot \tau}{2} \tag{2.125}$$

將（2.124）式乘上電子或電洞所帶電荷，就可以得到（2.118）與（2.119）的擴散電流方程式。

在熱平衡狀態下，半導體內淨電洞流與淨電子流應該都等於零，也就是漂移電流和擴散電流必須完全平衡。因此利用（2.31）、（2.33）、（2.109）、（2.110）、（2.118）及（2.119）等式子，可以推得

$$\vec{J}_n^{diff} = qD_n\nabla n = qD_n\frac{dn}{dE_F}\nabla E_F = \frac{q}{kT}nD_n\nabla E_F = \vec{J}_n^{drift} = -q\mu_n n\nabla\phi \tag{2.126}$$

$$\vec{J}_p^{diff} = -qD_p\nabla p = -qD_p\frac{dp}{dE_F}\nabla E_F = \frac{q}{kT}pD_p\nabla E_F = \vec{J}_p^{drift} = -q\mu_p p\nabla\phi \tag{2.127}$$

其中 $\nabla E_F = \nabla E_C = \nabla E_V = \nabla E_\phi$，$E_\phi$ 為電子電位能。因為電子在電位場 ϕ 下之能量為 $E_\phi = -q\phi$，所以 $\nabla E_F = -q\nabla\phi$。因此可以得到

$$\frac{D}{\mu} = \frac{kT}{q} \tag{2.128}$$

稱為愛因斯坦關係式（Einstein relation）。此關係式把半導體中載子漂移及擴散的兩個重要物理參數連結在一起，可以直接利用載子遷移率推算出載子的擴散係數。圖 2.32 的右座標軸即提供換算的結果。

上述的推導利用（2.31）及（2.33）式描述非簡併半導體內，載子濃度與費米能量的關係，對於簡併半導體，則可以用相同方法推得廣義的愛因斯坦關係式為

$$\frac{D_n}{\mu_n} = \frac{1}{q}n\left[\frac{dn}{dE_F}\right]^{-1} \tag{2.129}$$

$$\frac{D_p}{\mu_p} = \frac{-1}{q}p\left[\frac{dp}{dE_F}\right]^{-1} \tag{2.130}$$

當半導體材料所摻雜雜質濃度增加到簡併效應開始產生時，擴散係數跟載子遷移率的比值也會增加，而不再是一個常數。

當電場及載子濃度梯度同時存在時，材料內部任一點的總電洞流和總電子流密度就等於漂移和擴散成分的總和，也就是

$$\vec{J}_n = \vec{J}_n^{drift} + \vec{J}_n^{diff} = q\mu_n n \vec{E} + qD_n\nabla n = -q\mu_n n\nabla\phi + qD_n\nabla n \tag{2.131}$$

$$\vec{J}_p = \vec{J}_p^{drift} + \vec{J}_p^{diff} = q\mu_p p \vec{E} - qD_p\nabla p = -q\mu_p p\nabla\phi - qD_p\nabla p \tag{2.132}$$

而總電流密度則為

$$\vec{J} = \vec{J}_p + \vec{J}_n \tag{2.133}$$

這三個方程式就組成所謂的電流密度方程式（current density equation）。

但材料內部有可能會發生前面所介紹的載子復合（recombination），也可能受到激發產生電子電洞對（generation），再加上漂移、擴散等效應，但無論如何，在材料內部任一小區域流出的載子流減去流入的載子流，應該要等於該區域所產生或消失的載子數目。由此連續條件，就可以導出所謂的連續方程

式，也就是

$$\nabla \cdot \vec{J}_n = q\left(R_n - G + \frac{\partial n}{\partial t}\right)$$ （2.134）

$$\nabla \cdot \vec{J}_p = q\left(G - R_p - \frac{\partial p}{\partial t}\right)$$ （2.135）

其中，G 表示光激發產生電子電洞對的速率，而 R_n 及 R_p 則分別代表電子跟電洞淨復合速率（包含熱激發產生電子電洞對的效應）。

此外，材料內部有帶正電的電洞及施子雜質離子、帶負電的電子及受子雜質離子，還有可能有其他被捕捉的電荷，這些電荷所產生的電場就必須透過波松方程式（Poisson's equation）來求得，也就是

$$\nabla \cdot \varepsilon\vec{E} = q\,(p - n + N_D^+ - N_A^- + N)$$ （2.136）

其中，N 為除了電子、電洞、施子離子及受子離子以外的淨電荷。

為了讓讀者對半導體太陽電池元件運作原理能獲得概念性的理解，前面推導過程中儘量簡化相關細節，以求得解析結果。而實際上，可以透過數值計算方式求解完整的聯立方程式，以獲得全面且精確的元件運作模型。

2.3　太陽光電池基本原理

半導體太陽光電池元件基本結構就是一個 *p-n* 接面二極體，當 *p* 型跟 *n* 型半導體接觸形成 *p-n* 接面時，由於 *p-n* 接面兩端載子濃度有巨大落差，發生載子擴散、復合消失現象，導致原本電中性性質遭破壞，在接面處形成空間電荷區（空乏區）；產生內建電場，進而少數載子受內建電場影響移動，形成漂移電流，當多數載子的擴散電流與少數載子的漂移電流達到平衡，淨載子流為零，系統回復到熱平衡狀態。當能量大於能隙的光子從 *p-n* 接面結構的一端射入，會發生什麼事呢？

　　首先，如果 p-n 接面的兩端點是連接在一起，則在空乏區內光照產生的電子電洞對，將受內建電場影響，電子會向 n 型半導體區漂移，電洞則會向 p 型半導體區漂移，產生由 n 型流向 p 型的漂移電流。至於在空乏區以外之 n 型及 p 型半導體區內光照所產生的電子電洞對，由於缺少內建電場的作用，且多數載子濃度基本上不受光照效應而有明顯的改變（在一個太陽光譜低階注入假設下），因此只會產生少數載子的擴散電流。以 p 型半導體區為例，由於空乏區靠近 p 型端區域內的電子不斷流到 n 型半導體區，造成在空乏區邊緣的電子濃度較低，因此 p 型半導體區內光照產生的電子會擴散流入空乏區，再流入 n 型半導體區；也就是光照效應會在空乏區以外之 n 型及 p 型半導體區產生少數載子擴散電流，電子由 p 型半導體區流到 n 型半導體區，電洞由 n 型半導體區流到 p 型半導體區。因此空乏區內的漂移電流、p 型半導體區所產生的電子擴散電流及 n 型半導體區所產生的電洞擴散電流總和就是所謂的光電流，也就是短路電流。其流向跟 p-n 接面二極體在順向偏壓下的電流相反。

　　當 p-n 接面兩端點連接有一負載電阻時，光照效應產生的光電流從 p 極流出，流過負載電阻，導致負載電阻兩端形成電位差，此電位差的方向如同順向偏壓，造成 p-n 接面空乏區內建電位降低，因此多數載子擴散電流升高，抵消部分光電流。

　　如果 p-n 接面的兩端點是斷路狀態（未連接），代表光照效應產生的光電流流到 p-n 接面兩端點表面時，無法排出，會累積負電荷（電子）在 n 型半導體區端點表面，同時也累積正電荷（電洞）在 p 型半導體區端點表面，造成類似平行板電容效應。當所累積電荷產生的電壓抑制空乏區的內建電位，使多數載子容易擴散進入空乏區，與光照少數載子擴散電流、空乏區的漂移電流復合，淨電流會趨近於零。此時的電壓即為所謂的開路電壓。造成 p 型半導體區端點電位會高於 n 型半導體區端點，即所謂的順向偏壓。

　　因此一般探討太陽光電池元件原理方式為先介紹 p-n 接面二極體的基本性質介紹，繼而導出理想二極體暗電流─電壓方程式，再將光照產生電流效應考慮進來，最後獲得太陽光電池元件特性。這裡為提供更具體的討論，將從上一

節所介紹的半導體連續方程式代入元件結構、光照環境及邊界條件，進一步求解其載子傳導及發電性質。由於相關參數相當複雜，常必須透過數值模擬計算方式才能取得可靠結果，且不易於對其基本物理原理及操作概念有全面的了解；因此本節為了讓讀者能針對太陽光電池元件原理及操作有全面性的概念，又能推導出普遍適用的解析方程式，提供元件設計的參考，因此，在介紹 *p-n* 接面二極體的在熱平衡下靜電特性後，將從上一節所介紹的半導體連續方程式進一步簡化推導出少數載子擴散方程式，接著介紹半導體太陽光電池元件的邊界條件及光照載子產生速率，並結合相關方程式及邊界條件解出光照下的半導體太陽光電池元件的電流─電壓關係式，最後根據此關係式建立等效電路模型並探討元件操作概念及重要特性參數。

2.3.1 *p-n* 接面二極體

所謂的 *p-n* 接面就是將 *n* 型半導體和 *p* 型半導體接觸在一起所形成的接面，*p-n* 接面最重要的特性是具有整流（rectify）性質，也就是當外加一正偏壓在 *p* 型半導體端時（稱為順向偏壓），電流可以輕易的從 *p* 型半導體端流到 *n* 型半導體端；反之，如果外加一正偏壓在 *n* 型半導體端時（稱為反向偏壓），電流卻無法從 *n* 型半導體端流到 *p* 型半導體端；圖 2.33 即為典型矽半導體 *p-n* 接面的電流─電壓特性。橫座標表示外加在 *p* 型半導體端的電壓（單位為伏特），縱座標代表 *p* 型流到 *n* 型半導體端的電流（單位為毫安培）。從圖中可以發現，當操作在順向偏壓時（電壓為正值），電流一開始幾乎為零，隨著電壓持續增加至 0.7 伏特左右，電流開始快速增加，也就是開始順向導通。當操作在反向偏壓時（電壓為負值），電流幾乎為零，且不隨電壓增加而有所變化，直到到達一極大臨界電壓（V_B）後，電流才突然迅速增加，這種現象稱為接面崩潰（junction breakdown），其臨界電壓取決於半導體材料、摻雜濃度及接面幾何結構等參數，可以從幾伏特到幾仟伏特。

要了解造成上述電流─電壓特性的原因，必須從兩種不同摻雜類型的半導

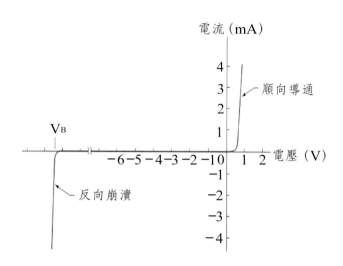

圖 2.33　典型矽半導體 *p-n* 接面的電流－電壓特性

體結合開始探討。圖 **2.34(a)** 顯示均勻摻雜且彼此分離的 *p* 型跟 *n* 型半導體材料及所對應的能帶圖。在 *p* 型半導體內部的多數載子為電洞，少數載子為電子，其費米能階靠近價電帶頂部；相反的，在 *n* 型半導體內部的多數載子為電子，少數載子為電洞，其費米能階靠近導電帶底部。

　　當 *p* 型及 *n* 型半導體緊密結合在一起時（如圖 **2.34(b)** 所示），接面處會立即形成載子濃度梯度，導致 *p* 型半導體端的多數載子電洞擴散進入 *n* 型半導體，同時，*n* 型半導體多數載子電子也擴散進入 *p* 型半導體。因此，*p* 型半導體靠近接面區域的電洞或是擴散進入 *n* 型半導體，或是與來自 *n* 型半導體的電子復合消失，結果留下帶負電的受子雜質離子（N_A^+）；而 *n* 型半導體靠近接面區域的電子或是擴散進入 *p* 型半導體，或是與來自 *p* 型半導體的電洞復合消失，結果留下帶正電的施子雜質離子（N_D^+）。因此負的空間電荷（space charge）在靠近接面的 *p* 型半導體端形成，正的空間電荷（space charge）在靠近接面的 *n* 型半導體端形成，在接面處產生一個由 *n* 型半導體指向 *p* 型半導體的電場，此電場就會驅使 *p* 型半導體端的少數載子電子漂移到 *n* 型半導體端，同時，也驅使 *n* 型半導體端的少數載子電洞漂移到 *p* 型半導體端。

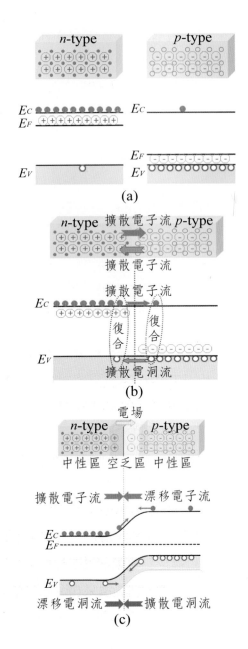

圖 2.34 (a) 均勻摻雜且分離的 *p* 型、*n* 型半導體及所對應的能帶圖。(b) 當 *p* 型及 *n* 型半導體連接在一起時，兩端的多數載子開始向接面擴散，發生復合。(c) 當達到熱平衡狀態，接面處會形成空乏區及內建電場，並產生漂移電子電洞流抵銷擴散電子電洞流

當 *p-n* 接面達到熱平衡狀態，接面處會形成一固定寬度的缺乏載子區域，稱為空乏區（depletion region），又稱為空間電荷區（space charge region）。此時濃度梯度所造成的擴散電流跟空間電荷內建電場所引發的漂移電流會完全抵銷（如圖 2.34(c) 所示），由（2.131）及（2.132）式可得

$$\vec{J}_n = \vec{J}_n^{drift} + \vec{J}_n^{diff} = 0$$
$$\Rightarrow q\mu_n n \vec{E} + q D_n \nabla n = 0$$
$$\Rightarrow q\mu_n n \left(\frac{1}{q} \frac{dE_i}{dx} \right) + kT\mu_n \frac{dn}{dx} = 0$$
$$\Rightarrow \mu_n n \frac{dE_F}{dx} = 0$$
$$\Rightarrow E_F = \text{constant}$$

同理
$$\vec{J}_p = \vec{J}_p^{drift} + \vec{J}_p^{diff} = 0$$
$$\Rightarrow q\mu_p p \vec{E} - q D_p \nabla p = 0$$
$$\Rightarrow q\mu_p p \left(\frac{1}{q} \frac{dE_i}{dx} \right) - kT\mu_p \frac{dp}{dx} = 0$$
$$\Rightarrow \mu_p p \frac{dE_F}{dx} = 0$$
$$\Rightarrow E_F = \text{constant}$$

其中只考慮一維情形，並利用到
$$\vec{E} = -\nabla \phi$$
$$\Rightarrow -q\vec{E} = -\nabla (-q\phi) = -（電子電位能的梯度）= -\frac{dE_C}{dx} = -\frac{dE_i}{dx}$$

$$n = n_i e^{(E_F - E_i)/kT} \Rightarrow \frac{dn}{dx} = \frac{n}{kT} \left(\frac{dE_F}{dx} - \frac{dE_i}{dx} \right)$$

$$p = n_i e^{(E_i - E_F)/kT} \Rightarrow \frac{dp}{dx} = \frac{p}{kT} \left(\frac{dE_i}{dx} - \frac{dE_F}{dx} \right)$$

及愛因斯坦關係式 $D_n = \dfrac{kT}{q}\mu_n$ 及 $D_p = \dfrac{kT}{q}\mu_p$。

因此，整個系統的費米能階必須是固定值（與 x 無關）。此外，假設 n 型半導體和 p 型半導體層是足夠厚的，所以在空乏區兩邊的區域事實上是電中性，稱為中性區（quasi-neutral region）。

　　要求得內建電場強度及空乏區的寬度，必須先從靜電學的波松方程式（Poisson's equation）開始，先假定 p 型半導體摻入單一種受子雜質，其濃度為 N_A；而 n 型半導體摻入單一種施子雜質，其濃度為 N_D；並假設所有施子跟受子雜質都完全游離化，所以施子及受子雜質離子濃度分別為 N_D^+、N_A^-。因此 p-n 接面的波松方程式可以寫為

$$\nabla^2\phi = \frac{q}{\varepsilon}\,(n_0 - p_0 + N_A^- - N_D^+) \tag{2.137}$$

其中 ϕ 是靜電位，q 是基本電荷，ε 是半導體材料的介電係數（permittivity），n_0、p_0 分別為熱平衡時電子及電洞的濃度，$N_D^+ = N_D$ 且 $N_A^- = N_A$。

　　進一步應用此一方程式來解一個一維 p-n 接面太陽電池（二極體）元件結構（如圖 2.35 所示）。其中 p 型半導體跟 n 型半導體在 $x = 0$ 處結合。

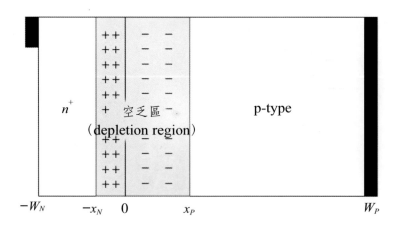

圖 2.35　一維 p-n 接面結構，也是半導體太陽電池的基本元件結構

首先定義空乏區位於 $-x_N < x < x_p$ 範圍內，且區內的 n_0 和 p_0 遠小於 $|N_A - N_D|$，所以可以忽略不計，則（2.137）式可以簡化為

$$\nabla^2\phi = -\frac{q}{\varepsilon}N_D \quad 在 \ -x_N < x < 0$$

$$及 \quad \nabla^2\phi = \frac{q}{\varepsilon}N_A \quad 在 \ 0 < x < x_p \tag{2.138}$$

在空乏區範圍外，假設維持電中性，因此（2.137）式可以寫為

$$\nabla^2\phi = 0 \quad 在 \ \ x \le -x_N \ \ 和 \ \ x \ge x_p \tag{2.139}$$

上述假設常被稱為空乏近似（depletion approximation）。

空乏區兩端靜電位差值就是所謂的內建電位（built-in voltage），因為電場跟靜電位的關係 $\vec{E} = -\nabla\phi$ ，所以可以藉由空乏區內建電場的積分求得內建靜電位 V_{bi}，也就是

$$\int_{-x_N}^{x_P}\vec{E}dx = -\int_{-x_N}^{x_P}\frac{d\phi}{dx}dx = -\int_{V(-x_N)}^{V(x_P)}d\phi = \phi(-x_N) - \phi(x_P) = V_{bi} \tag{2.140}$$

如果定義在 $x = x_P$ 位置為靜電位的零點，也就是 $\phi(x_P) = 0$，則滿足方程式（2.138）和（2.139）之靜電位解為

$$\phi(x) = V_{bi} \qquad\qquad 當 \ x \le -x_N$$

$$\phi(x) = V_{bi} - \frac{qN_D}{2\varepsilon}(x+x_N)^2 \qquad 當 \ -x_N < x \le 0 \tag{2.141}$$

$$\phi(x) = \frac{qN_A}{2\varepsilon}(x-x_P)^2 \qquad 當 \ 0 \le x < x_P$$

$$\phi(x) = 0 \qquad\qquad 當 \ x \ge x_P$$

在不考慮接面處存在任何界面電荷情況下，靜電位在 $x = 0$ 處必須連續，因

此可以得到

$$V_{bi} - \frac{q\,N_D}{2\varepsilon}x_N^2 = \frac{q\,N_A}{2\varepsilon}x_P^2 \qquad (2.142)$$

又因為 p 跟 n 型半導體總空間電荷密度在接面形成前與形成後都必須維持電中性，因此

$$x_N N_D = x_P N_A \qquad (2.143)$$

此關係式顯示摻雜濃度越低的一端，其空乏區的範圍越廣。

由（2.142）及（2.143）式可求得空乏層寬度 W_D 為

$$W_D = x_N + x_P = \sqrt{\frac{2\varepsilon}{q}\left(\frac{N_A + N_D}{N_A N_D}\right)V_{bi}} \qquad (2.144)$$

當 $p\text{-}n$ 接面兩端外加有電壓的非平衡狀況，此時跨越接面的靜電位差為內建電位 V_{bi} 及外加電壓 V 之差值（因為在 p 型半導體端外加正電壓會提高 $x = x_P$ 處的電位）。因此，空乏層寬度可以修改為

$$W_D(V) = x_N + x_P = \sqrt{\frac{2\varepsilon}{q}\left(\frac{N_A + N_D}{N_A N_D}\right)(V_{bi} - V)} \qquad (2.145)$$

當外加電壓為零時，（2.145）式就回復到熱平衡情形。

至於內建電位則可以從熱平衡狀況下，淨電洞流密度和淨電子流密度為零，及（2.140）式來推得

$$V_{bi} = \int_{-x_N}^{x_P} \vec{E}\,dx = \int_{-x_N}^{x_P} \frac{kT}{q}\frac{1}{p_o}\frac{dp_o}{dx}\,dx = \frac{kT}{q}\int_{p_o(-x_N)}^{p_o(x_P)}\frac{dp_o}{p_o} = \frac{kT}{q}\ln\left[\frac{p_o(x_P)}{p_o(-x_N)}\right] \quad (2.146)$$

其中利用愛因斯坦關係式 $D_p = \frac{kT}{q}\mu_p$ 及淨電洞流密度

$$\vec{J}_P = q\mu_p p_o \vec{E} - qD_p \nabla p = \mu_p\left(qp_o\vec{E} - kT\frac{dp_o}{dx}\right) = 0 \Rightarrow \vec{E} = \frac{kT}{q}\frac{1}{p_o}\frac{dp_o}{dx} \quad (2.147)$$

又因為 $p_o(x_p) = N_A$ 且 $p_o(-x_N) = n_i^2/N_D$，因此

$$V_{bi} = \frac{kT}{q}\ln\left[\frac{N_A N_D}{n_i^2}\right] \tag{2.148}$$

再由（2.138）式推得在空乏區之電場分布為

$$E(x) = -\frac{d\phi}{dx} = \frac{q}{\varepsilon}N_D\,(x+x_N) \qquad 在\ -x_N < x < 0$$

$$及\quad E(x) = -\frac{d\phi}{dx} = -\frac{q}{\varepsilon}N_A\,(x-x_P) \qquad 在\ 0 < x < x_P \tag{2.149}$$

而電場最大值存在 $x = 0$ 的位置，可求得為

$$E_{\max} = \frac{q}{\varepsilon}N_D\,x_N = \frac{q}{\varepsilon}N_A\,x_P \tag{2.150}$$

前面已經詳細的推導在熱平衡狀況下，沒有外加偏壓的 *p-n* 接面特性，包括內建電位、空乏區寬度、電場分布、靜電位分布等，圖 2.36 顯示一個具有階梯狀摻雜濃度的 *p-n* 接面二極體，在熱平衡時其空乏區附近的能帶、電場、電荷密度的分布圖。導電帶底部隨位置分布曲線為 $E_C(x) = E_0 - q\phi(x) - \chi$，價電帶頂部隨位置分布曲線為 $E_V(x) = E_C(x) - E_g$。其中真空能階（vacuum level）E_o 代表電子完全脫離材料，不受外力作用狀態。真空能階一般不隨位置而變化，可以作為能量參考點。而電子親和力（electron affinity）χ，代表將一個電子由導電帶底部激發到真空能階所需的最小能量。由於載子擴散復合而形成的空間電荷密度在空乏區兩邊必須平衡。此外，如果在異質接面情形，*p-n* 兩型半導體材料之能隙和電子親和力都不同，因此要推導或計算接面特性會更複雜。

2.3.2 少數載子擴散方程式

前面的討論著重在一維 *p-n* 接面空乏區的靜電特性，但在遠離半導體太陽電池 *p-n* 接面的區域，也就是中性區（quasi-neutral region）的電場其實是非常

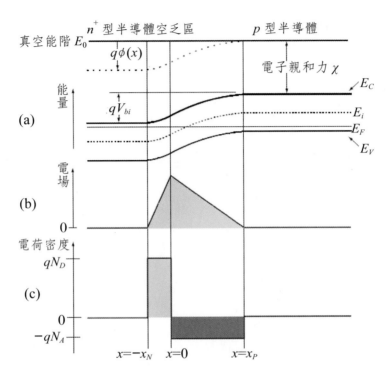

圖 2.36 半導體太陽電池在熱平衡狀態下，一維 (a) 能帶圖、(b) 電場分布及 (c) 電荷密度分布圖

小，因此漂移電流在這個區域會遠小於擴散電流，所以常可忽略不計。

要了解這個區域在低階注入（low-level injection）情況下少數載子濃度的變化，必須從連續方程式著手，但一般而言，對穩定態（steay state）操作下的半導體太陽電池特性較有興趣，所以就可以將（2.134）及（2.135）式中關於時間變化分量（如 $\frac{\partial n}{\partial t}$、$\frac{\partial p}{\partial t}$）假設為零，因此連續方程式就可以簡化為

$$\nabla \cdot J_n = q\mu_n \frac{d}{dx}(n\vec{E}) - qD_n \frac{d^2n}{dx^2} = q(R-G) \qquad (2.151)$$

和

$$\nabla \cdot J_p = q\mu_p \frac{d}{dx}(p\vec{E}) - qD_p \frac{d^2p}{dx^2} = q(G-R) \qquad (2.152)$$

而波松方程式（Poisson's equation）也可以簡化為

$$\nabla \cdot \varepsilon\vec{E} = \varepsilon\frac{d\vec{E}}{dx} = q(p - n + N_D^+ - N_A^-) = 0 \qquad (2.153)$$

上式中，假設太陽電池所利用的半導體是均勻摻雜，整個元件結構中半導體材料的能隙、介電係數、載子遷移率及擴散係數都不隨位置變化。

又從 2.2.6 節得知，在低階注入下（$\Delta p = \Delta n \ll N_D, N_A$），載子復合速率可以表示為超量少數載子濃度除以少數載子生命期，因此在 n 型半導體端中性區的復合速率可以寫為

$$R = \frac{p_N - p_{N0}}{\tau_p} = \frac{\Delta p_N}{\tau_p} \qquad (2.154)$$

同理，在 p 型半導體端中性區的復合速率可以寫為

$$R = \frac{n_p - n_{p0}}{\tau_n} = \frac{\Delta n_p}{\tau_n} \qquad (2.155)$$

其中 Δp_N 和 Δn_P 分別代表超量少數載子濃度。τ_n 和 τ_p 則代表少數載子生命期（minority carrier lifetime）（$= \left[\sum_{traps \cdot i}\frac{1}{\tau_{SRH,i}}\right] + \frac{1}{\tau_{radiative}} + \frac{1}{\tau_{Auger}} + \cdots$）。下標中，大寫的「$N$」跟「$P$」用來表示在 n 型半導體或 p 型半導體區域，小寫的「n」跟「p」則分別代表少數載子電子或電洞。

因此在 n 型半導體端中性區的連續方程式可以再化簡為

$$D_p\frac{d^2\Delta p_N}{dx^2} - \frac{\Delta p_N}{\tau_p} = -G(x) \qquad (2.156)$$

同理，在 p 型半導體端中性區的連續方程式也可以化簡為

$$D_n\frac{d^2\Delta n_p}{dx^2} - \frac{\Delta n_p}{\tau_n} = -G(x) \qquad (2.157)$$

稱為少數載子擴散方程式（minority-carrier diffusion equation）。

透過求解少數載子擴散方程式，就可以進一步的推導出半導體太陽電池的電流－電壓特性。

2.3.3　太陽電池的邊界條件

　　從上面所介紹的半導體太陽電池基本元件結構，了解它其實就是一個 *p-n*
接面二極體，包含了所謂的空乏區（depletion region）、空乏區兩側的 *p* 型中
性區（quasi-neutral region）及 *n* 型中性區，而金屬導電電極則與兩側的中性
區相連接。一般而言，摻雜濃度較高（heavily doped），則稱為射極（emitter），
如圖 2.35 中的 n^+ 型半導體區域；而摻雜濃度較低（lightly doped），則稱為基
極（base），如圖 2.35 的 *p* 型半導體區域。因為一般射極的厚度很薄，所以絕
大部分光吸收效應發生在基極，因此基極又被稱為吸收區（absorber region）。
此一基本元件結構將是後續推導及了解半導體太陽電池元件操作特性的基本。

　　雖然前面已經介紹了許多半導體元件方程式，可以用來進一步推導計算，
但求解這些方程式必須要先建立一個適當的邊界條件，才有辦法獲得有意義的
結果，因此本節要介紹並建立這些邊界條件。

　　首先，從光子入射進入到半導體太陽電池元件端開始。這個端點一般稱為
正向電極（front contact），也就是在圖 2.35 中 $x = -W_N$ 的位置，通常會將正向
接觸金屬與半導體接合視為理想的歐姆接觸（ohmic contact），也就是不論載
子從哪一方向流經金屬－半導體接面時，不會感受到接面處有任何位能障礙。
因此在 $x = -W_N$ 的邊界條件可以寫成

$$\Delta p_N(-W_N) = 0 \tag{2.158}$$

然而，由於這一端是光子入射首先接觸的區域，因此其電極必須設計成網格形
狀（grid），以免遮擋住光子的入射。結果只有少部分半導體跟金屬直接接觸，
沒有金屬接觸的半導體表面常會沉積一層抗反射鈍化保護層（antireflective
passivation layer），一般太陽電池常用的保護層為二氧化矽或氮化矽，因此少
數載子在尚未流入網格金屬電極前，有可能在保護層與半導體界面發生復合，
所以（2.158）式邊界條件必須進一步修正，並納入表面復合效應（surface
recombination）。

從 2.2.5 節知道，在低階注入，且表面電子濃度等於本體多數載子濃度（也就是 n 型半導體）的極限情況下，表面復合速率可以寫為 $R_S = S_{F,\,eff}\,(p_N - p_{N0})$。在這裡，用 $S_{F,\,eff}$ 來特別強調正向接觸等效表面復合速率；表面復合將導致在界面處具有較低的超量少數載子濃度，這個超量少數載子濃度梯度 $\dfrac{d\Delta p_N}{dx}$ 就會產生一個相當於表面復合電流的擴散電流密度 $J_{p,N} = -qD_p\dfrac{d\Delta p_N}{dx}$；此一表面復合所產生的擴散電流，事實上就等於單位時間內介面區域透過表面復合所消失的電荷量，也就是

$$J_{p,N} = -qD_p\frac{d\Delta p_N}{dx} = -q\,R_S = -q\,S_{F,eff}\Delta p_N\,(-W_N) \qquad (2.159)$$

因此修正過後的邊界條件可以寫成

$$\left.\frac{d\Delta p_N}{dx}\right|_{x=-W_N} = \frac{S_{F,eff}}{D_p}\Delta p_N\,(-W_N) \qquad (2.160)$$

而當 $S_{F,\,eff} \to \infty$ 時，也就是載子在界面處立即復合消失，$\Delta p_N(-W_N)$ 就會趨近於零，所以（2.160）式的邊界條件又會還原成（2.158）式。實際上，$S_{F,\,eff}$ 跟所使用的半導體材料、鈍化層材料、界面結構、網格金屬電極的設計、外加偏壓及其他參數有關。它包含金屬歐姆接觸的表面區域的貢獻，此區域常具有較高表面復合速率；也包含在網格金屬電極之間沒有直接接觸金屬電極區域的貢獻，此區域常具有較低的表面復合速率；所以 $S_{F,\,eff}$ 實際上所反映的就是一個平均的效果。

接下來，要討論背向電極（back contact），背向電極一般完全覆蓋金屬層，因此可視為理想的歐姆接觸，邊界條件可以寫成

$$\Delta n_P(W_P) = 0 \qquad (2.161)$$

然而，在半導體太陽電池設計上，為了讓光照產生的少數載子能順利的從基極（base）移動到射極，提高載子收集效率，常會在背向電極前製作形成所謂的背

表面電場（back-surface field, BSF），也就是透過在基極與背向電極之間製作一層薄且較基極摻雜濃度更高（heavily doped）的薄膜，此 p^+-p 結構所形成的電位場，可以排斥少數載子（電子），避免電子從背向電極流出，增加少數載子被正向電極收集的機率。在此情況下，背向電極的邊界條件（2.161）式必須被修正，也就是納入背表面電場（BSF）所造成較慢的表面復合速率，如同（2.159）式的推導，修正過後的邊界條件可以寫成

$$\frac{d\Delta n_p}{dx}\bigg|_{x=W_P} = -\frac{S_{BSF}}{D_n}\Delta n_p\,(W_p) \tag{2.162}$$

其中 S_{BSF} 為背表面電場（BSF）所在位置的有效表面復合速率。

關於在熱平衡狀態、沒有外加電場、沒有照光下之空乏區特性在 2.3.1 節已完整介紹，所以現在要討論的是在有外加電場情況下，空乏區兩端點少數載子濃度的邊界條件，也就是 $p_N(-x_N)$ 及 $n_p(x_p)$。至於多數載子濃度，因為在這裡所討論的情況都是假設偏壓或照光所產生的電子電洞對遠小於多數載子的濃度，也就是所謂的低階注入（low level injection）情況，因此多數載子濃度的改變量可以被忽略。

要探討外加電場下載子濃度的變化，必須先引入「準費米能階（quasi-Fermi energy level）」的概念。一般而言，費米能階是從費米－狄拉克統計分布函數（Fermi-Dirac distribution function）中被定義出來描述費米子（包含本章所討論的電子）占據在一個量子狀態的機率，僅適用於熱平衡狀態。實際上，半導體材料或元件是在不平衡的狀態操作，代表有超量的電子或電洞存在，也就是 $np \neq n_i^2$。因此必須重新定義一個可以描述超量載子濃度的物理量來協助分析非平衡狀態下的載子濃度，也就是所謂的準費米能階，定義如下

$$p = p_0 + \Delta p = N_V e^{(E_V - E_p)/kT} = n_i e^{(E_i - F_p)/kT} \tag{2.163}$$

$$n = n_0 + \Delta n = N_C e^{(F_N - E_C)/kT} = n_i e^{(F_N - E_i)/kT} \tag{2.164}$$

也就是

$$F_N = E_C + kT\ln\left(\frac{n_0 + \Delta n}{N_C}\right) = E_i + kT\ln\left(\frac{n_0 + \Delta n}{n_i}\right) \tag{2.165}$$

和

$$F_P = E_V - kT\ln\left(\frac{p + \Delta p}{N_V}\right) = E_i - kT\ln\left(\frac{p + \Delta p}{n_i}\right) \tag{2.166}$$

其中 F_N、F_p 分別為電子跟電洞的準費米能階。這裡必須說明引入準費米能階的概念是便於理解分析，並不代表非平衡狀態下的載子濃度仍遵循費米函數。而載子濃度的乘積就等於

$$np = n_i^2 e^{(F_N - F_P)/kT} \tag{2.167}$$

可以發現（2.165）及（2.166）式在熱平衡狀態下，應該要與（2.31）、（2.33）式相同，也就是 $F_p = F_N = E_F$。

在非平衡狀態下，假設在正向（front contact）及背向電極（back contact）上的多數載子濃度維持不變，則由（2.146）式得知跨越太陽電池元件電位與兩電極端點的載子濃度比值的對數成正比，也就是

$$
\begin{aligned}
V_a &= \int_{-W_N}^{W_P} \vec{E}dx = \int_{-W_N}^{W_P} \frac{kT}{q}\frac{1}{p}\frac{dp}{dx}dx = \frac{kT}{q}\int_{p(-W_N)}^{p(W_P)} \frac{dp}{p} \\
&= \frac{kT}{q}\ln\left[\frac{p(W_p)}{p(-W_N)}\right] = \frac{kT}{q}\ln\left[\frac{n(-W_n) \cdot p(W_p)}{n_i^2}\right] \\
&= \frac{kT}{q}\ln\left[\frac{n_i e^{(F_N(-W_N) - E_i)/kT} \cdot n_i e^{(E_i - F_P(W_P))/kT}}{n_i^2}\right] \\
&= \frac{kT}{q}\ln\left[e^{(F_N(-W_N) - F_p(W_P))/kT}\right] \\
&= \frac{1}{q}(F_N(-W_N) - F_p(W_P))
\end{aligned}
\tag{2.168}
$$

其中利用 $p(-W_N) = \dfrac{n(-W_N)}{n_i^2}$ 及（2.159）、（2.160）式。

因為在低階注入（low level injection）情況下，兩側中性區的多數載子濃

度隨位置變化可忽略不計，視為與熱平衡狀態下的多數載子濃度相當，也就是

$$p_p(x_p \le x \le W_p) = N_A$$

且
$$n_N(-W_N \le x \le -x_N) = N_D \qquad （2.169）$$

所以推得　$F_N(-W_N) = F_N(-x_N)$ 及 $F_P(W_p) = F_P(x_p)$。

又假設在空乏區內沒有電子電洞對的產生及復合，也就是電子跟電洞流在空乏區內保持定值，則 $F_N(x) = F_N(-x_N)$ 且 $F_P(x) = F_P(x_P)$，因此在整個空乏區的範圍內，（$-x_N \le x \le x_p$）$F_N(x) - F_P(x)$ 恆等於 qV_a。

由以上的假設，從（2.167）式可以導出在空乏區兩端點的邊界條件分別為

$$P_N(-x_N) = \frac{n_i^2 e^{(F_N - F_P)/kT}}{n_N(-x_N)} = \frac{n_i^2}{N_D} e^{qV_a/kT} = p_{N0}\, e^{qV_a/kT} \qquad （2.170）$$

和
$$n_P(x_P) = \frac{n_i^2 e^{(F_N - F_P)/kT}}{P_P(x_P)} = \frac{n_i^2}{N_A} e^{qV_a/kT} = n_{P0}\, e^{qV_a/kT} \qquad （2.171）$$

2.3.4　載子產生率

半導體太陽電池元件最重要的功用就是把入射光能轉換成電能輸出，因此必須知道載子產生率，才有辦法推估光電流特性。在 2.2.5 節，已經介紹過當光線從半導體太陽電池元件正向電極 $x = -W_N$ 端入射，則電子電洞對（electron-hole pair）產生的速率可以寫為

$$G(x) = (1 - m)\int_\lambda (1 - R(\lambda)) \cdot S(\lambda) \cdot \alpha(\lambda) \cdot e^{-\alpha(x + W_N)} d\lambda \qquad （2.172）$$

其中只有當光子的能量大於半導體的能隙，才會被吸收產生電子電洞對，也就是當入射光子滿足 $\lambda \le hc/E_g$ 才會有載子產生率。

（2.172）式提供一個高載子產生率元件設計的參考。從式中知道 m 要

越小越好，也就是網格金屬電極所遮蔽的面積越小，則入射到太陽電池的光子數就會越多；再來，$R(\lambda)$ 也是越小越好，$R(\lambda)$ 代表入射光子反射回空氣的比例，要降低反射率數值有兩種主要的作法，一種就是鍍上所謂的抗反射層（antireflection coating），另一種就是設計光捕捉的結構。

從幾何光學裡面，知道當光波從空氣（或玻璃）進入到半導體材料，其反射率可以寫為

$$F = \frac{(n_S - n_0)^2 + \kappa_S^2}{(n_S + n_0)^2 + \kappa_S^2} \tag{2.173}$$

其中 n_0 為入射介質的折射率（refractive index），n_S、κ_S 分別為半導體材料的折射率及消光係數（extinction coefficient），消光係數跟吸收係數具有 $k_s = \dfrac{\alpha \lambda_s}{4\pi n_s}$ 的關係，n_S、κ_S 及 λ_S 皆為光波波長的函數（如圖 2.37 所示）。

如果在空氣（或模組封裝用的玻璃）跟半導體之間插入一層折射率為 n_{AR} 的透明介質（如圖 2.38 所示），則根據 Fresnel 公式，反射率可寫為

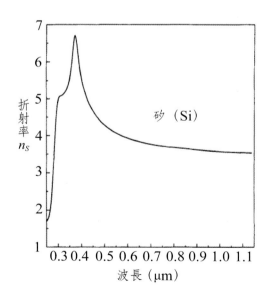

圖 2.37 矽半導體之折射率與波長關係

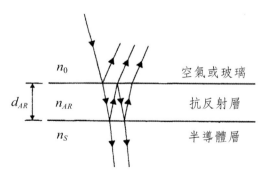

圖 2.38 薄膜抗反射作用示意圖

$$R = \frac{r_0^2 + r_S^2 + 2r_0\,r_S \cos 2\beta}{1 + r_0^2\,r_S^2 + 2r_0\,r_S \cos 2\beta} \tag{2.174}$$

其中 $r_0 = \dfrac{n_{AR} - n_0}{n_{AR} + n_0}$ 、 $r_S = \dfrac{n_S - n_{AR}}{n_S + n_{AR}}$ 及 $\beta = \dfrac{2\pi}{\lambda} n_{AR}\,d_{AR}$ 。

從上式可以發現當 $n_{AR}\,d_{AR} = \dfrac{\lambda}{4}$ 時，有最小的反射率

$$R_{\min} = \frac{r_0^2 + r_S^2 - 2r_0\,r_S}{1 + r_0^2\,r_S^2 - 2r_0\,r_S} = \frac{(r_0 - r_S)^2}{(r_0\,r_S - 1)^2} = \left(\frac{n_{AR}^2 - n_0\,n_S}{n_{AR}^2 + n_0\,n_S}\right)^2 \tag{2.175}$$

而當 $n_{AR} = \sqrt{n_0\,n_S}$ 時，$R_{\min}$ 會等於零。但實際上由於折射率為波長函數，所以只能在某一波長時達到最低值，在其他波長範圍仍有部分反射率；實際運用上，抗反射層厚度的設計會讓其反射率的最低值落在約 600 奈米波長範圍，因為這是太陽光譜強度最強的波段。一般透過抗反射層，可以降低整體反射率至 3～4%。

至於光捕捉的設計，主要透過正向表面粗糙化處理（surface texturing）結合背向光反射層的製作（如圖 2.39 所示），也就是一方面藉由粗糙表面容易造成光子的多重反射，來增加光子入射的機會；另一方面則改變光波入射角度，增長光子行進的路徑，增加光子吸收的機率；背向光反射層的作用則是讓穿透長度大於半導體吸收層的光子，不會從背面逸出，而是反射回半導體吸收層。此特點對於半導體吸收層較薄的薄膜太陽電池格外重要。圖 2.40 顯示矽晶圓表面抗反射層鍍膜及粗糙化處理後之反射率隨波長變化關係，可以發現反射率大幅度降低。

而式中的 $S(\lambda)$ 為太陽光譜，雖然無法改變其特性，但其實跟吸收光譜 $\alpha(\lambda)$ 有相當重要的關聯性。原則上吸收係數越大，代表所需要的半導體吸收層可以越薄；不過 $\alpha(\lambda)$ 還要配合 $S(\lambda)$ 才能達到最佳效果。

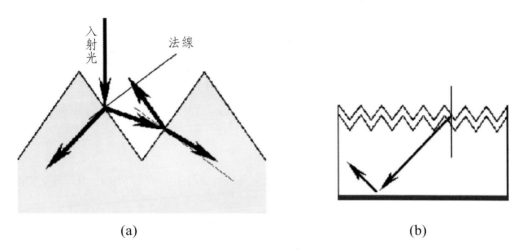

圖 2.39　表面粗糙化處理可以 (a) 降低反射率及 (b) 增加光吸收有效厚度

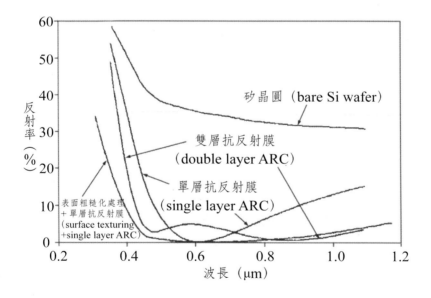

圖 2.40　拋光矽晶圓、晶圓表面鍍膜及粗糙化處理後之反射率隨波長變化關係

2.3.5 電極端點特性

將前面所推導的載子產生率代入少數載子擴散方程式中，且套用邊界條件，就可以來解出 n 型跟 p 型半導體端中性區內的少數載子濃度的分布。從（2.156）式進一步推得在 n 型半導體端中性區（$-W_N \le x \le -x_N$）少數載子濃度的分布方程式為

$$\frac{d^2\Delta p_N}{dx^2} - \frac{\Delta p_N}{D_p\tau_p} + \frac{(1-m)}{D_p}\int_\lambda (1-R(\lambda))\cdot S(\lambda)\cdot \alpha(\lambda)\cdot e^{-\alpha(x+W_N)}\,d\lambda = 0 \qquad (2.176)$$

滿足這個方程式的解為

$$\Delta p_N(x) = A_N e^{-(x+x_N)/L_p} + B_N e^{(x+x_N)/L_p} + \Delta p'_N(x) \qquad (2.177)$$

其中

$$\Delta p'_N(x) = -(1-m)\int_\lambda \frac{\tau_p}{(L_p^2\alpha(\lambda)^2-1)}[1-R(\lambda)]S(\lambda)\alpha(\lambda)e^{-\alpha(x+W_N)}\,d\lambda \qquad (2.178)$$

代入邊界條件（2.170）、（2.158）或（2.160）式，亦即 $p_N(-x_N)=p_{N0}e^{qV_a/kT}$ 及 $\left.\frac{d\Delta p_N}{dx}\right|_{x=-W_N} = \frac{S_{F,eff}}{D_p}\Delta p_N(-W_N)$，就可以求出 A_N、B_N 兩係數。

$$\Delta p_N(-x_N) = A_N + B_N + \Delta p'_N(-x_N) = p_N(-x_N) - p_{N0}(-x_N) = p_{N0}(e^{qV_a/kT}-1) \qquad (2.179)$$

$$\Delta p_N(-W_N) = A_N e^{(W_N-x_N)/L_p} + B_N e^{(-W_N+x_N)/L_p} + \Delta p'_N(-W_N) = \frac{D_p}{S_{F,eff}}\left.\frac{d\Delta p_N(x)}{dx}\right|_{x=-W_N}$$

$$= \frac{D_p}{S_{F,eff}}\left[-A_N\frac{e^{(W_N-x_N)/L_p}}{L_p} + B_N\frac{e^{(x_N-W_N)/L_p}}{L_p} + \left.\frac{d\Delta p'_N(x)}{dx}\right|_{x=-W_N}\right] \qquad (2.180)$$

也就是

$$A_N = \frac{[p_{N0}(e^{qV_a/kT}-1)-\Delta p'_N(-x_N)]\cdot(H_p-H_{pA}) + D_p\left.\frac{d\Delta p'_N(x)}{dx}\right|_{x=-W_N} - S_{F,eff}\Delta p'_N(-W_N)}{2H_p}$$

$$(2.181)$$

$$B_N = \frac{[p_{N0}(e^{qV_a/kT}-1) - \Delta p'_N(-x_N)] \cdot (H_p + H_{pA}) - D_p \left.\dfrac{d\Delta p'_N(x)}{dx}\right|_{x=-W_N} + S_{F,eff}\Delta p'_N(-W_N)}{2H_p}$$

$$(2.182)$$

其中定義

$$H_p = S_{F,eff}\sinh[(W_N - x_N)/L_p] + \frac{D_p}{L_p}\cosh[(W_N - x_N)/L_p] \qquad (2.183)$$

$$H_{pA} = S_{F,eff}\cosh[(W_N - x_N)/L_p] + \frac{D_p}{L_p}\sinh[(W_N - x_N)/L_p] \qquad (2.184)$$

因此得到 n 型半導體端中性區（$-W_N \leq x \leq -x_N$）少數載子濃度為

$$\Delta p_N(x) = \frac{[p_{N0}(e^{qV_a/kT}-1) - \Delta p'_N(-x_N)] \cdot (H_p - H_{pA}) + D_p \left.\dfrac{d\Delta p'_N(x)}{dx}\right|_{x=-W_N} - S_{F,eff}\Delta p'_N(-W_N)}{2H_p} e^{-(x+x_N)/L_p}$$

$$+ \frac{[p_{N0}(e^{qV_a/kT}-1) - \Delta p'_N(-x_N)] \cdot (H_p + H_{pA}) - D_p \left.\dfrac{d\Delta p'_N(x)}{dx}\right|_{x=-W_N} + S_{F,eff}\Delta p'_N(-W_N)}{2H_p} e^{(x+x_N)/L_p} + \Delta p'_N(x)$$

$$(2.185)$$

如果考慮 $\Delta p_N(-W_N) = 0$ 邊界條件，則上述推導可簡化為

$$\Delta p_N(-x_N) = A_N + B_N + \Delta p'_N(-x_N) = p_N(-x_N) - p_{N0}(-x_N) = p_{N0}(e^{qV_a/kT}-1) \quad (2.186)$$

$$\Delta p_N(-W_N) = A_N e^{(W_N - x_N)/L_p} + B_N e^{(-W_N + x_N)/L_p} + \Delta p'_N(-W_N) = 0 \qquad (2.187)$$

也就是

$$A_N = \frac{[p_{N0}(e^{qV_a/kT}-1) - \Delta p'_N(-x_N)] \cdot e^{(-W_N + x_N)/L_p} + \Delta p'_N(-W_N)}{e^{(-W_N + x_N)/L_p} - e^{(W_N + x_N)/L_p}} \quad (2.188)$$

$$B_N = \frac{[p_{N0}(e^{qV_a/kT}-1) - \Delta p'_N(-x_N)] \cdot e^{(W_N - x_N)/L_p} + \Delta p'_N(-W_N)}{e^{(-W_N + x_N)/L_p} - e^{(W_N - x_N)/L_p}} \quad (2.189)$$

最後可以得到結果為

$$\Delta p_N(x) = \frac{[p_{N0}(e^{qV_a/kT}-1) - \Delta p'_N(-x_N)] \cdot e^{(-W_N+x_N)/L_p} + \Delta p'_N(-W_N)}{e^{(-W_N+x_N)/L_p} - e^{(W_N+x_N)/L_p}} e^{-(x+x_N)/L_p}$$

$$- \frac{[p_{N0}(e^{qV_a/kT}-1) - \Delta p'_N(-x_N)] \cdot e^{(W_N-x_N)/L_p} + \Delta p'_N(-W_N)}{e^{(-W_N+x_N)/L_p} - e^{(W_N-x_N)/L_p}} e^{(x+x_N)/L_p} + \Delta p'_N(x)$$

$$（2.190）$$

同理，在 p 型半導體端中性區（$x_p \le x \le W_p$）少數載子濃度的分布方程式為

$$\frac{d^2\Delta n_p}{dx^2} - \frac{\Delta n_p}{D_n\tau_n} + \frac{(1-m)}{D_n} \int_\lambda (1-R(\lambda)) \cdot S(\lambda) \cdot \alpha(\lambda) \cdot e^{-\alpha(x+W_N)} d\lambda = 0 \quad （2.191）$$

滿足這個方程式的解為

$$\Delta n_p(x) = A_p e^{-(x-x_p)/L_n} + B_p e^{(x-x_p)/L_n} + \Delta n'_p(x) \qquad （2.192）$$

其中

$$\Delta n'_p(x) = -(1-m) \int_\lambda \frac{\tau_n}{(L_N^2\alpha(\lambda)^2-1)} [1-R(\lambda)]S(\lambda)\alpha(\lambda)e^{-\alpha(x+W_N)} d\lambda \quad （2.193）$$

代入邊界條件 $n_p(x_p) = n_{p0}e^{qV_a/kT}$ 及 $\left.\dfrac{d\Delta n_p}{dx}\right|_{x=W_P} = -\dfrac{S_{BSF}}{D_n}\Delta n_p(W_p)$ ，就可以求出 $A_P \cdot B_P$ 兩係數為

$$\Delta n_p(x_p) = A_P + B_P + \Delta n'_p(x_p) = n_p(x_p) - n_{p0}(x_p) = n_{p0}(e^{qV_a/kT}-1) \qquad （2.194）$$

$$\Delta n_p(W_p) = A_P e^{-(W_P-x_p)/L_n} + B_P e^{(W_P-x_p)/L_n} + \Delta n'_p(x_p) = -\frac{D_n}{S_{BSF}} \left.\frac{d\Delta n_p}{dx}\right|_{x=W_P}$$

$$= -\frac{D_n}{S_{BSF}} \left[-A_P \frac{e^{-(W_P-x_p)/L_n}}{L_n} + B_P \frac{e^{(W_P-x_p)/L_n}}{L_n} + \left.\frac{d\Delta n'_p(x)}{dx}\right|_{x=W_P} \right]$$

$$（2.195）$$

也就是

$$A_P = \frac{\left[n_{P0}(e^{qV_a/kT} - 1) - \Delta n'_P(x_P)\right] \cdot (H_n + H_{nA}) + D_n \dfrac{d\Delta n'_P(x)}{dx}\bigg|_{x=W_P} + S_{BSF}\Delta n'_P(W_P)}{2H_n}$$

（2.196）

$$B_P = \frac{\left[n_{P0}(e^{qV_a/kT} - 1) - \Delta n'_P(x_P)\right] \cdot (H_n - H_{nA}) + D_n \dfrac{d\Delta n'_P(x)}{dx}\bigg|_{x=W_P} - S_{BSF}\Delta n'_P(W_P)}{2H_n}$$

（2.197）

其中定義

$$H_n = S_{BSF}\sinh[(W_P - x_P)/L_n] + \frac{D_n}{L_n}\cosh[(W_P - x_P)/L_n]$$

（2.198）

$$H_{nA} = S_{BSF}\cosh[(W_P - x_P)/L_n] + \frac{D_n}{L_n}\sinh[(W_P - x_P)/L_n]$$

（2.199）

因此在 p 型半導體端中性區（$x_p \leq x \leq W_p$）少數載子濃度可以寫為

$$\Delta n_P(x) = \frac{\left[n_{P0}(e^{qV_a/kT} - 1) - \Delta n'_P(x_P)\right] \cdot (H_n + H_{nA}) + D_n \dfrac{d\Delta n'_P(x)}{dx}\bigg|_{x=W_P} + S_{BSF}\Delta n'_P(W_P)}{2H_n} e^{-(x-x_p)/L_n} +$$

$$\frac{\left[n_{P0}(e^{qV_a/kT} - 1) - \Delta n'_P(x_P)\right] \cdot (H_n - H_{nA}) - D_n \dfrac{d\Delta n'_P(x)}{dx}\bigg|_{x=W_P} - S_{BSF}\Delta n'_P(W_P)}{2H_n} e^{(x-x_p)/L_n} + \Delta n'_P(x)$$

（2.200）

如果考慮 $\Delta n_P(W_p) = 0$ 邊界條件，則上述推導可簡化為

$$\Delta n_P(x_P) = A_P + B_P + \Delta n'_P(x_P) = n_P(x_P) - n_{P0}(x_P) = n_{P0}(e^{qV_a/kT} - 1)$$

（2.201）

$$\Delta n_P(W_P) = A_P e^{-(W_P - x_P)/L_n} + B_P e^{(W_P - x_P)/L_n} + \Delta n'_P(W_P) = 0$$

（2.202）

也就是

$$A_P = \frac{[n_{P0}(e^{qV_a/kT}-1) - \Delta n'_P(x_P)] \cdot e^{(W_P-x_P)/L_n} + \Delta n'_P(W_P)}{e^{(W_P-x_P)/L_n} - e^{(-W_P+x_P)/L_n}} \qquad (2.203)$$

$$B_P = -\frac{[n_{P0}(e^{qV_a/kT}-1) - \Delta n'_P(x_P)] \cdot e^{(-W_P+x_P)/L_n} + \Delta n'_P(W_P)}{e^{(W_P-x_P)/L_n} - e^{(-W_P+x_P)/L_n}} \qquad (2.204)$$

最後可以得到結果為

$$\Delta n_P(x) = \frac{[n_{P0}(e^{qV_a/kT}-1) - \Delta n'_P(x_P)] \cdot e^{(W_P-x_P)/L_n} + \Delta n'_P(W_P)}{e^{(W_P-x_P)/L_n} - e^{(-W_P+x_P)/L_n}} e^{-(x-x_P)/L_n}$$

$$- \frac{[n_{P0}(e^{qV_a/kT}-1) - \Delta n'_P(x_P)] \cdot e^{(-W_P+x_P)/L_n} + \Delta n'_P(W_P)}{e^{(W_P-x_P)/L_n} - e^{(-W_P+x_P)/L_n}} e^{(x-x_P)/L_n} + \Delta n'_P(x)$$

$$(2.205)$$

上面的方程式解中，出現了兩個常數 L_p、L_n，分別為 n 型及 p 型半導體中性區少數載子（電洞及電子）的擴散長度（diffusion length），其定義為 $L_p = \sqrt{D_p \tau_p}$ 及 $L_n = \sqrt{D_n \tau_n}$。代表 p-n 接面兩端中性區的少數載子濃度分別以特徵長度 L_p 及 L_n 衰減。

因為在中性區內的電場很小，所以其漂移電流幾乎可以忽略不計，因此在 n 型半導體端中性區（$-W_N \le x \le -x_N$）的電流密度就等於少數載子的擴散電流密度，也就是

$$\vec{J}_{p,N}(x) = -qD_P \frac{d\Delta p_N}{dx} \qquad (2.206)$$

同理，在 p 型半導體端中性區（$x_p \le x \le W_p$）的少數載子擴散電流密度為

$$\vec{J}_{n,p}(x) = qD_n \frac{d\Delta n_P}{dx} \qquad (2.207)$$

首先將（2.185）及（2.200）式微分，得到

$$\frac{d\Delta p_N(x)}{dx}=$$

$$-\frac{[p_{N0}(e^{qV_a/kT}-1)-\Delta p'_N(-x_N)]\cdot(H_p-H_{pA})+D_p\frac{d\Delta p'_N(x)}{dx}\Big|_{x=-W_N}-S_{F,eff}\Delta p'_N(-W_N)}{2L_pH_p}e^{-(x+x_N)/L_p}$$

$$+\frac{[p_{N0}(e^{qV_a/kT}-1)-\Delta p'_N(-x_N)]\cdot(H_p+H_{pA})-D_p\frac{d\Delta p'_N(x)}{dx}\Big|_{x=-W_N}+S_{F,eff}\Delta p'_N(-W_N)}{2L_pH_p}e^{(x+x_N)/L_p}$$

$$+\frac{d\Delta p'_N(x)}{dx}$$

$$(2.208)$$

因此，n 型半導體端中性區（$-W_N\le x\le -x_N$）的少數載子擴散電流密度可以寫為

$$\vec{J}_{p,N}(x)=-qD_P\frac{d\Delta p_N}{dx}$$

$$=-qD_P\left[-\frac{[p_{N0}(e^{qV_a/kT}-1)-\Delta p'_N(-x_N)]\cdot(H_p-H_{pA})+D_p\frac{d\Delta p'_N(x)}{dx}\Big|_{x=-W_N}-S_{F,eff}\Delta p'_N(-W_N)}{2L_pH_p}e^{-(x+x_N)/L_p}\right.$$

$$\left.+\frac{[p_{N0}(e^{qV_a/kT}-1)-\Delta p'_N(-x_N)]\cdot(H_p+H_{pA})-D_p\frac{d\Delta p'_N(x)}{dx}\Big|_{x=-W_N}+S_{F,eff}\Delta p'_N(-W_N)}{2L_pH_p}e^{(x+x_N)/L_p}+\frac{d\Delta p'_N(x)}{dx}\right]$$

$$(2.209)$$

同理，p 型半導體端中性區（$x_p\le x\le W_p$）的少數載子擴散電流密度也可推得

$$\vec{J}_{n,p}(x)=qD_n\frac{d\Delta n_P}{dx}$$

$$=qD_n\left[-\frac{[n_{P0}(e^{qV_a/kT}-1)-\Delta n'_P(x_P)]\cdot(H_n+H_{nA})+D_n\frac{d\Delta n'_P(x)}{dx}\Big|_{x=W_P}+S_{BSF}\Delta n'_P(W_P)}{2L_nH_n}\cdot e^{-(x-x_P)/L_p}\right.$$

$$\left.+\frac{[n_{P0}(e^{qV_a/kT}-1)-\Delta n'_P(x_P)]\cdot(H_n-H_{nA})-D_n\frac{d\Delta n'_P(x)}{dx}\Big|_{x=W_P}-S_{BSF}\Delta n'_P(W_P)}{2L_nH_n}\cdot e^{(x-x_P)/L_n}+\frac{d\Delta n'_P(x)}{dx}\right]$$

$$(2.210)$$

由（2.209）式可以求出在 n 型半導體端中性區與空乏區交界 $x = -x_N$ 的少數載子濃度為

$$\vec{J}_{p,N}(-x_N)$$

$$= -qD_P \left[-\frac{[p_{N0}(e^{qV_a/kT}-1) - \Delta p'_N(-x_N)] \cdot (H_p - H_{pA}) + D_p \frac{d\Delta p'_N(x)}{dx}\Big|_{x=-W_N} - S_{F,eff}\Delta p'_N(-W_N)}{2L_p H_p} \right.$$

$$\left. + \frac{[p_{N0}(e^{qV_a/kT}-1) - \Delta p'_N(-x_N)] \cdot (H_p + H_{pA}) - D_p \frac{d\Delta p'_N(x)}{dx}\Big|_{x=-W_N} + S_{F,eff}\Delta p'_N(-W_N)}{2L_p H_p} + \frac{d\Delta p'_N(x)}{dx}\Big|_{x=-x_N} \right]$$

$$（2.211）$$

同理，由（2.210）式可以求出在 p 型半導體端中性區與空乏區交界 $x = x_P$ 的少數載子濃度為

$$\vec{J}_{n,p}(x_P) = qD_n \left[-\frac{[n_{P0}(e^{qV_a/kT}-1) - \Delta n'_P(x_P)] \cdot (H_n + H_{nA}) + D_n \frac{d\Delta n'_P(x)}{dx}\Big|_{x=W_P} + S_{BSF}\Delta n'_P(W_P)}{2L_n H_n} \right.$$

$$\left. + \frac{[n_{P0}(e^{qV_a/kT}-1) - \Delta n'_P(x_P)] \cdot (H_n - H_{nA}) - D_n \frac{d\Delta n'_P(x)}{dx}\Big|_{x=W_P} - S_{BSF}\Delta n'_P(W_P)}{2L_n H_n} + \frac{d\Delta n'_P(x)}{dx}\Big|_{x=x_P} \right]$$

$$（2.212）$$

至於在空乏區內的電流密度，則可以由（2.134）及（2.135）式電子與電洞的連續方程式導出，也就是

$$\frac{d\vec{J}_{n,D}(x)}{dx} = q\,(R_{n,D}(x) - G(x)) \qquad （2.213）$$

$$\frac{d\vec{J}_{p,D}(x)}{dx} = q\,(G(x) - R_{p,D}(x)) \qquad （2.214）$$

這裡假設在空乏區的復合機制是由能隙中間的單一缺陷能態（midgap single trap level）所主導，且電子跟電洞的復合速率相同，則根據（2.81）式

$$R_D(x) = R_{n,D}(x) = R_{p,D}(x) = \frac{(n_D(x)\,p_D(x) - n_i^2)}{\tau_p(n_D(x) + n_1) + \tau_n(p_D(x) + p_1)} \qquad (2.215)$$

為進一步簡化，假設整個空乏區內的復合速率維持定值，因為載子復合速率取決於電子跟電洞濃度，當電子濃度等於電洞濃度，復合速率會達到最大值 $R_{D,\,max}$，因此就以 $n_D(x_m) = p_D(x_m)$ 時的最大復合速率代表整個空乏區的復合，也就是

$$R_D(x) = R_{D,\,max} = \frac{(n_D(x_m)\,p_D(x_m) - n_i^2)}{\tau_p(n_D(x_m) + n_1) + \tau_n(p_D(x_m) + p_1)} \qquad (2.216)$$

$$= \frac{(n_D^2 - n_i^2)}{(\tau_p + \tau_n)(n_D + n_1)} = \frac{(n_D - n_1)}{(\tau_p + \tau_n)}$$

由 2.3.3 節邊界條件得知，在整個空乏區的範圍內（$-x_n \leq x \leq x_p$）

$$F_N(x) - F_P(x) = qV_a \qquad (2.217)$$

且
$$P_D = n_i e^{(E_i - F_p)/kT} = n_D = n_i e^{(F_N - E_i)/kT} \qquad (2.218)$$

因此可以得到

$$F_N = E_i + qV_a/2 \qquad (2.219)$$

$$F_P = E_i - qV_a/2 \qquad (2.220)$$

則
$$n_D = n_i e^{qV_a/2kT} \qquad (2.221)$$

$$R_D(x) = R_{D,\,max} = \frac{n_i(e^{qV_a/2kT} - 1)}{\tau_D} \qquad (2.222)$$

其中 $\tau_D = \tau_n + \tau_p$ 為空乏區內載子有效生命期。

而空乏區內的電子電流密度可以藉由積分（2.213）式得到

$$\int_{-x_N}^{x_p} \frac{d\vec{J}_{n,D}(x)}{dx}dx = \vec{J}_{n,D}(x_p) - \vec{J}_{n,D}(-x_N) = q\int_{-x_N}^{x_p}[R_{D,\max} - G(x)]dx \quad (2.223)$$

因此在空乏區邊緣 n 型半導體端的多數載子濃度可以寫為

$$\vec{J}_{n,D}(-x_N) = \vec{J}_{n,D}(x_p) - q\int_{-x_N}^{x_p}R_{D,\max}\,dx + q\int_{-x_N}^{x_p}G(x)dx$$

$$= \vec{J}_{n,D}(x_p) - q\frac{(x_N+x_P)\cdot n_i(e^{qV_a/2kT}-1)}{\tau_D} \quad (2.224)$$

$$+ q(1-m)\int_\lambda [1-R(\lambda)]S(\lambda)e^{-\alpha(W_N-x_N)}e^{-\alpha(W_N+x_P)}d\lambda$$

由電流密度連續條件得知 $\vec{J}_{n,D}(x_p) = \vec{J}_{n,P}(x_p)$，又因為在太陽電池元件中任一點的總電流密度必定等於電子電流跟電洞電流密度的總和。所以總電流密度就等於

$$J = J_{n,D}(-x_N) + J_{p,N}(-x_N) = J_{p,N}(-x_N) + J_{n,D}(x_p) - q\int_{-x_N}^{x_p}R_{D,\max}\,dx + J_{G,D}$$

$$= J_{p,N}(-x_N) + J_{n,P}(x_p) - q\frac{(x_N+x_P)\cdot n_i(e^{qV_a/2kT}-1)}{\tau_D} + J_{G,D} \quad (2.225)$$

其中 $\quad J_{G,D} = q(1-m)\int_\lambda[1-R(\lambda)]S(\lambda)e^{-\alpha(W_N-x_N)}e^{-\alpha(W_N+x_P)}d\lambda \quad (2.226)$

將前面所求得的 $J_{p,N}(-x_N)$（2.211 式）、$\vec{J}_{n,P}(x_p)$（2.212 式）代入（2.225）式，整理可得

$$J = qD_p\left[\frac{\Delta p'_N(-x_N)\cdot H_{pA} + D_p\frac{d\Delta p'_N(x)}{dx}\Big|_{x=-W_N} - S_{F,eff}\Delta p'_N(-W_N)}{L_P H_P} - \frac{d\Delta p'_N(x)}{dx}\Big|_{x=-x_N}\right]$$

$$+ qD_n\left[\frac{\Delta n'_P(x_P)\cdot H_{nA} + D_n\frac{d\Delta n'_P(x)}{dx}\Big|_{x=W_P} - S_{BSF}\Delta n'_P(W_P)}{2L_n H_n} + \frac{d\Delta n'_P(x)}{dx}\Big|_{x=x_P}\right] + J_{G,D}$$

$$- q\frac{D_p}{L_p}p_{N0}(e^{qV_a/kT}-1)\left(\frac{H_{pA}}{H_p}\right) - q\frac{D_n}{L_n}n_{P0}(e^{qV_a/kT}-1)\left(\frac{H_{nA}}{H_n}\right) - q\frac{(x_N+x_P)\cdot n_i}{\tau_D}(e^{qV_a/2kT}-1)$$

$$= J_{SCN} + J_{SCP} + J_{G,D} - (J_{DP}+J_{DN})(e^{qV_a/kT}-1) - J_{DD}(e^{qV_a/2kT}-1)$$

$$(2.227)$$

其中當偏壓為零時，也就是將兩端點連接在一起（短路）之電流密度稱為短路電流密度，因此 J_{SCN}、J_{SCP}、$J_{G,D}$ 三電流密度分量分別為 n 型半導體端中性區之光電流密度（電洞擴散電流）、p 型半導體端中性區之光電流密度（電子擴散電流）及空乏區內的光電流密度（電子跟電洞的漂移電流），其數值為

$$J_{SCN} = q\,D_p \left[\frac{\Delta p'_N(-x_N) \cdot H_{pA} + D_p \dfrac{d\Delta p'_N(x)}{dx}\bigg|_{x=-W_N} - S_{F,eff}\Delta p'_N(-W_N)}{L_P H_P} - \frac{d\Delta p'_N(x)}{dx}\bigg|_{x=-x_N} \right]$$

$$(2.228)$$

$$J_{SCP} = q\,D_n \left[\frac{\Delta n'_P(x_P) \cdot H_{nA} + D_n \dfrac{d\Delta n'_P(x)}{dx}\bigg|_{x=W_P} - S_{BSF}\Delta n'_P(W_P)}{2L_n H_n} + \frac{d\Delta n'_P(x)}{dx}\bigg|_{x=x_P} \right]$$

$$(2.229)$$

$$J_{SCD} = J_{G,D} \tag{2.230}$$

而 J_{DN}、J_{DP}、J_{DD} 則分別為在 n 型、p 型半導體端中性區及空乏區內之暗飽和電流密度（復合電流），其數值為

$$J_{DN} = q\frac{D_p}{L_p}p_{N0}\left(\frac{H_{pA}}{H_p}\right) = q\frac{D_p}{L_p}\frac{n_i^2}{N_D}\frac{S_{F,eff}\cosh[(W_N-x_N)/L_p] + \dfrac{D_p}{L_p}\sinh[(W_N-x_N)/L_p]}{S_{F,eff}\sinh[(W_N-x_N)/L_p] + \dfrac{D_p}{L_p}\cosh[(W_N-x_N)/L_p]}$$

$$(2.231)$$

$$J_{DP} = q\frac{D_n}{L_n}n_{P0}\left(\frac{H_{nA}}{H_n}\right) = q\frac{D_n}{L_n}\frac{n_i^2}{N_A}\left\{\frac{S_{BSF}\cosh[(W_P-x_P)/L_n] + \dfrac{D_n}{L_n}\sinh[(W_P-x_P)/L_n]}{S_{BSF}\sinh[(W_P-x_P)/L_n] + \dfrac{D_n}{L_n}\cosh[(W_P-x_P)/L_n]}\right\}$$

$$(2.232)$$

$$J_{DD} = q\frac{(x_N + x_P) \cdot n_i}{\tau_D} = q\frac{W_D \cdot n_i}{\tau_D} \qquad (2.233)$$

其中 $W_D = x_N + x_P$ 為空乏區的寬度。由（2.145）式我們知道它是外加偏壓的函數。

2.4 太陽電池特性與效率

上一節，我們已經導出相當複雜但普遍適用的光照下太陽電池的電流密度表示式，本節就要利用此一式子來建立一個簡單的等效電路模型，並且將從電流－電壓關係介紹太陽電池最重要的幾個參數，並討論影響太陽電池效率的幾個重要性質，包括能隙、太陽頻譜、寄生電阻及溫度。

2.4.1 電流－電壓特性

首先，先將（2.227）式再精簡，並且將電流密度所有分量乘上太陽電池的截面積，改寫成電流，得到

$$I = J \cdot A = A \cdot [J_{SCN} + J_{SCP} + J_{G,D} - (J_{DP} + J_{DN})(e^{qV_a/kT} - 1) - J_{DD}(e^{qV_a/2kT} - 1)]$$

$$= I_{SC} - I_{S1}(e^{qV_a/kT} - 1) - I_{S2}(e^{qV_a/2kT} - 1) \qquad (2.234)$$

為太陽電池產生光電流的一般表示式。從上一節的推導中可以發現，其中短路電流（short-circuit current）I_{SC} 就是來自於光照效應產生的光電流減掉元件兩電極端點的表面復合效應。而元件兩端 p、n 半導體中性區的暗電流（dark current）$I_{S1}(e^{qV_a/kT} - 1)$ 會隨順向偏壓的指數增加而遞增；在逆向偏壓時，則會很快的達到飽和值 I_{S1}。空乏區的復合電流 $I_{S2}(e^{qV_a/2kT} - 1)$ 則會隨順向偏壓一半的指數增加而遞增；同樣在逆向偏壓時，達到飽和值 I_{S2}。對太陽電池而言，I_{SC}

扮演的就是穩定輸出的電流源,而 I_{S1}、I_{S2} 則扮演內耗電流的角色。三者都跟半導體材料特性、元件結構和運作的狀態(負載)有關。

因此,可以藉由建立一個簡化的等效電路模型(如圖 2.41)來了解太陽電池的操作特性。也就是將(2.234)式視為一個理想短路電流源 I_{SC} 及兩個特性不同的二極體並聯而成,1 號二極體所能通過的順向暗電流大小正比於負載電壓 V 的指數,2 號二極體所能通過的順向暗電流大小則正比於一半負載電壓 V 的指數。電路模型中要特別注意的是短路電流源輸出電流方向跟二極體電流方向相反。

根據上面的電路模型,可以得到

$$I_{d1} = I_{S1}(e^{qV_a/kT} -1) \tag{2.235}$$

$$I_{d2} = I_{S2}(e^{qV_a/2kT} -1) \tag{2.236}$$

(2.235)式一般被稱為理想二極體方程式(ideal diode equation);其電流來源為元件兩端 p、n 半導體中性區的少數載子擴散電流。而(2.236)式的來源為空乏區的復合電流。但實際上量測二極體的暗電流-電壓時,只能獲得一條曲

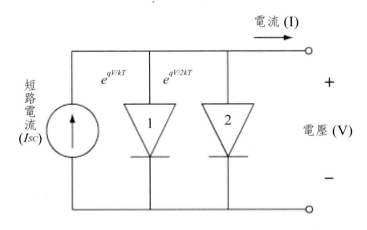

圖 2.41 太陽電池的簡化等效電路模型。其中最左邊的短路電流源代表(2.234)式中的 I_{SC},1 號二極體代表 I_{S1},2 號二極體則代表 I_{S2}

線，一般會表示為

$$I_d = I_S(e^{qV_a/\eta kT} -1) \tag{2.237}$$

其中的 η 稱為二極體的理想因子（ideal factor）；所以當擴散電流主導時，η 值會趨向於 1；當復合電流占優勢時，η 值會趨向於 2。

為讓後續討論比較清楚簡單，先不考慮復合電流（2.236）式對電流電壓特性的影響，並且舉一個矽半導體太陽電池的元件模型所導出的電流－電壓關係來做說明。表 2.3 所示為一典型的單晶矽晶圓半導體太陽電池元件結構物理參數。由此參數表就可以藉由一維數值模擬計算得到圖 2.42 的電流－電壓關係曲線圖。

圖 2.42 所展示的電流－電壓關係曲線圖是模擬在 AM1.5 太陽光照射下，單晶矽晶圓半導體太陽電池元件的發電特性；它呈現了包括短路電流（short-circuit current）、開路電壓（open-circuit voltage）、最大發電功率（maximum

表 2.3　單晶矽晶圓半導體太陽電池元件結構模型物理參數

物理參數（單位）	數 值
元件截面積 $A(cm^2)$	100
n 型半導體厚度 W_N (μm)	0.35
n 型半導體摻雜濃度 N_D ($1/cm^3$)	1×10^{20}
p 型半導體厚度 W_P (μm)	300
p 型半導體摻雜濃度 N_A ($1/cm^3$)	1×10^{15}
電洞擴散係數 D_P (cm^2/V-sec)	1.5
電洞生命期 τ_P (μs)	1
電洞擴散長度 L_P (μm)	12
電子擴散係數 D_n (cm^2/V-sec)	35
電子生命期 τ_n (μs)	350
電子擴散長度 L_n (μm)	1100
正向電極等效表面復合速率 $S_{F.eff}$ (cm/sec)	3×10^4
背向表面電場等效復合速率 S_{BSF} (cm/sec)	1×10^2

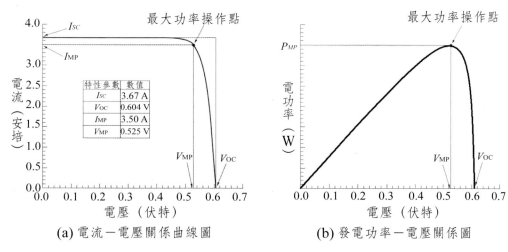

圖 2.42　典型單晶矽晶圓半導體太陽電池元件

generated power）、最大功率操作點電壓（voltage at the maximum power point）、最大功率操作點電流（current at the maximum power point）及填滿因子（fill factor）等特性。從圖中可以看出，當電壓不大時，基本上電流維持定值，且此定值跟當電壓為零時的電流相等，由（2.234）式知道此電流即為短路電流；當電壓持續增加，代表二極體所承受的順向偏壓升高，則流過二極體的電流將迅速增大（實際情形為順向偏壓降低了空乏區的內建電位，產生少數載子注入效應，也就是電洞從 p 型擴散到 n 型，電子從 n 型擴散到 p 型，與空乏區內產生的光電流相抵銷），太陽電池所輸出的電流將快速衰減，當輸出電流趨近於零時，相當於太陽電池兩電極端點沒有連接，也就是開路（open-circuit），這時候的電壓稱為開路電壓。簡單而言，如果將照光的 p-n 二極體二端的金屬電極用金屬線直接連接，就是所謂的短路（short circuit），金屬線的短路電流（short circuit current）就是等於光電流。若照光的 p-n 二極體二端的金屬不相連，就是所謂的開路（open circuit），則光電流會在 p 型區累積額外的電洞，n 型區累積額外的電子，造成 p 端金屬電極較 n 端金屬電極有一較高的電動勢，也就是開路電壓（open-circuit voltage）。

由（2.234）式可推得

$$I = 0 = I_{SC} - I_{S1}(e^{qV_{OC}/kT} - 1) - I_{S2}(e^{qV_{OC}/2kT} - 1) \approx I_{SC} - I_{S1}(e^{qV_{OC}/kT} - 1)$$

$$\Rightarrow V_{OC} = \frac{kT}{q} \ln \frac{I_{SC} + I_{S1}}{I_{S1}} \tag{2.238}$$

當 $I_{SC} \gg I_{S1}$ 時，開路電壓可以進一步近似為 $V_{OC} = \frac{kT}{q} \ln \frac{I_{SC}}{I_{S1}}$ （2.239）

此外，太陽電池主要應用就是將光能轉換為電能，而電能的代表特性就是電功率，也就是電流乘上電壓，圖 2.42(b) 顯示太陽電池的發電功率隨電壓變化關係曲線圖；從圖中可以清楚看出發電功率先隨電壓升高而增加，逐漸達到最大值，然後迅速消減，在電壓等於開路電壓時，發電功率又回到零點。其中能產生最大功率的電壓電流條件稱為最大功率操作點（maximum power point），此點所對應的電壓值稱為最大功率電壓 V_{MP}（voltage at the maximum point），所對應的電流值稱為最大功率電流 I_{MP}（current at the maximum point）。而最大功率電壓 V_{MP} 及最大功率電流 I_{MP} 會在電流－電壓關係圖中圍出一個矩形區域，長方形區域內的面積就是最大發電功率 P_{MP}。一般而言，在電流－電壓曲線上選取任一點，都可以圍出一個矩形，也會有相對應的電壓與電流，但要讓太陽電池能發揮最大效益，就必須設計讓元件能操作在最大功率操作點，也就是透過適當設計讓負載電阻等於最大功率電壓 V_{MP} 及最大功率電流 I_{MP} 的比值，也就是 $R_L = \frac{V_{MP}}{I_{MP}}$ 。理論上，最大功率操作點可以從下式求得

$$\frac{\partial P}{\partial V}\bigg|_{V=V_{MP}} = \frac{\partial (IV)}{\partial V}\bigg|_{V=V_{MP}} = \left[1 + V \frac{\partial I}{\partial V} \right]\bigg|_{V=V_{MP}} = 0 \tag{2.240}$$

但因為偏壓大小會影響空乏區的寬度，進而影響到包括 I_{SC}、I_{S1}、I_{S2} 數值，因此不易推導。

前面提到在電流－電壓曲線上任一點所對應的電壓跟電流，都可以圍出一個矩形，矩形所圍面積就是功率，為了方便從電流－電壓曲線圖直接分析太陽電池元件特性，特別將最大功率電壓 V_{MP} 及最大功率電流 I_{MP} 所圍的矩形面

積，與開路電壓 V_{OC} 跟短路電流 I_{SC} 所圍矩形面積的比值定義為填滿因子（fill factor），也就是

$$FF = \frac{P_{MP}}{V_{OC} I_{SC}} = \frac{V_{MP} I_{MP}}{V_{OC} I_{SC}}$$ （2.241）

填滿因子一般沒辦法以解析方程式來呈現，不過基本上它跟開路電壓 V_{OC} 及溫度有關，可以經驗方程式來表示，即

$$FF = \frac{V_{OC} - \frac{kT}{q} \ln\left[qV_{OC}/kT + 0.72\right]}{V_{OC} + kT/q}$$ （2.242）

半導體太陽電池作為一個能量轉換元件，最重要的當然就是功率轉換效率，也就是輸出電功率跟入射光功率的比值，亦即

$$\eta = \frac{輸出電功率}{入射光功率} = \frac{P_{MP}}{P_{in}} = \frac{FF V_{OC} I_{SC}}{P_{in}}$$ （2.243）

其中的入射光功率 P_{in} 可由量測入射光譜來決定。

半導體太陽電池另一個重要參數為量子效率（quantum efficiency），作為衡量光子轉換為電子的效率。又可分為外部量子效率（external quantum efficiency）及內部量子效率（internal quantum efficiency）。

所謂的外部量子效率（EQE）是指：在一給定波長光線照射下，元件所能收集並輸出光電流的最大電子數目跟入射光子數目的比值。從定義可以清楚知道它不但是波長函數，而且對應到光子的損耗及載子復合損失的效應。可以表示為

$$EQE(\lambda) = \frac{最大可收集的電子數目}{給定波長之入射光子數目}$$
$$= \frac{最大可產生的光電流/電子電荷}{給定波長入射光子功率/光子能量} = \frac{I_{SC}(\lambda)/q}{P_{inc}(\lambda)/E_{ph}(\lambda)} = \frac{I_{SC}(\lambda)/q}{A \cdot S(\lambda)}$$
（2.244）

而內部量子效率（IQE）是指：在一給定波長光線照射下，元件所能收集

並輸出光電流的最大電子數目跟所吸收光子數目的比值。單純反應出載子復合損失的效應，可以表示為

$$
\begin{aligned}
IQE(\lambda) &= \frac{\text{最大可收集的電子數目}}{\text{給定波長之吸收光子數目}} = \frac{I_{SC}(\lambda)/q}{Abs(\lambda)\,P_{inc}(\lambda)/E_{ph}(\lambda)} \\
&= \frac{I_{SC}(\lambda)/q}{[1-R(\lambda)-T(\lambda)]P_{inc}(\lambda)/E_{ph}(\lambda)} \\
&= \frac{EQE(\lambda)}{1-R(\lambda)-T(\lambda)} \\
&= \frac{EQE(\lambda)}{[(1-m)]\cdot[1-R(\lambda)]\cdot[e^{-\alpha(\lambda)W_{opt}}-1]}
\end{aligned}
\tag{2.245}
$$

其中，$Abs(\lambda)$、$R(\lambda)$、$T(\lambda)$ 分別為波長相關吸收率、反射率及穿透率；W_{opt} 則為所謂的光學厚度（optical thickness），也就是等效的光吸收長度；當元件設計有光捕捉（light trapping）效應時，如表面粗糙化（surface texturing）或背反射層（back reflector），其值有可能會大於實際元件的物理厚度（physical thickness）。因此考慮到金屬柵極遮蔽及有限光學厚度效應，吸收率可寫為 $Abs(\lambda)=[(1-m)]\cdot[1-R(\lambda)]\cdot[e^{-\alpha(\lambda)W_{opt}}-1]$。

根據上述的概念，但考慮元件操作時全光譜入射的性質，可以定義出所謂的收集效率（collection efficiency），作為衡量入射全光譜光子轉換為光電流的效率。又可分為外部收集效率（external collection efficiency）及內部收集效率（internal collection efficiency）。

外部收集效率定義為

$$
\eta_C^{ext} = \frac{I_{SC}/q}{I_{inc}}
\tag{2.246}
$$

其中

$$
I_{inc} = A \int_{\lambda < \lambda_G} S(\lambda)\,d\lambda
\tag{2.247}
$$

表示照射在截面積 A 上能量大於半導體能隙的所有光子數。而 $S(\lambda)$ 為每單位面積每秒每單位波長入射的光子數量。

內部收集效率則定義為

$$\eta_C^{int} = \frac{I_{SC}/q}{I_{absorbed}} \qquad (2.248)$$

其中

$$
\begin{aligned}
I_{absorbed} &= A\int_{-W_N}^{W_P} G(x)\,dx = A(1-m)\int_{\lambda<\lambda_G}[1-R(\lambda)]\cdot S(\lambda)\cdot[\int_{-W_N}^{W_P}\alpha(\lambda)e^{-\alpha(x+W_N)}\,dx]d\lambda\\
&= A(1-m)\int_{\lambda<\lambda_G}[1-R(\lambda)]\cdot S(\lambda)\cdot[-e^{-\alpha(x+W_N)}\big|_{-W_N}^{W_P}]d\lambda\\
&= A(1-m)\int_{\lambda<\lambda_G}[1-R(\lambda)]\cdot S(\lambda)\cdot(1-e^{-\alpha(W_N+W_P)})d\lambda
\end{aligned}
$$

$$\qquad (2.249)$$

表示照射在截面積 A 上能量大於半導體能隙的所有被吸收的光子數。

　　從（2.246）至（2.249）式得知，當金屬柵極遮蔽因子為零（代表正向電極完全透明）、反射率為零且太陽電池光學厚度（optical thickness）為無窮大（代表所有入射光完全被吸收）時，$I_{absorbed}=I_{inc}$ 且 $\eta_C^{int}=\eta_C^{ext}$。

　　從上面的討論，我們可以很清楚的知道一個高效率的太陽電池必須具有高短路電流 I_{SC}、高的開路電壓 V_{OC} 及盡可能接近 1 的填滿因子 FF。

　　此外，如果載子在元件內部復合的機率能夠降低至幾乎不會發生（$S\to0$），也就是載子生命期幾乎無窮大（$\tau\to\infty$），則其內部收集效率 η_C^{int} 將會接近 1。同時，如果能降低金屬柵極遮蔽率 m，減少元件的反射率 $R(\lambda)$，並具有足夠光學厚度吸收所有能量大於半導體能隙的光子，其外部收集效率 η_C^{ext} 將會接近內部收集效率 η_C^{int}。

　　又從（2.239）式得知，開路電壓 V_{OC} 正比於短路電流 I_{SC} 跟飽和暗電流 I_{S1}、I_{S2} 比值的對數，因此增加開路電壓 V_{OC} 的方法就是要減少飽和暗電流 I_{S1}、I_{S2}。由（2.231）、（2.232）及（2.233）式知道，要減少 I_{S1}、I_{S2}，必須提高載子生命期（$\tau\to\infty$）且降低兩端點電極表面載子復合速率（$S_{F,eff}, S_{BSF}\to0$）。

　　因此，①減少整個太陽電池元件的載子復合速率、②增加光子的吸收，可以作為太陽電池元件設計的兩個重要指標。也就是必須設法將太陽電池吸收光

子所產生的電子電洞對在尚未復合前收集並導出。

2.4.2　生命期與表面復合效應

　　上一節提到載子生命期跟表面復合效應為太陽電池光電轉換效率最重要的因子之一，因為一般太陽電池元件結構具有較寬的基極（base）與相對極薄的射極（emitter），因此本節將先討論基極少數載子（電子）生命期與背表面電場復合效應對元件特性（主要是開路電壓 V_{OC}）的影響，最後再介紹射極少數載子（電洞）生命期與表面復合效應對元件特性的影響。

　　圖 2.43 展示了基極少數載子（電子）生命期 τ_n 對元件開路電壓 V_{OC}、短路電流 I_{SC} 與填滿因子 FF 的影響。為了邏輯條理的清晰易懂，特以條列方式說明：

①由電子擴散長度 $L_n = \sqrt{D_n \tau_n}$ 關係得知，生命期 τ_n 越小，電子在基極的擴散長度就越短。

②由 2.3.5 節的討論知道，在基極中性區的少數載子濃度會以特徵長度 L_n

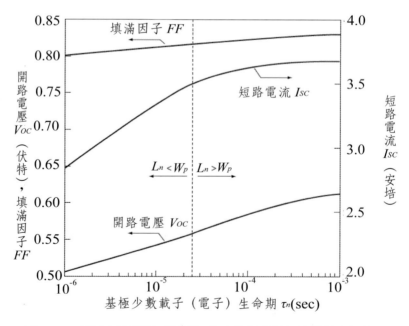

圖 2.43　基極少數載子（電子）生命期對太陽電池特性之影響

指數衰減。因此在距離空乏區邊緣 L_n 長度外所產生的少數載子大多數會在擴散過程中復合消失，而無法跨過空乏區產生光電流。

③因此當 $L_n \gg W_P$，從（2.232）式可推得基極飽和暗電流可簡化為

$$J_{DP} = q \frac{D_n}{L_n} \frac{n_i^2}{N_A} \left\{ \frac{S_{BSF} \cosh[(W_P - x_P)/L_n] + \frac{D_n}{L_n} \sinh[(W_P - x_P)/L_n]}{S_{BSF} \sinh[(W_P - x_P)/L_n] + \frac{D_n}{L_n} \cosh[(W_P - x_P)/L_n]} \right\} \approx q \frac{D_n}{L_n} \frac{n_i^2}{N_A}$$

（2.250）

上式一般稱為長基極近似（long-base approximation）。在此近似下，可以發現背表面電場幾乎對反向飽和暗電流沒有影響。

④當 $L_n \gg W_p$ 時，同樣從（2.232）式推得基極飽和暗電流可簡化為

$$J_{DP} = q \frac{D_n}{L_n} \frac{n_i^2}{N_A} \left\{ \frac{S_{BSF} \cosh[(W_P - x_P)/L_n] + \frac{D_n}{L_n} \sinh[(W_P - x_P)/L_n]}{S_{BSF} \sinh[(W_P - x_P)/L_n] + \frac{D_n}{L_n} \cosh[(W_P - x_P)/L_n]} \right\}$$

$$\approx q \frac{D_n}{L_n} \frac{n_i^2}{N_A} \frac{S_{BSF} + \frac{D_n}{L_n} \cdot [(W_P - x_P)/L_n]}{S_{BSF} \cdot [(W_P - x_P)/L_n] + \frac{D_n}{L_n}}$$

$$= q \frac{n_i^2}{N_A} \frac{D_n}{(W_P - x_P)} \frac{S_{BSF}}{S_{BSF} + D_n/(W_P - x_P)}$$

$$= q \frac{n_i^2}{N_A} \frac{D_n}{(W_P - x_P)} \left[1 + \frac{D_n/(W_P - x_P)}{S_{BSF}} \right]^{-1}$$

（2.251）

⑤從（2.251）式了解在 $L_n \gg W_P$ 近似下，基極飽和暗電流的值跟背表面電場復合速率 S_{BSF} 及 D_n/W_P（電子擴散係數與基極寬度之比值）相關，當 $S_{BSF} \gg \dfrac{D_n}{W_P}$ 時，基極飽和暗電流可以化簡為

$$J_{DP} \approx q \frac{n_i^2}{N_A} \frac{D_n}{(W_P - x_P)}$$

（2.252）

上式一般稱為短基極近似（short-base approximation）。

當 $S_{BSF} \ll \dfrac{D_n}{W_P}$ 時，基極飽和暗電流則可以化簡為

$$J_{DP} \approx q \frac{n_i^2}{N_A} S_{BSF} \qquad (2.253)$$

只跟背表面電場復合速率 S_{BSF} 有關。一般當太陽電池元件背向電極缺少背表面電場（BSF）設計時，背表面電場復合速率 S_{BSF} 可能會高達數千 cm/sec 以上；如果背向電極設計有背表面電場（BSF）及鈍化處理，其復合速率 S_{BSF} 則可以降至數百 cm/sec 以下。圖 2.44 即顯示在 $L_n > W_P$ 下，背表面電場復合速率 S_{BSF} 對太陽電池特性之影響。從圖中可以清楚看出，不論是開路電壓 V_{OC}、短路電流 I_{SC} 或填滿因子 FF 都隨背表面電場復合速率 S_{BSF} 降低而升高，且在 100cm/sec$<S_{BSF}<$10000cm/sec 範圍內

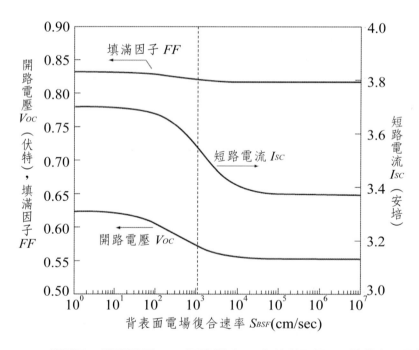

圖 2.44　$L_n > W_p$ 情形下，開路電壓 V_{OC}、短路電流 I_{SC} 與填滿因子 FF 隨背表面電場復合速率變化之關係曲線圖

變化較大，在 S_{BSF}<100cm/sec 或 S_{BSF}>10000cm/sec 變化趨緩。

⑥因為開路電壓 V_{OC} 反比於飽和暗電流 I_{S1}、I_{S2} 比值的對數，從（2.250）跟（2.252）式又得知基極飽和暗電流在長基極近似情形下跟電子擴散長度 L_n 成反比，短基極近似下則跟基極長度 W_p 成反比。因此在 $L_n \ll W_P$ 長基極近似下，開路電壓 V_{OC} 正比於電子擴散長度 L_n 的對數；在 $L_n \gg W_P$ 短基極近似下，開路電壓 V_{OC} 則正比於基極長度 W_P 的對數。圖 2.43 清楚的呈現此種關聯性，其分界線是以表 2.3 所列元件參數中的 $W_P = 300\mu m$ 及 $D_n = 35cm^2/V \cdot sec$ 所換算得到 $\tau_n = 2.57 \times 10^{-5}sec$ 為參考。圖 2.43 左右兩邊緣所對應的電子擴散長度 L_n 分別約為 5μm 及 1870μm。

⑦根據（2.229）式，可以描繪出不同背表面電場復合速率條件下，基極短路電流 I_{SC} 隨基極少數載子（電子）擴散長度 L_n 變化之關係曲線（如圖 2.45(a) 所示）。由圖中可以發現當擴散長度 L_n 大於兩倍的基極寬度 W_P，短路電流 I_{SC} 趨於飽和；且在背表面電場復合速率 S_{BSF}<100cm/sec 以下，可獲得較高短路電流 I_{SC}，但在 S_{BSF}<10cm/sec 或 S_{BSF}>10^5cm/sec，短路電流 I_{SC} 幾乎沒有變化。此外，當擴散長度 L_n 小於基極寬度 W_p 時，短路電流 I_{SC} 迅速衰減；且此時短路電流 I_{SC} 幾乎與背表面電場復合速率 S_{BSF} 大小無關。

⑧圖 2.45(b) 可顯示在不同背表面電場復合速率條件下，開路電壓 V_{OC} 隨基極少數載子（電子）擴散長度 L_n 變化之關係。由圖中可以發現極少數載子（電子）擴散長度 L_n 增加，開路電壓 V_{OC} 的變化較短路電流 I_{SC} 緩慢；且背表面電場復合速率 S_{BSF} 越慢，開路電壓 V_{OC} 越不易達飽和。此外，在背表面電場復合速率 S_{BSF}<100cm/sec 以下，可獲得較高開路電壓 V_{OC}。

至於射極因為相當薄，一般少數載子（電洞）擴散長度為其寬度的數倍（$L_p \gg W_N$），所以少數載子（電洞）生命期 τ_p 對元件特性的影響並不明顯。因此我們著重在表面復合效應。正向電極表面復合速率 $S_{F, eff}$ 跟所使用的半導體材料、摻雜濃度、雜質分布、鈍化層材料、界面結構、網格金屬電極的設計、偏壓及其他參數有關，它包含具有較高表面復合速率的金屬歐姆接觸表面區域效果；

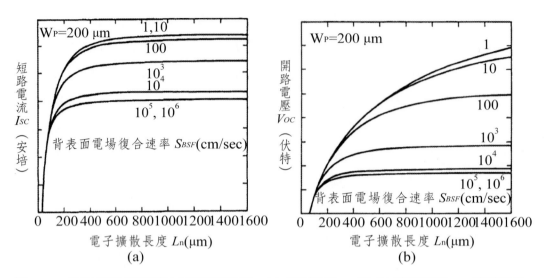

圖 2.45　不同背表面電場復合速率條件下，(a) 短路電流 I_{SC} 及 (b) 開路電壓 V_{OC} 隨基極少數載子（電子）擴散長度變化之關係曲線圖

也包含在網格金屬電極之間沒有直接接觸金屬電極區域（具有較低的表面復合速率）的貢獻；所以 $S_{F, eff}$ 數值跟元件設計、操作條件都有關係。

　　圖 2.46 顯示在不同表面復合速率條件下，射極飽和電流隨表面摻雜濃度變化之關係。由圖中可以發現表面摻雜濃度扮演非常複雜的角色；表面摻雜濃度過高或過低，射極飽和電流都會上升，不過它還受表面復合速率的影響；基本上，表面復合速率越慢，則達最低射極飽和電流的摻雜濃度越小。此外，在表面復合速率 $S_{F, eff}$ <1000cm/sec 以下且表面摻雜濃度 N_S <2×10^{19}cm^{-3}，可獲得較低的飽和電流。

2.4.3　效率與能隙關係

　　半導體太陽電池照光時，只有當光子的能量 hv>E_g 的狀況下才能夠被吸收產生電子電洞對，產生光電流的輸出，因此很明顯半導體能隙的大小決定了有多少太陽光能被太陽電池吸收轉換。而且並不是被吸收光子的所有能量都有機

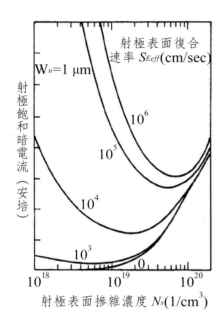

圖 2.46　$L_p \ll W_N$，在不同表面復合
速率條件下，射極飽和電流隨表面
摻雜濃度變化之關係曲線圖

會轉換成電能，事實上，不論光子能量為 E_g、或是 $2E_g$、甚至 $3E_g$，最多只能轉
換 E_g 的光能成為電能；因為雖然半導體材料內部價電帶的電子可以吸收 E_g、
$2E_g$、甚至 $3E_g$ 的光能而躍遷到導電帶，但所產生的導電帶電子跟價電帶電洞所
具有的多餘能量（大於 E_g）並無法轉變成電能，而是藉由與原子、晶格振動（聲
子）及載子的多次碰撞，轉化成熱能。雖然利用熱載子效應增加能量轉換率相
關研究已成為第三代太陽電池研究重點，但仍有待後續突破。

　　總之，半導體太陽電池所能轉換的最大光能為照射在截面積 A 上能量大於
半導體能隙 E_g 的所有光子數 I_{inc} 與每個光子所攜帶相當於能隙部分的能量 E_g，
因此半導體太陽電池理論可達到的最大效率可以表示為

$$\eta_{max}\,(E_g) = \frac{E_g\,I_{inc}}{P_{inc}} = \frac{E_g \cdot \int_{\lambda < \lambda_G} S(\lambda)\,d\lambda}{\int_{\lambda < \lambda_G} \frac{hc}{\lambda} S(\lambda)\,d\lambda} \qquad (2.254)$$

　　圖 2.47 即為在 AM1.5 全光譜照射條件下，理論所推得最大轉換效率隨半
導體能隙變化關係曲線圖，及實際所測得各種半導體單接面太陽電池元件目前
所能達到的轉換效率。其中能產生最大轉換效率之半導體能隙值落在約 1.1 電

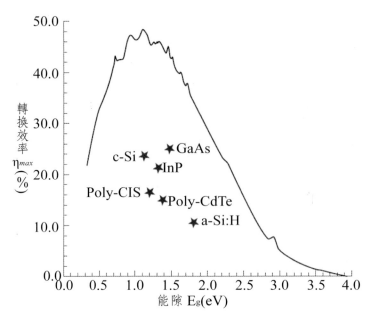

圖 2.47　在 AM1.5 全光譜照射下，理論最大效率值隨半導體能隙變化關係曲線圖。其中 ★號標示則代表實際元件所量測效率值

子伏特位置，此時理論預估所能達到的最大轉換效率為 48%，與結晶矽半導體材料的能隙相當接近。

　　上述的推估，只是提供關於半導體太陽電池轉換效率上限概念上的理解，建立在假設所有的入射光能完全的被吸收產生電子電洞對、輸出的開路電壓就等於所產生電子和電洞的能量差（也就是能隙）、且輸出的光電流不受電壓影響（恆等於短路電流）。實際上是不可能實現在 *p-n* 接面結構型式的太陽電池。對於單晶矽太陽電池元件的理論模擬計算顯示可能達到的最大轉換效率約為 30%，而目前最高效率單晶矽太陽電池元件成品為澳洲新南威爾斯大學研究團隊所開發的 PERL（Passivated Emitter and Rear Locally-diffused）元件，其最高可達效率為 24.7%。

2.4.4　頻譜響應

　　接下來要介紹一個太陽電池元件的重要物理性質，亦即頻譜響應（spectral response）$SR(\lambda)$；頻譜響應是用來檢驗光電流如何受不同波長光子入射的影響。就如同載子量子轉換效率及收集效率可以區分為外部（external）及內部（internal）兩種定義模式，頻譜響應也可以同樣方式表示。

　　所謂的外部頻譜響應（external spectral response）是指：在一給定波長光線照射下，元件所能輸出的最大短路電流（光電流）跟入射光子功率的比值。從定義可以清楚知道它不但是波長函數，且包含元件對不同波長光子吸收率的響應及所產生不同能量電子電洞對在元件中傳導、復合的效應。可以表示為

$$SR^{ext}(\lambda) = \frac{最大可產生的光電流}{給定波長入射光子功率}$$

$$= \frac{I_{SC}(\lambda)}{P_{inc}(\lambda)} = \frac{I_{SC}(\lambda)}{\frac{hc}{\lambda}A \cdot S(\lambda)} = \frac{q\lambda}{hc}\frac{I_{SC}(\lambda)q}{A \cdot S(\lambda)} = \frac{q\lambda}{hc}EQE(\lambda) \qquad (2.255)$$

　　而內部頻譜響應（internal spectral response）是指：在一給定波長光線照射下，元件所能收集並輸出的最大光電流跟所吸收光子功率的比值。單純針對不同波長光子吸收後所產生不同能量電子電洞對在元件中傳導、復合的效應。同（2.246）式推導，可以表示為

$$SR^{int}(\lambda) = \frac{最大可產生的光電流}{一給定波長所吸收光子功率} = \frac{I_{SC}(\lambda)}{Abs(\lambda) \cdot P_{inc}(\lambda)}]$$

$$= \frac{SR^{ext}(\lambda)}{[(1-m)] \cdot [1-R(\lambda)] \cdot [e^{-\alpha(\lambda)W_{opt}(\lambda)} - 1]} \qquad (2.256)$$

$$= \frac{q\lambda}{hc}IQE(\lambda)$$

　　實驗上所能量測獲得的為外部頻譜響應，內部頻譜響應則必須透過分析正向電極金屬遮蔽效應 m、反射率 $R(\lambda)$、吸收係數 $\alpha(\lambda)$ 及等效吸光長度（光學厚

太陽電池

度）$W_{opt}(\lambda)$ 推得。此外，根據（2.255）式，太陽電池元件的短路電流可以寫為

$$I_{SC} = \int_{\lambda} SR^{ext}(\lambda) \cdot S(\lambda)\, d\lambda \qquad (2.257)$$

但外部頻譜響應包含了光子捕捉及載子收集兩者效率的影響，不容易透過分析
來釐清真正關鍵的影響因子為何；但內部頻譜響應則單純反應電子電洞對在
元件中傳導、復合的效果，因此可以提供有效的資訊來確認可能的復合源頭
（recombination sources）。圖 2.48 即顯示在 AM1.5 全光譜照射下，表 2.3 所
列單晶矽晶圓半導體太陽電池元件結構模型理論模擬的內部頻譜響應隨入射光
波長變化曲線圖。虛線部分則為修正其正向電極表面復合速率 $S_{F,\,eff}$ 及背表面電
場復合速率 S_{BSF} 後所獲得的結果。其中正向電極表面復合速率 $S_{F,\,eff}$ 從表 2.3 的
3×10^4cm/sec 降為 100cm/sec，可以發現短波長範圍的內部頻譜響應有大幅改
善。因為半導體材料在短波長範圍常具有較高的吸收係數，使得短波長光子主

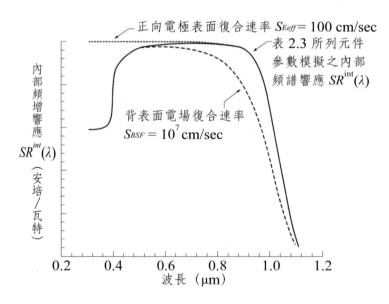

圖 2.48　在 AM1.5 全光譜照射下，表 2.3 所列單晶矽晶圓半導體太陽電池元件結構模型理
論模擬的內部頻譜響應隨入射光波長變化曲線圖。虛線部分為改變其正向電極表面復合速
率及背表面電場復合速率所獲得的結果

要在射極區域被吸收，故鈍化處理（passivation）正向電極表面來降低表面復合速率，對射極載子的收集效率有很大提升，因此短波長範圍的內部頻譜響應也就上升。反之，如果將背表面電場復合速率 S_{BSF} 從表 2.3 的 100cm/sec 升為 1×10^7cm/sec，發現長波長範圍的內部頻譜響應變差。因為半導體材料對長波長光子吸收係數較低，使得長波長光子會穿透較深，故對基極電子電洞對的產生有較大影響，如果背面電極沒有設計背表面電場，則其背表面電場復合速率將大幅增加，代表集極載子有很大部分會很快的在背面電極復合消失，而影響到載子的收集效率，長波長範圍的內部頻譜響應也就下降。

2.4.5 　寄生電阻

（2.234）式的電流電壓特性並未考慮到半導體太陽電池裝置的實際狀況，而是根據基本 *p-n* 接面元件模型所推算的結果。實際上，太陽電池元件存在有所謂寄生電阻（parasitic resistance）；其中，存在於太陽電池元件而跟外界負載成串聯連接的寄生電阻稱為串聯電阻（series resistance）；存在於太陽電池元件兩端點之間的寄生電阻稱為分流電阻（shunt resistance）。為呈現寄生電阻對電流電壓特性的影響，必須修正圖 2.41 的等效電路模型，圖 2.49 即為納入寄生串聯跟分流電阻的太陽電池等效電路模型，其中 R_s 跟 R_{sh} 則分別代表寄生串聯及分流電阻。

從圖 2.49 可看出，當電流 *I* 流過串聯電阻 R_s 會產生 IR_s 的電壓降，所以 1 號及 2 號二極體所承受的電壓會變為 $V+IR_s$；在此同時，也會有部分電流流過分流電阻 R_{Sh}，造成太陽電池元件端點輸出的電流減少，所減少的電流值就等於端點電壓值 $V+IR_s$ 除上分流電阻 R_{Sh}。因此（2.234）式可以修正寫為

$$I(V) = I'_{SC} - I_{S1} \left[e^{q(V+IR_S)/kT} - 1 \right] - I_{S2} \left[e^{q(V+IR_S)/2kT} - 1 \right] - \frac{(V+IR_S)}{R_{Sh}} \quad (2.258)$$

其中的兩個指數項，在實際量測時是無法分開的，因此（2.258）式常簡化為

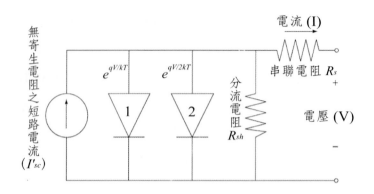

圖 2.49　包含寄生串聯跟分流電阻的實際太陽電池等效電路模型。其中最左邊的短路電流源代表（2.234）式中的 I_{SC}，1 號二極體代表 I_{S1}，2 號二極體則代表 I_{S2}，R_S 跟 R_{sh} 則分別代表寄生串聯及分流電阻

$$I(V) = I'_{SC} - I_S \left[e^{q(V+IR_S)/\eta kT} - 1 \right] - \frac{(V+IR_S)}{R_{Sh}} \qquad （2.259）$$

其中的 η 稱為二極體的理想因子（ideal factor）；η 值一般介於 1 跟 2 之間，當在中性區內的復合效應，也就是少數載子擴散電流主導時，η 值會趨向於 1；當在空乏區內的復合效應占優勢時，η 值會趨向於 2。

　　圖 2.50 顯示理論計算模擬寄生電阻對電流－電壓特性。從圖 2.50(a) 可以看出串聯電阻 R_s 的存在並不會影響開路電壓 V_{OC} 數值，但會造成元件短路電流 I_{SC} 的衰退；相反的，圖 2.50(b) 顯示分流電阻 R_{sh} 會嚴重降低開路電壓 V_{OC} 數值，但對元件短路電流 I_{SC} 則沒有明顯影響；當兩者同時存在時，元件的電流－電壓特性會從圖 2.42(a) 的接近矩形結構，轉變為圖 2.50(c) 的不規則四邊形結構，此不規則四邊形結構的上邊曲線斜率代表分流電阻 R_{Sh}，而右邊曲線斜率則代表了串聯電阻 R_s；因此元件電流－電壓特性曲線的量測分析可以定量決定出寄生電阻。此外，寄生電阻效應也會嚴重影響到填滿因子 FF，連帶影響操作效率。

　　由（2.228）、（2.229）、（2.230）式得知：一個太陽電池 I_{sc} 的短路電流跟光照強度有直接關聯。而開路電壓 V_{OC} 則與短路電流 I_{sc} 的對數成正比（參考（2.238）式），因此可以透過變化不同照度獲得短路電流 I_{sc} 與開路電壓 V_{OC} 之

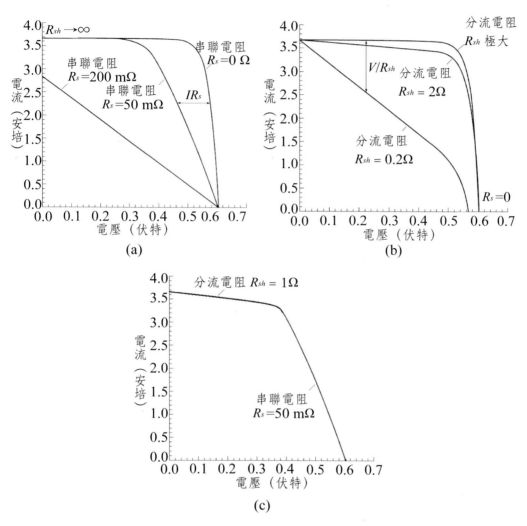

圖 2.50　(a) 寄生串聯電阻對太陽電池電流－電壓特性的影響（$R_{Sh} \to \infty$）。

(b) 寄生分流電阻 R_{Sh} 對太陽電池電流－電壓特性的影響（$R_s = 0\Omega$）。

(c) 兩者同時存在對太陽電池電流－電壓特性的影響（$R_{Sh} = 1\Omega$、$R_s = 50m\Omega$）

間關係曲線。圖 2.51 為一典型矽半導體太陽電池在考慮存在寄生串聯電阻 R_s 與分流電阻 R_{Sh} 下，所獲得的短路電流密度 J_{SC} 與開路電壓 V_{OC} 關係曲線圖，其縱座標採取對數座標。從圖中可以發現 $\log(J_{SC})$ 相對於 V_{OC} 基本上呈現線性關係，但在曲線兩端有偏離線性關係的趨勢。因為由未考慮寄生電阻之元件特性模型

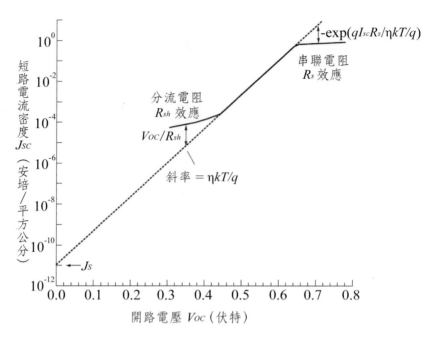

圖 2.51　不同光照條件下短路電流密度 J_{SC} 與開路電壓 V_{OC} 關係曲線圖。可利用曲線擬合（curve fitting）技巧來萃取相關參數

$\log(I_{SC})$ 相對於 V_{OC} 呈線性的關係來看，曲線兩端偏離線性關係顯然來自於寄生電阻的影響，為釐清寄生串聯電阻 R_s 與分流電阻 R_{sh} 個別角色，特對（2.259）式進一步分析。先考慮短路狀況，則（2.259）式改寫為

$$I_{SC} = I'_{SC} - I_S \left[e^{qI_{sc}R_s/\eta kT} - 1 \right] - \frac{I_{SC}R_S}{R_{Sh}} \qquad (2.260)$$

在開路狀況，則（2.259）式改寫為

$$0 = I'_{SC} - I_S \left[e^{qV_{oc}/\eta kT} - 1 \right] - \frac{V_{OC}}{R_{Sh}} \qquad (2.261)$$

假設寄生串聯電阻 R_s 對元件特性影響較大，則可以忽略寄生分流電阻 R_{Sh}，而（2.260）及（2.261）式就可以化簡為

$$I_{SC} = I'_{SC} - I_S \left[e^{qI_{sc}R_S/\eta kT} - 1 \right]$$

$$\Rightarrow \left[e^{qI_{sc}R_S/\eta kT} - 1 \right] = \frac{I'_{SC} - I_{SC}}{I_S}$$

$$\Rightarrow e^{qI_{sc}R_S/\eta kT} = \frac{I'_{SC} + I_S - I_{SC}}{I_S} \tag{2.262}$$

$$I'_{SC} = I_S \left[e^{qV_{oc}/\eta kT} - 1 \right]$$

$$\Rightarrow I'_{SC} + I_S = I_S e^{qV_{oc}/\eta kT} \tag{2.263}$$

合併（2.262）及（2.263）式可得

$$I_{SC}R_S = \frac{\eta kT}{q} \ln \left[\frac{I_S e^{qV_{oc}/\eta kT} - I_{SC}}{I_S} \right] \Rightarrow \frac{I_S e^{qV_{oc}/\eta kT} - I_{SC}}{I_S} = e^{qI_{sc}R_S/\eta kT} \tag{2.264}$$

相對於不考慮寄生串聯電阻 R_s 與分流電阻 R_{Sh}（2.238 式）的結果

$$\frac{I_S e^{qV_{oc}/\eta kT} - I_{SC}}{I_S} = 1 \tag{2.265}$$

可以判斷出來在同樣的 V_{OC}，受到寄生串聯電阻 R_s 的影響，I_{SC} 會變小。所以圖 2.51 靠近尾端偏離線性區域符合推斷結果，代表此區域受串聯電阻 R_s 效應影響。至於寄生串聯電阻 R_s 的數值，則可以根據（2.264）式，將 I_{SC} 對 $\log \left[\frac{I_S e^{qV_{oc}/\eta kT} - I_{SC}}{I_S} \right]$ 作圖，利用線性擬合方法分析獲得。

同理，假設寄生分流電阻 R_{Sh} 對元件特性影響較大，則可以忽略寄生串聯電阻 R_s，而（2.260）及（2.261）式就可以化簡為

$$I_{SC} = I'_{SC} \tag{2.266}$$

$$I'_{SC} = I_S \left[e^{qV_{oc}/\eta kT} - 1 \right] + \frac{V_{OC}}{R_{Sh}} \tag{2.267}$$

合併（2.266）及（2.267）式可得

$$I_{SC} - I_S \left(e^{qV_{OC}/\eta kT} - 1\right) = \frac{V_{OC}}{R_{Sh}} \qquad (2.268)$$

相對於不考慮寄生串聯電阻 R_s 與分流電阻 R_{Sh}（2.238 式）的結果

$$I_{SC} - I_S \left(e^{qV_{OC}/\eta kT} - 1\right) = 0 \qquad (2.269)$$

可以判斷出來在同樣的 V_{OC}，受到寄生分流電阻 R_{Sh} 的影響，I_{SC} 會變大。所以圖 2.51 靠近前端偏離線性區域符合推斷結果，代表此區域受寄生分流電阻 R_{Sh} 效應影響。至於寄生分流電阻 R_{Sh} 的數值，則可以根據（2.264）式，將 V_{OC} 對 $[I_{SC} - I_S (e^{qV_{OC}/\eta kT} - 1)]$ 作圖，利用線性擬合方法分析獲得。

此外，圖 2.51 利用（2.239）式線性擬合，可以萃取出斜率就等於 $\eta kT/q$，而曲線跟縱座標截距就等於飽和暗電流 J_s。

造成寄生串聯電阻 R_s 的可能原因包括：①正向金屬格網電極跟射極半導體之接面阻抗、②載子從射極（emitter）往兩正向金屬格網電極間橫向傳導所遭遇之阻抗、③載子在基極（base）半導體材料傳導所遭遇之阻抗、④背向金屬電極跟基極半導體之接面阻抗、⑤條狀正向金屬格網電極（grid finger）有限尺寸所產生的阻抗及⑥電流收集金屬排線（collection bus）之阻抗。

其中①跟④阻抗來自於當載子從半導體流過金屬時，在接面處會感受到位能障壁（potential barrier），如圖 2.52(a) 所示。其形成與半導體表面能態（surface state）會累積電荷產生空乏區有關，此空乏區一般稱為表面空乏區。位能障壁大小與金屬功函數（work function；電子從費米能階躍遷到真空能階所需能量）跟半導體電子親和力（electron affinity；電子從導電帶底部躍遷到真空能階所需能量）兩者之差值相關，也跟半導體摻雜型態、濃度及表面態密度有關，此一位能障壁稱為蕭基能障（Schottky barrier），金屬跟半導體結合處會形成明顯蕭基能障稱為蕭基接觸（Schottky contact）。蕭基接觸會造成整流效果，導致大量電能損耗在接面電阻，因此必須透過適當的製程設計及處理讓載子能順利的穿過蕭基能障，也就是讓金屬跟半導體形成所謂的歐姆接

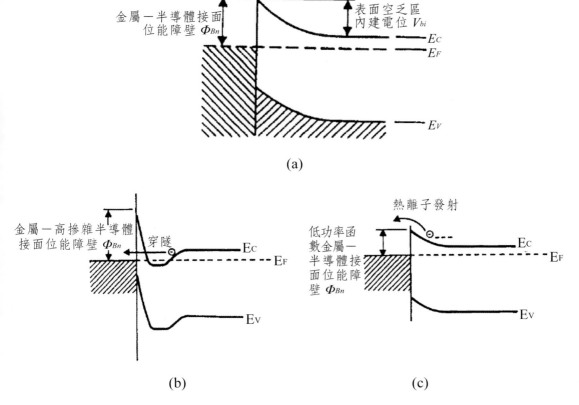

圖 2.52　(a) 金屬－半導體接面位能障壁的形成。(b) 表面具高摻雜濃度的半導體－金屬接面，其表面空乏區會縮窄，易造成載子的穿隧效應，達到歐姆接觸的效果。(c) 選擇低功函數的金屬材料可以降低位能障壁，讓載子容易透過熱離子發射效應躍過能障，達到歐姆接觸的效果

觸（ohmic contact）。一般作法就是將金屬沉積在表面具有高摻雜濃度（heavy doping）的半導體上，使表面空乏區範圍盡可能的縮小，載子就有較高機會穿隧（tunnelling）通過（如圖 2.52(b) 所示）。或者是選用較低功函數的金屬，以降低位能障壁，使載子有機會透過熱離子發射（thermionic emission）效應躍過位能障壁（如圖 2.52(c) 所示）。

　　圖 2.53 所示為金屬－半導體接觸電阻隨雜質摻雜濃度變化關係，其中實線

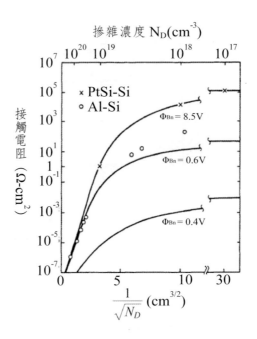

圖 2.53　金屬－半導體接觸電阻隨雜質摻雜濃度變化關係。實線為理論模擬結果，而以「×」跟「○」標示的數據則為實驗結果

為理論模擬結果，而標示的數據則為實驗結果。從圖中可以發現隨摻雜濃度增加，接觸電阻呈指數下降；其中，在摻雜濃度小於 $10^{19} cm^3$ 以下，接觸電阻原則上跟位能障壁 Φ_{Bn} 的指數成正比，代表熱離子發射效應主導載子傳導；但當摻雜濃度大於 $10^{19} cm^3$ 以上，位能障壁 Φ_{Bn} 對接觸電阻影響顯然不明顯。實驗數據也顯示不同功函數金屬對接觸電阻影響並不如理論模型預期的高。因此，當半導體表面摻雜濃度大於 $10^{20} cm^3$，將有許多可選用的金屬能達到接觸電阻小於 $10^{-4} \Omega cm^2$ 的要求；如果表面摻雜濃度只有 $10^{19} cm^3$，則必須選用位能障壁小於 $0.5 eV$ 的金屬材料，才能展現歐姆接觸的性質。

上述⑤跟⑥的阻抗跟正向金屬格網電極的寬度、厚度及長度有關；而阻抗②則與正向金屬格網電極間距成正比關係，但實際上仍需考慮金屬電極遮蔭（shadowing）所造成光吸收的損失，亦即兩者需取得平衡。

而造成寄生分流電阻 R_{Sh} 的可能原因包括：①太陽電池邊緣的漏電流、②

在 p-n 接面存有點缺陷（point defect）或局部區域雜質摻雜不均、③基極（base）與正向金屬格網電極（grid finger）局部的短路所造成。

2.4.6 溫度效應

要了解溫度對半導體太陽電池特性的影響，必須回頭檢視從（2.228）至（2.233）電流密度方程式，可以發現 J_{DN} 及 J_{DP} 都正比於 n_i^2，而 J_{DD} 則正比於 n_i；此外，幾乎所有電流項都包含了擴散係數 D、平均自由時間 τ、擴散長度 L 及表面復合速率 S，但相對於本質載子濃度 n_i，其影響極小。所以要推導溫度對太陽電池元件特性的影響，可以從本質載子濃度 n_i 著手。首先，結合（2.22）、（2.23）及（2.26）式，本質載子濃度 n_i 可寫為

$$n_i = 2\,(m_n^* m_p^*)^{3/4}\left(\frac{2\pi kT}{h^2}\right)^{3/2} e^{-E_g/2kT} \qquad (2.270)$$

其中，m_n^*、m_p^* 基本上與溫度相關性不高。

而能隙則會隨溫度升高而變小；經驗上，可以寫為

$$E_g\,(T) = E_g(0) - \frac{\alpha T^2}{T+\beta} \qquad (2.271)$$

α、β 為每一種半導體材料透過實驗所決定的常數。由此可知，當溫度上升將增加本質載子濃度 n_i，造成飽和暗電流 I_S 的升高，也就導致開路電壓的下降。至於前面所介紹因為高摻雜（heavy doping）而導致的能隙窄化（band gap narrowing）效應，也會造成本質載子濃度 n_i 的增加，使得太陽電池元件特性的衰退。

實際上，飽和暗電流 I_{S1} 可以用下列的經驗方程式來涵蓋溫度效應

$$I_{S1} = BT^{\xi} e^{-E_g(0)/kT} \qquad (2.272)$$

其中，B、ξ、$E_g(0)$ 為溫度無關的常數。故從（2.239）式得知：開路電壓可以近似為 $V_{OC} = \dfrac{kT}{q}\ln\dfrac{I_{SC}}{I_{S1}}$，將（2.272）式代入整理可得

$$I_{SC} \approx I_{S1}e^{qV_{OC}/kT} \approx BT^{\xi}e^{-E_g(0)/kT}e^{qV_{OC}/kT} \qquad (2.273)$$

因為在一般操作條件，短路電流 I_{SC} 較不會受溫度影響，故上式對溫度 T 微分，可推得

$$\frac{dI_{SC}}{dT} = 0 = B\xi T^{\xi-1}e^{-E_g(0)/kT}e^{qV_{OC}/kT} + BT^{\xi}\left[\frac{q\dfrac{dV_{OC}}{dT}kT - k(qV_{OC} - E_g(0))}{k^2T^2}\right]e^{-E_g(0)/kT}e^{qV_{OC}/kT}$$

$$\Rightarrow \frac{dV_{OC}}{dT} = \frac{V_{OC} - \dfrac{1}{q}E_g(0) - \xi\dfrac{kT}{q}}{T} \qquad (2.274)$$

對典型結晶矽半導體太陽電池來說，室溫時開路電壓變化隨溫度上升的關係為 $\dfrac{dV_{OC}}{dT} = -2.3$ mV/℃。

而（2.273）式又整理可得

$$V_{OC}(T) = \frac{1}{q}E_g(0) - \frac{kT}{q}\ln\left(\frac{BT^{\xi}}{I_{SC}}\right) \qquad (2.275)$$

可以發現，開路電壓 V_{OC} 與溫度大約成反比關係，且當絕對溫度趨近於零時，V_{OC} 約相當於能隙 $E_g(0)$。

2.5　結語

本章的主要目的是要讓讀者對半導體太陽電池的基本物理及工作原理有基本的了解。

首先介紹半導體材料的基本物理性質，包括晶體結構、電子能態、載子、摻雜、光吸收、載子復合。接著推導出載子在半導體內傳導的最主要方程

式——連續方程式。

　　然後探討太陽電池最基本的元件結構：*p-n* 接面二極體的靜電學特性。為了求得解析的結果，再從連續方程式導出所謂的少數載子擴散方程式，並代入光照下的邊界條件，最後獲得太陽電池元件工作最重要的電流－電壓關係式。

　　從半導體太陽電池的基本工作原理的介紹及等效電路模型的建立，定義出太陽電池元件最重要的四個參數：開路電壓（V_{OC}）、短路電流（I_{SC}）、填滿因子（*FF*）和轉換效率（η）。

　　最後介紹影響上述元件特性參數的幾個重要因子，包括半導體能隙、太陽頻譜響應、寄生電阻和溫度效應。

　　希望透過系統性的介紹，能夠讓讀者對半導體太陽電池有完整的了解，畢竟發展更高效率太陽電池元件有賴於對光電流的產生、復合、傳導整個過程與機制有充分的了解，才能從材料特性及元件結構著手，根本的提昇光電轉換效率。

參考文獻

1. Sze S. M., Physics of Semiconductor Devices, 2nd Edition, John Wiley & Sons, New York, NY (1981).

2. Luque A. and Hegedus S., Handbook of Photovoltaic Science and Engineering, John Wiley & Sons, England (2003).

3. Pankove J., Optical Processes in Semiconductors, Dover Publications, New York (1971).

4. Goetzberger A., Knobloch J., and Voβ B., Crystalline Silicon Solar Cells, John Wiley & Sons, England (1998).

5. Markvart T., and Castañer L., Practical Handbook of Photovoltaics: Fundamentals and Applications, Elsevier Science Ltd., Oxford (2003).

6. Neville R. C., Solar Energy Conversion: The Solar Cell, Elsevier/North-Holland Inc., New York (1978).

7. Green M., Solar Cell: Operating Principles, Technology, and System Applications, Prentice Hall, Englewood Cliffs, NJ (1982).

8. Backus C. E., Solar Cells, IEEE Press, New York (1976).

9. Chopra K. L. and Das S. R., Thin Film Solar Cells, Plenum Press, New York (1983).

10. Shur M, Physics of Semiconductor Devices, Prentice Hall, Englewood Cliffs, NJ (1990).

11. Enderlein R., and Horing J. M. N., Fundamental of Semiconductor Physics and Devices, World Scientific, Singapore (1997).

12. Singh J., Physics of Semiconductors and Their Heterostructures, McGraw-Hill, New York (1993).

13. Singh J., Electronic and Optoelectronic Properties of Semiconductor Structures, Cambridge, New York (2003).

14. Goetzberger A. and Hoffmann V.U., Photovoltaic Solar Energy Generation, Springer, Berlin (2005).

15. Li S. S., Semiconductor Physical Electronics 2nd Edition, Springer, Berlin (2006).

16. Grundmann M., The Physics of Semiconductors, Springer, Berlin(2006).

17. Snowden C., Introduction to Semiconductor Device Modeling, World Scientific, Singapore (1986).

第 三 章
結晶矽材料之製備

周明奇
中山大學材料科學研究所教授

3.1　前言

　　矽是目前最廣泛被使用的太陽電池材料，包含單晶矽（single crystal silicon, sc-Si）和多晶矽（polycrystal silicon）共有超過 95% 的太陽能市場占有率。早期太陽電池主要是利用柴式提拉法（Czochralski pulling technique, CZ）生長的矽單晶，但是由於市場價格的因素，越來越多公司投入大型多晶矽塊材（polysilicon ingot）的生長。圖 3.1 是單晶矽和多晶矽在原物料的準備、生長方式及晶片形狀的比較。本章內容主要是描述單晶矽和多晶矽的生長方法，同時比較其中之差異。

3.2　單晶矽的生長
（Growth of Single Crystal Silicon）

　　單晶矽的生長方法主要有柴式提拉法（Czochralski pulling technique, CZ）和浮區法（Floating zone technique, FZ）。在 1950 年，Teal 和 Little 首度將柴式提拉法 [1] 應用於生長矽（Si）和鍺（Ge）單晶 [2]，目前約 80% 的矽單晶是藉由柴式提拉法所生長的，矽單晶尺寸可達到 12 吋。在柴式提拉法中，由於矽熔湯與坩堝直接接觸並產生化學反應，因此矽單晶有很嚴重的氧及碳污染的問題。Keck 和 Golay 於 1953 年提出浮區法以生長不含氧及低金屬污染的矽單晶 [3]，主要是用在高功率電晶體的元件上。但是由於浮區法成本較高，因此目前生長太陽能等級的矽單晶仍以柴式提拉法為主。

3.2.1　柴式提拉法（Czochralski pulling technique, CZ）

　　柴式晶體生長法是由 Jan Czochralski 教授在 1916 年偶然發明，當初是為了研究金屬，例如錫、鋅和鉛等固—液介面的結晶速率。柴式提拉法被發明之

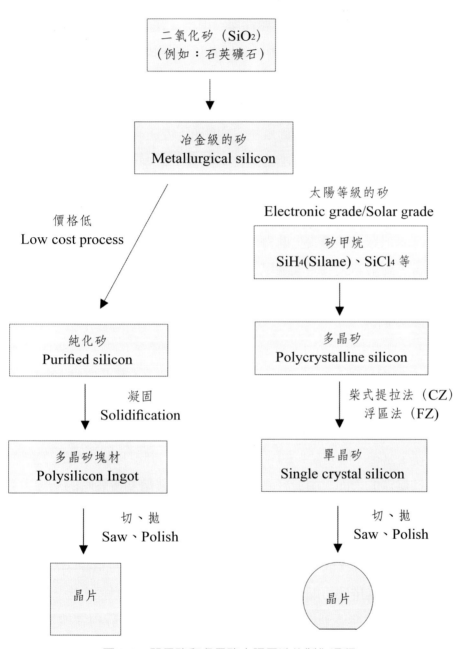

圖 3.1　單晶矽和多晶矽太陽電池的製作過程

後，便逐漸被淡忘，直到二次世界大戰結束，半導體產業蓬勃發展，使得矽

（Si）及鍺（Ge）等半導體材料的重要性與日俱增。在 1950 年，貝爾實驗室（Bell Telephone Laboratory）的 Teal 和 Little 首度將柴式提拉法應用於生長矽（Si）和鍺（Ge）晶體，並得到高品質的單晶。在 1958 年 Dash 提出利用晶頸技術（Necking technique）以生長低差排密度（Low dislocation density）的矽單晶。目前矽晶棒的尺寸已由 1950 年代的 1 吋增加到現在的 12 吋，其爐體尺寸的演進如圖 3.2 所示。國內中德電子公司林明獻博士曾編著《矽晶圓半導體材料技術》一書，該書對矽單晶生長的技術，包含柴式提拉法和浮區法、矽晶體的生長缺陷以及加工技術等都有很詳細的介紹，對從事半導體元件和太陽電池材料的人員是一本很好的參考書。此外，張克從和張樂潓主編的《晶體生長科學與技術》一書，對熔體生長的理論以及所牽涉到的熱力學有很詳細的說明。因此類似內容，個人在此不再多加贅述，本章僅就柴式提拉法做一概括性的簡介，細節部分煩請參閱二書。

　　圖 3.3 是柴式提拉法的示意圖，其生長過程簡述如下：首先將多晶矽原物料置於石英坩堝內，坩堝則置於石墨保溫熱場中；將長晶爐抽取真空，並維持一定壓力範圍；利用石墨電阻式加熱器將矽原料熔化成液體（熔點為 1420℃），調整溫度使矽熔湯中心是整個熱場中的冷點（cooling point）。當矽熔湯溫度穩定之後，將定位好的 <100> 或 <111> 方向籽晶（seed）逐漸降下，直到接觸矽熔湯的表面。由於籽晶本身以及籽晶與熔湯接觸時的熱應力會產生差排（dislocation），此時必須將溫度略為升高以熔化部分籽晶。同時將籽晶一面旋轉，一面快速往上提拉，利用晶頸技術（dashing technique 或 necking technique），提拉出直徑比原來籽晶較小（約 3 ～ 6mm）且低缺陷密度的籽晶。只要晶頸夠長，差排便可順利排出晶體表面。結束晶頸過程之後，須降低拉速與溫度，使晶體直徑逐漸增大至所需的直徑大小，此步驟稱為放肩（shoulder growth 或 crown growth）。完成放肩之後，藉由調整拉速和溫度，以生長等徑的圓柱式晶身（cylindrical body），這部分最重要的工作是直徑控制。最後當晶體長到適當長度，必須升高溫度或增加提拉速度，將晶棒的直徑漸漸縮小，直到與液面完全分離。接著將晶棒冷卻一段時間後取出，即完成一次生長週期。

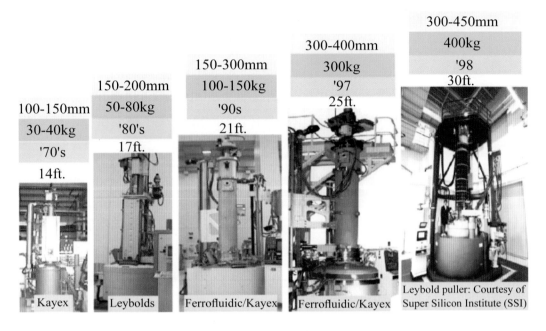

100-150mm
30-40kg
'70's
14ft.
Kayex

150-200mm
50-80kg
'80's
17ft.
Leybolds

150-300mm
100-150kg
'90s
21ft.
Ferrofluidic/Kayex

300-400mm
300kg
'97
25ft.
Ferrofluidic/Kayex

300-450mm
400kg
'98
30ft.
Leybold puller: Courtesy of
Super Silicon Institute (SSI)

圖 3.2　柴式提拉爐的演進

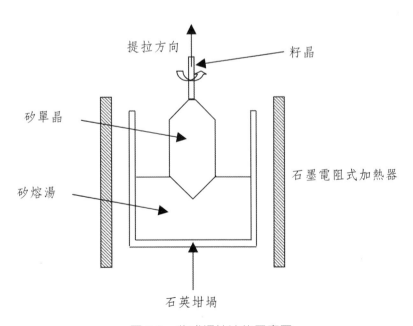

提拉方向　　　　　籽晶

矽單晶

矽熔湯

石墨電阻式加熱器

石英坩堝

圖 3.3　柴式提拉法的示意圖

柴式提拉法的組成元件可大致分成四部分：

(1) 爐體

水冷式不鏽鋼爐體，一般可區分為上爐室（upper chamber）及下爐室（lower chamber），上爐室是提供矽晶棒冷卻的地方，下爐室則是晶體生長的地方。

(2) 熱場

包括石英坩堝、石墨坩堝（支撐石英坩堝）、石墨電阻式加熱器和隔熱材料。石英坩堝的問題在於高溫下會與矽熔湯起反應，造成矽晶棒的氧污染；石墨坩堝則是用以固定石英坩堝，以防止其軟化變形。熱場亦即溫度梯度（thermal gradient）的概念，一般可分成外部溫梯（external thermal gradient）與內部溫梯（internal thermal gradient），爐體內的後加熱器（after-heater）或輻射隔絕器（radiation shield）屬於外部溫梯，而晶體和熔湯內的溫度分布則屬於內部溫梯。因為加熱方式是電阻式加熱，熱能同時提供石英坩堝和周圍的保溫材料，對坩堝的加熱效果較均勻，易產生較小的溫度梯度，且坩堝位置對溫度梯度的影響不大。

(3) Ar 氣氛和壓力控制系統

由於石英坩堝與矽熔湯起反應，產生一氧化矽（SiO），SiO 與石墨元件反應會產生一氧化碳（CO），Ar 是為了帶走 SiO 和 CO 二種氣體。

(4) 生長控制系統

控制參數可包含晶棒直徑、拉速、轉速和溫度，一般是利用晶體光圈（meniscus）形狀的變化，來調整溫度或拉速以控制晶棒直徑。坩堝或矽晶體同時旋轉，其目的是造成矽熔湯內的強制對流（forced convection），使摻雜物濃度（dopant concentration）均勻，同時使得爐體內的溫度分布更對稱。一般而言，在製作長晶爐的時候，爐體本身總會有微小的不對稱，這些不對稱會造

成晶體有過度的平圓面生長（facet growth）、條紋狀缺陷（striation）以及較難控制等徑生長等缺點，旋轉晶體和坩堝可有效地將這些效應降低。

必須依賴以上四部分的互相搭配，才能生長出低缺陷密度的矽單晶 [4]。

利用柴式提拉法所生長的矽晶體除了有差排（dislocation）、空位（Vacancy）和疊差（stacking fault）等缺陷之外，最重要的缺陷是氧和碳等非金屬雜質的污染。由於石英坩堝與矽熔湯起反應，形成 SiO_2，這會影響矽的電阻值、轉換效率和載子壽命（carrier lifetime）。但當氧濃度到達一定程度之後，對矽晶體的機械強度則有增強的作用。因為 SiO_2 中的 Si-O 鍵振動，在紅外光波長為 900nm 處有較強的吸收，所以矽晶體內的氧含量可用紅外光光譜儀測量。矽晶體中的碳則是由 SiO 和石墨隔熱材料起反應，生成 CO 而熔入矽熔湯中。碳含量會加速氧的沉積，進而造成微觀缺陷。為減少碳污染，可將石英坩堝和石墨間的空隙儘量縮小，使得二者接觸處的 CO 濃度較高，阻止石英坩堝與石墨繼續反應。此外，可調整 Ar 氣體的流量，將生成 CO 氣體帶走。

柴式提拉法的優點是較易生長大尺寸且高摻雜濃度的矽單晶，但是對太陽電池的應用而言，最重要的因素是價格。單晶片價格可藉由增大晶體尺寸、連續進料、改善切、磨、拋的製程，使矽原料的損耗能降到最低，如此才可能降低矽晶片的價格。

3.2.2 浮區法（Floating zone technique, FZ）

浮區法（Floating zone technique, FZ）由 Keck 和 Golay[3] 於 1953 年所提出，Theuerer 將其應用在生長高純度的矽單晶 [5]。FZ 法的最大優點是不需要坩堝。在 CZ 提拉法中，矽熔湯無可避免地與坩堝接觸並產生反應，因此只有極少數物質可當成坩堝的材料，例如：石英（SiO_2）、Si_3N_4、碳化矽（SiC）、石墨（graphite）等。即使如此，坩堝內的碳、氧及其他金屬雜質仍會流入矽熔湯，對矽單晶造成污染。

浮區法的生長裝置如圖 3.4 所示，將多晶矽原料棒固定在高週波線圈（RF

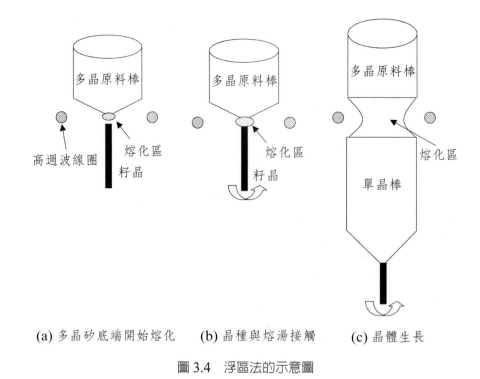

(a) 多晶矽底端開始熔化　　(b) 晶種與熔湯接觸　　(c) 晶體生長

圖 3.4　浮區法的示意圖

coils）的上方，矽單晶晶種則置於多晶矽原料棒的下方。當多晶矽原料棒受到線圈加熱，底部會開始熔化，此時將原料棒下降，使得熔區附著在晶種上，形成固－液相平衡，該熔區由表面張力所支持。接著將晶種與原料棒以相反方向旋轉，以使熔區內的雜質分部均勻。熔區自上而下，或自下而上移動，使多晶矽原料棒能完全通過加熱線圈，以完成結晶過程。在浮區法生長中，熔區的穩定是靠表面張力與重力的平衡來保持。浮區法的優點是可生長高純度且無缺陷的矽單晶，氧、碳和其他過渡金屬的含量可小於 10^{11}cm^{-3}，其電阻可輕易達到 $300\Omega\text{m}$，適合做為高效率太陽能材料。雖然浮區法所生長的矽晶體缺陷密度較低，但其生命週期僅 0.5ms，仍遠低於理論值，其主因在於高純度的矽晶有許多因生長和冷卻過程中所產生的微觀缺陷。浮區法的另一個缺點則是由於熔融區域僅在晶棒的頂端，因此只可生長直徑較小的晶體。

3.3 多晶矽的生長
（Growth of Polycrystalline Silicon）

　　多晶矽的優點是價格便宜，而且塊材形狀多是立方體或長方體，單晶矽則以圓形或近似方形（pseudosquare）為主，因此對一般製程而言，多晶矽比單晶矽有較佳的材料使用率。缺點則是轉換效率略低於單晶矽，由於晶界（grain boundary）在多晶矽內的角色類似是再組合中心（recombination center），因此光電流（photocurrent）會降低。但是根據研究顯示，當多晶矽的晶界尺寸比少數載子的擴散長度（minority carrier diffusion length）還大 [6,7]，或者晶界方向垂直於晶片表面 [8,9]，其轉換效率會非常接近單晶矽。一般常用的多晶矽塊材生長方法包含：坩鍋下降法（Bridgman method）、澆鑄法（Casting method）、熱交換法（Heat Exchange Method）和限邊薄片狀晶體生長法（Edge-defined film fed growth, EFG），以下就這四種方法分別描述。

3.3.1 坩鍋下降法（Bridgman-Stockbarger method）

　　坩堝下降法又稱為 Bridgman-Stockbarger 方法 [10,11]，此方法的特點是讓熔體在坩堝中冷卻而凝固，凝固過程是由坩堝的一端開始，逐漸擴展到整個熔體。坩堝可以垂直或水平放置，凝固過程是通過固—液介面來完成，介面的移動方式則是移動坩堝或移動加熱線圈均可。坩堝下降法可用於生長光學晶體如 LiF、MgF_2、CaF_2 等，閃爍晶體：NaI(Tl)、$Bi_4Ge_3O_{12}$、BaF_2 等，雷射晶體：Ni^{2+}：MgF_2、V^{2+}：MgF_2 等。

　　自 2004 年起，已有公司開始利用坩鍋下降法生長多晶矽塊材，生長速度可達 10kgm/hr，其生長方式如下：將矽原料放置於一石英坩堝內，坩堝內壁鍍上一層氮化矽（Si_3N_4）薄膜，原料的熔化與結晶過程都在坩堝內進行。氮化矽（Si_3N_4）薄膜主要目的是避免在結晶過程中，多晶矽與石英坩堝黏著在一起，導致坩堝或矽晶體破裂。增加溫度使矽原物料熔化，將坩堝位置逐漸往下移動，

讓坩堝底部通過較高溫度梯度（temperature gradient）的區域，整個結晶過程將由坩堝底部開始結晶，並且逐漸往上延伸 [12]。固—液介面會隨著坩堝位置下降而逐漸往上移動，以完成結晶。一般採用石墨電阻加熱，保溫系統則是石墨筒和鉬筒。圖 3.5 是坩鍋下降法的示意圖，圖 3.6 是溫度與坩堝移動位置的關係圖。

利用坩堝下降法生長的矽晶體需要有適當的熱場，包括電阻式加熱器、保溫材料、坩堝的尺寸及與加熱器的相對位置，調整這些因素，使熔化區的溫度梯度變小，結晶區的溫度梯度變大。坩堝下降法的固—液介面的形狀、位置和晶體的完整性及缺陷有密切關係。一般而言，固—液介面可分凸、平、凹三種形狀，從減少差排、位錯等缺陷及避免內應力的角度來看，平介面是最理想的情況，但不易發生在實際的晶體生長；凹介面會使得晶體由坩堝邊緣向中心生長，容易形成多晶，並且雜質與氣泡會形成包裹物。因此通常保持凸的固—液

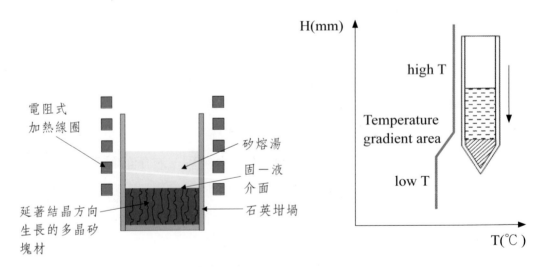

圖 3.5　坩堝下降法（Bridgman method），熔體與結晶過程同時存在於一內壁鍍氮化矽 (Si₃N₄) 薄膜的石英坩堝中，結晶過程是將矽熔湯和坩堝緩慢的往加熱線圈下方移動，俟整個坩堝離開線圈，結晶過程即告完成

圖 3.6　坩堝下降法（Bridgman method）的溫度與坩堝移動位置的關係圖，晶體結晶過程發生在圖中溫度梯度的區域

介面，但凸介面容易造成徑向溫度分布不均勻，而產生內應力。在晶體生長過程中，隨著坩堝逐漸下降，在高溫區的部分減少，而在低溫區的部分則逐漸增加，這使得固—液介面會向高溫區移動，介面的溫度梯度則變小。此時容易出現結晶速度大於坩堝下降速度的現象，使晶體內部產生氣泡或包裹物，一般可藉由提高控制溫度或降低坩堝下降速率來解決 [13]。

整體而言，坩堝下降法有以下優缺點。

優點：

1. 晶體的形狀可受坩堝的形狀所控制。

2. 晶體的生長方向可由籽晶來決定，若無籽晶，晶體則會沿著偏好方向（preference）生長。

3. 因為生長環境是封閉或半封閉式，可避免熔體和摻雜物的揮發。

4. 矽熔湯從坩堝壁開始結晶，可防止矽熔湯受石英坩堝的進一步污染。

5. 操作簡單，可生長大尺寸晶體。單一生長爐可同時生長數根晶體，適合工業大量生產。

缺點：

1. 晶體生長的過程發生在坩堝內部，因此無法觀測。

2. 高生長速度則易使得晶體的溫度梯度過大，導致晶體破裂。

3. 矽晶棒的熱應力較大，導致高錯位元密度，以及不均勻的晶界分布。

4. 坩堝內壁必須經特別鍍膜處理，以防止晶體與坩堝黏著在一起，導致坩堝或晶體破裂。

5. 結晶過程中，內應力很容易由坩堝導入晶體，因此坩堝材質的熱膨脹係數應較晶體還小，且坩堝內壁必須非常光滑，以防止應力產生。

6. 長晶過程中，晶體並不旋轉，因此晶體的均勻度較柴式提拉法差，特別是摻雜的矽晶體。

3.3.2 澆鑄法（Casting method）

　　坩堝下降法與澆鑄法的主要差別在於：前者，原料的熔化與結晶過程都在同一個坩堝內進行；後者的熔料過程在第一個坩堝，結晶則在第二個坩堝，如圖 3.7 所示。矽原料是在第一個未鍍膜的石英坩堝內熔化，再將矽熔湯倒入內壁鍍氮化矽（Si_3N_4）薄膜的第二個石英坩堝中，使矽熔湯結晶。此外，坩堝下降法是將含矽熔湯的坩堝通過加熱線圈的熱區（hot zone）以結晶；而澆鑄法則是藉由調整加熱線圈功率來控制溫度，結晶過程中，坩堝本身沒有移動，由於固－液介面埋在熔液底下，因此溫度波動與機械的不穩定性所造成的影響可降到最低。這二種由液態變成固態的凝固方式稱為方向性的凝固（directional solidification），易造成柱狀式的晶體生長（columnar crystal growth），因此從同一個多矽晶塊材所切下的晶片，會有相同的缺陷結構，例如晶界（grain boundary）和差排（dislocation）。

　　圖 3.8 是澆鑄法中矽熔湯結晶過程的正面與剖面示意圖 [14]，調整加熱線圈的功率可改變矽熔湯的溫度梯度，圖 3.8(a) 顯示晶界是由小的成核點（nucleation site）開始，由坩堝底部逐漸往上凝固；接著，晶界會以樹枝狀的結晶方式（dendritic growth）沿著水平方向生長（lateral growth），形成一多晶矽薄膜（polysilicon layer），圖 3.8(b)。最終，晶界將由該多晶矽薄膜逐漸地往液面生長，形成多晶矽塊材，而樹枝狀的結晶亦變成大範圍的晶界，圖 3.8(c)。

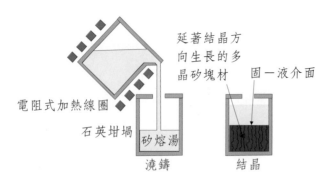

圖 3.7　利用澆鑄法（Casting method）製造多晶矽，將矽原料熔於第一個石英坩堝，再將矽熔湯倒入內壁鍍氮化矽（Si_3N_4）薄膜的第二個石英坩堝中。與坩鍋下降法相比，澆鑄法的結晶與冷卻時間較短

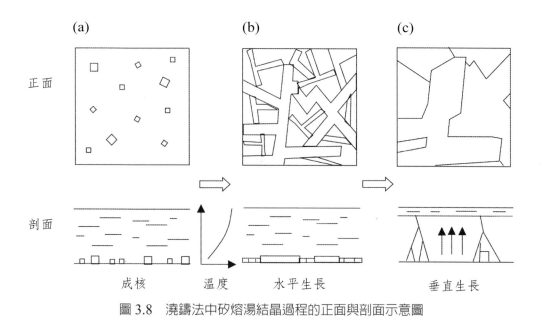

圖 3.8 　澆鑄法中矽熔湯結晶過程的正面與剖面示意圖

目前德國 Deutsche Solar GmbH 和日本 Kyocera 公司均採用澆鑄法生長多晶矽塊材，其重量可達 250～400kg，長、寬、高約 70×70×30cm^3。圖 3.9 是德國 Deutsche Solar GmbH 利用澆鑄法所生長的多晶矽塊材，自 1997 至 2004 年，塊材重量已從 180kgm 增加到 330Kgm。圖 3.10 則是該公司所研發的新型長晶設備，與傳統澆鑄法相比，可節省約 30% 的生長時間，而矽塊材重量可到達 400Kgm。

3.3.3　熱交換法（Heat Exchange Method, HEM）

Schmid 和 Viechnicki 於 1970 年提出一生長藍寶石的方法，稱之為 Schmid-Viechnicki 法 [15]，與其他晶體生長方法相比，此方法最大的不同點在於增加一熱交換器 [16]。因此，在 1972 年，將此方法重新命名為熱交換法（Heat Exchange Method, HEM）[17]。1974 年，C. P. Khattak 和 F. Schmid 將 HEM 首度應用於生長矽晶體 [18]。

Status 1997	Status 2002	Development 2003
Format: 550mm×550mm	Format: 550mm×550mm	Format: 680mm×680mm
Height: 270mm	Height: 350mm	Height: 280mm
Weight: 180kg	Weight: 240kg	Weight: 300kg

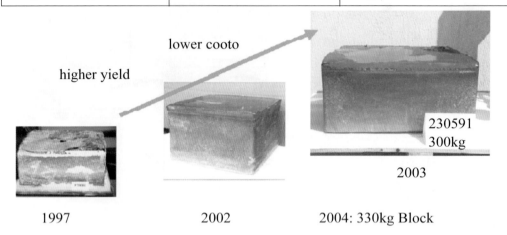

higher yield

lower cooto

230591
300kg

2003

1997　　　　　　　2002　　　　　　2004: 330kg Block

圖 3.9　德國 Deutsche Solar GmbH 利用澆鑄法（Casting method）所生長的多晶矽塊材，自 1997 至 2004 年，塊材重量已從 180kgm 增加到 330Kgm

New Melting and Crystallization Unit
- Deutsche Solar GmbH 的新型澆鑄長晶設備
- 生長週期比目前現有的設備減少約 30%
- 所生長的晶體重量已由 240kg 增加到 400kg

240kg-Block　　　　　400kg-Block

圖 3.10　德國 Deutsche Solar GmbH 所研發的新型澆鑄法長晶設備，與傳統方法相比，可節省約 30% 的生長時間，而多晶矽塊材重量可到達 400Kgm

熱交換法（Heat Exchange Method, HEM）的生長方式是藉由控制加熱功率，使得固－液介面由坩堝底部逐漸往上推移。其結晶過程如下：

將放滿矽原料的鉬坩堝置於一較小直徑的熱交換器（heat exchanger）上方，籽晶則置於坩堝底部與熱交換器中間，在熔料與生長的過程中，氦氣（helium）持續通入熱交換器內，以確保籽晶不會被熔化。矽原料熔化成液體之後，尚需靜置一段時間，以達到穩定的熱平衡。之後將熱交換器的溫度逐漸降低，開始進行晶體生長，最後的結晶過程則需同時降低熱交換器與爐體的溫度。在生長過程中，熱交換器始終扮演控制溫度梯度的角色。爐體的生長氣氛需低氧和低碳，以避免矽晶體被二者污染，凝固方式則是方向性凝固（directional solidification）。結晶完成後，矽晶體仍置於熱場中，此時將爐體溫度調至略低於凝固溫度，進行退火（annealing），以消除殘留應力（residual stress），降低缺陷密度並使矽晶體有更佳的均勻性。

圖 3.11 是熱交換法中矽結晶過程的示意圖 [19]，矽熔湯的平均溫度比矽的熔點高 5 ～ 10℃，圖 3.11(a) 是坩堝、矽原物料和籽晶；升高溫度，將矽原料熔化成液體，圖 3.11(b)；將部分籽晶熔化，並從該處開始結晶，圖 3.11(b) ～ (d)；晶體逐漸覆蓋坩堝底部，圖 3.11(e)；固－液介面以近橢圓體方式往液表面擴張，並完成結晶，圖 3.11(f) ～ (h)。圖 3.11(c) 是整個結晶過程中最關鍵的部分，矽熔湯及籽晶的溫度必須很仔細的量測，以確保籽晶不會熔化。熱交換器中的氦氣流量與以下因素有關，(1) 爐體的大小和形狀；(2) 坩堝的大小、形狀和坩堝的壁厚；(3) 熱交換器與坩堝的相對位置；(4) 矽熔湯的溫度等，適當的氦氣流量則必須由反覆實驗中獲得。

熱交換法的生長環境是接近等溫（near isothermal）的情況，在升溫和熔料的過程中，矽原料的溫度梯度並沒有很明顯的變化；在生長過程中，微小的溫度梯度變化則是藉由控制流入熱交換器的氦氣流量，結晶過程是從坩堝底部的籽晶開始，固－液介面逐漸往坩堝壁和坩堝頂部移動，熱點位於坩堝的頂端，冷點則位於坩堝底部，穩定的溫度梯度及矽熔湯內微小的自然對流是 HEM 的特色。由於多數時間，矽晶體均位於液面底下，可避免晶體受到機械

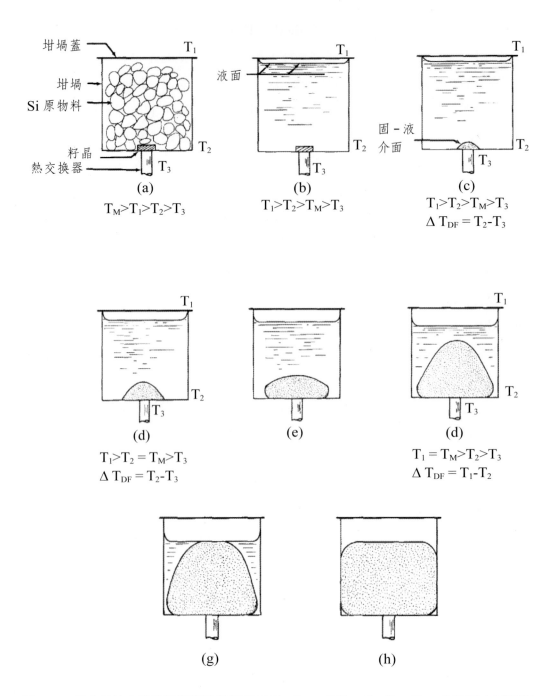

圖 3.11　熱交換法中矽結晶過程的示意圖 [19]，T_M = 熔點；T_1、T_2、T_3 = 坩堝壁上不同位置的溫度；T_{DF} = 方向性凝固的溫度

和溫度波動所影響。由於固－液介面的穩定性極高，因此晶體或坩堝都不需要旋轉。

　　與一般晶體生長方法相比較，熱交換法生長過程中，坩堝、晶體和熱場的位置均保持固定不動，也不需要特別設計的溫度梯度或不同的加熱區域以驅使晶體生長。其生長的驅動力主要是利用微調熱交換器的氦氣流量與爐體本身的溫度，大多數由坩堝和晶體所產生的熱能可經由熱交換器所帶走 [20]。

　　一般而言，從放料到生長完成，週期約為 50 小時。利用熱交換法所生長的多晶矽有以下特性：均勻性較佳、晶界較小（僅達公分尺度）、氧污染低、垂直柱狀式的晶界生長以及較窄的電阻值範圍等。目前實驗室所研發出最高轉換效能（18.6%，1cm^2 面積）的太陽能多晶矽便是利用熱交換法所生長。可生長重達 200Kgm，長、寬、高約 60cm 的矽立方塊，圖 3.12 是美國 Crystal System Inc. 所使用的熱交換法設備和其爐體結構，可生長重達 200Kgm，長、寬、高約 60cm 的矽立方塊。瑞士 Swiss Wafer AG 和美國的 GT Solar Technologies 也採用類似的生長方法。

3.3.4 限邊薄片狀晶體生長法（Edge-defined film fed growth, EFG）

　　雖然單晶及多晶矽的生長技術，包含柴式提拉法和浮區法均已相當成熟，但是複雜的生長系統、生長爐的價格偏高，晶片太厚以及矽塊材在切割和拋光過程中，有超過 50% 的材料損耗則是其缺點。此外，切割後的矽晶片需靠適當的化學腐蝕以去除表面刮痕，大量的化學溶液會造成環境污染。與傳統晶體生長方法相比，限邊薄片狀晶體生長法 （Edge-defined film fed growth, EFG）有以下特點：(1)EFG 法是利用虹吸管原理（capillary effect）將矽晶片直接從矽熔湯中分離，因此矽晶片不需切割和拋光，原物料的損耗低於 20%；(2) 晶體形狀可由模具（die）頂端的幾何形狀來控制；(3) 生長速度快；(4) 容易連續填料。典型的浮區法、澆鑄法和 EFG 法矽晶生長參數如表 3.1 所示。[21]

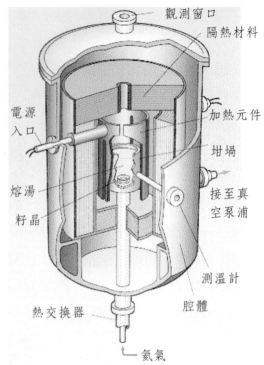

圖 3.12　美國 Crystal System Inc. 所使用的熱交換法設備和其爐體結構

表 3.1　典型的浮區法、澆鑄法和 EFG 法矽晶生長參數

參數	浮區法	澆鑄法	EFG 法
生長速率 V（cm/min）	$0.02 \sim 1.0$	$0.1 \sim 0.5$	2
介面溫度梯度 G（℃/cm）	300	200	1000
介面冷卻速率 VG（℃ min）	$6 \sim 30$	$20 \sim 100$	2000
V/G（cm^2/℃·min）	$6 \times 10^{-5} \sim 3 \times 10^{-3}$	$5 \times 10^{-4} \sim 2.5 \times 10^{-3}$	1×10^{-3}
微缺陷機制			
B- 渦旋（低碳） （cm^2/℃·min）	$1 \times 10^{-4} \leq V/G \leq 1.3 \times 10^{-3}$		
D- 缺陷（低碳） （cm^2/℃·min）	$V/G > 2 \times 10^{-3}$		

參數	浮區法	澆鑄法	EFG 法
替位碳濃度 Cs（atoms/cm^3）	$\leq 1 \times 10^{16}$	$\approx (1 \sim 5) \times 10^{17}$	$\approx 1 \times 10^{18}$
間隙氧濃度 Oi（atoms/cm^3）	$\leq 1 \times 10^{16}$	$\approx (5 \sim 10) \times 10^{17}$	$\leq 1 \times 10^{17}$
Cs/Oi 比	≈ 1	$0.1 \sim 1$	≥ 10

　　1972 年，T. F. Ciszek 首度提出利用限邊薄片狀晶體生長法（Edge-defined film fed growth, EFG）生長太陽能矽晶片 [22]，當時每次僅能生長一片矽晶片，面積約為 2.5cm×2.5cm，生長速度 6cm^2/min。1971 年，H. E. LaBelle 利用 EFG 生長直徑 0.95cm，壁厚 0.005 ～ 0.1cm，長度為 140cm 的空心柱，生長速度為 12cm/min[23 & 24]。1990 年，J. P. Kalejs 等已可生長 15cm 直徑的空心柱 [25]。經過多年的努力，目前工業用 EFG 生長法已能生長 5 ～ 6m 的八面體空心矽柱（octagon），再利用雷射將其切割成 12.5cm×12.5cm 的晶片，晶片厚度約 300μm，生長速度達 150cm^2/min，如圖 3.13 & 3.14[26]。D. Garcia et. al 在 2001 年提出改良式 EFG 以生長圓柱狀空心矽晶體，目的是為了減少缺陷密度和降低過多的熱應力；同時圓柱式 EFG 也允許模具旋轉，因此矽晶片可變得更薄。目前的矽空心柱直徑可達 50cm，晶片厚度約 100 ～ 150μm，生長速度為 1.5 ～ 3cm/min，如圖 3.15[27]。目前的研究方向著重在如何增加晶片的尺寸、減小晶片厚度以及改進晶體的品質。

　　圖 3.16 是 EFG 生長法的剖面示意圖 [28]。其中模具（die）採用和液態矽浸潤的材料（如石墨）做成，其底部有多孔結構通達頂部。彎液面（meniscus）是連接在模具上表面和結晶介面之間的一薄層液體。模具是整個系統的核心部件，控制著晶體的形狀，結晶介面和從坩鍋到彎液面間熱與矽原料的傳輸。其晶體生長過程簡述如下：加熱使得石墨坩鍋中的矽原料熔化，液態矽在毛細作用下從模具底部孔隙進入模具並上升至頂部。向下移動籽晶，使籽晶下沿與模具頂端的矽熔湯接觸，晶體矽和矽熔湯間在表面張力的作用下，會相連在一起

圖 3.13　限邊薄片狀晶體生長爐（Edge-defined film fed growth, EFG）

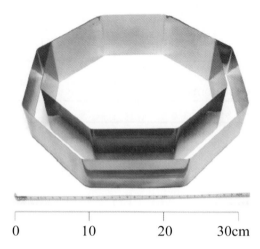

圖 3.14　10cm×10cm 和 12.5cm×12.5cm 的八面體晶片

圖 3.15　50cm 直徑之 EFG 空心圓柱矽晶，晶片厚度約 100～150μm

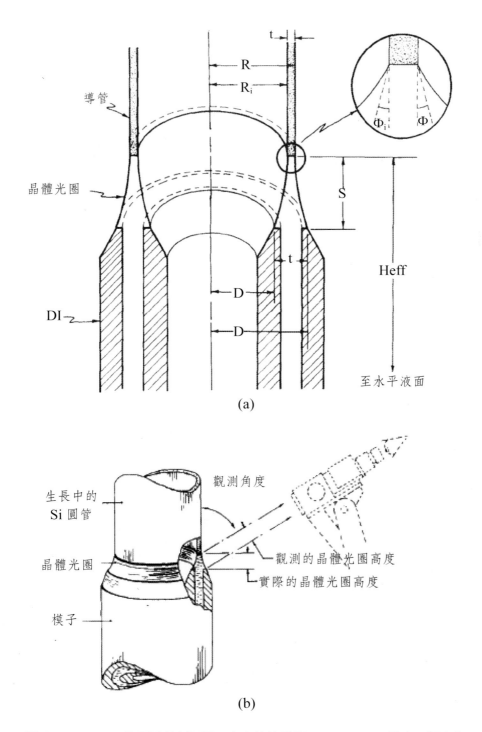

(a)

(b)

圖 3.16　(a)EFG 生長法的剖面圖，空心柱的壁厚 $t = R_e - R_i$，(b) 彎液面觀察窗

形成彎液面。降低系統溫度直至剛好可以自由移動籽晶，然後增加提拉速度，同時降低系統溫度，向上提拉籽晶將矽熔湯拉出，被拉出矽熔湯就會在固—液介面處凝固形成矽晶。同時，坩鍋中的矽熔湯會源源不斷地在毛細作用下上升至模具頂，以補給被拉出的矽熔湯。為了使矽晶能連續生長，可不斷地向坩鍋內補充矽熔湯。在晶體生長過程中，體系均處於惰性氣體或真空氛圍中以阻止矽氧化。

EFG 法生長的矽晶片通常是由許多平行於生長方向的並貫穿整個晶片厚度的大的柱狀晶粒組成，並且晶片表面呈（110）擇優取向。這個取向的形成與籽晶無關，即便是用單晶矽籽晶開始生長，在生長的過程中，外部晶粒也會在介面處產生並很快生長穿過表面形成多晶結構。由於組成晶粒的尺寸大於矽晶片厚度和少數載子擴散長度，用 EFG 矽晶片做成的太陽電池的效率基本不受晶界的影響。

EFG 法生長晶體的形狀由彎液面決定。改變提拉速度和系統溫度可以控制彎液面形狀、位置，從而可以持續生長出從簡單的柱狀或細絲狀到幾乎任意複雜幾何形狀的晶體。對於 EFG 法生長矽晶來說，主要是控制矽晶片生長的厚度，它是由彎液面的高度和形狀決定。通過對模具頂溫度，提拉速度，系統垂直方向溫度梯度和模具頂離矽熔湯的高度的控制可以改變彎液面的高度和形狀，從而可以控制矽晶片的厚度。通過以下幾種方式可以調整矽晶片的厚度：

(1) 在模具頂溫度恆定的情況下增加提拉速度，彎液面的高度越來越高，矽晶片的厚度將越來越薄，直至出現空洞，繼而拉斷而終止生長。

(2) 在模具頂溫度較低的情況下降低提拉速度，彎液面的高度越來越低，矽晶片的厚度將越來越厚，直至固—液交界面向下移到模具頂位置而使得生長中斷。

(3) 在提拉速度恆定的情況下，降低模具頂溫度，彎液面高度越來越低，矽晶片的厚度將越來越厚。

(4) 不同的模具頂端離矽熔湯的高度會對彎液面的曲率產生影響，進而影響了生長矽晶片的厚度。當提拉速度比較低時，模具頂端離矽熔湯的高度

對矽晶片的厚度影響較明顯。在提拉速度恆定時，模具頂端離矽熔湯的高度越高，彎液面的曲率越大，生長的矽晶片則越薄。

⑸ 系統垂直方向溫度梯度越高，彎液面的高度會越低，生長的矽晶片越厚。

在晶體生長時，選擇合適的模具可以避免矽在模具頂端上凝固。並且在提拉速度很高的時候，需要讓模具頂溫度過冷，以吸收不能被晶體完全帶走的熱量。EFG 矽晶片的厚度朝著越來越薄的方向發展。這是因為矽晶片厚度的減少能夠提高太陽電池的效率，並可以節省矽原料的損耗。目前減少 EFG 矽晶片厚度所面臨的主要問題是，隨著生長矽晶片的減薄，沿著寬度方向的厚度均勻性將變差，並且容易產生彎曲形變 [29]。

EFG 生長是一個非平衡態（non-equilibrium）的過程，其中包含多種複雜的物理現象，例如彎液面的形成機制、結晶介面的移動和晶體—液體—氣體三者的交互作用 [30]。模具的幾何結構（Die geometry）、生長速度、固—液介面的穩定性和熱場是影響生長及晶體品質的重要因素。常見的缺陷為微雙晶（microtwin）、晶界、包裹物（inclusion）、差排（dislocation）和平行於生長方向的疊差（stacking fault），這些缺陷可藉由化學腐蝕和電子穿透顯微鏡（Transmission electron microscope, TEM）所觀測 [31]。不同的生長速率會造成不同的缺陷，生長速度過高對晶體表面不會造成影響，但卻易造成高角度晶界（high angle grain boundary）。

模具材料的腐蝕是造成晶體缺陷的另一個主因，模具的材質主要是多孔隙碳纖（porous graphite），當矽晶片生長時，模具是浸在矽熔湯內，矽熔液會經由碳纖的孔隙滲透進入模具中；同時，碳原子也會反方向擴散進入矽熔液，再加上石墨制坩鍋與矽熔湯的浸潤腐蝕，造成 EFG 矽晶片中碳含量幾近飽和水平。當模具表面完全被碳化矽（SiC）覆蓋且碳纖的孔隙已被矽熔液所填滿之後，這些擴散過程才會停止。當 SiC 顆粒附著在 EFG 的生長介面，會造成雙晶和大角度的晶界（large angle grain boundary）等缺陷。

EFG 法矽晶片的生長時，雜質在固—液介面處的分凝，使得溶液中雜質濃

度不斷累積，進而影響生長矽晶片的品質。用 EFG 法生長矽晶片做成太陽電池的轉換效率與所生長的長度關係如圖 3.17 所示 [26]，其中圓點表示其原材料是半導體級矽，三角形表示其原材料是太陽電池級矽。由圖可見，由於雜質濃度的不斷累積，太陽電池的性能隨著生長矽晶片長度的增加而變差。因此若要使生長矽晶片的品質在長的生長週期中保持良好水準，得使用較高純度的矽原材料。

3.4 結語

本章介紹了單晶矽和多晶矽的各種主要製備方法，其中單晶矽的製備方法包括柴式提拉法和浮區法，多晶矽的製備方法包括坩鍋下降法、澆鑄法、熱交換法和限邊薄片狀晶體生長法，並對各種製備方法的優缺點進行了比較。雖然隨著時代進步，矽晶的製備技術將持續演進，但本章所敘述之六種矽晶製備方法是最基本、也是最常見的矽晶的製備技術。這六種技術已經廣泛地應用於高

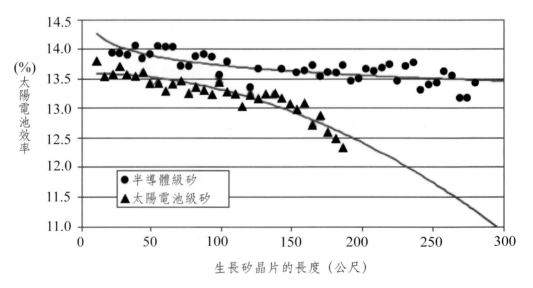

圖 3.17　太陽電池轉換效率和 EFG 生長矽晶片長度關係曲線圖

純矽單晶和矽太陽電池的製備上。希望以上各種矽晶製備技術的介紹，對於工業界及學術界在矽晶生長知識的普及上能有所助益。

參考文獻

1. J. Z. Czochralski, Phys. Chem., 92 (1918) 219.

2. G. L. Teal and J. B. Little, Phys. Rev., 78 (1950) 647.

3. P. H. Keck and M. J. E. Golay, Phys. Rev., 89 (1953) 1297.

4. B. R. Pamplin, "Crystal Growth", Vol. 2, Solar Cells, Pergamon Press, New York (1980) p. 275.

5. H. C. Theuerer, US Patent 3,060,123.

6. T. Saito, A. Shimura, and J. Matsui, J. Crystal Growth, 72 (1985) 687.

7. S. Hyland, P. Iles, D. Leung, G. Schwuttke, J. A. A. Engelbrecht, 16th IEEE Photovoltaix Specialists Conf. Record, San Diego, CA, (1982) p68.

8. H. J. Hovel, Semiconductors and Semimetals, Vol. 2, Solar Cells, Academic Press, New York (1975) p. 104.

9. A. K. Ghosh, C. Fishman, and T. Feng, J. Appl. Phys., 51 (1980) 446.

10. P. W. Bridgman, Proc. Amer. Acad. Arts. Sci., 60 (1925) 305.

11. D. C. Stockbarger, Rev. Sci. Instr. 7 (1936) 133.

12. D. Helmreich, Proc. Symp. on Electr. and Opt. Properties of Polycrystalline or Impure Semiconductors and Novel Silicon Growth Methods, K.V. Ravi and B. O'Mara, eds., Electrochemical Soc., Princeton, (1977) p. 184.

13. 薑彥島、常英傳、任紹霞，從熔體中生長晶體，張克從和張樂澺主編，晶體生長科學與技術，514。

14. T. Saito, A. Shimura, J. Matsui, J. J. Crystal Growth 72 (1985) 687.

15. F. Schmid, D. Viechnicki, J. Am. Ceramic Soc. 53(9) (1970) 528.

16. F. Schmid, D. Viechnicki, U.S. Patent No. 3,653,432, April 4, 1972.

17. F. Schmid, Solid State Technol. 16 (1973) 45.

18. C. P. Khattak, F. Schmid, Am. Ceram. Soc. Bull. 57 (1978) 609.

19. D. Viechnicki, F. Schmid, J. Crystal Growth 26 (1974) 162.

20. C. P. Khattak, F. Schmid, J. Crystal Growth 225 (2001) 572.

21. J. P. Kalejs, J. Crystal Growth 128 (1993) 298.

22. T. F. Ciszek, Mater. Res. Bull. 7(1972) 731.

23. H. E. LaBelle, Jr., A. I. Mlavsky, Mater. Res. Bull. 6 (1971) 571.

24. H. E. LaBelle, Jr., US Patent 3,591,348 (July 1971).

25. J. P. Kalejs, A. A. Menna, R. W. Stormont, J. W. Hutchinson, J. Crystal Growth 104 (1990) 14.

26. B. Mackintosh, A. Seidl, M. Ouellette, B. Bathey, D. Yates, J. Kalejs, J. Crystal Growth 287 (2006) 428.

27. D. Garcia, M. Quellette, B. Mackintosh, J. P. Kalejs, J. Crystal Growth 225 (2001) 566.

28. L. Eriss, R.W. Stormont, T. Surek, A. S. Taylor, J. Crystal Growth 50 (1980) 200.

29. B. Mackintosh, A. Seidl, M. Ouellette, B. Bathey, D. Yates, and J. Kalejs, Journal of Crystal Growth 287 (2006) 428.

30. B. Yang, L. L. Zheng, B. Mackintosh, D. Yates, J. Kalejs, J. Crystal Growth 293 (2006) 509 .

31. J. Katcki, J. Crystal Growth 82 (1987) 197.

第 四 章

單晶矽太陽電池

林堅楊
雲林科技大學電子
工程系副教授

4.1 前言

　　太陽輻射之光譜，主要是以可見光為中心，其分布範圍從 0.3 微米（μm）之紫外光到數微米之紅外光為主，若換算成光子的能量，則約在 0.4eV（電子伏特）到 4eV 之間，當光子的能量小於半導體的能隙（energy bandgap），則光子不被半導體吸收，此時半導體對光子而言是透明的。當光子的能量大於半導體的能隙，則相當於半導體能隙的能量將被半導體吸收，產生電子－電洞對，而其餘的能量則以熱的形式消耗掉。因此製作太陽電池材料的能隙，必須要仔細地選擇，才能有效地產生電子－電洞對。一般來說，理想的太陽電池材料必須具備有下列特性：

(1) 能隙在 1.1eV 到 1.7eV 之間。

(2) 直接能隙半導體。

(3) 組成的材料無毒性。

(4) 可利用薄膜沉積的技術，並可大面積製造。

(5) 有良好的光電轉換效率。

(6) 具有長時期的穩定性。

　　矽的能隙為 1.12eV，且矽為間接能隙半導體，它對光的吸收性不好，所以矽在這方面並非是最理想的材料；但是在另一方面，矽乃地球上蘊含量第二豐富的元素，且矽本身無毒性，它的氧化物穩定又不具水溶性，因此矽在半導體工業的發展，已具有深厚的基礎，目前太陽電池仍舊以矽為主要材料 [1]。

　　矽太陽電池的種類有單晶矽及多晶矽、非晶矽三大類，外觀如圖 4.1 所示，而目前市場應用上大多為單晶矽及多晶矽較多且廣泛，其原因有：(1) 單晶效率最高；(2) 多晶技術趨於成熟、價格較便宜，效率直逼單晶矽；(3) 非晶效率最低，只能應用於低階產品，而前述兩種都較易於再切割及加工。各種類的特性比較如表 4.1 所示。

單晶矽太陽電池

多晶矽太陽電池

非晶矽太陽電池

圖 4.1　矽太陽電池外觀圖 [1]

表 4.1　矽太陽電池的種類特性比較

種類	效率	優點	缺點
單晶矽	24%	轉換效率高 使用年限長	製作成本較高 製造時間長
多晶矽	18.6%	製程步驟較簡單 成本較低	效率較單晶矽低
非結晶矽	15%	價格最便宜 生產最快	戶外設置後輸出功率減少 有光劣化現象

1. 單晶矽太陽電池

　　單晶矽電池最普遍，多用於發電廠、充電系統、道路照明系統及交通號誌等，所發電力與電壓範圍廣，轉換效率高，使用年限長，世界主要大廠，如德國西門子、英國石油公司及日本夏普公司，均以生產此類單晶矽太陽電池為主，市場占有率約五成，單晶矽電池效率從 11～24%，當然效率愈高其價格也就愈貴。

2. 多晶矽太陽電池

　　多晶矽電池的效率較單晶矽低，但因製程步驟較簡單，成本亦低廉，較單

晶矽電池便宜 20%，因此一些低功率的電力應用系統均採用多晶矽太陽電池。

3. 非晶矽太陽電池

　　非晶矽電池為目前成本最低的商業化太陽電池，且無需封裝，生產也最快，產品種類多，使用廣泛，多用於消費性電子產品，且新的應用產品不斷在開發中。

4.2　電池結構設計考量

4.2.1　半導體材料的考量 [2]

　　一般來說，太陽電池所使用的晶片可以分為 p 型和 n 型，但是由於 p 型中超額少數載子（電子）的擴散長度比 n 型中超額少數載子（電洞）的擴散長度來得長，為了能夠獲得較大的光電流，一般都會選擇 p 型晶片作為基底（substrate）。

4.2.2　光譜響應的考量

　　圖 4.2 是 AM0 和 AM1 的太陽輻射光譜。在太陽輻射中，能量最大的部分是在接近 UV 的短波長區域範圍。太陽電池中，由於只有能量大於太陽電池材料能隙（E_g）的部分光子能夠被材料所吸收，所以其他能量小於材料能隙的光子都無法被吸收而穿透過去；另一方面，若我們選擇能隙很小的材料，雖然可以吸收大部分的光譜，但材料的本質濃度 n_i 較大，電池的暗電流將會增大而使得太陽電池的效率下降。一般來說，太陽電池的材料能隙介於 1 ～ 2eV 之間，對應光波長大約在 $0.6\mu m$ ～ $1.3\mu m$ 之間，因此材料能隙介於其間的矽（Si）、砷化鎵（GaAs）、磷化銦（InP）都是相當好的太陽電池材料。

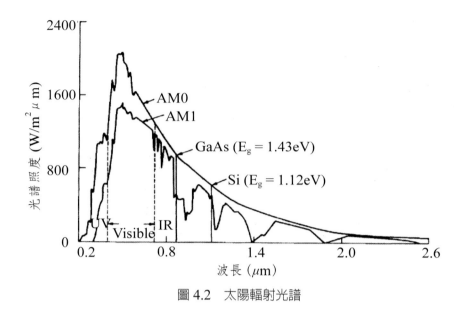

圖 4.2　太陽輻射光譜

4.2.3　淺接面的考量

　　根據上述的考量，我們將材料選擇為單晶矽（Si）來考慮淺接面的設計。當光波長 λ 小於短波長 400nm 時，矽的光吸收係數 α 將會變得很大（$>10^5\mathrm{cm}^{-1}$），於是大部分的入射光子會在表面淺深度（$0.1 \sim 0.3\mu m$）附近被吸收而產生電子電洞對。對於材料的光吸收係數來說，當光吸收係數 α 越大會導致在很淺的表面附近有越強烈的光子吸收。若要提升電池的轉換效率，關鍵就是要減低矽太陽電池的接面深度至 $0.3\mu m$ 以下，才能增強短波長的吸收性以提升效率 [3]。

4.2.4　抗反射層（Antireflection Coating）的考量

　　對於單晶矽而言，正常照光下在矽表面的光反射率約為 30 ～ 35%，為了

167

減少表面反射率，可以使用不同折射率材料層堆疊成為抗反射層。如圖 4.3 所示，空氣與介質間的介面反射係數 R 可依下列公式計算：

$$R = \frac{(n_1^2 - n_0 n_s)^2}{(n_1^2 + n_0 n_s)^2}$$

n_0 是空氣的折射率，n_1 是抗反射層的折射率，n_s 是半導體的折射率。由於 $n_0 = 1$（空氣），當 $n_1 = (n_s)^{1/2}$ 時，則反射係數 $R = 0$。單晶矽在入射光波長 400 ～ 1100nm 之間的折射率約等於 6.0 ～ 3.5，因此為了減少表面反射率，抗反射層的折射率最好在 $(3.5)^{1/2} = 1.87$ 和 $(6)^{1/2} = 2.5$ 之間。一般常用的抗反射層材料有 SiO_2（$n = 1.5$）、Si_3N_4（$n = 2.0$）、Ta_2O_5（$n = 2.25$）、TiO_2（$n = 2.3$）等。

4.2.5　表面鈍化（Surface Passivation）的考量

表面鈍化的處理一般是先長一層氧化層，以降低在 $Si\text{-}SiO_2$ 介面的表面載子復合速度。

在半導體表面單位面積上的總載子復合率為

$$U_s = \frac{v_{th}\sigma_n\sigma_p N_{st}(p_s n_s - n_i^2)}{\sigma_p\left[p_s + n_i\exp\left(\dfrac{E_{Fi} - E_i}{KT}\right)\right] + \sigma_n\left[n_s + n_i\exp\left(\dfrac{E_t - E_{Fi}}{KT}\right)\right]}$$

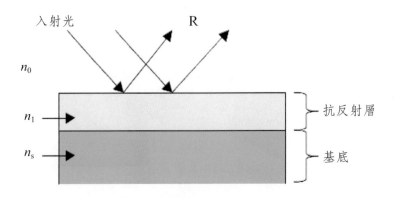

圖 4.3　太陽電池之抗反射層結構

v_{th} 是電子的熱速度（electron thermal speed），σ_n 是電子的捕捉截面（electron-capture cross-section），σ_p 是電洞的捕捉截面（hole capture cross-section），N_{st} 是表面復合率（#/cm³），ps 是表面的電洞濃度，n_s 是表面的電子濃度，E_t 為缺陷中心的能階。在低注入下，$n_s \doteqdot N_D \gg P_s$，$n_s \gg n_i \exp(E_t - E_{Fi}/KT)$，因此上式可改寫為

$$U_s = v_{st}\sigma_p N_{st}(P_s - P_{no}) = S_p(P_s - P_{no})$$

此處 $S_p = v_{st}\sigma_p N_{st}$，$S_p$ 是電洞的表面復合速度（Surface recombination velocity），表面復合速度對逆向飽和電流有很大影響，表面復合速度越快，逆向飽和電流也會越大，導致光電流減少，影響到太陽電池的效率。

4.2.6 粗糙化（Texture）結構的考量

在晶格方向（100）的單晶矽面上進行異向性的化學蝕刻（Anisotropic etching）會形成晶格方向（111）面的微小逆金字塔結構。如圖 4.4 所示，此粗糙化結構可造成入射光的多重反射，它除了能夠減少入射光的反射之外，還可以增加光的行進路徑。對於長波長的入射光來說，由於單晶矽材料的光吸收係數 α 很低，所以入射光將會在底部反射後，再經過表面粗糙化結構的折射，使光的吸收增加 [4]。

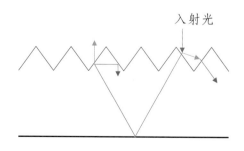

圖 4.4　表面粗糙化結構

4.3 高效率單晶矽太陽電池常見種類

目前已商品化的單晶矽太陽電池效率約為 15 ~ 20%，模組使用年限約 20 年；到 2010 年希望效率提升至 25%，晶片厚度減至 50μm，使成本降至目前的一半，而模組使用年限希望超過 30 年；到 2030 年效率預期提升至 30% 以上。由於目前市場擴大，產品競爭性高，一些大公司積極投入新技術的開發，主要發展方向為：(1) 矽晶片品質提升與厚度變薄；(2) 電池效率提升與成本降低 [5]。至於要如何製造才能提升太陽電池的轉換效率（大於 25%），一直是產學界努力的目標。

目前單晶矽太陽電池效率超過 20% 且已商業化之太陽電池，如圖 4.5 所示。圖 4.5(a) 為 SunPower 公司所研發之太陽電池 SunPower A-300，特色為將電極部分設計在同一面（背面），使電池正面無任何之遮蔽面積，其最高效率已可達 21.5%；圖 4.5(b) 為 BP Solar 公司所研發之太陽電池，利用 laser 將正面電極埋入電池當中，以增加載子收集效果而提高效率，最高效率可達 20.5%；圖 4.5(c) 為 Sanyo 公司所研發之 HIT 高效率太陽電池，最高效率可達 20.1%[6]。另外，還有其他幾種高效率的太陽電池結構，包括射極鈍化背面局部擴散（Passivated-Emitter and Rear Locally diffused-PERL）太陽電池、格柵（Grating）太陽電池、點接觸（Point-contact）太陽電池、OECO（Obliquely Evaporated Contact）太陽電池、金屬絕緣半導體（Metal-Insulator-Semiconductor-MIS）太陽電池、網版印刷（Screen Printing）太陽電池等，下面幾節將針對這幾種不同結構的單晶矽太陽電池分別介紹與討論。

4.4 射極鈍化背面局部擴散（Passivated-Emitter and Rear-Locally diffused, PERL）太陽電池

近數十年來，高效率單晶矽太陽電池以澳洲新南威爾斯大學（University

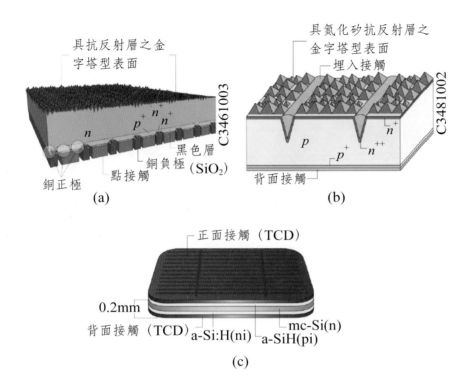

圖 4.5　已商業化單晶矽太陽電池結構：(a)SunPower A-300；(b)BP Solar Saturn；(c)Sanyo「HIT」太陽電池

of New South Wales, UNSW）所開發之射極鈍化背面局部擴散（passivated-emitter and rear-locally diffused, PERL）[7] 元件最為著名，其效率高達 24.7%，如圖 4.6 所示。該結構係採用逆金字塔（inverted pyramids）表面粗糙化（Surface textured），同時搭配 MgF_2（$n = 1.38$）與 ZnS（$n = 2.4$）雙重抗反射層的塗布，增加光線吸收以增加光電流的產生；利用熱氧化層鈍化矽表面，以避免光載子於邊界復合；背面局部擴散的設計形成了背面電場（Back surface Field, BSF），可反彈少數載子，且由於局部擴散的設計，避免了多數載子在邊界上的復合 [8] 而增加多數載子的收集；於金屬接觸位置使用 BBr3 及 PBr3 液態源進行摻雜以降低接觸電阻。

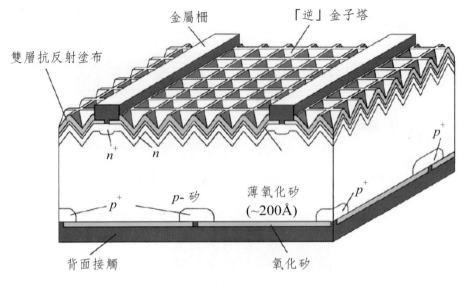

圖 4.6　PERL 太陽電池結構 [7]

4.5　埋入式接點太陽電池（Buried-Contact Solar Cell, BCSC）

　　近 15 年來，太陽電池效率改善很多，最引人注目之結構為埋入式接點太陽電池（Buried-Contact Solar Cell, BCSC），是由澳洲 UNSW 大學所研發，並由美國 BP Solar 公司將此結構商業化，其結構如圖 4.7 所示。BCSC 太陽電池結構乃結合早期之 PESC 結構和近期之 PERL 結構之優點，將電池做部分之蝕刻與表面粗糙化，再將其電池表面擴散及鈍化，藉由氧化層與氮化物做到最佳抗反射與表面鈍化，之後再利用 YAG-Laser 將電池表面刻劃出溝槽狀（grooving），其溝槽深度最深不可超過 $60\mu m$，否則會影響到電池之開路電壓，另外為了增加其量產速度，也可將 laser grooving 製程改成機械式刻劃溝槽（mechanical grooving），雖然利用機械式製程可能會對電池造成均勻度不佳，但可使用後續之蝕刻將溝槽平緩化 [9]；接下來對電池做第二次擴散製程

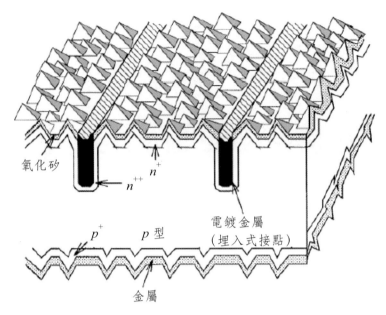

氧化矽

n^+

n^{++}

電鍍金屬
（埋入式接點）

p^+　　p 型

金屬

圖 4.7　埋入式接點太陽電池（BCSC）結構 [10]

以及背面鋁電極之沉積，再利用電鍍技術將鎳、銅、銀三種金屬合金，沉積在溝槽及電池背面。

　　BCSC結構之太陽電池效率比起一般商業化之網版印刷太陽電池為高，不僅改善了電流與電壓輸出，也改善了串聯電阻效應。由於對藍光波段之入射光較容易吸收，所以改善了其電流輸出；此外，降低了電極的載子結合速率，所以改善了電壓輸出；由於改善了開路電壓與降低串聯電阻，也使得填充因子（fill factor）增加，故整體而言使得電池效率提高了許多，達到19.9%[10]。

　　另外，可將一般埋入式結構稍做變化而成雙邊埋入式接點（Double-sided buried contact, DSBC）太陽電池結構 [11]，如圖 4.8 所示。它是運用較低溫及微影製程、旋轉塗布液態擴散源來降低太陽電池的成本，經實驗證明，其轉換效率達 17%，效率不及一般埋入式結構，其原因為液態擴散源趨入（drive in）溝槽不足，若加以改善其製程，可望達到 20%。

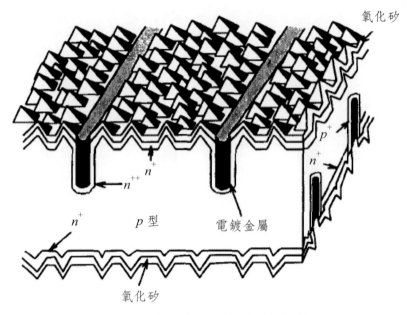

圖 4.8　雙邊埋入式接點太陽電池結構 [11]

4.6　格柵（Grating）太陽電池

　　格柵（Grating）結構太陽電池為近幾年所設計之太陽電池之一，其主要概念為利用各種蝕刻技術將電池表面做格柵狀之結構，以增加入射光源的利用。有研究利用活性離子蝕刻（RIE）製程將電池表面蝕刻成 $10\mu m$ 至 $30\mu m$ 不等之深度格柵，如圖 4.9 所示，發現利用格柵結構，其對入射光（可見光波段）有更佳之吸收。如圖 4.10 所示，發現利用二維之格柵結構，其效果比一維結構為佳，若再加上鈍化處理，將可降低電子電洞對的結合速率，且短路電流密度 J_{sc} 與內部量子效率也可提升許多 [12]。

　　其後，其他之研究團隊利用 ZnO 當作太陽電池格柵結構之主要材料，利用微影將圖案定義出來，並進行蝕刻，其格柵深度約數百 nm，利用 SEM 掃瞄如圖 4.11 所示。電池的 fill factor 可達 68%，並且發現對紅光及藍光波段有較

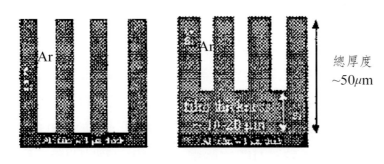

圖 4.9　格柵（Grating）結構 [12]

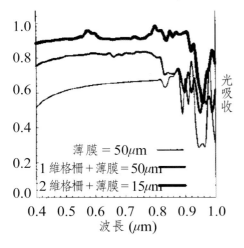

圖 4.10　一維與二維之格柵結構對光之
吸收比較 [12]

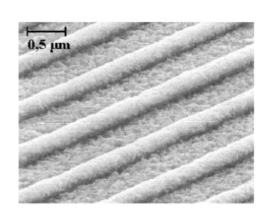

圖 4.11　利用 ZnO 薄膜之格柵結構 [13]

佳之響應，亦即此種格柵結構增加了入射紅光及藍光波段的利用 [13]。

4.7　HIT（Heterojunction with Intrinsic Thin layer）太陽電池

　　HIT 結構之太陽電池 [14][15]，為日本 Sanyo 公司所開發並已商品化，它是使用 n-type 矽晶片，不同於一般電池使用 p-type。整體 HIT 電池厚度不超

過 200μm，以很薄的非晶層（i/p、i/n layer）沉積於 n-type 矽晶片的上下層，另外電池之正反兩面皆為透明導電氧化層（TCO），也同時作為抗反射層，如下圖 4.12 所示。該電池的製程強調不需要使用高溫擴散來形成 p/n 接面，製程溫度皆低於 200℃，因此更容易使用較薄之矽晶片，而降低成本。

Sanyo 公司從 1999 年開始量產 HIT 太陽電池，並於 2003 年 4 月發表創商品化紀錄之 21.5% 高效率 HIT 太陽電池，藉由製程的改善達到效率提升目標，主要的作法是改進矽薄膜之品質，使其效率更佳。後來 Sanyo 公司研發出新的導電膠，其導電率較高，如此可獲得較高的 fill factor 以及短路電流值，其轉換效率亦達 21.5%（V_{oc} = 0.712V，I_{sc} = 3.837A，FF = 78.7%），電池面積為 100.3cm^2。另外 Sanyo 也提到，一般太陽電池的轉換效率會隨著溫度的增加而下降，然而 HIT 太陽電池的效率下降速度最慢，為 -0.25%/℃，如圖 4.13 所示 [16]，顯示該電池性能頗佳。

4.8 背面接點（Back Contact）太陽電池

為了降低太陽電池製程成本，美國 SunPower 公司研發出高效率、低成本

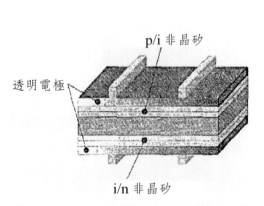

圖 4.12 Sanyo 公司 HIT 太陽電池之結構 [14][15]

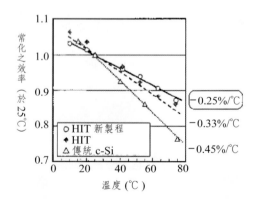

圖 4.13 HIT 太陽電池之轉換效率與溫度關係 [16]

之背面接點結構太陽電池 [17]，如圖 4.14 所示。主要利用電阻率 2.0Ω-cm，厚度 200μm 之 FZ 級晶片，在電池正面進行粗糙化，以氧化層鈍化電池的正反兩面，以雙層抗反射層（DLAR）降低表面反射率，n^+/p 接面則側方向地擴散於背面，鋁電極是設計成指狀全部分布於背面，以增加入射光的利用，整體電池面積為 22cm^2，電池最高效率達到 23%。

另外，背面接點電池的厚度會影響電池的轉換效率。若是減少電池厚度，則 (1) 會降低電子電洞對，因為無法吸收到大量之光子；(2) 可以增加少數載子之收集效率，由於厚度減少會使得載子移動距離變短；(3) 可減少暗電流；(4) 降低邊緣載子復合的影響。電池的電阻率與電池效率也有很大關係，除了影響載子遷移率，也會影響塊材復合電流（Bulk recombination current），同時也會影響到並聯電阻以及邊緣載子復合速率。為了降低成本，也可以使用以下之晶片如 Topsil's PV-FZ 及高品質之 CZ 晶片，這兩種晶片也具有載子生命期 τ >1ms 的效果 [18]，電池轉換效率也可達 19% 以上，如表 4.2 所示。

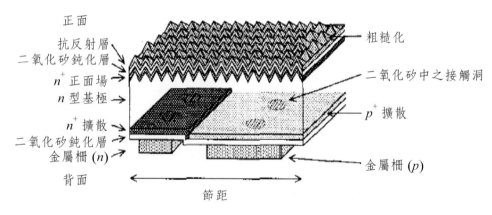

圖 4.14　SunPower 公司研發之背面接點電池結構 [17]

表 4.2　利用 Topsil's PV-FZ 及高品質 CZ 晶片製作之背面接點太陽電池 [18]

Area (cm^2)	Silicon	Voc (mV)	Jsc (mA/cm^2)	FF	Eff (%)
66.1	Cz	661.5	38.0	0.775	19.5
148.8	PV-FZ	668.2	38.4	0.796	20.4

4.9 點接觸（Point-contact）太陽電池

　　於 1986 年間，美國史丹佛大學研究團隊開發了點接觸（point contact）太陽電池 [19]，如圖 4.15 所示。該電池於集光（150 suns）條件下，最高轉換效率可達 28.3%。

　　此結構主要特色為減少電池背面的射極面積，這一點與 SunPower 公司研發之背面接點結構很類似，將正負電極皆設計在背面，電池正面無任何遮蔽物且做粗糙化，得以讓入射光更有效的利用；另外，由於背面電極是由數層金屬所組成，因此結構之串聯電阻相當低，使得輸出功率損失不至於太多，約數個百分比。然而，當初設計此結構太陽電池的面積相當小，約 1.21cm^2 左右，使得模組化非常不容易。

　　點接觸太陽電池主要製程如下：利用 <100>FZ 級之 n-type 晶片，厚度約 130 ～ 233μm，電阻率約 100 ～ 200Ω-cm，利用硼與磷做 p-type 與 n-type 之擴散約 2 小時，在 1000℃之環境之下利用 TCA 製程沉積 SiO$_2$ 氧化層，厚度

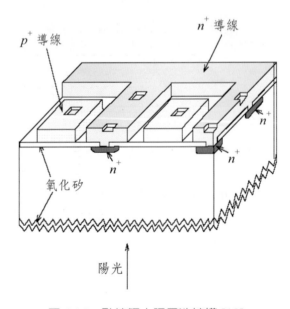

圖 4.15　點接觸太陽電池結構 [19]

約 1000Å 左右，片電阻值為 5 ～ 6Ω/ □，另外也使表面結合速率降低，同時氧化層也可當作抗反射層，而 p-type 與 n-type 之電極材料皆為鋁，其電極之電阻率為 1-2×10⁻⁶Ω-cm。表 4.3 為點接觸結構太陽電池之特性結果 [20]。

4.10 OECO（Obliquely Evaporated Contact）太陽電池

OECO（Obliquely Evaporated Contact）太陽電池 [21] 為近幾年由德國研究機構 ISFH（Institute Fur Solarenergieforschung Hameln/Emmerthal）所開發之結構，其主要特色為利用特殊的鋁金屬薄膜斜鍍（obliquely evaporated）設備，不同於一般垂直方式，其蒸鍍製程採傾斜方式，如此一來不需要任何光罩與對準，就可將電極鍍在溝槽側邊，並且容易調整金屬電極的寬度，如圖 4.16 所示，將電池正面電極放置於平行溝槽的側邊，因此金屬電極遮蔽面積很少；此電池採 MIS（Metal-Insulator-Semiconductor）結構，因此薄氧化層的

表 4.3　點接觸太陽電池之特性 [20]

Cell Characteristics, cell area = 0.15cm^2				
Cell Thickness (microns)	130	233	130	233
Incident Power (suns±1%) (1sun = 0.1watt/cm^2)	150	149	350	325
V_{oc}(±5mV)	810	810	825	820
I_{sc}(±0.5% A/cm^2)	5.17	4.89	12.0	9.97
V_{mp}(±8mV)	704	701	701	690
I_{mp}(±1% A/cm^2)	4.83	4.67	11.0	9.15
Fill Factor (±1%)	0.81	0.81	0.78	0.77
Cell Mount Temp. (±1℃)	24	22	23	23
Efficiency (±0.5) (Calibrated Calorimetrically)	22.4%	21.7%	21.6%	19.1%

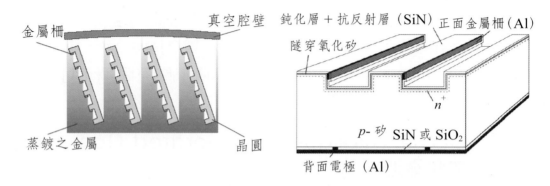

<table>
<tr><td>圖 4.16　OECO 太陽電池之蒸鍍系統 [21]</td><td>圖 4.17　OECO 太陽電池之主要結構 [21]</td></tr>
</table>

厚度必須精密控制。目前此種太陽電池轉換效率約為 18 ～ 21%，圖 4.17 為 OECO 太陽電池之主要結構。

4.11　金屬絕緣層半導體（Metal-Insulator-Semiconductor, MIS）太陽電池

　　早在 1970 年代，MIS（Metal-Insulator-Semiconductor）結構之太陽電池 [22] 就引起大家的注意，不管是在理論或實作上，MIS 結構太陽電池能取代蕭特基阻障（Schottky barrier）太陽電池之缺點，MIS 太陽電池又稱為低開路電壓太陽電池。而 MIS 之絕緣層相當薄，其除了可以控制巨大之暗電流是否通過電池之外，也可以控制多數載子或少數載子的類型。到了 1990 年代，由德國 ISFH 機構研發出 MIS-IL（Metal-Insulator-Semiconductor-Inversion-Layer）結構之太陽電池 [23]，如圖 4.18 所示。在 $2 \times 2\text{cm}^2$ 之 FZ 級晶片上，其轉換效率為 15.7%；在 $10 \times 10\text{cm}^2$ 之 CZ 級晶片，其轉換效率為 15.3%。為了達到更高之轉換效率，主要可藉由改善以下三個參數，使電池轉換效率達到 18.5%：

　　⑴ 減少周圍載子結合損失。

　　⑵ 利用電池正面格子狀電極改善電極阻抗。

　　⑶ 減少電池背面載子結合損失。

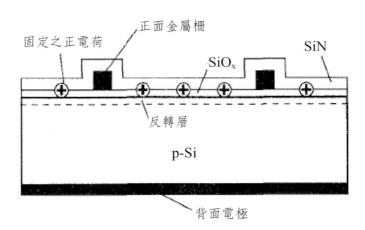

圖 4.18　MIS-IL 之太陽電池結構 [23]

以下為 MIS-IL 結構之太陽電池主要製程步驟：

(1) 化學蝕刻（將電池表面做粗糙化結構，如：金字塔型）。

(2) 電池背面利用蒸鍍法沉積鋁電極。

(3) 在 500℃環境下成長隧穿（Tunnel）氧化層。

(4) 利用金屬光罩定義圖案將鋁電極沉積於電池正面。

(5) 再利用蝕刻將多餘之鋁電極移除。

(6) 浸泡於銫（Cesium）當中，以增加矽表面之正電荷密度。

(7) 利用 PECVD 沉積 SiN_x 於整個電池正面。

1997 年 ISFH 機構研發出效率更高的 MIS-n^+p 太陽電池 [24]，如圖 4.19 所示，主要是改變下列製程：

(1) 將 MIS 電極放在 n^+ 擴散之射極上。

(2) 電池正面與背面之電極皆為鋁材料。

(3) 利用 PECVD 沉積雙層 SiN_x 當雙層抗反射層（DLAR），也當作鈍化層與 MIS-IL 結構太陽電池比較，其 MIS-n^+p 結構之開路電壓與填充因子皆提升不少，開路電壓從原本之 595mV 提升至 656mV，填充因子也從原本之 74.4% 提升至 80.6%，而整體電池效率更從 18.5% 提升至 20.9%。大致上，MIS 結構太陽電池之製程與結構設計並不困難，成本

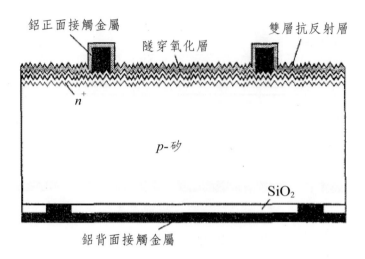

圖 4.19　MIS-n$^+$p 太陽電池之結構 [24]

也不高，效率已經達到 20% 以上，若能進一步加以研究開發，可望成為單晶矽太陽電池的主流。

4.12　網版印刷（Screen Printing）太陽電池

　　自從網版印刷技術發展出來，應用在相當多的地方，主要除了電路板之印刷外，也可應用於太陽電池的電極製程，其製程相當快速、簡單、低成本。目前許多製作太陽電池的廠商，為了增加量產速度，大多利用網版印刷技術，將電極部分印在射極（30-55Ω/□）之上，而不是在淺射極（shallow emitter, 90-100Ω/□）之上，如此可避免高電極阻抗，網版印刷太陽電池的結構如圖 4.20 所示 [25]。

　　射極重摻雜會降低短波長之響應，且會使得射極飽和電流變高，如此一來會使得太陽電池效能不佳，所以為了增加太陽電池的效能，可利用高片電阻值之射極，提供一個有效之射極表面鈍化。通常網版印刷為太陽電池製程當中，屬於比較後段部分，常使用含鋁之膠狀物，利用網版印刷將鋁膠印刷在電池的

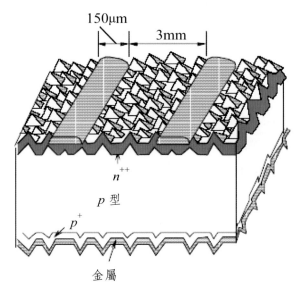

圖 4.20　網版印刷太陽電池之結構 [25]

背部，並先放入 200℃環境當中，移除多餘水分，再將含銀之膠狀物印刷在電池之抗反射層上面，再將電池放入爐管（IR 或 RTP 爐管）當中進行燒結，就此完成網版印刷太陽電池的製作。利用網版印刷之太陽電池，其效率最高可超過 18%[25]。

4.13　單晶矽太陽電池之應用

自從 1970 年代發生能源危機以來，人們開始把太陽電池應用到一般的民生用途上。目前，在美國、日本和以色列等國家，已經大量使用太陽能裝置，更朝商業化的目標前進。在這些國家中，美國於 1983 年在加州建立世界上最大的太陽能電廠，它的發電量可以高達 16 百萬瓦特。南非、波札那、納米比亞和非洲南部的其他國家也設立專案，鼓勵偏遠的鄉村地區安裝低成本的太陽電池發電系統。而推行太陽能發電最積極的國家首推日本。1994 年日本實施

補助獎勵辦法，推廣每戶 3,000 瓦特的「市電併聯型太陽光電能系統」。在第一年，政府補助 49% 的經費，以後的補助再逐年遞減。「市電併聯型太陽光電能系統」是在日照充足的時候，由太陽電池提供電能給自家的負載用，若有多餘的電力則另行儲存。當發電量不足或者不發電的時候，所需要的電力再由電力公司提供。到了 1996 年，日本有 2,600 戶裝置太陽能發電系統，裝設總容量已經有 8 百萬瓦特。一年後，已經有 9,400 戶裝置，裝設的總容量也達到了 32 百萬瓦特。近年來由於環保意識的高漲和政府補助金的制度，預估日本住家用太陽電池的需求量，也會急速增加。在產業方面，1999 年日本太陽電池總產量是 86 百萬瓦特，到了 2000 年已經增加到 120 百萬瓦特，產量連續兩年位居世界第一。最近，日本許多太陽電池廠商，例如夏普公司、三菱重工，更紛紛擴建生產工廠。在美國方面，前總統柯林頓所提出的「Million Roofs Solar Power」方案，打算在 2010 年以前，建設完成 100 萬戶太陽能發電系統。除了日本和美國之外，德國也從 1990 年起，開始實施千屋計畫，每戶太陽能發電的裝置容量在 1 ～ 5 千瓦特之間，政府補助 70% 的經費。到了 1995 年，已經有 2,250 戶裝設太陽能系統，總裝置容量也達到 5.6 百萬瓦特。此外，荷蘭政府也預計在 2020 年，太陽能系統的總裝置容量可以達到 1,450 百萬瓦特。至於其他各國，例如瑞士、挪威及澳洲等國，也都推行每年數千戶的太陽電池安裝計畫。在臺灣方面，目前生產太陽電池的主要廠商有光華、茂迪和士林電機等公司。光華開發科技公司從 1988 年，就以生產非晶矽太陽電池為主，主要應用在消耗性電子產品上，像手錶、計算機等。

國內方面，1999 年茂迪公司開始在臺南科學工業園區設廠，以生產多晶矽和單晶矽的太陽電池為主。士林電機也曾經派研發團隊到美國接受訓練，學習衛星所使用的太陽電池板的製造和封裝技術，同時在 1999 年成功發射中華衛星一號後，更進一步投入民生用途的太陽電池研發。此外，工業技術研究院材料所也成功地開發出太陽電池的製造與封裝技術，並把技術轉移給茂迪公司及士林電機公司，以推廣國內的太陽能發電事業。近年來，國內廠商對太陽電池事業的投資也逐漸感到興趣，主要原因除了國際市場的供不應求外，另一因

素則是政府從 1999 年起，開始大力推展太陽電池發電，並且著手推動各項獎勵措施，因此投入這一個事業的業者也明顯增加。目前，國內在推行太陽能發電的工作上還有一些難題，最主要的原因是若比較一般的市電和太陽能發電的申請手續，申請市電顯然方便很多，而且太陽能發電的設置必須先投入一筆資金。基於經濟方面的考量，對一般民眾來說確實比較難以接受。即使如此，換一個角度來看，臺灣具有日照量充足、半導體和電力電子產業發展健全和政府極力推廣等優厚條件，再加上可能的能源危機，以及環保意識普及等，太陽能發電事業在臺灣確實具有非常大的發展空間。相信只要能夠大幅降低製造成本，便可以迎頭趕上其他國家，並占有一席之地。

另外，太陽能源開發使用中，夜間不能發電是太陽電池的一大缺點，但是針對這一個缺點，科學家使用兩種方式來克服。第一種方式是把白天的太陽光能轉成其他的能量形式加以儲存，例如蓄電池、飛輪裝置、抽蓄發電廠等，到黑夜的時候再把儲存的能量釋放出來。另外一種方式是美國和日本兩國正在進行的「衛星太陽能發電廠」計畫（Satellite Solar PowerStation, SPSS），這一個計畫的工作項目就是在太空中找到一個能夠不斷接受太陽光的地方，例如在赤道附近上空，發射具有太陽電池或熱能發電系統的衛星，利用人造衛星在太空中吸收太陽能來發電。由於免除了晝夜、溫差及氣候等因素影響，人造衛星可以連續不停且穩定地接收太陽能，再把它轉換為電能，然後以微波的方式傳回地球，經過地球微波接收站接收後，再轉換回來成為電能，輸送到各個地方。在目前，由於科學家們不斷的研究，再加上半導體產業技術的進步，太陽電池的效率也逐漸增加，而且發電系統的單位成本也正逐年下降。因此，隨著太陽電池效率的增加、成本的降低，太陽電池的使用也會愈來愈普遍 [26]。

太陽電池技術自 1950 年代的太空科技應用移轉至一般民生商業用途，隨著成本的降低與環保考量，單晶矽太陽電池的使用愈來愈普遍，主要應用的範圍有：

1. 家用發電系統：從 20W 至數萬瓦，視需要量情況而定

　　座落在美國加州 Carrisa Plains，1983 年興建，1986 年完工，6 百萬瓦（6MW）的 PV 電廠；以及超過 20 個比較小規模的 PV 系統，也在近 10 年內陸續地被多家電力公司採用，作為實驗性的輔助裝置，或是裝設於住宅屋頂上以提供家庭用電。新英格蘭電力公司（NEES）的一個 6 年 PV 實驗計畫，就選擇了一些住宅加裝了 2.2 千瓦（十片 220W 的 PV 光電板），結果平均省了約 50% 的夏天電費，而且使用者反應良好。加州的 Sacramento 電力公司（SMUD），更是具有遠見並配合當地居民重視環境空氣品質的要求，於 1984 ～ 1986 年裝設試用二個 1000kWPV 系統；自 1993 年起大量裝設中等規模的 PV 系統，現今總裝置容量已超過 3.7MW。

　　太陽光電發電系統的應用相當廣泛，隨著應用場合的不同，系統架構也有所不同，例如在偏遠沒有電力的地區使用的系統為獨立系統，而有電力的地區則可以使用市電併聯系統，當太陽能發電系統產生的電力大於負載用電時，可以將多餘的電力回送。圖 4.22 所示為太陽能發電獨立系統之示意圖。

　　太陽能發電獨立系統主要包括太陽電池模組、充電控制器、蓄電池、變流器及照明負載。太陽電池先將光能轉換為直流電，再經過充電控制器對蓄電池充電，最後再經由變流器將直流電轉換成交流電提供給照明負載使用。太陽能發電獨立系統有三種可能的運作模式：(1) 當太陽電池的輸出功率大於負載功率時，多餘的電力將儲存在蓄電池中，反之，當太陽電池的輸出功率小於負載功率時，不足的電力將由蓄電池提供。(2) 在變流器與負載之間加入 ATS，使負載的電力來源有兩個，一個是太陽光電發電系統，一個是電力系統，當太陽光電發電系統的電力足夠供應負載所需時，由太陽光電發電系統供應負載電力；當太陽光電發電系統的電力不足時，ATS 切換到電力系統改由電力系統供應，如此將可以確保負載有足夠的電力來源。(3) 將充電控制器與變流器兩者整合在一起。

圖 4.21　太陽能大樓

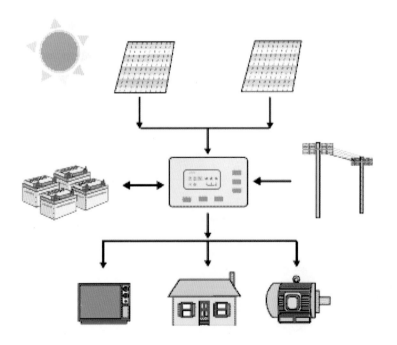

圖 4.22　太陽能發電獨立系統示意圖

2. 交通：電動車、充電系統、道路照明系統及交通號誌

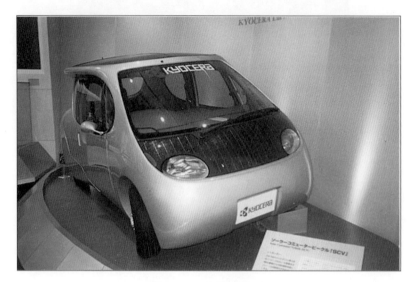

圖 4.23　太陽能汽車

圖 4.24　國道隔音牆 PV 系統 [27]

圖 4.25　路燈照明系統

3. 大功率太陽能發電系統

圖 4.26　太陽能發電廠

4. 農業：灌溉及抽水等動力系統

圖 4.27　獨立型 PV 系統 [27]

圖 4.28　植物冷藏系統

5. 電訊及通訊：無線電力、無線通訊

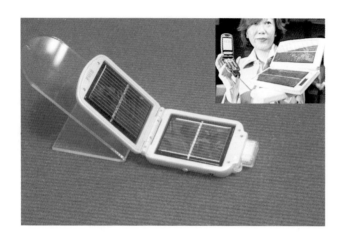

圖 4.29　口袋充電系統

6. 備載電力：災害補救

圖 4.30　南投縣信義分局之 PV 救災系統 [27]

7. 小功率商品之電源

圖 4.31　太陽能電子計算機

8. 戶外定位監視系統：電子式公車站牌、看板等

圖 4.32　戶外看板系統 [27]

現今人們主要依賴的傳統能源存量有限，依估算，石油儲藏量剩下一兆338 億桶，可使用 43 年；天然氣儲藏量剩下 146 兆立方公尺，可使用 62 年；煤儲藏量剩下 98,412 億噸，可使用 230 年；鈾儲藏量剩下 395 萬噸，可使用 64 年。此外，近年由於地球暖化問題受到世界各國重視，因此，世界主要國家近年已積極研發以潔淨的再生能源如太陽光電能來取代燃料發電，以減輕傳統發電方式所產生之污染問題。因此增加太陽光電能之開發與使用，是攸關人類生活與生存的重要努力方向。太陽光電產業是 21 世紀最重要的能源科技之一，許多國家皆大力研發與獎勵推廣，許多公司亦大量擴充產能，近五年來全球太陽電池產量都以年平均成長率 30% 以上成長，顯示其在再生潔淨能源領域中未可限量的發展潛力。臺灣有完整之半導體產業為基礎，具有發展太陽電池的優良條件，由於政府政策的推動與世界市場的蓬勃發展，目前國內太陽電池產業已逐漸興起，整合國內相關資源、技術、設備等廠商與研究單位，互相合作，以開發具競爭力的產品技術，才能提升國際競爭力，以建立永續經營之能源事業 [28]。

4.14　結語

臺灣由於鄰近赤道，平均日照量充足，而夏季是用電尖峰期，也正是日照量最大的季節，善用太陽光電能來提供部分電力需求，可以說是舒緩電力尖峰負載的最佳良方；長遠觀之，乾淨且無窮的太陽光電能更是我國工商業永續經營的最可靠能源。截至目前為止，單晶矽太陽電池仍占有全球市場需求中的絕大部分。由於單晶矽太陽電池具備了絕佳的穩定性、絕佳的可靠度，以及結構上、製程上的不斷改善，可以預見的是，未來 10 年內，單晶矽太陽電池仍然會保有主宰市場的地位。目前商業化太陽電池模組的市場價格仍偏高；但是，若市場規模高達 500MWp/year 以上，則太陽電池模組的市場價格可大幅降至美金 1.0 元 / 峰瓦以下，太陽電池應用便較容易推廣與普及化。審度能源的發

展趨勢，國人實宜早日及大力投入太陽光電再生能源的研究與發展，並進一步推廣太陽光電能的應用，以配合全球正積極推展的能源開發與節約政策。

參考文獻

1. http://www.e-tonsolar.com

2. 林堅楊、陳英豪，單晶矽薄膜太陽電池之結構設計與粗糙化結構研究，國立雲林科技大學電子與資訊工程研究所。

3. H. L. Hwang, J. Y. Lin, and C. Y. Sun, Reserch and Development of High-Efficiency Space Silicon Solar Cells, 2nd Conference on Space Technology Research, March 1994, pp.337-341.

4. P. Campbell, S. R. Wwnham, and M. A. Green, Light trapping and reflection control with tilted pyramids and grooves, in Conf. Rec. 20th IEEE Photovolt. Special. Conf. (Las Vegas.), Sept., 1998, p.713.

5. 黃建昇，結晶矽太陽電池發展現況，工業材料，203 期，92 年 11 月。

6. L. L. Kazmerski, Solar photovoltaics R&D at the tipping point: A 2005 technology overview, J. Electron Spectroscopy and Related Phenomena, Vol.150, pp. 105-135, (2006).

7. J. Zhao, A. Wang, M. A. Green, High-efficiency PERL and PERT silicon solar cells on FZ and MCZ substrates, Solar Energy Materials and Solar Cells, Vol. 65, pp.429-435, (2001).

8. 林堅楊、林坤立，單晶矽太陽電池製程及其頻譜響應之研究，國立雲林科技大學電子工程研究所。

9. Y. Zhao, Z. Li, C. Mo, S. Hei, Z. Li, Y. Yu and Z. Chen, Buried-contact high efficiency silicon solar cell with mechanical grooving, Solar Energy Materials and Solar Cells, Vol.48, No.1-4, pp.167-172, (1997).

10. I. Lee, D. G. Lim, S. H. Lee and J. Yi, The effects of a double layer anti-reflection coating for a buried contact solar cell application, Surface and Coatings Technology, Vol.137, No.1, pp.86-91, (2001).

11. A. U. Ebong, C. B. Honsberg and S. R. Wenham, Fabrication of double sided buried contact (DSBC) silicon solar cell by simultaneous pre-deposition and diffusion of boron and phosphorus, Solar Energy Materials and Solar Cells, Vol.44, No.3, pp.271-278, (1996).

12. S. H. Zaidi, R. Marquadt, B. Minhas, J. W. Tringe, Deeply etched grating structures for enhanced absorption in thin c-Si solar cells, Photovoltaic Specialists Conference, 2002, pp.1290-1293.

13. N. Senoussaoui, M. Krause, J. Müller, E. Bunte, T. Brammer and H. Stiebig, Thin-film solar cells with periodic grating coupler, Thin Solid Films, Vol. 451-452, pp. 397-401, (2004).

14. 黃建昇，結晶矽太陽電池發展現況，工業材料，203期，92年11月。

15. M. A. Green, Crystalline and thin-film silicon solar cells: state of the art and future potential, Solar Energy, Vol.74, No.3, pp. 181-192, (2003).

16. M. Taguchi, M. Tanhaka, E. Maruyama, S. Kiyama, H. Sakata, Y. Yoshime, A. Terakawa, Proceedings of the IEEE Photovoltaic Specialists Conference-Orlando, IEEE, New York, pp.866-871, (2005).

17. J. Zhao, Recent advances of high-efficiency single crystalline silicon solar cells in processing technologies and substrate materials, Solar Energy Materials and Solar Cells, Vol.82, No.1-2, pp.53-64, (2004).

18. M. J. Cudzinovic, K. R. McIntosh, The choice of silicon wafer for the production of low-cost rear-contact solar cells, Photovoltaic Energy Conversion, 2003. Proceedings of 3rd World Conference, Vol.1, pp.971-974, (2003).

19. P. J. Verlinden, R. M. Swanson, R. A. Sinton, R. A. Crane, C. Tilford, J. Perkins, K. Garrison, High-efficiency, point-contact silicon solar cells for Fresnel lens concentrator

modules, Conference Record of the Twenty-Second IEEE Photovoltaic Specialists Conference, 1993, pp.58-64.

20. R. A. Sinton, Y. Kwark, S. Swirhun, R. M. Swanson, Silicon point contact concentrator solar cells, Electron Device Letters, IEEE Vol.6, No.8, pp.405-407, (1985).

21. R. Hezel, High-efficiency OECO Czochralski-silicon solar cells for mass production, Solar Energy Materials and Solar Cells, Vol.74, No.1-4, pp.25-33, (2002).

22. D. L. Pulfrey, MIS solar cells: A review, IEEE Transactions on Electron Devices, Vol.25, No.11, pp.1308-1317, (1978).

23. A. Metz, R. Meyer, B. Kuhlmann, M. Grauvogl, R. Hezel, 18.5% efficient first-generation MIS inversion-layer silicon solar cells, Conference Record of the Twenty-Sixth IEEE Photovoltaic Specialists Conference, 1997, pp.31-34.

24. A. Metz, R. Hezel, Record efficiencies above 21% for MIS-contacted diffused junction silicon solar cells, Conference Record of the Twenty-Sixth IEEE Photovoltaic Specialists Conference, 1997, pp.283-286.

25. A. Ebong, M. Hilali, V. Upadhyaya, B. Rounsaville, I. Ebong, A. Rohatgi, High-efficiency screen-printed planar solar cells on single crystalline silicon materials, Conference Record of the Thirty-first IEEE Photovoltaic Specialists Conference, 2005, pp.1173-1176.

26. 「科學發展月刊」，2002 年 1 月，349 期。

27. http://www.pvproject.com.tw

28. 郭禮青，「國內太陽光電發展」，工業材料，203 期，92 年 11 月。

第 五 章

多晶矽太陽電池

林堅楊

雲林科技大學電子工程系副教授

5.1　前言

目前商用太陽電池有超過 95% 是使用矽為材料，矽的優點主要為原料蘊藏豐富、具成熟的製程技術、以及較沒有毒性等。矽晶圓成本約占整個製程的 40 ～ 60%，因此材料成本是一重要的議題 [1]。單晶矽（single-crystalline Silicon, sc-Si）和多晶矽（multi-crystalline silicon, mc-Si）晶圓均被廣泛使用著，尤其多晶矽晶圓因有較佳的低成本優勢，所以應用潛力有漸漸增加的趨勢[2]。商用多晶矽太陽電池的轉換效率一般約在 12 ～ 15%，藉由更精密的太陽電池設計可高達 17%[3, 4]。多晶矽的潛力是非常高的，尤其近來實驗室中已將其效率提升至約 20%[5]，更大大的增加其商用的可行性 [6]。

多晶矽太陽電池的性能主要受限於少數載子復合率（minority carrier recombination rate），隨著結晶的過程材料會產生不同的缺陷結構，決定並限制了電池的效率。一般而言，差排（dislocations）和晶粒內缺陷（intra-grain defects）如內部雜質、原子的團簇（clusters）或沉澱（precipitates）是載子發生復合的主要原因 [7]；對於公分尺度的相對大晶粒，晶粒邊界就變得較不重要了。

太陽電池的成本其絕大部分來自於基板與製程的成本，早期太陽電池以單晶矽為主，因為其提供良好的轉換效率及運用成熟的半導體製程技術，所以在非成本的考量下普遍使用在非電力化應用、或需要小面積多發電量需求的人造衛星、或科學實驗上，例如汽車等。但是要商用並普及化，則產品的成本是我們迫切需要去解決的，因此以多晶矽和非晶矽的太陽電池技術應運而生。

多晶矽太陽電池有塊材多晶矽（bulk multicrystalline silicon）及薄膜多晶矽（thin-film polycrystalline silicon）等兩大類，由於薄膜多晶矽有減少對晶圓的依賴及減少成本等好處，因此，使用多晶矽薄膜太陽電池是一個重要的趨勢[8]。因為太陽電池的光吸收層厚度，大約為太陽光能夠吸收厚度的2～3倍即可，且大部分的電子電洞對作用皆在接面處，所以只要掌握多晶矽薄膜晶粒徑（grain size）大於膜厚，則因接面處的有效發電用少數載子，比流入粒界中的

短載子壽命者還多，可抑制結晶粒界影響，再使用便宜的基板製作堆疊矽薄膜（tandem thin-film）結構，形成薄膜太陽電池，即可製作大面積太陽電池模組[9]。

本章將以介紹多晶矽太陽電池為主，以考量成本降低、效率提升並重。藉由太陽電池結構的考量，從材料、光封存、結構表面粗糙化及薄膜堆疊以及製程方法舉一些常見的方法做介紹與方析，最後再介紹多晶矽太陽電池的應用。

5.2　多晶矽太陽電池的結構考量

一般來說，太陽電池結構設計考量不外乎為了兩大主要方向，一為提高效率；另一降低製作成本。針對提高效率主要需考量材料、光吸收、接面深度、抗反射層、表面鈍化、粗糙化、薄膜堆疊等種種因素，藉由多方的考慮與分析，得到最佳化的光伏（photovoltaic, PV）特性[10]。以下主要針對薄膜多晶矽太陽電池的光封存、薄膜堆疊、氫鈍化、及雜質吸附等方面進行討論。

5.2.1　光封存（Light Trapping）技術

光封存（Light trapping）技術是增加太陽電池效能的主要方法之一。因為薄膜太陽電池只有數微米的厚度，所以比較無法吸收足夠的入射光，故無法獲得足夠的光電流。而光封存可以延長入射光的光程，使入射光在太陽電池中產生多重反射，增加光被作用層吸收的程度。

光封存技術常運用下列四種方法：
1. 表面粗糙化降低正面反射
2. 利用平坦式高反射率材料來當底層反射層
3. 內部光封存（internal light trapping）
4. 加入抗反射層（AR coating）

　　通常太陽電池的受光面為平坦鏡面，若透過表面粗糙化形成光在作用層有多重反射，而減少光在表面反射，使得光的行進距離增長，增加電池對光的吸收。

　　圖 5.1(a) 為底層平坦式高反射率之反射層，圖 5.1(b) 為底層利用粗糙化作為反射層，增加其反射光程。另外，反射層也可當作是太陽電池的背面電極，若這層反射層厚度不足 4μm，則無法形成金字塔結構，也就無法達到光封存效果。所以反射層的厚度跟光封存有著密不可分的關係 [11]。

　　另一種光封存技術，稱之為內部光封存（internal light trapping），此種結構是將一透明層夾在堆疊型太陽電池中，使入射光能在 top cell（非晶矽）中再利用，可減少非晶矽光衰減效應，而提高太陽電池效率，結構如圖 5.2 所示，含有內部光封存的中間層（interlayer）技術結構 [11]，圖 5.3 顯示內部光封存的概念圖 [11]。

　　加入抗反射膜為光封存技術的另一選擇。例如，Si 在波長 400 ～ 1100nm 的範圍內，折射率介於 3.50 ～ 6.00，故在短波長範圍有 54%、長波長範圍有 34% 的反射損失。為了減少反射損失，使用折射率不同的透明材料做成抗反射

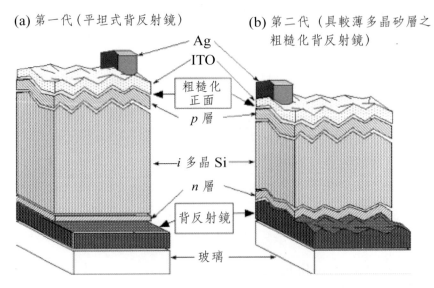

圖 5.1　(a) 底層平坦式高反射率之反射層，(b) 底層粗糙化之反射層 [11]

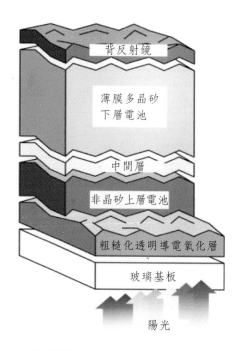

圖 5.2 含有內部光封存的中間層（linterlayer）技術結構 [11]

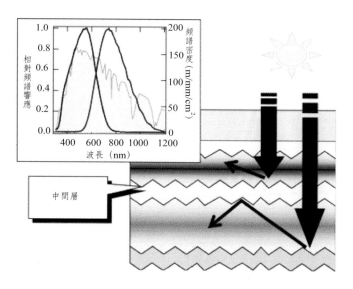

圖 5.3 顯示內部光封存的概念圖 [11]

表 5.1　常見抗反射膜材料之折射率

材料	折射率
SiO_2	1.44
MgF_2	1.44
SiO_2-TiO_2	$1.80 \sim 1.96$
Al_2O_3	1.86
CeO_2	1.90
SiO	$1,80 \sim 1.90$
SnO_2	2.00
Si_3N_4	2.00
Ta_2O_5	$2.20 \sim 2.26$
TiO_2	2.30

膜（anti-reflection coating）。抗反射膜的最佳折射率 n 及厚度 d，依入射光的波長為 λ 時，

$$\lambda = 4nd，n^2 = n_{Si}n_o$$

其中 n_{Si} 為 Si 的折射率，n_o 為環境的折射率。空氣的環境下 $n_o = 1$，故抗反射膜的最佳折射率為 $n = (n_{Si})^{1/2}$。表 5.1 為常見抗反射膜材料之折射率。

5.2.2　堆疊結構（Tandem Structure）

雖然利用薄膜多晶矽製成之太陽電池效率可達 10%，但元件效率還是不及塊材（bulk）所製成之多晶矽太陽電池，所以對太陽電池的結構必須要有所突破。故使用堆疊二層或三層（hybrid）之太陽電池結構，來達到期望的效率。為使全部製程皆能夠在低溫製程下製作，多層薄膜的製程從 p-layer, i-layer 至 n-layer 皆使用 CVD 來製作，形成 p-i-n 堆疊多層薄膜結構，低溫製程並可搭配玻璃基材，既降低成本，也可簡化製程步驟。因為多層薄膜結構之太陽電池

可以吸收不同的入射光，並且可以利用現有的材料與製程方法來達到更好的元件特性，故利用堆疊多層之太陽電池有下列優點：

(1) 能吸收更寬之光譜，盡可能將入射光更有效率的使用。

(2) 能夠獲得更高之開路電壓（V_{oc}）。

(3) 能抑制太陽電池之光衰減效應（photo-degradation）。

另外，堆疊結構的底層可採多晶矽（poly-Si）以吸收紅外線波段，而上層可採非晶矽（a-Si）以減少多晶矽的表面復合速率，故從多晶矽的粗糙表面所滲漏之電流，會因為非晶矽層而減少 [12]。

利用此堆疊結構之太陽電池，固然能提升太陽電池之效率，若是能將透明的中間層（interlayer）加入此結構中，並且加以應用與改善，達到內部光封存效果（internal light trapping），將可再提升太陽電池之效率。所以堆疊型結構之薄膜太陽電池，將會是日後發展之重點。

5.2.3 多晶矽的氫鈍化（Hydrogen Passivation）

為了降低太陽電池的成本，低成本的多晶矽或是薄膜多晶矽大多使用成本較低的基板，造成較差的結晶品質和高雜質與缺陷含量，這些將嚴重影響電荷載子的擴散長度，因而大大限制了電池的效率。改變此不良的多晶矽電性品質的有效方法為氫鈍化[13, 14]。此方法為利用氫氣以去除矽中的雜質與缺陷並且鈍化晶粒邊界（passivate grain boundaries）。將氫置入矽中的方法有幾種[15～18]，常用的方法為將氫擴散在電漿中或沉積層，例如氮化矽（silicon nitride）[19]。由於這些沉積層通常藉由電漿增強化學氣相沉積（plasma-enhanced chemical vapor deposition, PECVD）來形成，而可能造成電漿引致之損害（damages）[20]；所以近來發展使用微波遠端電漿氫鈍化（Microwave-induced remote plasma hydrogen passivation, RPHP）方法[21, 22]，來避免這個問題。另一技術為氫離子的植入[23]，此方法為在矽的近表面處植入高濃度的氫。

常用的多晶矽氫鈍化方法有下列三種：

(1) 藉由 PECVD 之 SiN：H，氫擴散來自氮化矽沉積層。

(2) 以 Kaufman 離子源進行低能量氫離子植入（hydrogen ion implantation, HII）。

(3) 遠端電漿氫鈍化（RPHP）。

在高溫製程步驟中，利用 SiH$_4$ 作為 PECVD 沉積氮化矽的供給氣體，可同時將氫擴散到矽層中 [19]，而所形成的氮化矽層（SiN layer）又可以作為正面的抗反射層。此法主要的缺點為需要超過 600℃的高溫。低能量氫離子植入法可控制氫在矽中的高濃度，然而，矽晶片背面會由於離子轟擊而造成缺陷。至於遠端電漿氫鈍化法為在遠端利用微波產生低溫電漿，此低溫電漿再擴散至試片處，因而沒有任何離子轟擊現象，設備架構如圖 5.4 所示。

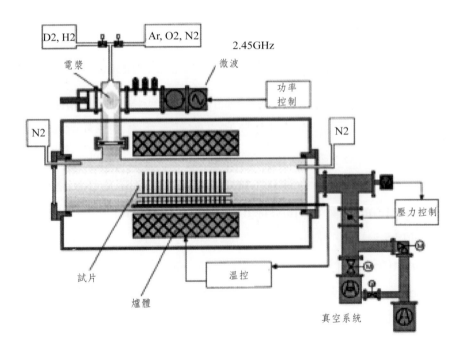

圖 5.4　遠端電漿氫鈍化方法設備 [21]

遠端電漿氫鈍化氫方法是一電漿增強退火技術，較佳的製程參數為在400℃下通入40sccm的氫氣（H_2）、50sccm的氬氣（Ar）和10sccm的氧氣（O_2），在壓力為1m bar和200W微波功率下處理1小時。如圖5.5所示，RPHP法可對矽晶內少數載子的有效擴散長度（effective diffusion length L_{eff} of the minority carriers）有最佳的改善效果，特別是在晶粒邊界上。

5.2.4　多晶矽的雜質吸附（Gettering）

為了改善多晶矽太陽電池效率，有效的雜質吸附（gettering）在太陽電池製程中被廣泛使用。磷（phosphorous, P）吸附和鋁（aluminum, Al）吸附對多晶矽材料而言，為兩種最常使用且有效的吸附技術，可大大改善多晶矽的電性。磷吸附可利用 $POCl_3$ 擴散將磷原子擴散至多晶矽內，而鋁吸附可藉由電子束蒸鍍 $0.5\mu m$ 鋁薄膜於矽表面，再進行數小時高溫退火製程。

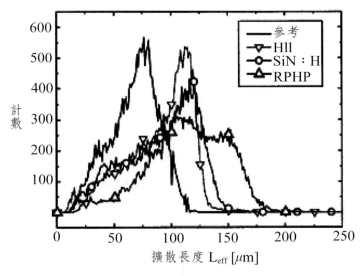

圖 5.5　藉由 RPHP 改善太陽電池少數載子的有效擴散長度 [21]

5.2.5　多晶矽薄膜沉積技術

太陽電池使用薄膜多晶矽的主要目的之一為提高效率與降低成本，同時其中所用的主要製程可以沿用半導體製程現有的成熟技術，因此，在設備與製造量產上與一般半導體技術相容性極高。以下將針對多晶矽太陽電池所需的兩項主要薄膜成長技術進行介紹：

(1) 氣相生長法（Vapor Phase Growth）[24]。

(2) 固相結晶法（Solid Phase Crystallization）[25]。

一般而言，低溫多晶矽薄膜製程主要為氣相生長法及固相結晶法兩種。對於太陽電池的成本效益與性能提升，下列三項議題是非常重要的 [26]：

(1) 採用低溫製程，以便能夠使用低成本基板。

(2) 發展大面積技術，例如應用非晶矽（a-Si：H）生產技術。

(3) 降低薄膜厚度，開發光學增強結構。

氣相生長法是最為廣泛使用於製作多晶矽薄膜的技術，通常使用電漿增強（PECVD）或催化（Hot-wire CVD）等 CVD 的方法。

1. 氣相生長法（Vapor Phase Growth）

氣相生長法 [24] 對於沉積矽是較昂貴及較複雜的方法，因為在氣相生長法製程中前導氣體和稀釋氣體的使用是大量的。使用氣相生長法的理由主要為可以得到高品質的矽薄膜。

氣相生長法的製程方法大致有以下幾種：

(1) 常壓 CVD（Atmospheric Pressure CVD, APCVD）。

(2) 低壓 CVD（Low Pressure CVD, LPCVD）。

(3) 快速熱處理 CVD（Rapid Thermal CVD, RTCVD）。

(4) 電漿增強 CVD（Plasma-Enhanced CVD, PECVD）。

(5) 電子迴旋共振 CVD（Electron Cyclotron Resonance CVD, ECRCVD）。

(6) 熱絲 CVD（Hot-Wire CVD, HWCVD）。

2. 固相結晶法（Solid Phase Crystallization）

本小節將介紹日本 Sanyo 公司使用固相結晶法（SPC）來生長多晶矽薄膜並運用在太陽電池上，以提高轉換效率與降低成本 [27, 28]，其中，多晶矽薄膜的結晶過程都在低於 600℃的低溫下進行，實驗結果顯示此太陽電池在長波長區域有高的光靈敏度（photosensitivity），且在光線曝曬後並沒有光感應退化（light-induced degradation）的現象。

SPC 方法 [29] 是以 PECVD a-Si 薄膜作為形成多晶矽薄膜的前置步驟，圖 5.6 為 SPC 方法的示意圖，主要由兩道步驟構成。第一道步驟為藉由 PECVD 將含有磷摻雜的 a-Si 薄膜沉積在基板上；第二道步驟為運用約 600℃ 低溫退火方式將磷摻雜 a-Si 薄膜再結晶為 n 型多晶矽薄膜。

此種 SPC 法有以下三個主要優點：

(1) 製程非常簡單。

(2) 製程溫度低。

(3) 適合製作大面積的太陽電池。

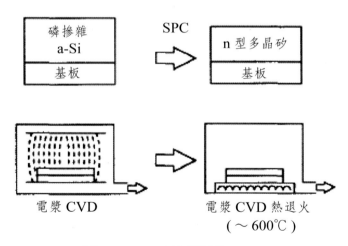

圖 5.6　SPC 方法示意圖 [29]

5.3　塊材多晶矽太陽電池

　　多晶矽太陽電池的種類可區分為塊材多晶矽（bulk multicrystalline）與薄膜多晶矽(thin-film polycrystalline)兩種，本段首先介紹塊材多晶矽太陽電池。

　　單晶矽太陽電池有高成本及晶圓尺寸小等缺點，多晶矽太陽電池因有減少電池成本及增大使用面積等好處，所以是另一太陽電池的選擇。然而，多晶矽的缺陷（defect）與在晶粒邊界（grain boundary）的電位屏障（potential barriers），造成太陽電池短路電流和轉換效率下降[30, 31]。為了減少這些負面的效應，實際上需要發展一些方法來調整這些晶粒邊界和採用ITO（indium-tin-oxide）薄膜[32]作為上電極，其中，ITO薄膜具有高導電性及高可見光透光性。

　　一般而言，塊材多晶矽太陽電池的製程步驟如次：基板清潔（如有機物清潔）、表面拋光（surface polishing）（微粒去除）、優先性晶粒蝕刻、PN 接面的摻雜（如 POCl₃ 摻雜）、背面金屬化處理（如 Al 背面電極）、ITO 正面電極處理等。其主要的製程條件大致如次：使用 10cm×10cm 的多晶矽晶圓基板，厚度約 350μm，電阻係數範圍從 1 到 5Ω-cm，少數載子生命週期超過 5μs，晶粒大小約從 5 到 50μm 不等，平均大小為 16.9μm；多晶矽晶圓基板使用各種不同的蝕刻劑（如 Sirtl、Yang、Secco 和 Schimmel 等）進行優先性晶粒蝕刻，然後使用磷（phosphorous）摻雜形成接面 [33]，以 900℃ 30 分鐘 POCl₃ 擴散形成 N 型射極接面，ITO 薄膜則採用 13.56MHz RF 磁控濺鍍方法製備。圖 5.7 顯示塊材多晶矽太陽電池之結構。

5.3.1　塊材多晶矽太陽電池的表面粗糙化

　　對於太陽電池而言，矽表面粗糙化是一非常重要的關鍵性技術，特別是多晶矽太陽電池，其主要為減少表面反射而增加電池效率 [34, 35]，表面粗糙化可以使光反射從 35 ～ 50% 減少到 20 ～ 25%[36]。傳統單晶矽太陽電池蝕刻方法無法直接應用於多晶矽表面，因為其具有不同晶向的晶粒，因此，探討多

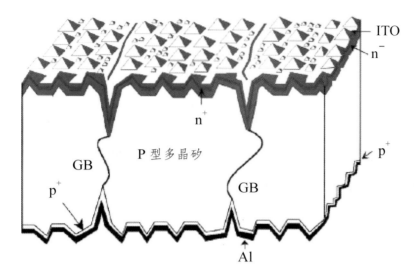

圖 5.7 塊材多晶矽太陽電池之結構 [33]

晶矽的表面粗糙化是有其重要性的。多晶矽晶圓表面粗糙化製程有乾式與濕式蝕刻等不同的方式，而所蝕刻出的效果也有所差異。

一般而言，矽粗糙化濕式方法為使用 HF-HNO₃-based 溶劑 [37-39]，或使用含無機或有機鹽（salts）之鹼性水基礎（alkaline water-based）溶劑 [39-41]。藉由鹼性溶劑蝕刻會在矽表面形成半球狀結構。而藉由酸性溶劑在矽表面上蝕刻出非等向性粗糙（Anisotropic texturing），通常為金字塔（pyramids）或傾斜金字塔型（tilted pyramids）[42,43]，例如 Park et al.[36] 採用噴霧（spray）方法，而蝕刻液為 HF-HNO₃ (1：20)-based 溶劑、硫酸（H₂SO₄），NaNO₂和其他添加物之組合。矽粗糙化的另一方法為乾式蝕刻，如反應離子蝕刻（reactive ion etching, RIE）或電子放電蝕刻 [44]。

1. 濕式蝕刻方法

在此所介紹的濕式蝕刻方法為負電位溶解（negative potential dissolution, NPD）方法，其中，矽溶解只發生在電位低於 −10 伏特以下，而矽表面粗糙形態和電流一時間以及電位有很明顯的關係，就單晶矽而言，增加 KOH 濃度和

負電位可以減少蝕刻時間和粗糙度 [45]。

　圖 5.8 所示為 NPD 法使用 24wt%KOH 低鹼性濃度的電解液下，其電流－時間之關係曲線，而電位範圍為 −10 到 −30 伏特之間。當負電位愈大時，則電流會隨之增加：在 −10 伏特下電流為 0.75A，−20 伏特下電流為 2A，−30 伏特下電流為 3A。此外，圖中顯示 −10 和 −20 伏特的電流紀錄是穩定的，但是 −30 伏特下有顯著的陰極電流（cathodic current）減少，可能是由於缺陷區域消除的關係。多晶矽的蝕刻率隨著 NPD 的負電位愈大而增高，在 −10V 下約為 15.5μm/hr，而在 −30 伏特下則可達 60μm/hr。但是，在低電位低蝕刻率下，缺陷區域是無法完全的去除，導致在 600sec 內均為平穩的蝕刻狀態。

　圖 5.9 所示為採 NPD 法於 24wt% KOH 低鹼性濃度下以 −30 伏特對多晶矽進行 600 秒粗糙化之 SEM 金相。圖 6-9(a) 顯示多晶矽基板主要的晶向兩個晶向（100）和（110）導致兩種粗糙化表面金相；圖 6-9(b) 顯示在晶格邊界有高達 20μm 以上的步階。

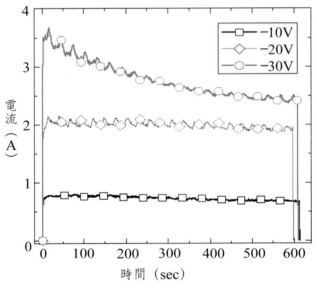

圖 5.8　NPD 法於 24wt% KOH 低鹼性濃度下之電流－時間關係曲線 [45]

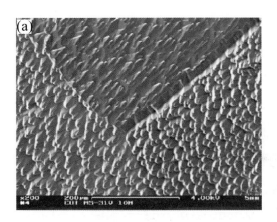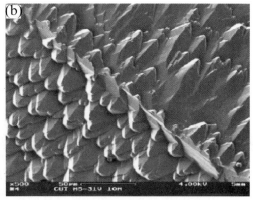

圖 5.9　以 24wt% KOH 濃度 −30 伏特對多晶矽進行 600 秒粗糙化之 SEM 金相 [45]

　　圖 5.10 所示為不同的鹼性濃度（20-50wt% KOH）下 NPD 的電流─時間曲線。圖中顯示 20wt% KOH 在 −30 伏特下得到最佳的陰極電流約 3.75A/cm^2；當電解質濃度慢慢降到 24wt% KOH 下，電流幾乎維持定值。但是當電解質濃度為 32%、38% 和 50% KOH 下得到最大的電流值為 3.4-3.6A/cm^2，且最終電流很明顯下降至 1.5、1.3 和 1.1A/cm^2，因此，增加 KOH 濃度將造成電流快速的衰退。

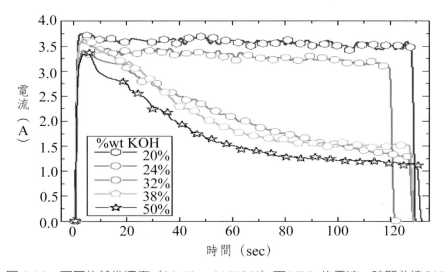

圖 5.10　不同的鹼性濃度（20-50 wt% KOH）下 NPD 的電流─時間曲線 [45]

　　圖 5.11 顯示鹼性電解質濃度對多晶矽表面的影響；其條件為 −30 伏特 120 秒。圖 5.11(a) 及 (b) 為 24wt% KOH 條件下的表面粗糙度，明顯地僅有部分區域有鋸齒狀損害區；圖 5.11(c) 及 (d) 為 32wt% KOH 濃度下得到的非等向性粗糙表面，完全去除了鋸齒狀損害區；圖 5.11(e) 及 (f) 則分別為 38 及 50wt% KOH，其粗糙表面並非一般金相，而呈現出晶粒邊界。

　　圖 5.12 為以 NPD 法在 KOH 電解濃度分別為 24、32 和 38wt% 條件下進行 −30V120 秒蝕刻後，多晶矽基板的光反射頻譜圖；圖中最上面的一條曲線為經拋光的多晶矽。圖中顯示其反射率在 $0.4\mu m$ 波長下具有最大值，最小值則出現在波長為 $0.72\mu m$ 時。電解液濃度為 32wt% 下所得到多晶矽粗糙表面的最小反射率為 25.7%（於 $0.72\mu m$ 波長），而 24 及 38wt% KOH 濃度下，最小反射率分別為 28.3% 和 34.7%。以上結果顯示電解液濃度為 32wt% 時可獲致最佳的表面金相及最小的反射率。此外，NPD 粗糙化的主要優點為使用非毒性的電解液及快速的粗糙化過程。

2. 乾式蝕刻方法

　　濕式蝕刻在單晶矽可以蝕刻出均勻的表面，但在多晶矽晶圓上卻因多變的晶向，造成不均勻的表面，使得多晶矽轉換效率無法達到最佳效果。Y. Inomata 等人 [46] 提到 M. Takayama 等人在 15cm×15cm 大面積太陽電池製程上，分別利用 NaOH 溶液蝕刻表面，得到的最大轉換效率為 16.4%（I_{sc} = 7.96A，V_{oc} = 0.611V，FF = 0.759）[47]，而 Y. Inomata 在同樣大小與結構的太陽電池下使用活性離子蝕刻（Reactive Ion Etch, RIE）法可獲致 17.09%（Isc = 8.136A，Voc = 0.621V，FF = 0.7615）的轉換效率。探討其原因為濕式蝕刻無法有效減少表面反射，因為多晶矽表面不同的晶向有不同的蝕刻率，且當使用光微影技術時，濕式蝕刻不適合大量生產。因此，使用 RIE 方法來形成低反射的多晶矽表面，以做為大面積高效率多晶矽太陽電池粗糙化技術是較適合的。

　　RIE 製程中所通入的氣體、氣體流量、反應壓力與 RF 功率等等都會影響多晶矽蝕刻的結果。以下就 Y. Inomata 所提的 RIE 方法做製程上簡介，其結

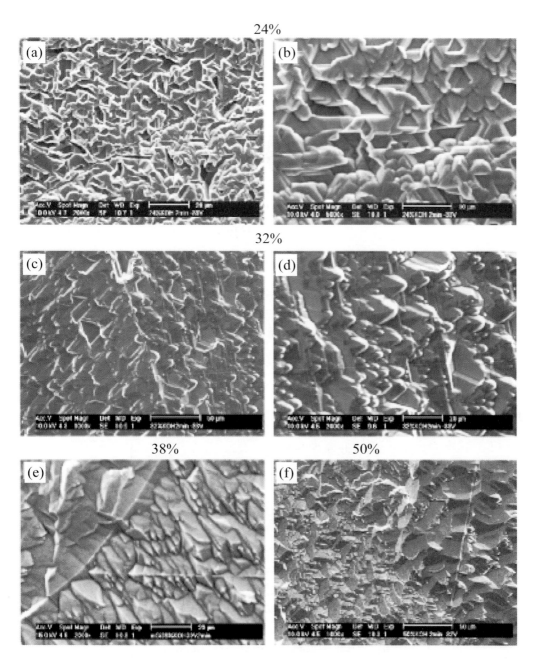

圖 5.11　KOH 電解濃度分別為 (a) 及 (b)24%，(c) 及 (d)32%，(e)38% 及 (f)50% 之多晶矽粗糙化表面金相 [45]

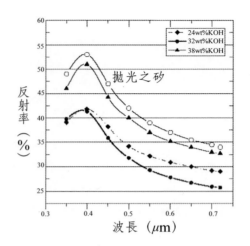

圖 5.12　以 NPD 法在 KOH 電解濃度分別為 24、32 和 38wt% 條件下進行 −30V 120 秒蝕刻後多晶矽基板之光反射頻譜圖 [45]

果有效的形成均勻的類似金字塔型結構在多晶矽表面上，而且此方法可以透過控制氯氣（Cl_2）的流量比率很容易的來控制表面深寬比（aspect ratio）。如圖 5.13 所顯示的結果為其 RIE 乾蝕刻和先前 NaOH 濕蝕刻的表面做比較，很明顯地

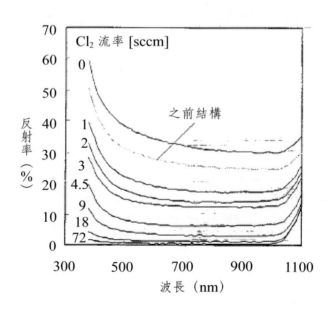

圖 5.13　以氯氣 RIE 形成粗糙化多晶矽的表面反射頻譜與先前 NaOH 濕蝕刻者之比較 [46]

有降低反射率的效果。該研究團隊發現在氯氣流率為 4.5sccm 的條件下可以得到最大的短路電流及最大的開路電壓。

5.3.2　電池製程與特性

圖 5.14 所示為高效率塊材多晶矽電池的結構。電池的基板為 p 型多晶矽 15 公分 ×15 公分 Sumitomo Sitix 公司所提供的基板，基板厚度為 $270\mu m$，表面粗糙為採用 RIE 通入 4.5sccm 氯氣所形成，前表面射極是透過擴散 POCl₃ 掺雜源所形成的，BSF 為使用網印（screen printing）和鋁接合的燒接（firing）法形成，以 PECVD 沈積 SiN 膜作為塊材鈍化（bulk passivation）和抗反射層，在 N_2/H_2 600℃下退火，上接觸電極（鈦／銀）是用蒸鍍和掀除（lift-off）法形成圖案後，再用銅鍍層作為最上層金屬。表 5.2 顯示此一太陽電池的效率表現，在兩種不同的射極片電阻下（52 及 89Ω/□），明顯看出使用 RIE 製程者可以得到比先前所提的 NaOH 濕蝕刻者較佳的短路電流及開路電壓，而其最高效率可達 17.09%，如圖 5.15 所示。

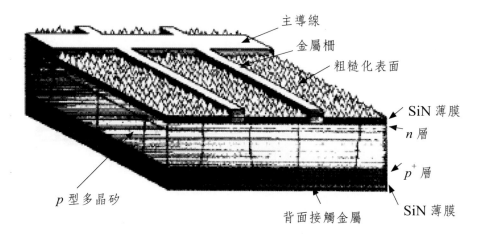

圖 5.14　高效率塊材多晶矽電池結構 [46]

太陽電池

表 5.2　塊材多晶矽電池的光電壓特性比較 [46]

Surface structure	Emiitter $p(\Omega/\square)$	I_{sc}(A)	V_{cc}(V)	FF	η(%)
Previous	52	7.53	0.617	0.773	16.0
	89	7.67	0.622	0.756	16.0
RIE	52	7.72	0.616	0.771	16.3
	89	7.99	0.623	0.757	16.7

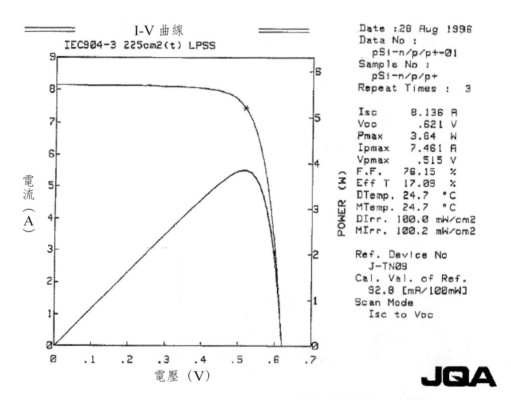

圖 5.15　最高效率達 17.09% 的塊材多晶矽太陽電池的 I-V 曲線 [46]

5.4　薄膜多晶矽太陽電池

高效率薄膜多晶矽太陽電池種類以結構區分，大致上分為自然表面粗糙／背反射面強化吸收（Naturally Surface Texture and enhanced Absorption with back Reflector, NSTAR）太陽電池及 p-i-n 堆疊式（p-i-n tandem）太陽電池等兩大類結構，以下將針對兩者做詳細的介紹與探討。

5.4.1　表面粗糙／背反射面強化吸收（NSTAR）太陽電池

NSTAR 電池將以日本太陽電池大廠 Kanaka 公司所發表的為主 [48]。該公司在此一電池結構上具有多年的豐富經驗與卓越的技術，由第一代 NSTAR 電池背反射層沒有粗糙化，而後第二代電池的背反射層有粗糙化，再到第三代的電池結合了光封存技術，使其效率由 10.7% 到達 14.7%，明顯的提高了轉換效率。

1. NSTAR 太陽電池結構

NSTAR 電池的主要架構為玻璃／背反射面／n-i-p 多晶矽／氧化銦錫（glass/back reflector/n-i-p poly-Si/ITO），其中主動本質層（active i layer）是使用低溫電漿化學氣相沉積法（plasma-enhanced chemical vapor deposition, PECVD）製作的。

圖5.16所示為第一代NSTAR薄膜多晶矽太陽電池的結構，電池的特性其一為表面呈現自然的粗糙結構，最上層表面的結構有枝葉狀形態，厚度為$4\mu m$的電池具有$0.12\mu m$的粗糙度；透過XRD量測發現薄膜多晶矽具有柱狀結構及（110）的優選晶向（preferred orientation）[49]；以橢圓光譜分析（ellipsometry analysis）判斷其結晶體積百分比達將近90%。

圖 5.17(a) 所示為第一代 NSTAR 的結構，其主要特色為自然表面粗糙化及平坦的背反射層；圖 5.17(b) 所示為第二代 NSTAR 的結構 [50]，背反射層

STAR 結構

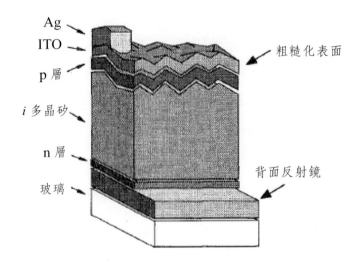

圖 5.16 第一代 NSTAR 薄膜多晶矽太陽電池結構 [49]

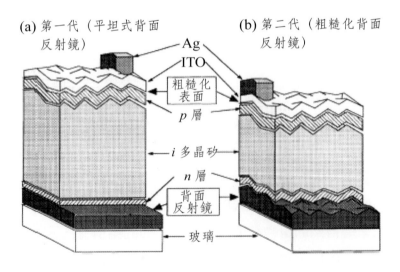

圖 5.17 NSTAR 結構薄膜多晶矽太陽電池：(a) 第一代採平坦的背反射層；(b) 第二代採粗糙化背反射層 [50]

有經過粗糙化處理，能提升其光吸收效益。

　　第三代 NSTAR 結構 [51] 為加入一中間層（interlayer）以增加光封存效應，如圖 5.18 所示，其結構為有中間層的非晶矽／微晶矽（a-Si/μc-Si）p-i-n 堆疊電池，其中間層介於上 a-Si 及下 μc-Si 間。

2. NSTAR 太陽電池之製程步驟

　　以下將針對第一代 NSTAR 結構（如圖 5.16）之實驗步驟進行介紹。典型 NSTAR 電池結構為 ITO（800nm）/p-μc-Si:H（20nm）/i-poly-Si（4.7μm）/n$^+$-poly-Si（300nm）/p$^+$-poly-Si（300nm）/glass[48]。製程如下：

　　製作 p$^+$-poly-Si 的 PECVD 條件為 RF 功率密度 = 40 mW/cm^2，H$_2$/SiH$_4$ = 40，B$_2$H$_6$/SiH$_4$ = 10^{-6}，壓力 = 1 Torr 而溫度為 200℃，硼濃度為 10^{16}/cm^3。n$^+$-poly-Si 的 PECVD 條件為 RF 功率密度 = 200mW/cm^2，H$_2$/SiH$_4$ = 20，

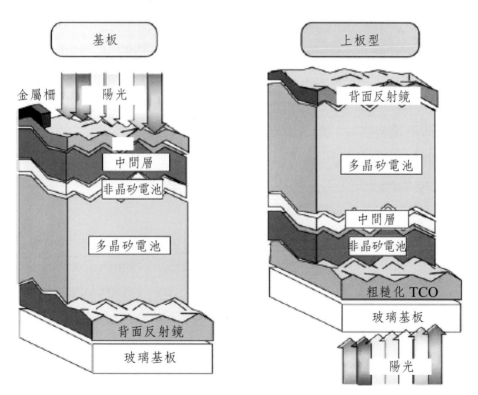

圖 5.18　第三代 NSTAR 結構 [51]

PH3/SiH4 = 10^{-2} 以及壓力 = 1 Torr[52]。接著在玻璃基板上形成背反射層，然後用 PECVD 沉積 n-type Si 薄膜在背反射層的上面 [53]。接下來，i-poly-Si 薄膜也是運用 PECVD 沉積在 n-type Si 的上面，再沉積 p-type Si 薄膜以形成 p-i-n 接面。氧化銦錫（Indium tin oxide, ITO）是沉積在太陽電池的最上面作為透明導電電極（transparent conductive electrode）。銀格電極（Ag grid electrode）則作在最頂端。所有製程的最高溫度為 550℃ [54]。

3. NSTAR 太陽電池的效能

日本 Kaneka 公司透過先進的製程設備已開發穩定的 8% 非晶矽單接面具大面積太陽電池模組，其大小有 910×455mm^2，從 1999 年秋天開始，該公司即有能力量產每年約 20MW 的太陽電池 [51]。當該公司下一世代的薄膜矽太陽電池開發後，該公司就專注在薄膜多晶矽與非晶矽的堆疊太陽電池上。1996 年，University of Neuchatel 的 Meier[55, 56] 發表微晶矽（μc-Si）電池有 7% 和初始效率為 13% 的 a-Si/mc-Si 堆疊電池。1997 年，Kaneka 公司使用 PECVD 製造低溫薄膜多晶矽太陽電池於玻璃基板上，電池厚度為 2.0μm 達到的轉換效率為 10% [57～59]。目前該公司的焦點在提升 a-Si/poly-Si 堆疊模組的效率與量產能力。圖 5.19 顯示 Kaneka 公司以矽薄膜為基礎的太陽電池與模組的開發時程，從圖中可看出，該公司在混合式（HYBRID）太陽電池（即是 a-Si/poly-Si 堆疊電池混合使用）方面，多年來已經達到穩定生產的狀態了 [60]。

圖 5.20 所示為 2.0μm 厚 NSTAR 電池之光電壓特性（以 *Japan Quality Assurance*（*JQA*）作為量測標準）[61]，其本質效率（intrinsic efficiency）為 10.7±0.5%，孔徑效率（aperture efficiency）為 10.1±0.5%，開路電壓（V_{oc}）為 0.539±0.005V，短路電流密度（J_{sc}）（本質）為 25.8±0.5mA/cm^2，短路電流密度（J_{sc}）（孔徑）為 24.35±0.5mA/cm^2。本質與孔徑之差異處為孔徑者在 ITO 上面具有銀電極。

圖 5.21 所示為 1cm^2 面積之 a-Si/interlayer/poly-Si 混合式電池，在最佳化

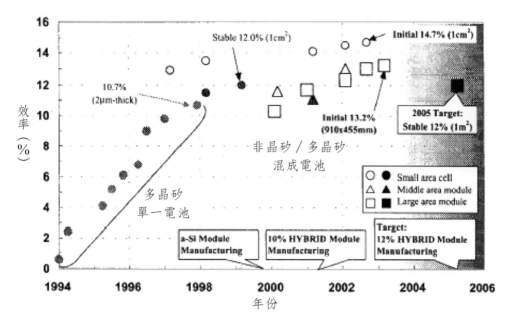

圖 5.19 Kaneka 公司的薄膜多晶矽和混合式等太陽電池的開發時程 [60]

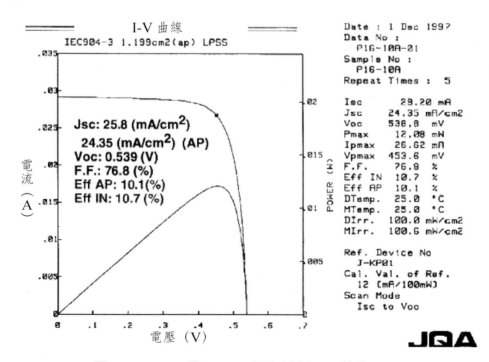

圖 5.20 2.0μm 厚 NSTAR 電池之照光 I-V 特性 [61]

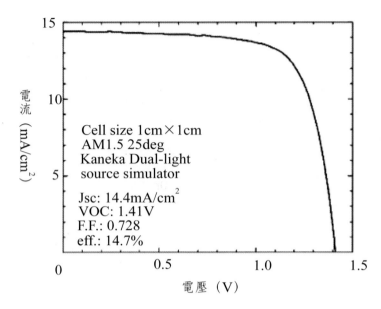

圖 5.21　含中間層薄膜之混合式太陽電池的照光 I-V 特性 [61,62]

的沉積條件下，可達到 14.7% 之初始效率 [61,62]。

　　如圖 5.22 所示，2004 年 Kaneka 公司量產的大面積 910×455mm 混合式太陽電池模組，其初始效率可達到 13.5%（V_{oc} = 137V，I_{sc} = 0.536A（J_{sc} = 14.0mA/cm^2），FF = 0.706）[63]。

5.4.2　p-i-n 堆疊式（p-i-n tandem）太陽電池 [64]

1. p-i-n 堆疊式太陽電池介紹

　　近來，透過持續的對材料、接面製程和元件結構幾何的最佳化處理等，氫化非晶矽（hydrogenated amorphous silicon, a-Si:H）單接面太陽電池的效率已可達到 13%[65]。但無論如何，a-Si 元件因為能隙（band gap）為 1.7-1.8eV，根據理論計算推導 a-Si 的平均效率約僅能到達 14 ～ 15%[66]，而且實際應用上，a-Si 有明顯的光感應退化現象，且一直無法完全解決。為解決 a-Si 效率障

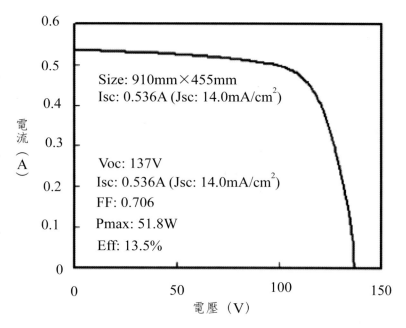

圖 5.22　AM1.5 條件下 910×455mm 混合式太陽電池模組的照光 I-V 特性 [63]

礙問題，可採用堆疊結構結合窄能隙材料以盡可能善用太陽的輻射光譜。

　　整合 a-Si 和 poly-Si 之堆疊式太陽電池的優點為：

　　⑴ 結合較小能隙 poly-Si 和高能隙的 a-Si。

　　⑵ 可應用成熟的氫鈍化 poly-Si 薄膜成長技術。

　　⑶ 在底層 poly-Si 接面沒有 Steabler-Wronski 效應。

　　⑷ 低成本。

　　a-Si/poly-Si 四端堆疊式太陽電池的效率可高達 20%。

2. 上層 a-Si 單接面電池

　　a-Si/poly-Si 四端堆疊太陽電池（a-Si/poly-Si four-terminal tandem solar cell）其架構為上層 a-Si 電池，下層 poly-Si 電池。圖 5.23 所示為 a-Si 單異質接面（heterojunction）太陽電池 [65]，其結構為 Glass/TCO/p μc-SiC/p a-SiC/

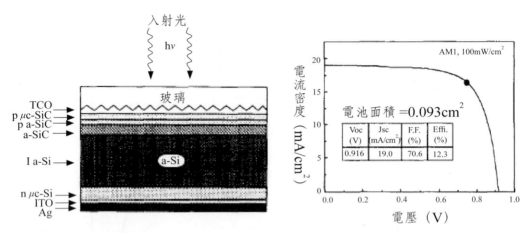

圖 5.23　a-Si 單異質接面太陽電池結構 [65]　圖 5.24　μc-SiC/a-SiC/a-Si/μc-Si/ITO/Ag 單接面太陽電池輸出特性 [65]

a-SiC/i a-Si/n μc-Si/ITO/Ag，其中粗糙化的 Glass/TCO 結構具有光學圍控效應（optical confinement effects）。

　　此太陽電池之製程為首先以 SiH_4、CH_4 和 B_2H_6 為氣體源，以氫氣作為電漿激發氣體（plasma excitation gas），採 ECR（Electron Cyclotron Resonance）電漿增強 CVD 法在 180℃低溫及 200W 低微波功率下沉積 p μc-SiC 電極層，其能隙為 2.7eV 且具有 0.1S/cm 之高暗導電率；然後藉由 RF PECVD 形成 p a-SiC/a-SiC/i a-Si/n pc-Si 異質接面結構；再採用電子束蒸鍍法製作約 80nm 厚膜的 ITO；最後，以銀背面電極提供高光子反射能力。元件製程皆在均溫 200℃進行（p μc-SiC 電極層除外）。因為 p μc-SiC 層由 ECR PECVD 成長，在 ECR plasma 中，TCO 層是受到濃密的氫電漿轟擊，導致 TCO 有嚴重的缺陷。為了消除此一不利因素，TCO 層是被覆蓋在能抗電漿（plasma-resistive）的 ZnO 層。

　　圖 5.24 所示為 a-Si 單異質接面太陽電池的最佳化照光輸出特性，其效率為 12.3%，V_{oc} = 0.916V、J_{sc} = 19.0 mA/cm^2 和 F.F. = 70.6%。

3. 下層 poly-Si 電池

　　下層電池結構為 ITO/p μc-SiC/p a-SiC/n poly-Si/n μc-Si/Al。其中 poly-Si 基板為使用 250-300μm 厚而電阻率為 0.5-5Ω-cm 之鑄造晶圓（cast-wafer）。此電池的製程步驟為首先使用傳統 RF PECVD 法沉積 n μc-Si 層於經過酸蝕刻的 poly-Si 晶圓基板背面上，以提供 n type poly-Si 和 A1 電極間有 BSF 效應以及良好的歐姆接觸；p type a-SiC 緩衝層是使用 ECR PECVD 法沉積在乾淨的 poly-Si 表面上，其製程溫度約為 100℃，而微波功率為 200W；接著，以較高的溫度 250℃ 及 320W 的微波功率沉積 p type μc-SiC 層；最後，使用電子束蒸鍍法在基板上沉積 800Å 厚度的 ITO 薄膜，作為抗反射層及正面電極。

4. a-Si 及 poly-Si 四端堆疊電池

　　圖 5.25 所示為 a-Si 及 poly-Si 四端堆疊電池之結構 [65]；圖 5.26 所示則為 a-Si 及 poly-Si 四端堆疊電池的照光輸出特性。此四端堆疊電池以 a-Si 作為其上層電池，其本質層（i-layer）厚度為 100nm；另以 p μc-SiC/n poly-Si 異

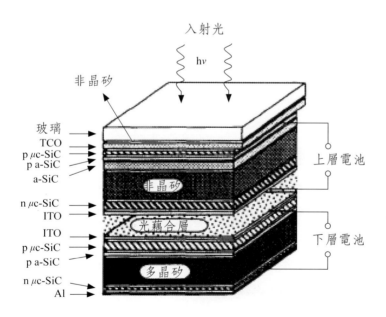

圖 5.25　a-Si 及 poly-Si 四端堆疊電池之結構 [65]

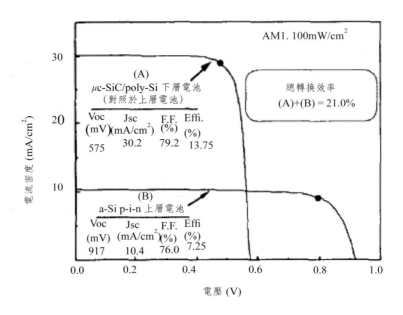

圖 5.26　a-Si(A) 及 poly-Si(B) 四端堆疊電池的照光輸出特性 [65]

質接面元件作為下層電池。其中，上層電池效率為 7.25%（V_{oc} = 0.917V，
J_{sc} = 10.4mA/cm^2，F.F. = 76.0%），而下層電池效率為 13.75%（V_{oc} = 0.575V，
J_{sc} = 30.2 mA/cm^2，F.F. = 79.2%），因此，整個堆疊電池的總和轉換效率高達
21.0%。

5.5　多晶矽太陽電池之應用

　　薄膜矽太陽電池模組的優點之一為低溫度係數（temperature coefficient），
這優點可以應用於小角度（離水平 5 度）安裝和模組安裝容易等，如圖 5.27
到圖 5.29 所示。圖 5.27 及圖 5.28 分別顯示 North Daito Island 的 40KW 系統
和大阪建築物屋頂的 20KW 系統；圖 5.29 顯示另一個建築物屋頂上之應用，
太陽電池模組整合在房屋的屋頂上可以減少屋頂的熱氣，同時達到發電及屋頂
降溫的雙重效用。

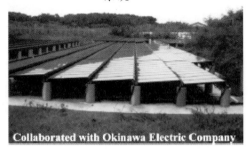

North Daito lsland 40kW
系統

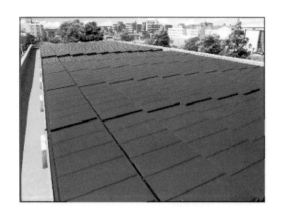

圖 5.27　North Daito Island（a-Si modules）的 40KW 系統，安裝角度為離水平 5 度

圖 5.28　大阪建築物屋頂的 20KW HYBRID 模組，安裝角度為離水平 5 度

圖 5.29　私人房屋屋頂上的 PV 系統

　　薄膜 PV 模組的另一優點為依不同電壓需求可彈性的設計與潛在的成本優勢。例如 Kenaka 公司最大的 PV 模組為 980mm×950mm，其可以透過切削方式分割出 10mm×910mm、910mm×455mm、910mm×227mm 及

455mm×227mm 等不同大小的太陽電池模組,以應用在不同的建築物屋頂上。圖 6-29 顯示 PV 屋瓦應用在私人房屋上。

圖 5.30 所示為 Fuji Electric 公司應用可撓式 SCAF PV 模組舖設在房屋屋頂上的景象,其安裝成本可大大的減少且具有重量輕和模組容易處理的優點 [67]。

5.6 結語

本章介紹了多晶矽太陽電池主要的結構考量,諸如光封存、多晶矽的氫鈍化、雜質吸附、多晶矽薄膜的沉積技術、及堆疊結構等,並介紹幾種常見的多晶矽太陽電池類型,諸如塊材多晶矽太陽電池、NSTAR 薄膜多晶矽太陽電池、p-i-n 堆疊薄膜多晶矽太陽電池等。由於多晶矽太陽電池具有低成本、製程較簡單等優點,若能進一步提升其光電壓轉換效率至 20% 以上,則其應用價值將益顯重要。

圖 5.30　可撓式 SCAF PV 模組可舖設在屋頂上(Fuji Electric 提供)[67]

參考文獻

1. A. D. Little, in: H. Scheer, B. McNelis, W. Palz, H. A. Ossenbrink, P. Helm (Eds.), Proc. 16th Europ. Photovolt. Solar Energy Conf., James & James Ltd., London, p.9, (2000).

2. H. de Moor, A. Jäger-Waldau, Proc. PVNET workshop proceedings of R&D Strategy for PVQ; Special Publication: S.P.I.02.117, European Commission, DG Joint Res. Centre, Ispra, 2002.

3. H. Lautenschlager, F. Lutz, C. Schetter, U. Schubert, R. Schindler, in: H. A. Ossenbrink, P. Helm, H. Ehmann (Eds.), Proc. 14th Europ. Photovolt. Solar Energy Conf., Stephens and Associates, Bedford, UK, p.1358, (1997).

4. J. M. Gee, R. R. King, K. W. Mitchell, in: P. Basore (Ed.), Proc. IEEE 25th Photovolt. Specialist Conf., IEEE, New York, p.409, (1996).

5. Schultz, S.W. Glunz, G. Willeke, A. Leimenstoll, H. Lautenschlager, J. C. Goldschmidt, in Proc. 19th Europ. Photovolt. Solar Energy Conf., in: W. Hoffmann, H. A. Ossenbrink, P. Helm, H. Ehmann (Eds.), Stephens and Accociates, Bedford UK, in press.

6. H. J. Moller, T, C. Funke, M. Rinio, S. Scholz, Multicrystalline silicon for solar cells, Thin Solid Films, Vol.487, pp.179-187, (2005).

7. M. Rinio, S. Peters, M. Werner, A. Lawerenz, H. J. Mö ller, Solid State Phenom., Vol.701, pp.82-87, (2002).

8. Michelle J. McCann, Kylie R. Catchpole, Klaus J. Weber, Andrew W. Blakers, A review of thin-film crystalline silicon for solar cell applications. Part 1: Native substrates, Solar Energy Materials & Solar Cells, Vol.68, pp.135-171, (2001).

9. 莊嘉琛,「太陽能工程—太陽電池篇」,初版,臺北,全華圖書,民 86。

10. L. D. Parton, Solar Cells and Their Application, John Wiley & Sons, Inc., p.81.

11. K.Yamamoto, A. Nakajima, M. Yoshimi, T. Sawada, S. Fukuda, T. Suezaki, M. Ichikawa, Y. Koi, M. Goto, T. Meguro, T. Matsuda, M. Kondo, T. Sasaki, Y. Tawada, A high efficiency thin film silicon solar cell and module, Solar Energy, Vol.77,

pp.939-949, (2004).

12. K. Yamamoto, T. Suzuki, M. Yoshimi and A. Nakajima, Low temperature fabrication of thin film polycrystalline Si solar cell on the glass substrate and its application to the a-Si:H/polycrystalline Si tandem solar cell, Photovoltaic Specialists Conference, Conference Record of the Twenty Fifth IEEE 13-17 May 1996, pp.661-664, (1996).

13. R. Ludemann, Hydrogen passivation of multicrystalline silicon solar cells, Materials Science and Engineering, Vol.B58, pp.86-90, (1999).

14. S. J. Pearton, J.W. Corbett, T.S. Shi, Appl. Phys., Vol.A43, p.153, (1987).

15. R. Schindler, M. Kaiser, 21st IEEE-PVSC, Kissimimee, USA, p.691, (1990).

16. M. Pirzer, R. Schindler, Polycrystalline Semiconductors, Springer Proc. Phys., Vol.35, p.122, (1998).

17. R. Ludemann, R. R. Bilyalov, C. Schetter, 14th EU-PVSEC, Barcelona, Spain, p.780, (1997).

18. B. L. Sopori, et al., Sol. Energy Mater. Sol. Cells, Vol.41, p.159, (1996).

19. C. Schetter, H. Lautenschlager, F. Lutz, 13th EU-PVSEC, Nice, France, p.407, (1995).

20. R. Ludemann, S. Schaefer, U. Schubert, H. Lautenschlager, 14th EU-PVSEC, Barcelona, Spain, p.131, (1997).

21. H. E. Elgamel, et al., IEEE 1st WCPEC, Hawaii, USA, p.1323, (1994).

22. M. Speigel, et al., 14th EU-PVSEC, Barcelona, Spain, p.743, (1997).

23. R. R. Bilalov, M. S. Saidov, V. P. Chirva, Appl. Sol. Energy, Vol.26, p.40, (1990).

24. K. Fujimoto, F. Nakabeppu, Y. Sogawa, Y. Okayasu, and K. Kumagai: Proc. of 23rd IEEE Photovoltaic Specialist Conf., Lousville, May 1993, p.83.

25. T. Matuyama, T. Baba, T. Takahama, S. Tshda, and S. Nakano: Technical Digest of Internal PVSEC-7, Nagoya, 1993, p.447.

26. K. Yamamoto, M. Yoshimi, T. Suzuki, Y. Okamoto, Y. Tawada, A. Nakajima, Thin film poly-Si solar cell, with "star structure" on glass substrate fabricated at low temperature, Photovoltaic Specialists Conference, 1997., Conference Record of the Twenty-Sixth

IEEE 29 Sept. - 3 Oct. 1997, pp.575-580.

27. T. Baba, T. Matsuyama, T. Sawada, T. Takahama, K. Wakisaka, S. Tsuda and S. Nakano, Polycrystalline sillion thin-film solar cell prepared by the solid phase crystallization (SPC) method, 1994 IEEE, First WCPEC, Dec. 5-9, 1994, Hawaii, pp.1315-1318.

28. T. Matsuyama, K. Wakisaka, M. Kameda, M. Tanaka, T. Matsuoka, S. Tsuda, S. Nakano, Y. Kishi, and Y. Kuwano, Preparation of High-Quality n-Type Poly-Si Films by the Solid Phase Crystallizatin (SPC) Method, Jpn. J. Appl. Phys., Vol.29, pp.2327-2331, (1990).

29. T. Matsuyama, M. Tanaka, S. Tsuda, S. Nakano and Y. Kuwano, Improvement of n-Type Poly-Si Film Properties by Solid Phase Crystallization Method, Jpn. J. Appl. Phys., Vol.32, pp.3720-3728, (1993).

30. J. Yi, S. S. Kim, D. G. Lim, J. Korean Phys. Soc., Vol.30, p.245, (1997).

31. D. P. Joshi, Solid-State Electron., Vol.29, p.19, (1986).

32. J. Dutta, S. Ray, Thin Solid Films, Vol.162, p.119, (1988).

33. D. G. Schimmel, J. Electrochem. Soc.: Solid-State Sci. Technol., Vol.126, p.479, (1979).

34. J. A. Mazer, Solar Cells: An Introduction to Crystalline Photovoltaic Technology, Kluwer Academic Publishers, Dordrecht, 1997.

35. S. J. Fonash, Solar Cell Device Physics, Energy Science and Engineering: Resources, Technology, Management, Academic Press, New York, 1981.

36. S. W. Park, D. S. Kim, S. H. Lee, J. Mater. Sci. Mater. Electron., Vol.12, p.619, (2001).

37. P. Verlinden, O. Evrard, E. Mazy, A. Crahay, Sol. Energy Mater. Sol. Cells, Vol.26, p.71, (1992).

38. J. Szlufcik, F. Duerinckx, J. Horzel, E. Van Kerschaver, H. Dekkers, S. De Wolf, P. Choulat, C. Allebe, J. Nijs, Sol. Energy Mater. Sol. Cells, Vol.74, p.155, (2002).

39. Z. Xi, D. Yang, W. Dan, C. Jun, X. Li, D. Que, Semicond. Sci. Technol., Vol.19, p.485, (2004).

40. E. Vazsonyi, K. De Clercq, R. Einhaus, E. Van Kerschaver, K. Said, J. Poortmans, J. Szlufcik, J. Nijs, Sol. Energy Mater. Sol. Cells, Vol.57, p.179, (1999).

41. D. S. Kim, K.Y. Lee, S.H. Won, M. J. Cho, S.W. Park, S.H. Lee, Curr. Appl. Phys., Vol.1, p.505, (2001).

42. G. Kuchler, R. Brendel, Prog. Photovoltaics: Res. Appl., Vol.11, p.89, (2003).

43. Y. Ein-Eli, N. Gordon, D. Starosvetsky, Reduced light reflection of textured multicrystalline silicon via NPD for solar cells applications, Solar Energy Materials & Solar Cells, Vol.90, p.1764-1772, (2006).

44. J. Qian, S. Steegen, E. Vander Poorten, D. Reynolds, H. Van Brussel, Int. J. Mach. Tools Manuf., Vol.42, p.1657, (2002).

45. D. Starosvetsky, N. Gordon, Y. Ein-Eli, Electrochem. Solid State Lett., Vol.7, p.75, (2004).

46. Y. Inomata, K. Fukui, K. Shirasawa, Surface texturing of large area multi- crystalline silicon solar cells using reactive ion etching method, Solar Energy Materials and Solar Cells, Vol.48, p.237-242, (1997).

47. M. Takayama et al., 225cm2 High efficiency multicrystalline silicon solar cell, 7th PVSEC, p.99, (1993).

48. K. Yamamoto, T. Suzuki, M. Yoshimi and A. Nakajima, Low temperature fabrication of thin film polycrystalline Si solar cell on the glass substrate and its application to the a-Si: W polycrystalline Si tandem solar cell, 25th PVSC, May 13-17, 1996, Washington, D.C.

49. K. Yamamoto, A. Nakajima, T. Suzuki and M. Yoshimi, Jpn. J. Appl. Phys., Vol.36, p.569, (1997).

50. K. Yamamoto, M. Yoshimi, Y. Tawada, Y. Okamoto, A. Nakajima, Thin film Si solar cell fabricated at low temperature, Journal of Non-Crystalline Solids, pp.1082-1087, (2000).

51. K. Yamamoto, M. Yoshimi, Y. Tawada, S. Fukuda, T. Sawada, T. Meguro, H. Takata, T. Suezaki, Y. Koi, K. Hayashi, T. Suzuki, M. Ichikawa, A. Nakajima, Large area thin

film Si module, Solar Energy Materials & Solar Cells, Vol.74, pp.449-455, (2002).

52. K. Yamamoto, A. Nakashima, T. Suzuki, M. Yoshimi, H. Nishio, and M. Izumina, Thin-film Polycrystalline Si solar cell on glass substrate fabricated by a novel low temperature process, J. Appl. Phys., Vol.33 pp.L1751-L1754, (1994).

53. K. Yamamoto, T. Suzuki, K. Kondo, T. Okamoto, M. Yamaguchi, M. Izumina and Y. Tawada, Solar Energy Mater. & Solar Cells, Vol.34, p.501, (1994).

54. K. Yamamoto, Very thin film crystalline silicon solar cells on glass substrate fabricated at low temperature, IEEE Transactions on electron devices, Vol.46, No.10, pp.2041-2047, (1999).

55. J. Meier, P. Torres, R. Platz, S. Dubail, U. Kroll, et al., On the way towards high-efficiency thin film silicon solar cells by the "micromorph" concept, In: MRS Spring Meeting, in San Francisco, USA, Vol.420, pp.3-14, (1996).

56. J. Meier, R. Flueckiger, H. Keppner, A. Shah, Appl. Phys. Lett., Vol.65, pp.860-862, (1994).

57. K. Yamamoto, A. Nakajima, Y. Tawada, M. Yoshimi, Y. Okamoto, S. Igari, Proceedings of the Second World Conference on Photovoltaic Energy Conversion, pp.1284, (1998).

58. K. Yamamoto, A. Nakajima, Y. Tawada, M. Yoshimi, Y. Okamoto, Appl. Phys. A, Vol.69, p.179, (1999).

59. K. Yamamoto, IEEE Trans. Electron. Devices, Vol.46, p.2041, (1999).

60. M. Yoshimi, T. Sasaki, T. Sawada, T. Suezaki, T. Meguro, T. Matsuda, K. Santo, K. Wadano, M. Ichikawa, A. Nakajima and K. Yamamoto, High efficiency thin film silicon hybrid solar cell module on 1m2-class large area substrate, 3rd World Conference on Photovoltaic Energy Conversion, May 11-18, 2003, Osaka, Japan.

61. K. Yamamoto, A. Nakajima, M. Yoshimi, T. Sawada, S. Fukuda, K. Hayashi, T. Suezaki, M. Ichikawa, Y. Koi, M. Goto, H. Takata, Y. Tawada, High efficiency thin film silicon solar cell and module, In: Proceedings of 29th IEEE Photovoltaic Specialists Conference, New Orleans, p.1113, (2002).

62. K. Yamamoto, A. Nakajima, M. Yoshimi, T. Sawada, S. Fukuda, K. Hayashi, T. Suezaki, M. Ichikawa, Y. Koi, M. Goto, H. Takata, Y. Tawada, Novel hybrid thin film silicon solar cell and module, In: Proceedings of 3rd World Conference on Photovoltaic Solar Energy Conversion, Osaka, Japan, 2003.

63. K. Yamamoto, A. Nakajima, M. Yoshimi, T. Sawada, S. Fukuda, K. Hayashi, T. Suezaki, M. Ichikawa, Y. Koi, M. Goto, T. Meguro, T. Matsuda, M. Kondo, T. Sasaki, Y. Tawada, Large area thin .lm silicon hybrid solar cell and module with inter-layer, In: Technical Digest of 14th International Photovoltaic Science and Engineering Conference, Bangkok, Thailand, (2004).

64. W. Ma, T. Horiuchi, C.C. Lim. K. Coda, H. Okamoto and Y. Hamakawa, An optimum design of a-Si/poly-Si tandem solar cell, 1993.

65. Y. Hamakawa, Recent Progress of Amorphous Silicon Solar Cell Technology, Proc. 6th International PVSEC, New Delhi, p.3, (1992).

66. H. Tasaki et al., Computer Simulation Model of the Effects of Interface States on High-Performance Amorphous Silicon Solar Cells, J. Appl. Phys., Vol.63, p.550, (1988).

67. Y. Hamakawa, Recent advances in amorphous and microcrystalline silicon basis devices for optoelectronic applications, Applied Surface Science, Vol.142, p.215-226, (1999).

第六章
氫化非晶矽太陽電池

江雨龍
中興大學電機系暨光電工程研究所教授

6.1 前言

　　太陽電池是再生能源的重要選項之一，相對於風力、地熱、或水力發電必須在特定地區設置，太陽電池可以使用在有充足陽光日照的區域，其地域適用範圍非常廣泛，且系統的設置不需任何轉動機構，安裝及維護相對容易。而其電力輸出隨著陽光強度增加而增強，對於白天中午時刻的尖峰負載用電的調節有最佳的輔助效果。太陽能潔淨沒有污染且提供之能量充沛，以地球壽命而言，基本上沒有供應枯竭的問題。因此普遍及廣泛地利用太陽能源是解決能源供應的一個很好的對策。

　　普遍應用太陽能源的關鍵取決於太陽電池的效率及其製作成本，目前全世界在太陽電池的市場供應上以單晶矽（crystalline silicon: c-Si）或多晶矽（polycrystalline silicon: poly-Si）晶圓（wafer）塊材（bulk materials）材料為主要發展重點，其市場占有率超過 90%。目前量產的矽晶圓太陽電池效率已可達 20%，但在降低製作成本上受到晶圓製作需要較多的能量及高純度材料提煉成本昂貴等限制因素，使得成本降低並不易達成。

　　薄膜太陽電池對降低製作能源需求及材料消耗有很大的優勢，現階段能夠量產的薄膜太陽電池以材料區分有鍗化鎘（CdTe）、銅銦鎵二硒（CuInGaSe$_2$）及矽材料三大類。考慮材料的供應、對環境的安全性及製作技術的掌握等因素，目前仍以矽薄膜太陽電池為工業生產的發展重點。

　　矽薄膜太陽電池的發展始自於非晶矽（amorphous silicon）薄膜的製作。1965 年，Sterling 及 Swann 兩人首先以射頻輝光放電（Glow discharge）分解矽烷（SiH$_4$）製作非晶矽薄膜（Sterling & Swann, 1965）。Chittick 等人於 1969 年指出以射頻輝光放電後所製作的非晶矽薄膜較蒸發及濺鍍製做的薄膜有較佳的光電導率，他們同時也指出在此材料中摻雜的可能性（Chittick et al., 1969）。1972 年，Spear 及 LeComber 兩人以場效應法證實輝光放電製作的非晶矽薄膜具有低的隙態密度（Spear and LeComber, 1972）。他們於 1975 及 1976 年以加入 PH$_3$ 及 B$_2$H$_6$ 氣體達成製作 p 型及 n 型非晶矽薄膜（Spear and

LeComber, 1975, 1976）。當時人們對於氫原子在非晶矽薄膜可以有效摻雜扮演重要的角色並不清楚。1975 年，Triska 等人證實以純的矽烷製作的非晶矽薄膜中亦含有氫原子，具有良好電性的非晶矽薄膜實際上是矽原子與氫原子形成的合金結構，此類非晶矽薄膜自此即被正確地稱作氫化非晶矽（Hydrogenated amorphous silicon: a-Si:H）（Triska et al., 1975）。

　　氫化非晶矽薄膜本質上是矽氫合金，因此材料、光學及電學等特性受到矽氫原子比例及其鍵結型態之影響。氫原子在薄膜中對結構的斷鍵及缺陷起了補償的作用，而大量的氫原子存在於薄膜中，代表氫原子不只是扮演補償的作用，而是與矽原子共同成為結構的一部分。因此控制矽氫鍵結及組成比是製作良好電性品質氫化非晶矽薄膜的關鍵。

6.2　氫化非晶矽薄膜的製作

　　Sterling 及 Swann 於 1965 年所採用的輝光放電（Glow-discharge）即為日後被廣泛使用製作氫化非晶矽薄膜的技術，此一方法又被稱為電漿加強化學氣相沉積（plasma enhanced chemical vapor deposition; PECVD）。圖 6.1 顯示一個典型平行電容式電漿加強化學氣相沉積系統。系統的組成包含氣體供應及流量監控、壓力監控、基板溫度、射頻功率控制、真空抽氣及廢氣排放等六個子系統。

　　製程用之氣體一般包含有 SiH_4、H_2、PH_3、B_2H_6、CH_4、N_2 以及 Ar 等氣體。這些氣體儲存於高壓鋼瓶，以調壓閥降壓後，經質量流量器（mass flow controller; MFC）精確控制質量流量（標準大氣壓 × 立方公分／分（Standard pressure×cc/min: sccm）後送進反應腔體。反應腔體之壓力由電容式壓力計偵測並將訊號傳送給壓力控制器，經由壓力控制器之控制單元比對後送出訊號給節流閥調節抽氣管路的氣導達成壓力之控制。一般製程所需之壓力約在 0.1 至 1 torr 範圍。基板的加熱及溫控由熱電偶、加熱電源供應器及溫控器構

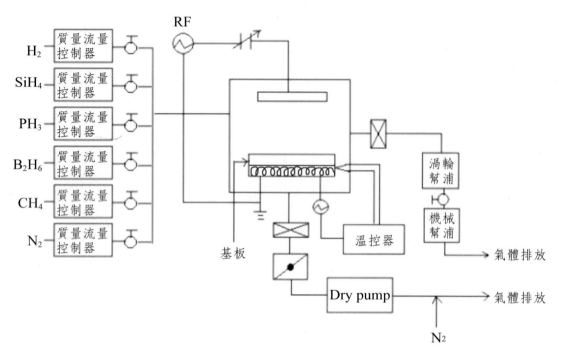

圖 6.1　典型平行電板式 13.56 MHz PECVD 系統示意圖

成溫度控制回路以精確控制基板溫度。一般製程所需之基板溫度約在 150℃至 300℃。電漿的激發典型採用的是 13.56 MHz 之射頻電波，由於反應氣體種類及腔體壓力會隨不同製程條件而改變，因此必須有匹配電路將腔體因反應氣體改變導致之阻抗變化維持在 50 Ω 的阻抗條件，以使得射頻電波能順利送給反應氣體達成電漿之激發。反應腔體的抽氣可分為背景真空及製程抽氣，背景真空抽氣目的是降低系統雜質及真空洩漏測試，一般是以渦輪幫浦搭配乾式幫浦做背景真空抽氣。腔體沉積薄膜時，會有反應氣體流入，此時為製程抽氣，為避免油氣污染及維護的安全與簡便性，採用乾式幫浦是較好的抽氣方式。由腔體抽出的廢氣先經過氮氣稀釋後，以化學吸附或燃燒再經鹼性溶液洗滌塔處理後排放。

6.2.1 a-Si:H 薄膜沉積

以電漿加強化學氣相沉積製作氫化非晶矽薄膜，一般所使用之氣體為矽烷（SiH_4）及氫氣，參與氫化非晶矽薄膜沉積主要來自於這兩種氣體的分解與電離。矽烷於電漿中被電子撞擊後產生離子及中性的基團，此稱作初級反應。這些離子及基團會再互相碰撞形成新的基團，此稱作次級反應。表 6.1 顯示矽烷在電漿中初級及次級反應的反應產物（Matsuda, 1982）。

在初級反應中以 SiH_3 基團的生命週期最長，因為 SiH_3 與 SiH_4 的次級反應仍然形成 SiH_4 及 SiH_3 基團。而 SiH_2 基團與 SiH_4 的次級反應則易生成 Si_2H_6 基團，並與 SiH_4 再反應形成 Si_nH_m 大分子結構，此類連鎖反應造成粉塵的生成（Matsuda, 1996）。由於電漿中離化物通常只有 10^{-4} 至 10^{-5} 的比例，因此主要參與薄膜沉積的是中性基團為主，而中性基團中以 SiH_3 的濃度最高（$>10^{12}/cm^3$）是沉積 a-Si:H 薄膜最主要的基團（Robertson et al., 1983）。

以 SiH_3 基團沉積的薄膜生長過程包括：首先 (1)Si-H 鍵結斷鍵釋放 SiH_4 形成矽懸鍵（Si-），(2)接著矽懸鍵（Si-）吸收 SiH_3 基團形成 $Si-SiH_3^*$ 鍵結，(3)然後由 SiH_3^* 釋放氫氣，(4)再與附近 Si-H 鍵結聯網形成穩定結構（陳治明，1991）。

表 6.1　SiH_4 的電漿初級及次級反應產物

初級反應	次級反應
$e+SiH_4 \rightarrow SiH_4+e$	$SiH_4+H \rightarrow SiH_3+H_2$
SiH_2+H_2+e	$SiH_4+SiH_2 \rightarrow Si_2H_6$
SiH_3+H+e	$SiH_3+SiH_4 \rightarrow SiH_4+SiH_3$
$SiH+H_2+H+e$	$SiH_4+Si_2H_6 \rightarrow Si_nH_m$
$SiH_2^{+}+H_2+2e$	
$SiH_3^{+}+H+2e$	
$SiH_3^{-}+H$	
$SiH_2^{-}+H_2$	

$$(Si-H)+SiH_3 \rightarrow (Si-)+SiH_4 \qquad (1)$$

$$(Si-)+SiH_3 \rightarrow (Si-SiH_3^*) \qquad (2)$$

$$(Si-SiH_3^*) \rightarrow (Si-SiH)+H_2 \qquad (3)$$

$$(Si-SiH)+(Si-H) \rightarrow (Si-Si-SiH_2) \qquad (4)$$

電漿中被分解出的氫原子在薄膜沉積扮演的角色包括對 Si-H 鍵結斷鍵釋放氫氣形成矽懸鍵（Si-），也可以補償一個矽懸鍵（Si-）形成 Si-H 鍵，或是將 Si-Si 鍵結斷鍵形成一個矽懸鍵（Si-）及一個 Si-H 鍵結。即氫原子除扮演補償懸鍵的作用，也對薄膜進行蝕刻及奪氫的作用。

氫化非晶矽薄膜品質的優劣與製程條件有密切的關係，薄膜中的矽氫鍵結型態也與製程條件之控制有關。特別是當矽烷與氫氣的比例調整，當氫氣含量越多時，薄膜的結構會逐漸地由非晶相轉變成微晶（microcrystalline）相。這樣的轉換顯示薄膜中的矽氫鍵結可以經由製程條件加以調整，結構的變化包含矽氫合金比例的改變及矽氫鍵結型態的改變。表 6.2 顯示以典型 13.56 MHz PECVD 製作元件品質 a-Si:H 薄膜的製程條件。

6.3 氫化非晶矽薄膜的特性

氫化非晶矽薄膜的結構、光學及電學特性可由傅立葉轉換紅外光譜（Fourier-transformed Infrared transmission spectroscopy, FTIR）、拉曼光譜（Raman Spectroscopy）、穿透光譜、暗電導率、光電導率及活化能等方法進行測量及分析。

表 6.2　元件品質 a-Si:H 薄膜的 13.56 MHz PECVD 製程條件

基板溫度（℃）	射頻功率密度（W/cm²）	腔體壓力（torr）	H₂/SiH₄+H₂ (%)	deposition rate (nm/s)	electron density (cm^{-3})	Ionization ratio
$150 \sim 300$	< 0.1	$0.1 \sim 1$	$0 \sim 20$	$0.1 \sim 0.3$	10^9	10^{-5}

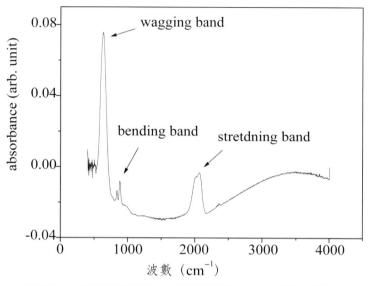

圖 6.2 一個典型的氫化非晶矽薄膜的 FTIR 吸收光譜圖

　　傅立葉轉換紅外光譜儀可以分析氫化非晶矽薄膜的矽氫鍵結型態及薄膜中的氫含量（Brodsky et al., 1977; Maley, 1992; Tzolov et al., 1993）。圖 6.2 顯示一個典型的氫化非晶矽薄膜的 FTIR 吸收光譜圖。位於 640 cm^{-1}、840 ～ 890 cm^{-1} 及 2000 ～ 2100 cm^{-1} 的三組吸收帶分別為搖擺模（wagging mode）、彎曲模（bending mode）以及伸張模（stretching mode）吸收能帶。640 cm^{-1} 的搖擺模可以用來估計薄膜中的氫含量，此峰值的積分吸收係數 I_{640} 被定義為

$$I_{640} = \int_{-\infty}^{+\infty} [\alpha_{640}(\omega)/\omega] d\omega$$

（$\alpha_{640}(\omega)$）是在此搖擺模帶中特定頻率（ω）之吸收係數，氫含量 C_H 正比於 I_{640}，其值為

$$C_H = A_{640} I_{640}$$

比 例 常 數 $A_{640} = 2.1 \times 10^{19}$cm^{-2} [Langford, 1992; Daey Ouwens, 1996; Beyer, 1998]。

　　具有良好電性品質的 a-Si:H 薄膜，其氫含量（C_H）約在 9 ～ 11 原子百分比（atomic %）。2000 ～ 2100 cm⁻¹ 的伸張模帶，若以高斯分布函數擬合可以分出兩個吸收峰，峰值位置分別位於 2000 cm⁻¹ 及 2060 ～ 2100 cm⁻¹ 之間。2000 cm⁻¹ 的吸收峰對應的是獨立的單 SiH 鍵結，而介於 2060 ～ 2100 cm⁻¹ 之間的吸收峰則對應的是矽雙氫鍵結（SiH_2）或群聚式（SiH）$_n$ 鍵結。可以定義一個為結構參數（microstructure parameter）R（Schropp, 1998），其定義為

$$R_s = \frac{I_{2060-2100}}{I_{2000} + I_{2060-2100}}$$

此 R_s 參數代表矽氫鍵結非以單矽氫鍵結存在於緻密網絡中的比例。良好電性品質的 a-Si:H 薄膜此 R_s 值應等於零，實際上 R_s 需小於 0.1。R_s 值愈小，即代表 a-Si:H 薄膜中的矽氫鍵結主要為獨立的單矽氫鍵結（SiH），薄膜將較為緻密並具有良好的品質。

　　以拉曼光譜可以分析 a-Si:H 薄膜的晶格振動模態及結晶體積比例（X_C）（crystalline volume fraction）。圖 6.3 表示典型 a-Si:H 薄膜及以不同的氫稀

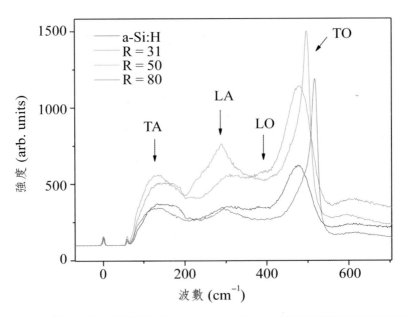

圖 6.3　以不同的氫稀釋比例 R（R = H_2/SiH_4）製作的薄膜的拉曼光譜

釋比例 R（R = H₂/SiH₄）製作的矽薄膜的拉曼光譜。由圖中可以明顯觀測到晶格振動的橫向光學模（Transverse optical mode; TO mode）、縱向聲學模（Longitudinal acoustic mode; LA mode）、橫向聲學模（Transverse acoustic mode; TA mode）以及微弱的縱向光學模（Longitudinal optical mode; LO mode）。當氫稀釋比例 R 逐漸增加，薄膜的結構逐漸由非晶型態轉變至結晶型態。TO、LA 及 TA 三個振動模態有逐漸尖銳化及強度增強的變化，這代表薄膜中的原子排列從短程有序性逐漸轉成長程有序性的排列。

由於結構的排列變化影響矽氫鍵結型態，及原子間位能勢的漲落，因此使得能隙中的能態密度也有不同的分布，薄膜的電性品質因此受到影響。單晶矽具有寬度窄（尖銳）強度高的 520 cm⁻¹TO 模，而非晶矽的 TO 模峰值則位於 480 cm⁻¹，且訊號寬廣強度低。薄膜的結構逐漸結晶化（隨氫稀釋比例 R 逐漸增加），使得 TO 模峰值位置由 480 cm⁻¹，逐漸移向 520 cm⁻¹，且訊號強度逐漸增加，訊號寬度也逐漸尖銳，薄膜的結晶體積比例 X_C 可由拉曼光譜的高斯函數擬合峰的強度估算。圖 6.4 為高氫稀釋比例（R = 80）薄膜的拉曼光譜以高斯函數擬合的結果，共有 I_a、I_b 及 I_c 三個峰值，I_a 峰值位於 480 cm⁻¹ 代表非晶

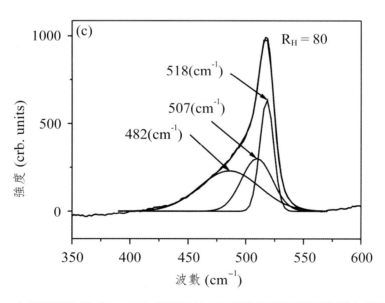

圖 6.4　高氫稀釋比例（R = 80）薄膜的拉曼光譜以高斯高斯函數擬合峰的強度

結構訊號，I_b 峰值位於 500～510 cm^{-1} 代表非晶矽及結晶過度區域訊號，I_c 峰值位於 515～520 cm^{-1} 代表結晶訊號，結晶體積比例 X_C 可由下列公式計算

$$X_C = \frac{I_b + I_c}{I_a + I_b + I_c}$$

　　薄膜的光學特性可以運用 UV-VIS-NIR 光譜儀所測得的透射率及反射率光譜由光譜的干涉圖形求出薄膜厚度，並以薄膜的折射係數（n）與消減係數（k）為模擬參數，模擬透射率和反射率頻譜，並由模擬完成後的消減係數 k 值，推算吸收係數（α）與光學能隙（E_{opt}）值。薄膜厚度的量測是將已沈積薄膜的玻璃試片，以 UV-VIS-NIR 光譜儀，對試片測量波長範圍由 1000～1700 nm 的透射率。在此波長範圍內，薄膜對光的吸收係數很小且折射係數不隨波長變化很大，透射光譜中若有干涉圖形變化即為膜厚與入射光波長形成干涉所造成，因此膜厚（d）和折射係數（n）可以利用透射光譜中兩相鄰波峰波谷來推算，公式如下（陳治明，1991）

$$n = (c + \sqrt{c^2 - 4n_2})$$

$$c = (1 + n_2)\sqrt{T_{\max}/T_{\min}}$$

式中 n_2 是玻璃基底的折射係數值約為 1.51，
T_{max}, T_{min} 是透射光譜中兩相鄰波峰波谷的透射率，

$$d = |\lambda_{\max} \lambda_{\min}/4n(\lambda_{\max} - \lambda_{\min})|$$

式中，λ_{max} 及 λ_{min} 分別是 T_{max} 及 T_{min} 對應的波長。

　　薄膜的吸收係數（α）與光能隙（E_{opt}）是以 UV-VIS-NIR 光譜儀，量取試片在 400～900 nm 的透射光譜和反射光譜，以折射係數（n）與消光係數（k）值為調整參數進行透射及反射光譜模擬。經由模擬所得出的薄膜消光係數 k 值，可以利用公式 $\alpha = 4\pi k/\lambda$ 推算吸收係數（α），λ 為波長。利用求得的吸

收係數（α），以 Tauc plot 法（Tauc, 1972）作圖即可求出光能隙 E_{opt}，將 α 與 $\hbar\omega$ 帶入下式

$$\alpha\hbar\omega^{1/2} = c(\hbar\omega\text{-}E_{opt})$$

式中 $\hbar\omega$ 是光子的能量。利用 $(\alpha\hbar\omega)^{1/2}$ 對 $\hbar\omega$ 做圖，取曲線中線性的部分做切線交於光能 $\hbar\omega$ 的軸上即是光能隙 E_{opt}。

薄膜的暗電導（dark conductivity: σ_d）、光電導（photoconductivity: σ_{ph}）以及活化能（activation energy: E_a）值可由試片上蒸鍍兩平行長方條金屬電極分別以不照光、照光、及不照光並加熱試片等方式進行電流電壓（I-V）特性測量及分析。

圖 6.5 顯示在康寧 1373F 玻璃上沉積厚度為 t 之 a-Si:H 薄膜，並在 a-Si:H 薄膜上製作金屬平行電極，以外加 100 V 電壓於暗箱中測量電流值 I，則 a-Si:H 薄膜的暗電導 σ_d 可由下式分析得到

$$\sigma_d = \frac{I \times d}{100\text{V} \times l \times t}$$

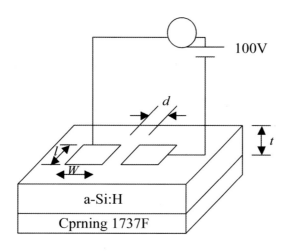

圖 6.5　測量暗電導、光電導以及活化能示意圖

具有元件品質之 a-Si:H 薄膜，其 σ_d 值應小於 $1 \times 10^{-10}(\Omega\text{-cm})^{-1}$。光電導 σ_{ph} 的量測，將上述試片以 AM1.5 的光譜強度（100 mW/cm^2）照射，仍以外加 100 V 條件下測量其光照電流值，並計算得出光電導值。元件品質之 a-Si:H 薄膜其值 σ_{ph} 應大於 $1 \times 10^{-5}(\Omega\text{-cm})^{-1}$。光電導對暗電導的比值 σ_{ph}/σ_d 代表電導率之光響應。良好品質之 a-Si:H 薄膜，此比值應大於 10^5。

活化能 E_a 值之測量是在黑箱中改變試片之溫度測量不同溫度值之暗電導 $\sigma(T)$，活化能 E_a 值可由下列式子分析得出

$$\sigma(T) = \sigma_o \exp\left(\frac{-E_a}{kT}\right)$$

σ_o 為導電率比值，k 為 Boltzmann 常數，T 則為絕對溫度。一般測量時，溫度變化範圍約在 50℃ 至 150℃ 之間。E_a 值可由 $\ln(\sigma(T))$ 對 $1/T$ 做圖之斜率求得。活化能 E_a 值可以代表導電帶邊與費米能階之相對能量差（Fritzsche, 1981; Stutzmann, 1987）。對於完全的本質（intrinsic）材料，費米能階應位於能隙值的中間，一般以 PECVD 製作的本質 a-Si:H 薄膜，因電子遷移率高於電洞遷移率且薄膜中有氧原子摻入之污染，使得費米能階上移，造成薄膜成為微 n 型。品質良好的 a-Si:H 薄膜其 E_a 值約為 800 meV。

a-Si:H 薄膜能隙中的隙態密度有許多的測量方法，例如深能隙暫態光譜（Lang, 1982）、等溫電容暫態光譜（Jackson, 1985）、固定光電流測量（Moddel, 1980; Lin, 2000）、熱激電導率測量（Zhu, 1986）、空間電荷限制電流（Den Boer, 1981; Mackenzie, 1982）、光熱反射光譜（Jackson, 1981）以及電子自旋共振測量（Kumeda, 1980），其中以電子自旋共振（Electron spin resonance; ESR 或 Electron paramagnetic Resonance; EPR）測量是屬於測量體內缺陷密度，但因此法只能對未配對的缺陷有訊號反應，因此已被電荷補償的斷鍵無法測量，所得之能隙密度較低。元件品質的 a-Si:H 薄膜，以 ESR 測量的自旋密度 N_s 應小於 8×10^{15} cm^{-3}。表 6.3 顯示元件品質的本質 a-Si:H 的各項特性之典型數值（Schropp, 1998）。

表 6.3　元件品質的本質 a-Si:H 薄膜的要求

特　　　性	要　　　求
暗電導	$< 1 \times 10^{-10}\ (\Omega\text{-cm})^{-1}$
AM1.5 100 mW/cm^2 光電導	$> 1 \times 10^{-5}\ (\Omega\text{-cm})^{-1}$
能隙（Tauc plot）	< 1.8 eV
吸收係數（600 nm）	$> 3.5 \times 10^4\ \text{cm}^{-1}$
吸收係數（400 nm）	$\geqq 5 \times 10^5\ \text{cm}^{-1}$
活化能	~ 0.8 eV
缺陷密度（ESR）	$\leqq 8 \times 10^{15}\ \text{cm}^{-3}$
氫含量（PECVD a-Si:H）	$9 \sim 11$ at%
微結構參數（R_s）	< 0.1

　　製作 a-Si:H 薄膜太陽電池的結構為 p-i-n 二極體，因此需要分別摻雜硼原子及磷原子製作 p 型及 n 型 a-Si:H 薄膜。硼原子及磷原子的加入主要是與矽原子形成共金結構，而不是有效地形成置換性的摻雜，一般有效的提高導電率必須在 PECVD 反應腔體中加入大量的 B_2H_6 及 PH_3 氣體（B_2H_6/SiH_4、PH_3/SiH_4 $\sim$ 1/%）。硼原子的加入使得能隙降低，光線在 p 層會被大量吸收而不易穿透進入 i 層中。為了減少能隙的降低，適度的加入碳原子 (C) 可以維持能矽值，但導電率會隨碳原子的增加而降低，因此必須找出適當之條件，使得能隙提高並維持適當的導電率。較高能隙的 p 型 a-SiC:H(B) 薄膜，可以做太陽電池的窗口層，使光線在此層的吸收率降低，增加入射至 i 層的光強度（Tawada, 1981a, b）。一般製作 p 型 a-SiC:H 薄膜所使用之氣體為 SiH_4、CH_4、B_2H_6 及 H_2。磷原子的加入使能隙降低的效果並不明顯，因此製作 n 型 a-Si:H 薄膜所使用之氣體為 SiH_4、PH_3 及 H_2。良好品質的 p 型 a-SiC:H 薄膜及 n 型 a-Si:H 薄膜之特性如表 6.4 所示：

表 6.4　p 型 a-SiC:H 薄膜及 n 型 a-Si:H 薄膜的特性要求

特　　　性	p 型 a-SiC:H	n 型 a-Si:H
導電率（Ω-cm）$^{-1}$	$> 10^{-5}$	$> 10^{-3}$
光學能隙（Tauc plot）（eV）	> 2.0	> 1.75
活化能	< 0.5	< 0.3
吸收係數（600 nm）（cm^{-1}）	$\leqq 1 \times 10^{4}$	$\leqq 3 \times 10^{4}$

6.4　氫化非晶矽太陽電池原理

　　圖 6.6(a) 為典型單晶矽或多晶矽太陽電池結構。光線經由 n 區入射，在 n 及 p 近中性無電場區域內產生之光生少數載子，主要是透過擴散過程，因此有效的吸收區域為 n 區中的電洞擴散長度（L_h）及 p 區中的電子擴散長度（L_e），而在空乏區（W）中之光生載子，則是透過內建電場的飄移過程。以單晶或多晶太陽電池而言，L_h 及 L_e 遠大於空乏區寬度（W），因此這兩種電池基本上為擴散型電池。而氫化非晶矽薄膜內少數載子的擴散長度很短，光生載子的收集主要依賴於空乏區內之飄移過程，氫化非晶矽薄膜不能以 p-n 二極體做為有效的太陽電池結構，因此如圖 6.6(b) 所示，必須在 p 與 n 層間插入一個本質層，以加大空乏區寬度，使得光生載子在此空乏區內的收集增加，以獲得較大的電流輸出，此一 p-i-n 結構為氫化非晶矽太陽電池的最主要架構，此種電池主要由空乏區（i 層）光生載子之飄移收集，可以稱為飄移型電池。由於氫化非晶矽薄膜對可見光的吸收係數較單晶矽高約一個數量級，因此只需要薄的厚度即可以吸收可見光，一般而言，p 及 n 型厚度約 10 至 30 nm，而 i 層厚度則小於 500 nm。

　　在電場中載子受電場作用所能移動的平均自由距離是由載子的遷移率（μ）與生命週期時間（τ）的乘積（$\mu\tau$）值決定。一般元件品質的氫化非晶矽薄膜，

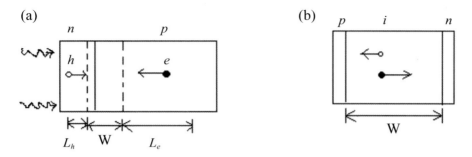

圖 6.6　(a) 單晶或多晶太陽電池結構，(b)a-Si:H 薄膜 p-i-n 太陽電池結構

其電洞的 $\mu\tau$ 值約 $10^{-8}\text{cm}^2/\text{V}$，而電子的 $\mu\tau$ 值約 $10^{-6}\text{cm}^2/\text{V}$（Schropp, 1998）。在 p-i-n 太陽電池的 i 層中因內建電場（E）的作用，則載子的漂移長度 l 由 $\mu\tau E$ 決定。由於 a-Si:H 薄膜中存在連續分布的能隙定域態且越靠近導帶及價帶邊的能隙定態密度越高，因此在 p-i-n 結構 i 層中的內建電場分布並不平均，靠近 p/i 及 i/n 界面的空間電荷密度高於 i 層中間的密度。一般在 p/i 及 i/n 界面附近的電場有最大值（約 10^5 V/cm），而在一個較薄的 i 層，在 i 層中間的電場強度仍可維持在約 10^4 V/cm（Hack, 1985），整個 i 層可以完全被電場涵蓋。若 i 層太厚，則 i 層中間可能變成無電場狀而導致光生載子收集效率降低。由於 i 層內電場分布依賴於 a-Si:H 薄膜的能隙定義域之分布，降低能隙密度可以提高 i 層中間的電場密度。因此必須製作品質良好低能隙密度的 a-Si:H 薄膜以增加光生載子被收集的數量。

6.5　氫化非晶矽太陽電池製作

圖 6.7 為典型單接面 a-Si:H 太陽電池，(a) 為 superstrate 型式，而 (b) 為 substrate 型式。

如圖 6.7(a) 所示，superstrate 型式之太陽電池，基板為光線入射之窗口，一般採用的是玻璃或透明之聚合物，前電極是一層透明導電氧化物（transparent

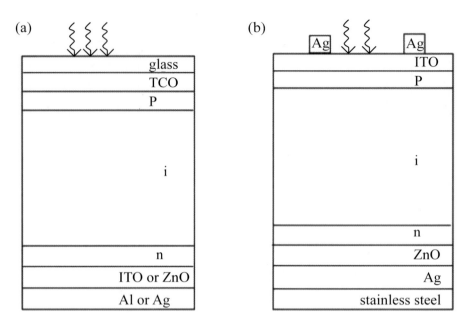

圖 6.7　典型 a-Si:H p-i-n 單接面太陽電池
(a)superstrate 型式，(b) substrate 型式

conductive oxide: TCO）薄膜，一般常用的材料有 SnO_2:F, In_2O_3:Sn（ITO）或 ZnO（Al）（Hartnagel, 1995）。TCO 薄膜的品質要求為在 i 層的工作光譜圍內之穿透率大於 85%，片電阻值小於 10 Ω/ $\square$，與 p 層的接觸電阻小，表面粗糙增加光線散射進入 i 層，以及具有足夠的化學穩定性能夠抵抗化學氣相沉積時的氫原子蝕刻作用。氧化錫（氟）（SnO_2:F）TCO 膜通常以常壓化學氣相沉積（Atmospheric Pressure CVD; APCVD）製作，溫度約 500℃～ 600℃，所沉積的薄膜即具有粗糙的表面。氧化銦錫（ITO）薄膜一般使用濺鍍法製作，溫度約 200℃～ 250℃，所沉積的薄膜表面光滑。氧化鋅一般也由濺鍍法製作，溫度由室溫至 300℃，所沉積的薄膜表面光滑，可由 HCl 將表面蝕刻成粗糙形態（Kluth, 1995）。表 6.5 顯示此三項 TCO 膜的特性。

　　p-i-n 三層氫化非晶矽半導體薄膜，一般使用 PECVD 沉積，溫度約 200～ 250℃。P 層為太陽光入射之窗口層，厚度約 10 ～ 30 nm。為提高光線入

表 6.5　SnO₂(F)、ITO 以及 ZnO:Al TCO 薄膜之特性

特　　　性	SnO₂(F)	ITO	ZnO:Al
穿透率（%）	90	95	90
片電阻值（Ω/□）	6-15	3-5	6-15
能隙（eV）	4.3	3.7	3.4
接觸電阻	低	低	高（for a-Si P⁺） 低（for μc-Si P⁺）
粗糙度	高	低	低
抗電漿蝕刻	好	差	優

射至 i 層的比例，有效的方法是在此層中摻入碳原子提高能隙值（Tawada, 1981a, b），使得短中長波長的吸收效率提高並增大太陽電池的開路電壓。

　　p/i 界面加入漸近能隙變化的緩衝層（Arya, 1986; Miyachi, 1992）或調整 p 層摻雜分布（Miyachi, 1992）可以降低能隙不連續的晶格應力所造成的缺陷，避免硼原子由 p 層擴散至 i 層，減少光生電子背向擴散、使內電場分布至 i 層以分開光生電子及電洞降低復合。這些效果可以提升太陽電池的效率。i 層為太陽電池主動層，吸收入射光線產生電子電洞對被內建電場分離漂移至前後電極造成光電流，厚度約 200 ～ 500 nm。i 層品質必須達到前述的元件品質要求。以 PECVD 沈積 i 層一般的沈積速率約 0.1 ～ 0.3 nm/s，是太陽電池生產速率的重要瓶頸。

　　n 層為背電極的接觸層，厚度約 20 ～ 30 nm。太陽光穿透至 n 層主要為中長波長，在 i/n 界面附近及 n 層的光生載子主要是波長較長的光子所貢獻。為提昇內建電場強度及降低與背電極的接觸電阻，可以將 n 層製作成微晶結構。粗糙的 n 層與背電極界面可以增加光反射至 i 層中的捕陷。在 n 層與背電極之間加入一層 TCO 膜可以更增強光線的捕陷（Carlson, 1984），特別是增加 600 ～ 800 nm 長波長光線的吸收，太陽電池的短路電流密度可以提昇。一般以 ZnO（Al）做為此增加反射的 TCO 膜層。

　　如圖 6.7(b) 所示，substrate 型式之太陽電池，基板為太陽電池的背面，

一般採用的是不銹鋼或鍍上金屬膜的聚合物薄膜，除了做為基板也同時做為背電極。這兩種薄片均具有軟性及可局部彎曲的特性，使得安裝容易，可以運用至不同的環境，且其重量輕適合做為可攜式行動電力。在不銹鋼薄片基板上製作粗糙的 Ag/ZnO 膜，可以提高光的反射率使得短路電流增加（Banerjee, 1991）。氫化非晶矽半導體薄膜的沈積順序為 n-i-p。n 層可以用微晶結構以提高內建電場及降低接觸電阻，n/i 介面則需加入緩衝層以緩和 i 層與 n 層的能隙改變。p 層的沈積是在 i 層之後，因此沒有電漿蝕刻 TCO 膜的問題。前電極之 TCO 膜是沈積在 p 層上方，製作 TCO 膜之溫度被限制不能高於 n-i-p a-Si:H 薄膜的沈積溫度。此 TCO 膜之電阻必須維持在低值以低接觸電阻，為了達成抗反射的效果，此 TCO 膜之厚度需控制在 70 ～ 80 nm。以 ITO 膜為例，在此厚度條件下的片電阻將大於 50（Ω/ □），為了降低串聯電阻，必須在 TCO 膜上製作金屬柵極以提昇太陽電池的填充因子及轉換效率。

　　圖 6.8 為一個單腔體 PECVD 系統，p-i-n 三層 a-Si:H 薄膜均在此腔體內依序沈積，系統簡單方便，但因沈積後留於腔體內的硼及磷原子會有交叉污染的問題，太陽電池的品質不易控制，提高效率受到交叉污染很大的限制。

　　改善交叉污染的問題，日本三洋公司發展了連續分離腔體系統（Kuwano,

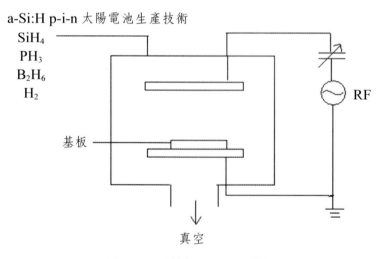

圖 6.8　單腔體 PECVD 系統

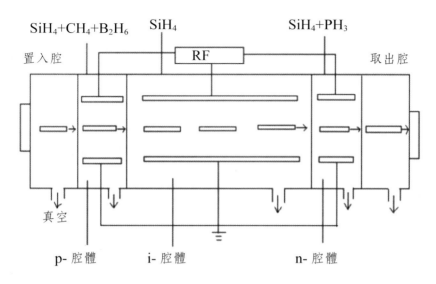

圖 6.9　連續多反應腔體 PECVD 系統

1982）。圖 6.9 為此多反應腔體 PECVD 系統，將 p-i-n 三層 a-Si:H 薄膜分別在互相隔離的腔體內沈積。在各個腔體間有柵閥隔開，基板可由傳送帶在相鄰近腔體間傳送。各腔體同時進行沈積，基板則由置入腔及取出腔依序置入及取出，達成連續生產之目的。p、i 及 n 各層厚度由沈積速率及腔體長度決定。由於 i 層厚度較厚，因此沈積 i 層的腔體長度需較長以保持生產的連貫性。

　　此系統可以解決硼及磷殘留的交叉污染問題，且因有置入及取出腔的設計，p、i 及 n 三個沈積腔體與大氣隔絕，因此保持腔體不受水氣及其他大氣中污染源的污染，使得薄膜的純度可以獲得良好的控制。p、i 及 n 層由分離體各自沈積的方法已為目前國際上大部分生產廠家所採用。

Si:H 太陽電池模板的生產採用的是如圖 6.10 所示的集成串聯結構。利用雷射將 TCO 膜、p-i-n a-Si:H 膜、以及 Al 膜切割形成上下串聯之連接。

通常採用 Q-switched Nd:YAG 雷射，對 TCO 膜的切割選擇波長為 1.06 μm 的雷射波長，對 a-Si:H 薄膜及 Al 膜分割則採用 0.53 μm 的雷射波長，雷射切割的速率約 20 ～ 50 cm/s。

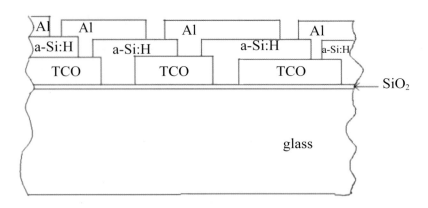

圖 6.10　a-Si:H 太陽電池模板集成串聯結構

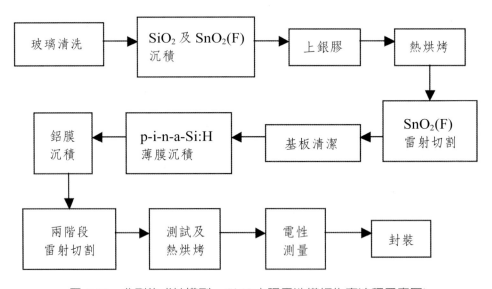

圖 6.11　典型集成結構型 a-Si:H 太陽電池模板生產流程示意圖

　　圖 6.11 為典型生產集成結構型 a-Si:H 太陽電池模板的生產流程示意圖
（Street, 2000），由玻璃清潔到封裝共有 12 道程序，分別為：(1) 清洗玻璃、(2)
以 APCVD 鍍上約 50 nm 的薄 SiO_2 膜再鍍上約 600～1000 nm 的 $SnO_2(F)$ 膜、
(3) 在 $SnO_2(F)$ 膜邊上塗上銀膠做為陽極匯流線、(4) 以加熱爐硬化銀膠、(5) 將
$SnO_2(F)$ 膜雷射切割、(6) 清潔基板、(7) 以 PECVD 沈積 p-i-n a-Si:H 膜層、(8)

接著沈積鋁或鋁與氧化鋅背反射電極、(9) 以兩段式雷射切割，第一步先將背反射電極切割分塊，再將背反射電極以雷射加熱透過 p-i-n a-Si:H 膜層與前電極 TCO 膜融接形成串聯、(10) 電性測試與製作陰極匯流線、(11) 模板性能測量及 (12) 模板封裝。

經由上述生產程序可以完成大面積太陽電池模板的製作，影響生產的主要關鍵在於 p-i-n 三層 a-Si:H 薄膜的製作以及雷射切割的集成串聯聯接。目前並無標準化的生產設備，各家生產廠商必須設計及建構自己的生產設備，以符合生產的各項要求，在建廠成本上相較單多晶矽太陽電池的標準生產設備成本高出許多。且對 p-i-n a-Si:H 薄膜品質的控制需要對製程設備及薄膜製程條件有一定的技術與知識才能有較佳的掌握。

6.5.1　氫化非晶矽太陽電池的優缺點

相對於矽晶圓太陽電池，氫化非晶矽薄膜（a-Si:H）太陽電池具有以下的優點：

(1) a-Si:H 薄膜太陽電池有較佳的平均能量產率（kWh/kW）。圖 6.12 是日本的 NEDO（New Energy and industrial Technology Development Organization）對日本 Kaneka 公司於 1998 年 8 月至 1999 年 7 月對單晶及多晶矽晶圓太陽電池及非晶矽薄膜太陽電池所做的一年發電效率測量，結果顯示 a-Si:H 薄膜太陽電池在高溫條件下，特別是在夏天的午後，有較佳的能量產率 [Kaneka CO., 1999]。表 6.6 是荷蘭的 ECN（Netherlands Energy Research Foundation）於 2000 年比較市面上不同材料的太陽電池在半年的實地測試下，結果也顯示雖然非晶矽薄膜太陽電池的轉換效率是這些市售太陽能板中最低的，但長時間的能量產率是最高的，其原因包含高溫下有較佳的溫度係數及低照度條件下光電轉換性能較高 [Schmela, 2000]。中國大陸的南開大學於 2004 ～ 2005 年對同樣是 2 kW$_p$ 的單晶矽與 a-Si:H 太陽電池發電系統進行一年的實地測

255

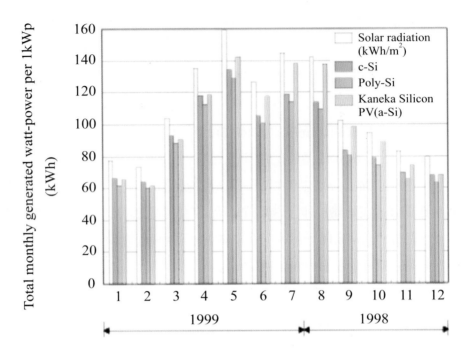

圖 6.12 日本 Kaneka 公司實地測試報告

表 6.6 荷蘭 ECN 對不同市售太陽能板的發電效率實地測量

Manufacturer	Module type	Materials	Module efficiency	DC yield (kWh/Kw)
BP Solar	BP 585	mc-Si	13.5%	977
Kyocera	KC 60	pc-Si	12.3%	964
Siemens Solar	S 30	mc-Si	9.4%	930
Siemens Solar	SM-55	CIGS	12.9%	963
Uni-Solar	US-32	a-Si	6.1%	1164
ASE	ASE-100	pc-Si	12.9%	966
Free Energy Europe	A13P	a-Si	4.1%	1084
BP Solar	MST 43	a-Si	5.3%	1001
Shell Solar	RSM 75	pc-Si	10.3%	961

試，結果也顯示非晶矽太陽電池模組有較高的總發電量。上述三個獨立的研究報告均指出非晶矽薄膜太陽電池有極佳的發電性能。

(2) a-Si:H 薄膜太陽電池消耗材料少，由於 a-Si:H 薄膜太陽電池具有較高的光吸收係數，因此所需的吸光層厚度可以較矽晶圓材材料減少達 1/600 倍。

(3) a-Si:H 薄膜太陽電池的能源回收時間（Energy pay-back time）較短。一般 a-Si:H 太陽電池製作時所需的溫度低於 300℃，而塊材的矽晶圓太陽電池製作則需要 1000 至 1500℃。以年發電量 30 MW 為例，能源回收時間，a-Si:H 約需 1.6 年，poly-Si 則約需 2.2 年。

上述這些的研究報告明確指出矽薄膜太陽電池具有低的溫度係數，可以在高溫的環境下有穩定的功率輸出，且因為薄膜矽太陽電池有較高的光吸收特性，因此在長時間的實地測試，當太陽光能因不同時間（早上至晚上）及不同季節（春天至冬天）日照條件不斷改變的條件下，事實上，年平均發電效率均優於矽晶圓太陽電池的發電效率。

a-Si:H 薄膜太陽電池具有上述的諸多優點，且 a-Si:H 薄膜太陽電池可以製作於低成本的玻璃、不銹鋼或軟性基板上，在生產上可以大面積的製作，材料用量極省，生產不受晶圓提供之影響，因此具有降低成本的經濟優勢。

氫化非晶矽太陽電池有兩項主要的缺點，一是在太陽光照射後電性會衰退，二是轉換效率偏低。

1977 年由 Staebler 及 Wronski 首先指出氫化非晶矽薄膜在太陽光照射下其導電率會衰退，經由退火後電導率可以回復，此效應被稱為光照衰退（photodegradation）效應，又稱 Staebler-Wronski Effect（簡稱 SWE）（Staebler & Wronski, 1977）。經過 20 多年的研究，Wronski 在 1997 年的回顧文章中指出，造成 SWE 效應的原因仍未完全被確認（Wronski, 1997）。一般接受的原因是當電子電洞對復合時所釋放之能量會使得 Si-H 鍵結斷鍵，因此會造成光照衰退效應。氫原子在非晶矽結構中扮演補償懸鍵的作用，但過量的氫原子加入會形成大量長鏈或群聚的矽氫鍵結使得氫化非晶矽薄膜結構鬆散。這些長鏈或

群聚的矽氫鍵結很容易在太陽光照射下斷鍵造成大量缺陷，使得導電率下降。

目前對 SWE 問題改善的努力，在材料方面主要是以氫氣稀釋法或電漿氣相反應控制（Jiang, 1998a, b, 2002）將薄膜的矽氫結構由非晶過渡至微晶結構，而在元件結構則主要是以減少 i 層厚度提高內建電場強度降低載子復合，此方法運用於多接面（multijunction）結構的上電池（top cell）。這些改善可以減少光照衰退的程度小於 20%。

表 6.7 顯示單接面 a-Si:H 太陽電池的穩定效率的紀錄，數據顯示穩定的發電效率均低於 10%。發電效率低於單多晶矽太陽電池效率的 2/3 倍，對於大電力供應的應用因所需面積太大而受到限制。

提昇發電效率的方法可以由改善薄膜品質及增加太陽光譜運用兩方面來努力。改善薄膜品質的方法主要是以氫稀釋法將沈積的薄膜由非晶結構逐漸轉變至微晶矽（μc-Si）結構。薄膜中結晶成分的增加使得結構、電性及光學性質受到改變，光學能隙可以由 1.7 eV 逐漸向 1.1 eV 調整。

目前國際間許多的努力著重於改變 a-Si:H 薄膜的結構，特別是將 a-Si:H 薄膜的非晶結構經由電漿製程控制轉變成有序性較高且具有不同結晶相位（phase）之氫化多序矽（polymorphous Si: pm-Si:H）（Roca i Cabarrocas et al., 1998, 2000, 2002）、氫化原晶矽 protocrystalline Si（pc-Si:H）（Collins et al., 2003; Wronski and Collins, 2004）、以及氫化微晶矽 microcrystalline Si（uc-Si:H）等薄膜（Shah, 2000, 2002, 2004, 2006）。由於薄膜結構的有序性增加，這些薄膜對於光照衰退均有較佳的抵抗能力。一般製作上述三種薄膜的基

表 6.7　單接面 a-Si:H 太陽電池的穩定效率記錄（Schropp, 1998）

電池型式	機構	面積（cm^2）	Voc（V）	Jsc（mA/Cm^2）	FF	效率（%）
a-Si:H	APS	1.02	0.854	16.52	0.615	8.54
a-Si:H	Sanyo	1	0.86	15.8	0.65	8.8
a-Si:H	United solar	0.25	0.965	14.36	0.672	9.3

本方法都採用氫氣稀釋法（hydrogen dilution），在控制不同稀釋比例及電漿反應以獲得不同結晶相位。pm-Si:H 薄膜是一種含有尺寸約 2～4 nm 矽奈米晶粒稀疏分布摻入非晶矽網絡的混和相薄膜（結晶比例約為 2%），且其組成不受薄膜厚度的影響。而 pc-Si:H 薄膜是一種隨著厚度的增加結構由含有晶核的孵育相（incubation phase）逐漸改變至非晶與微晶混和相（(a+μc)-Si:H phase），最終達到微晶相（μc-Si:H phase）的薄膜，其結構隨著薄膜厚度的增加而改變。μc-Si:H 薄膜則是一種由很薄的孵育相直接轉變成微晶相（μc-Si:H phase）的薄膜。pm-Si:H 薄膜一般是以較高的氣體壓力，在接近產生粉塵的電漿氣相反應中形成大分子團反應根種（radicals），沈積至薄膜中形成矽奈米晶粒。為了讓大分子團反應根種能順利到達基板，必須控制電漿與基板間之溫度梯度。而 pc-Si:H 薄膜一般是以調整氫氣稀釋比例為基本控制，對應由非晶相轉變至非晶與微晶混合相的孵化層厚度作製程選擇之依據。μc-Si:H 薄膜的製作則是在很高的氫氣稀釋比例下進行，電漿中高的氫原子濃度有助於 μc-Si:H 薄膜的形成。上述三種不同結晶相的薄膜製作方法，最重要的控制因數是如何控制電漿中氣相反應以形成不同的反應根種，特別是矽原子團大小以及氫原子含量兩者的控制。

　　一般能用來製作高穩定效率的單接面太陽電池的結晶結構是介於非晶矽至微晶矽的過渡區，結晶尺寸約 20～30 nm 的晶粒被非晶結構包圍維持適當的氫含量仍是製作良好電性太陽電池的要件。以微晶矽製作太陽電池之效率約在 8.5～10.1%（Meier, 1998; Yamamoto, 1998）。

　　有效地提高轉換效率是由多接面（multijunctions）太陽電池或稱疊層電池（tandem cells）來達成。圖 6.13 是 United Solar Ovonic 公司所發展的一個三個接面的太陽電池。

　　上電池的 i 層為 a-Si:H 薄膜，其能隙值約為 1.8 eV，用來捕捉藍光光子，中電池的 i 層為摻雜 10～15% 鍺原子的 a-SiGe:H 薄膜，其能隙值約為 1.6 eV，用來捕捉綠光光子，而下電池的 i 層為摻雜 40～50% 鍺原子的 a-SiGe:H 薄膜，其能隙值約為 1.4 eV，用來捕捉紅光光子。由於將太陽光譜的運用

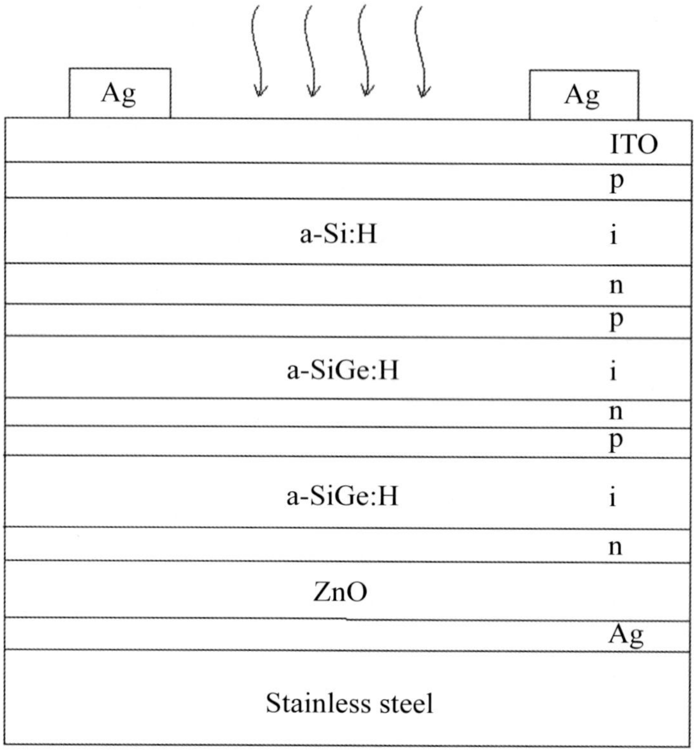

Ag　　　　　　　　　　　　　　　Ag

| ITO |
| p |
| a-Si:H　　　　　i |
| n |
| p |
| a-SiGe:H　　　　i |
| n |
| p |
| a-SiGe:H　　　　i |
| n |
| ZnO |
| Ag |
| Stainless steel |

圖 6.13　United Solar Ovonic 公司 a-Si/a-SiGe/a-SiGe 三接面太陽池電池

範圍擴大，因此有效地將穩定效率提昇，實驗數據顯示在 0.25 cm^2 的面積，V_{oc}、J_{sc} 及 FF 分別為 2.30 V、7.56 mA/cm^2 以及 0.70，穩定的轉換效率可達約 13%（Yang, 1997），Sanyo 公司採用 a-Si:H/a-SiGe:H 雙接面太陽電池也有效地將轉換效率提昇，實驗數據顯示在 1cm^2 的面積，V_{oc}、J_{sc} 及 FF 分別為 1.54 V、10.8 mA/cm^2、以及 0.73，轉換效率為 11.7%（Maruyama, 2002）。

　　近年來國際間對多接面太陽電池的研究重點主要放在 a-Si:H/μc-Si:H 雙接面太陽電池之研發。相對三接面結構而言，雙接面太陽電池的製作工藝程序較少，所需設備較便宜且製程控制參數容易，電流匹配容易達成。a-Si:H/μc-Si:H 為全矽製程不需要摻入額外的鍺原子，可以節省鍺烷（GeH$_4$）之成本以及避免鍺污染問題。μc-Si:H 薄膜之能隙可以降低至約 1.1 eV，因此可以有效的吸

收長波長光線取代 a-SiGe:H 薄膜的功能。但有效吸收紅光光子的 μc-Si:H 薄膜厚度需約 2 μm，以傳統 13.56 MHz 的 PECVD 約 1 ～ 3Å/s 沈積速率來製作此薄臘，生產速率將過於慢。因此目前的重點在以約 30-130 MHz 的 VHF-PECVD 製作 c-Si:H 薄膜，由於在超高頻電漿中的離子密度較高可以提高沉積速率，且離子能量較低對薄膜之撞傷害較低，因此可以快速地沉積出良好品質的 μc-Si:H 薄膜。國際上以日本 Kaneka 及 MHI 兩家公司對此方面的研發成果最具代表性，Kaneka 公司以 a-Si:H/TCO interlayer/μc-Si:H 雙接面結構中加入 TCO interlayer 在 1 cm^2 面積下，V_{oc}、J_{sc} 及 FF 分別為 1.41 V、14.4 mA/cm^2 以及 72.8，轉換效率為 14.7%（Yamamoto, 2004）。在雙接面結構的研究中，另一值得注意的是如前所述的 Sanyo 公司的 a-Si:H/a-SiGe:H 結構，其特色為採用分別約 100 nm 的 a-Si:H 及 a-SiGe:H i 層，減少薄膜厚度使得 GeH$_4$ 用量節省及提高生產速率且可維持使用原 13.56 MHz PECVD 系統，相較 VHF-PECVD 系統，更容易大面積量化生產。

6.6 結語

　　氫化非晶矽薄膜太陽電池具有大面積沉積、低材料消耗及可在低成本基板上製作太陽電池的優點。相對單晶矽及多晶矽太陽電池，氫化非晶矽薄膜太陽電池有較佳的能量產率。典型的氫化非晶矽薄膜太陽電池採用 13.56 MHz PECVD 系統製作，現有的生產主要以在玻璃基板上採用 superstrate 型式之 p-i-n 單接面結構為大宗。為了提升轉換效率及提高穩定性，目前研發的重點為採用 a-Si:H/μc-Si:H 雙接面疊層太陽電池，其研發重點為如何以高沉積速率製作高品質的 μc-Si:H 薄膜，現有的方法為採用氫氣稀釋法配合高壓空乏矽烷的製程以及開發高頻電漿化學氣相沉機（VHF-CVD）法。最近 MHI 的研究成果顯示，大面積 VHF-CVD 系統已初步成功地製作高品質的 μc-Si:H 太陽電池。

　　現有商業生產的 p-i-n 單接面 a-Si:H 太陽電池的轉換效率約 5 ～ 9%，如何以低成本及高產率製作雙接面疊層太陽電池使轉換效率提升，為目前最重要的目標。相關的研發工作有賴更多的人力與物力的投入，使得在材料、元件及製程控制方面有全面性的掌握。而開發成本更低、性能更好的生產設備及適當的製程方法，將是矽薄膜太陽電池降低成本的關鍵。

參考文獻

1. 陳治明，非晶半導體材料與器件，（科學出版社，北京 1991）p.61(1991)。

2. Arya, R. R., A. Catalano, and R. S. Oswald, *Appl. Phys. Lett.* 49, 1089 (1986).

3. Banerjee, A. and S. Guha, J. Appl. Phys. 69, 1030 (1991).

4. Beyer, W. and M.S. Abo Ghazala, *Materials Research Society Symp. Proc.* 507 (1998).

5. Brodskey, M. H., M. Cardona, and J.J. Cuomo, *Phys. Rev.* B16, 3556 (1977)

6. Chittick, R. C., J. H. Alexander, and H. F. Sterling, *J. Electrochem. Soc.* 116, 77 (1969).

7. Collins, R. W. et al., *Solar Energy Mater. & Solar Cells* 78, 143 (2003).

8. Daey Ouwens, J., and R. E. I. Schropp, *Phys. Rev.* B54, 17759 (1996).

9. Carlson, D. E. and B. F. Williams, Photodetector having enhanced back reflection, U.S. patent No. 4,442,310; April 10, 1984.

10. Den Boer, W., *J. de phys*. C4 42, 451 (1981).

11. Fritzsche, H., and M. Tanielian, *AIP Coference proceedings* 73, 318 (1981).

12. Hack, M., and M. Shur, *J. Appl. Phys.* 58, 997 (1985).

13. Hartnagel, H., A. Dawar, A. Jain, and C. Jagadish, *Semiconducting Transparent. Thin Films*, Inst. of Phys. Publishing. (1995).

14. Jakson, W. B., N. M. Amer, A. C. Boccara, and D. Fournier, *Appl. Optics* 20, 1333 (1981).

15. Jackson, W. B., S. M. Kelso, C. C. Tsai, J. W. Allen, S.-J. Oh, *Phys. Rev*. B 31, 5187 (1985).

16. Jiang, Y. L. and C. C. Kuo, *proceedings of 1998 IEDMS*, Dec. 20-23, Tainan, Taiwan, AP-28, 243 (1998a).

17. Jiang, Y. L., M. J. Lee, and S. H. Chen, *Materials Research Society Symposium Proceedings*, Vol. 507, 523 (1998b).

18. Jiang, Y. L. et al., *Proceedings of IEDMS 2002*, 20-21, Dec., 2002, Taipei, Taiwan, 511 (2002).

19. Kaneka Co., *NEDO/Ritsumeikan University Demographic Module Field Test and Operational Analysis* presented at the International PV SEC-11, Sapporo, Hokkaido, Japan, (1999).

20. Kluth, O. et al., Proc. of the 26th IEEE photovoltaic Specialists Conf., Anaheim, CA, USA, 715 (1997).

21. Kumeda, M. and T. Shimizu, *Jpn. J. Appl. Phys.* 19, L197 (1980).

22. Kuwano, Y., M. Ohnishi, S. Tsuda, Y. Nakashima and Nakamura, *Jpn, J. Appl. Phys.* 413, 21 (1982).

23. Lang, D. V., J. D. Cohen, and J. P. Harbison, *Phys. Rev.* B25, 5285 (1982).

24. Langford, A. A. , M. L. Fleet, B. P. Nelson, W.A. Lanford, and N. Maley, *Phys. Rev.* B 45, 13367 (1992).

25. Lin, S. H., Y. C. Chan, D. P. Webb and Y. W. Lam, Materials Science and Engineering B72, 197 (2000).

26. Mackenzie, K. D., P. G. LeComber, and W. E. Spear, *Phil. Mag.* B 46, 377 (1982).

27. Maley, N., *Phys. Rev.* B4, 2078 (1992).

28. Maruyama, E. et al., *Solar Energy Materials and Solar Cells* 74, 339 (2002).

29. Matsuda, A. and K. Tanaka, *Thin Solid Films* 92, 171 (1982).

30. Matsuda, A., in Conference Record of the 25th IEEE photovoltaic Specialist Conference (IEEE, New York,1996) p.1029 (1996).

31. Meier, J. et al., *Materials Research Society Symp. Proc.* 507 (1998).

32. Miyachi, K. et al., 11th E. C. photovoltaic Solar Energy Conference 1992, Eds. L. Guimarães, W. Palz, C. de Reyff, H. Kiess, and P. Helm (Harwood Academic

publishers, 1992) 88 (1992).

33. Moddel, G., D. A. Anderson, and W. Paul, *Phys. Rev.* B 22, 1918 (1980).

34. Robertson, R., D. Hils, H. Catham, and A. Gallagher, *Appl. Phys. Lett.* 43, 54 (1983).

35. Roca i Cabarrocas, P., et al., *J. Non-Cryst. Solids*, 227-230, 871 (1998).

36. Roca i Cabarrocas, P., *J. Non-Cryst. Solids*, 266-269, 31 (2000).

37. Roca i Cabarrocas, P., et al., *Thin Solid Films* 403-404, 39 (2002).

38. Schmela M., Photon International, Nov. 2000, 10 (2000).

39. Schropp, R. E. I., and M. Zeman, Amorphous and Microcrystalline Silicon Solar Cells, Kluwer Academic Publishers, Boston, P.47 (1998).

40. Shah, A. et al., *Mater. Sci. Eng.* B 69-70, 219 (2000).

41. Shah, A. et al., *Thin Solid Films* 403-404, 179 (2002).

42. Shah, A. et al., *Prog. Photovol.: Res. Appl.* 12, 113 (2004).

43. Shah, A., J. Meier, A. Buechel, U. Kroll, J. Steinhauser, F. Meillaud, H. Schade, D. Domine, Thin Solid Films 502, 292-299 (2006).

44. Sterling, H. F. and R. C. G. Swann, *Solid-State Electron.* 8, 653 (1965).

45. Spear W. E. and P. G. LeComber, *J. Non-Cryst. Solids* 8-10, 727 (1972).

46. Spear W. E. and P. G. LeComber, *Solid State Commun.* 17, 1193 (1975).

47. Spear W. E. and P. G. LeComber, *Phil. Mag.* 33, 935 (1976).

48. Staebler, D. L. and C. R. Wronski, *Appl. Phys. Lett.* 31, 292 (1977).

49. Street, R. A., Technology and Applications of Amorphous Silicon, Springer-Verlag, Berlin Heidelberg, 2000, p.293 (2000).

50. Stutzmann, M., D. K. Biegelsen, and R. A. Street, *Phys. Rev. B* 35, 5666 (1987).

51. Tauc, J., in: Optical properties of Solids, ed. by F. Abeles (North-Holland, Amsterdam, 1972) P.277 (1972).

52. Tawada, Y., H. Okamoto, and Y. Hamakawa, *Appl. Phys. Lett.*, 39, 237 (1981a).

53. Tawada, Y., M. Kondo, H. Okamoto, and Y. Hamakawa, *J. de physique*, C-4, Suppl. 10, 471 (1981b).

54. Triska, A., D. Dennison, and H. Fritzsche, *Bull. Am. Phys. Soc.* 20, 392 (1975).

55. Tzolov, M. B., N. V. Tzenov, D. I. Dimova-Malinovska, *J. Phys. D*: Appl. Phys. 26, 111 (1993).

56. Wronski, C. R., *Mat. Res. Soc. Symp. Proc.* Vol. 469, 7 (1997).

57. Wronski, C. R. and R.W. Collins, *Solar Energy* 77, 877 (2004).

58. Yamamoto, K., *Materials Research Society Symp. Proc.* 507 (1998).

59. Yamamoto, K. et al., *Solar Energy* 77, 939 (2004).

60. Yang, J., A. Banerjee and S. Guha, *Appl. Phys. Lett.* 70, 2975 (1997).

61. Zhu, M., and H. Fritzsche, *Phil. Mag.* B53, 41 (1986).

第 七 章

II-VI 及 I-III-VI 族化合物半導體太陽電池

曾百亨
中山大學材料科學研究所教授

7.1　前言

　　半導體太陽電池元件和模組技術發展有年並已量產，也被應用為太空衛星和地球上偏遠地區及一般家庭之電源。當石油耗盡而且煤炭不宜使用的情況下，除非有新的突破，以現今的科技來看，大量用電的工業得依靠核能，家庭用電則可使用太陽電池及儲能裝置。將來太陽電池如果成為家用產品甚至某些個人隨身電子產品如筆記型電腦、手機、PDA 等之充電電源，其經濟價值將不遜於今天的 IC 和 LCD 產業。如何製造低成本的太陽電池是其搶占先機贏得市場的重要關鍵。構成低成本的要件至少得具備下列任一項，即簡單的製程、廉價的原料或極少的材料用量。因此薄膜形式的元件確也滿足低成本的要求，如果能再進一步發展低成本的製程，則會是更具利基的能源選項。

　　經多年研究已達到或接近量產階段的半導體薄膜太陽電池材料，有非晶矽、CdTe 和 CuInSe$_2$（簡稱 CIS，若添加 Ga 成為 CuIn$_{1-x}$Ga$_x$Se$_2$，則簡稱為 CIGS）等三種 [1]。其中非晶矽是最先製成太陽電池模組量產者；而 CdTe 和 CIGS 太陽電池小面積元件之能源轉換效率已分別達到 19% 與 16% 以上，兩者均已有少量大面積模組之產品。

　　CdTe 屬 II-VI 族化合物，因含 Cd 為重金屬元素，在環保議題中備受關切。CIS 則屬 I-III-VI$_2$ 族化合物。CIS 材料由於其高效能加上高穩定性的特點，可成為未來低成本高效率太陽電池，頗具潛力的材料。以國外近來的研究成果來看，CIS 系列之化合物所製成之太陽電池，在過去 10 年間發展最為迅速，幾年前德國 Stugartt 大學之研究小組已製出效率超過 16.9% 的 CIGS 薄膜太陽電池 [2]，最近美國能源部所屬的再生能源國家實驗室（National Renewable Energy Laboratories，簡稱 NREL）再進一步把能源轉換效率推升至接近 20% [3]，這些研究結果相較於其他薄膜太陽電池是能源轉換效率之最高者，而且也是唯一真正穩定者 [4,5]。

　　本章即針對 II-VI 族和 I-III-VI 族之化合物半導體太陽電池介紹其材料性質、薄膜製程、元件結構和量產技術等各個層面。讓讀者了解以這兩類材料為

主要的光吸收層所製作的太陽電池，如何在各階段的研發過程中突破瓶頸，讓電池效率再創新高。這其間涉及材料製程的改良、材料性質的掌控、不同材料間的適當搭配等議題，這些資訊可以做為未來薄膜太陽電池研發的重要參考。

7.2 II-VI 和 I-III-VI 化合物半導體的材料特性

7.2.1 II-VI 族化合物

由圖 7.1 之元素週期表所示，第二族元素包括 Zn、Cd、Hg 以及第六族元素即 S、Se、Te 等構成具半導體特性的 II-VI 族化合物，其基本性質則列於表 7.1[6]，其中除了 CdTe、ZnSe 具 n-type 和 p-type 兩種導電特性之外，其他 II-VI 族化合物僅可得到單一的導電型式如 p-type 的 ZnTe 以及 n-type 的 CdS、CdSe、ZnS 等。因此，在材料的搭配上就受到一些限制。據理論計算 $p\text{-}n$ 同質接面（homojunction）太陽電池的能量轉換效率最高者，其能隙在 1.5

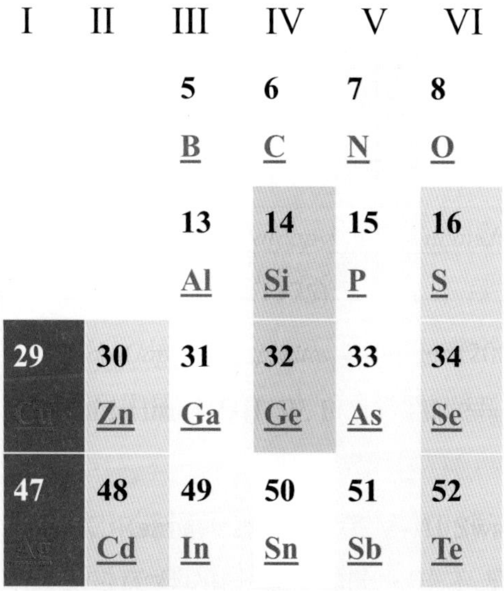

圖 7.1 元素週期表

表 7.1　II-VI 族化合物半導體材料的基本性質 [6]

Structural and Electronic Properties of Some Mon℃ rystalline and Polycrystallinc II-VI Compounds (The carrier concentrations are for unintentionally doped crystals)

Single Crystals	a, c [$Å$]	E_g [eV]	μ_n [cm^2/Vs]	μ_p [cm^2/Vs]	Carrier Concentration [cm^{-3}]	
ZnS		2.8				
CdS		2.3				n
ZnSc	5.669	2.7	0.53×10^3	28	$(0.3-4.7) \times 10^{16}$	n, p
Cdse	4.299	1.8	0.65×10^3	50	$(1.0-9.6) \times 10^{15}$	n
	7.015					
HgSe	6.084	-0.15	2.20×10^4		$(0.8-3.1) \times 10^{17}$	n
ZnTe	6.104	2.26	0.34×10^4	110	$(1.0-6.1) \times 10^{16}$	p
CdTe	6.481	1.50	1.05×10^3	80	$(0.7-4.2) \times 10^{15}$	n, p
HgTe	6.461	-0.14	3.20×10^4		$(2.2-6.9) \times 10^{17}$	n, p
Polycrystals						
ZnSe			$0.01-0.1$	10^9-10^{12}		
ZnTe			$0.1-10$	$10^{10}-10^{20}$		
CdSe			$20-380$	$10^{11}-10^{16}$		
CdTe			$20-400$	$10^{12}-10^{14}$		i
CdTe			$200-400$		$10^{20}-10^{21}$	n
CdTe			$30-40$		1.5×10^{22}	p
Hg$_{1-x}$Cd$_x$Te						
$x = 0.10$			20×10^3		2×10^{17}	n
$x = 0.15$			12×10^3		—	n
$x = 0.20$			8×10^3		1×10^{17}	n

eV 左右，所以 CdTe 理所當然的成為 II-VI 族化合物中，最適於應用在太陽電池的材料。

　　II-VI 族化合物有較 III-V 族強的離子鍵結，加上第 II 族與第 VI 族的元素之蒸氣壓相近且其值不低，因此在材料的製備上，易以自行交互配位的方式形成化合物。以薄膜的成長而言，如果將基板溫度設定在讓同類原子（II-II or

VI-VI）無法形成鍵結的條件下，第 II 族與第 VI 族的元素只有交互鍵結終形成 II-VI 化合物；在通常的鍍膜條件，該溫度並不高，約 300℃左右即可。

II-VI 族化合物的結晶構造，有些是呈立方體的閃鋅礦結構（Zincblende Structure），如 ZnSe、ZnTe、CdTe 等，有些則是六方體的結構（Wurtzite Structure），如 CdSe；而 CdS 和 ZnS 則視材料製備條件具上述兩種結構之一或兩者兼具的情形，不同的結構，當然其性質有所不同。

半導體材料中，鍵結的強弱與能隙有直接關聯。從由圖 7.1 的週期表來看，II-VI 族化合物中的組成元素原子序愈小者，即有較強的離子鍵結，如 Zn-Se 較 Zn-Te 的鍵結強，Cd-S 也比 Cd-Te 的鍵結強；它們的能隙也反應出鍵結的強弱，如 ZnSe(2.7eV)、ZnTe(2.25eV)、CdS(2.42eV)、CdTe(1.58eV)，而就 Zn-Te 與 Cd-Te 來比較，前者有較強的鍵結與較大的能隙。

7.2.2 I-III-VI$_2$ 族化合物

I-III-VI$_2$ 族化合物可視為是由 II-VI 族所衍化而來，亦即第二族元素以第一族（Cu、Ag）與第三族（Al、Ga、In）取代並配合第六族（S、Se、Te）而形成的三元素化合物。因在陽離子所占的晶格位置有兩種原子交互有序的排列，所以其單位晶包（Unit Cell）看似兩個閃鋅礦的單位晶包堆疊而成，唯 c 軸與 a 軸的單位長度比值，因為兩種不同的陽離子與陰離子的鍵結強度有所不同並不等於 2，如此的結晶構造稱之為黃銅礦（Chalcopyrite）結構，見圖 7.2。

這一系列的化合物，由圖 7.1 的週期表可有第一族元素 Cu、Ag、第三族元素 Al、In、Ga 以及第六族元素 S、Se、Te 等十八種化合物，其能隙也如其他的化合物半導體，可以在某一範圍區間藉由同族元素的相互取代而形成四元甚至五元化合物。其與 III-V 或 II-VI 族化合物最大的不同在於沒有極接近定比（Stoichiometry）的組成，單一相的組成穩定範圍如以 CuInSe$_2$ 為例，可達 3～5 at%，偏離 1：1：2 定比組成的程度算是相當可觀，由圖 7.3 之 Cu$_2$Se-In$_2$Se$_3$ 擬二元相圖可看到上述情形。偏離定比組成的情形會在材料內部產生內在點缺

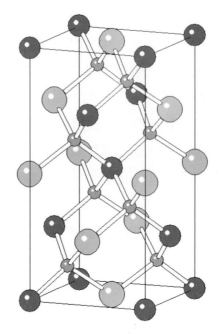

圖 7.2　I-III-VI$_2$ 化合物的結晶構造

陷（Intrinsic Point Defects），其種類就 I-III-VI 三元化合物而言，共有十二種之多，而各種點缺陷其數目之分布情形和化學組成以及缺陷的形成能量有密切關係，在表 7.2 中列出了 CuInSe$_2$ 內在點缺陷的類型、形成能量以及其在能隙間產生對應的能階位置，顯然一些主要的點缺陷如 Cu 與 In 的空位（vacancy）、Cu 與 In 的錯位（antisite）等，均具有如 donor 或 acceptor 的淺能階，對材料的光、電性質之影響與外加摻雜（doping）的效果相同。基本上，CuInSe$_2$ 薄膜的電性可以由其化學組成，如 Cu/In 或（Cu+In）/Se 之原子間比例來控制並調整成 p-type 或 n-type 的導電形式。CuInSe$_2$ 薄膜內各個點缺陷之間，有可能因彼此間的作用而形成點缺陷複合體（defect complex），它們也會對電性有所影響。

　　經 Hall 電性量測的結果顯示，接近定比組成的薄膜其載子濃度在 10^{13} ～ 10^{15}cm^{-3} 之間，偏離定比值增大時，載子濃度可達 10^{20}cm^{-3}，電遷移率則在

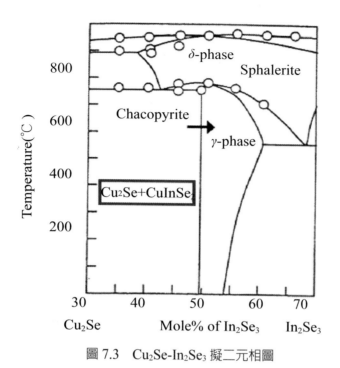

圖 7.3　Cu₂Se-In₂Se₃ 擬二元相圖

表 7.2　CuInSe₂ 內在點缺陷的類型、形成能量以及其能階位置

Defect type	Formation energy (eV)	Conductivity type	Defect level (meV)
In on Cu antisite	1.4	Donor	33 ～ 45
Cu on In antisite	1.5	Acceptor	50 ～ 60
Se vacancy	2.4	Donor	115
Cu vacancy	2.6	Acceptor	30
In vacancy	2.8	Acceptor	40
In on Se antisite	5.0	Donor	85 ～ 95
Se on In antisite	5.5	Acceptor	80
Cu on Se antisite	7.5	Acceptor	110 ～ 130
Se on Cu antisite	7.5	Donor	50 ～ 60
Cu interstitial	4.4	Donor	55
In interstitial	9.1	Donor	70
Se interstitial	22.4	Acceptor	65 ～ 70

$0.2 \sim 2cm^2/V\text{-sec}$ 之間，並不因組成有太大的改變。另就其光吸收性質而言，此類化合物組成控制之精密程度並不足以對 CIS 太陽電池的元件特性有顯著的影響，這也是有利於量產的因素。

7.3 II-VI 族半導體太陽電池

由太陽電池元件結構的一些要件來看，符合下列的條件可以獲致較高的能量轉換效率：(1) 主要的光吸收層其能隙值在 1.5eV 附近；(2)p-n 接面的安排，最好以 n-type 層迎著照光的方向；(3) 以異質接面（heterojunction）的設計讓迎光的 n-type 層選用具較大能隙的材料，如此可以讓無法被吸收的光穿透到 p-type 主吸收層，這樣的安排有助於不同波長的光被有效的吸收，高能隙的 n-type 層因而稱之為透光層（window layer）；(4) 各層的厚度搭配與各層的電性，如能隙、載子擴散長度等有密切關係，必須予以適當的設計。

從對 II-VI 族材料性質的了解，以及上述太陽電池元件結構的需求，CdTe 的能隙以及具 p-type 的導電特性，即成為其被用為主要光吸收層的最佳選擇，至於透光層則可以搭配 n-type 的 CdS 或 ZnSe，甚至摻加第三個 II 或 VI 族元素如（Zn,Cd）S 或 Zn（Se,S），以調整適當的能隙做最佳化設計。即使 n-ZnCdS/p-CdTe 和 n-ZnSeS/p-CdTe 有可能成為頗富潛力的高效率太陽電池，如何進一步改善 p-n 接面性質以降低再複合損失（recombination loss）和改善 CdTe 之 p-type 摻雜性質以增加摻雜量降低其電阻率進而得到低電阻的金屬接觸，都是提升 CdTe 太陽電池效率的重要關鍵。以下則針對 CdTe 的薄膜製程和薄膜的電學與光學性質先做介紹，接著敘述 CdTe 太陽電池的研發歷程，最後就 II-VI 族太陽電池的未來發展提出一些個人的看法。

7.3.1 CdTe 薄膜製程

為了降低成本 CdTe 薄膜，常以複晶結構（polycrystalline structure）為主，可用各種不同的方法來製備，包括蒸鍍（evaporation）、近距揮發（close-spaced sublimation，簡稱 CSS）、蒸氣輸送沉積（vapor transport deposition，簡稱 VTD）、化學氣相沉積（chemical vapor deposition，簡稱 CVD）、電化學沉積（Electrodeposition，簡稱 ED）、網印（screen printing）、熱版噴塗（spray pyrolysis）、濺鍍（sputtering）等，都曾經被使用過 [7]。圖 7.4 整理 CdTe 鍍膜的各種製程及相關的製程條件以提供參考與比較 [8]。因 CdTe 具離子鍵結，在成膜過程中很容易形成 Cd-Te 的鍵結，即使運用不同的鍍膜方法，在定比組成的控制上並不困難，甚至可以在室溫下先分別鍍製 Cd 與 Te 之元素態薄膜，再升溫讓其形成化合物。

值得一提的是，CdTe 太陽電池常需要外加一道熱處理程序，亦即在 $CdCl_2$（通常是於空氣中摻入分壓為 0.04 Torr 的 $CdCl_2$）氣氛下，以 425℃的溫度進行 20 分鐘的熱處理，藉此促成 CdTe 晶粒成長（見圖 7.5）與晶界面的被覆（passivation）作用而使得晶界面處之高電阻消失不見（見圖 7.6），也同時促成 p-n 異質接面間材料的相互擴散形成三元化合物（如 CdS/CdTe 之界面附近可產生組成漸變的 $CdTe_{1-x}S_x$），因而降低 CdTe 與 CdS 兩材料之間晶格不符合所造成的界面缺陷密度，此一程序有助於大幅改善太陽電池的效率；而空氣中的 O_2，則有增加 CdTe 之 p-type 導電率和促進 CdS/CdTe 相互擴散之影響。有一種說法：既然這是一道必要的後續製程，使用何種方法進行 CdTe 鍍膜就無關緊要，儘可用低成本的方法即可。

7.3.2 CdTe 的電性與元件製程

II-VI 太陽電池以 n-CdS/p-CdTe 的組合如圖 7.7 已可達到 16.5% 的能量轉換效率，而大面積 CdTe 太陽電池模組近年來已進入量產階段，其能量轉換

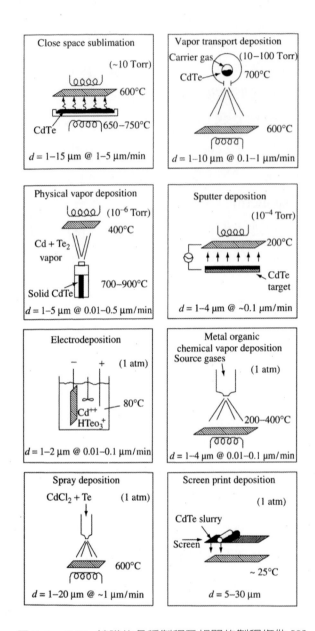

圖 7.4　CdTe 鍍膜的各種製程及相關的製程條件 [8]

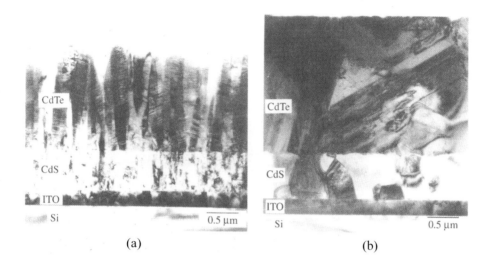

(a)   (b)

圖 7.5　穿透式電子顯微鏡呈現以蒸鍍法製備之 CdTe/CdS/ITO 薄膜剖面微結構：(a) 熱處理前、(b) 熱處理後，在 CdTe 與 CdS 薄膜層可觀察到晶粒之平均大小由 0.1μm 增加到 0.5μm

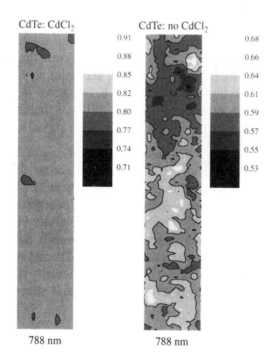

圖 7.6　對 CSS 法製備之 CdTe/CdS/ ITO 太陽電池於熱處理前後，以波長為 788nm 具 1μm 直徑之光束所激發之光電流轉化為量子效率（Quantum Efficiency）之分布圖

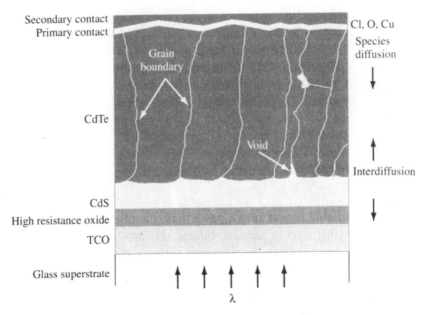

圖 7.7　CdTe 太陽電池之典型結構

效率已逾 10%。主要的量產廠商有 Antec、BP Solar、First Solar 等，各公司
對該元件結構中 p-CdTe 薄膜所使用的製備方法不一，分別為近距揮發、電化
學、蒸氣輸送等鍍膜技術。量產型的蒸氣輸送鍍膜如圖 7.8 所示，CdTe 粉末
可由兩端持續不斷地送入，並由攜帶氣體（carrier gas）吹進圓筒型加熱器中，
CdTe 蒸氣從線型隙縫送出到加熱的基板上沉積。

　　CdTe 的 p-type 摻雜以 P 或 As 為主，通常在 Cd 過壓（overpressure），
即 Cd-rich 的條件下進行摻雜。對以 CVD 或 $M^{\circ}C$ VD 法所製備的 CdTe 磊晶
膜可得到 2×10^{17} atoms/cm^3 的電洞濃度，而複晶膜則僅 6×10^{15} atoms/cm^3。而
以光輔助分子束磊晶成長法（Photo-Assisted Molecular Beam Epitaxy，簡稱
PAMBE）製備的 As-doped CdTe，其電洞濃度最高為 6.2×10^{18} atoms/cm^3，
在照光之下有利原子在表面活動，而且也使得 Te 較易脫附（desorption），對
摻雜量之影響則不明顯。在 MBE 製程中也曾有人使用低能量離子束摻雜，其
電洞濃度最高僅 2×10^{17} atoms/cm^3，但離子束撞擊所產生的材料缺陷則使其電

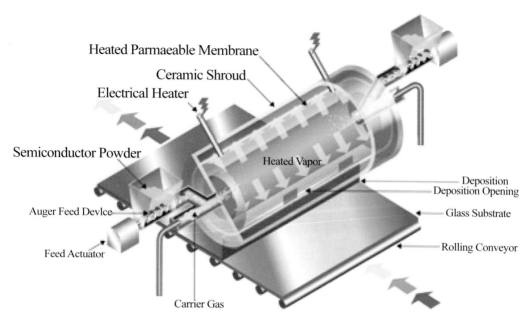

圖 7.8　First Solar 公司之量產型 CdTe 蒸氣輸送鍍膜示意圖

性變差，常需要在其上再成長一層不摻雜的 CdTe，以避免造成太陽電池短路電流的降低。

　　在歐姆接觸方面，因 p-CdTe 的功函數（work function）高達 5.7eV，沒有任何金屬可與其形成理想的歐姆接觸，故常以含 Cu 的金屬合金（如 $Cu_{0.12}Au_{0.88}$），在經 $K_2Cr_2O_7$:H_2SO_4 處理後 Te-rich 之表面由 Cu 擴散進入 CdTe 取代 Cd 之晶格位置，促使 CdTe 表層形成高含量之 p-type 摻雜，電洞即藉由高電場穿邃（tunneling）方式傳導出來。在模組量產製程中，對 p-CdTe 複晶薄膜之低接觸電阻接點之製作，常在 $CdCl_2$ 退火處理後於 CdTe 表面以電子束蒸鍍一 Cu 薄層，再加熱促使 Cu 擴散進入 CdTe，達成表層摻雜。

　　綜上所述，高效率 n-CdS/p-CdTe 太陽電池的製作需依據下列設計與步驟：⑴將 CdTe 膜鍍於透明的 CdS/TCO/Glass 基板上；⑵CdS 透光層愈薄，愈能增進短波長的光譜反應（spectral response）；⑶CdTe 鍍膜後需在 $CdCl_2$ 和 O_2 氣氛中進行一道熱處理程序，以改善 CdTe 之晶粒結構及 p-type 導電率，也促

進 CdTe 與 CdS 之間的相互擴散形成 CdTeS，以降低界面缺陷數目；(4)CdTe
層藉由化學處理使其形成表面組成呈 Te-rich，再鍍上 Cu 並加熱使之擴散進入
CdTe 提高 p 型摻雜量，最後鍍上導電材料如 Ni 或石墨。

　　元件的電性在熱處理過程之前後有明顯的變化，如圖 7.9 所示。元件經
420℃在空氣中含 CdCl$_2$ 蒸氣的環境下 20 分鐘熱處理後，其照光後的電流與電
壓曲線呈現極佳的特性。

7.3.3　CdTe 薄膜太陽電池的未來發展

　　CdTe 太陽電池在美國與德國各有一、兩家公司進行量產，大面積 CdTe 模
組的能量轉換效率，目前可達 10.5% 且使用期限長達 25 年，其單位成本有機
會在每瓦 1 元美金以下，是目前最低成本的薄膜太陽電池，再者，Cd 與 Te 元

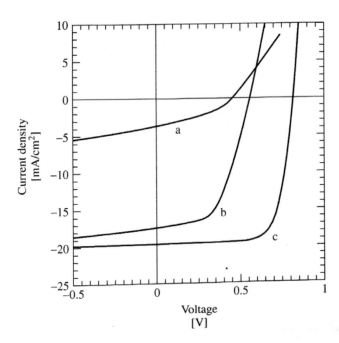

圖 7.9　元件的 I-V 曲線在熱處理前後的變化：曲線 a 為熱處理前，曲線 b 為經 550℃在空
氣中 5 分鐘熱處理後，曲線 c 為經 420℃在空氣中含 CdCl$_2$ 蒸氣的環境下 20 分鐘熱處理後

素均可由基本金屬如銅、鋅礦等的冶鍊過程中獲得，量產規模達數個 GW 也不至於有缺料問題。然而該產品在應用上的一項負面因素是材料中所含的 Cd 為重金屬元素，它在製程和廢棄使用時所衍生的環保議題中備受關切。雖然業者強調 Cd 的化合物之污染與元素態之 Cd 有極大之差別，而且在製程上以及廢棄物回收的處理程序均能達到嚴苛的要求。甚至一美國公司對其在生產線上的員工長期取樣檢驗身體內的 Cd 含量，並未測到高於平常值的結果，但是仍不免令人掛慮。在面臨其他材料的競爭下，雖然歐盟對大多數電子產品之含 Cd 量之限制尚未及於太陽電池，短期內對 CdTe 太陽電池量產的廠商因較少相同產品的競爭者，再加上產品成本低於其他材料製成的太陽電池而獲利，廠商甚至祭出將來負擔太陽電池板回收費用的方案，但長期來看，在未來趨於嚴格的環保要求下，實不利於 CdTe 太陽電池的發展。

7.4 I-III-VI$_2$ 族半導體太陽電池

自 1950 年代以來，I-III-VI$_2$ 族化合物開始被研究以了解其結晶相與材料性質，Shay 和 Wernick 在 1975 年將這些研究成果結集出版 [9]。以 CuInSe$_2$ 搭配 CdS 所製作的 p-n 接面太陽電池之元件特性，也隨後在 1976 年發表。往後在 CIS 太陽電池效率隨著持續地改良製程與搭配的材料而逐步墊高，目前最高效率的 I-III-VI$_2$ 薄膜太陽電池，其主吸收層為 Cu(In,Ga)Se$_2$，其 Ga/In 之比值必得維持在 0.3 以內，若高於 0.3，則導致太陽電池效率大幅降低。以三元化合物 CuInSe$_2$ 製成的太陽電池效率稍低，這是因為 CuInSe$_2$ 的能隙僅約 1.0eV，雖然該材料擁有相當高的光吸收係數。Ga 的加入讓材料成為四元化合物可增大 CuInSe$_2$ 的能隙，也使得電池的開路電壓（open-circuit voltage）得以提升並降低電流減少電阻損失，進而獲致更高的電池效率。

CuInSe$_2$ 是所有的 I-III-VI$_2$ 族化合物當中被研究最力者，當然也獲得很好的成果。然而即使加入 Ga 成為 CuIn$_{1-x}$Ga$_x$Se$_2$ 來增大能隙以提升電池效

太陽電池

率，但如前所述，當 x 值超過 0.3 時就無法得到預期的效果，而 x = 0.3 時，其能隙僅達 1.15 eV。曾經有一些努力企圖藉由四元（$CuInS_xSe_{2-x}$）甚至五元化合物（$CuIn_{1-x}Ga_xS_ySe_{2-y}$）之組成調配來改變能隙，以嘗試提升電池效率，但結果並非如此，反而使得效率降低 [10]。似乎長時間以來，在 $CuInSe_2$ 和 $Cu(In,Ga)Se_2$ 所獲得的材料匹配與改良的成功經驗，無法直接被應用到其他 Cu-III-VI_2 系列的化合物上，尤其是 $CuInS_2$，它是除了 $CuInSe_2$ 之外，另一藉由組成調變可得到 n-type 和 p-type 的 I-III-VI_2 族化合物，見表 7.3，它的能隙大約 1.5eV，如前所述，它是一個具適當能隙值的太陽電池材料。往往一些材料特性的變化，包括界面和內在缺陷等加總之後的影響即足以導致可觀的負面結果，顯然針對這些 Cu-III-VI_2 系列的化合物仍需要投入足夠的研究能量，以呈現其該有的元件表現。因此，以下即針對 CIGS 高效率太陽電池之元件結構以及製程等進行介紹。

表 7.3　I-III-VI_2 族化合物之能隙與退火後之電性

化合物（單晶）	能隙(eV)	在 S 或 Se 過壓狀態下退火				在 S 或 Se 不足狀態下退火			
		Type	ρ (Ω-cm)	p (cm^{-3})	μ (cm^2/V-s)	Type	ρ (Ω-cm)	n (cm^{-3})	μ (cm^2/V-s)
$CuAlS_2$	3.5	P	$10^2 \sim 10^3$	3×10^{15}	<2		$>10^5$		
$CuAlSe_2$	2.7	P	$10^2 \sim 10^3$	1×10^{16}	~1		$>10^5$		
$CuGaS_2$	2.4	P	1	4×10^{17}	15		$>10^5$		
$CuGaSe_2$	1.7	P	0.05	5×10^{18}	20		$>10^5$		
$CuInS_2$	1.5	P	5	1×10^{17}	15	N	1	3×10^{16}	200
$CuInSe_2$	1.0	P	0.5	1×10^{18}	10	N	0.05	4×10^{17}	320
$AgGaS_2$	2.7		$>10^5$				$>10^5$		
$AgInS_2$	1.9		$>10^5$			N	10	4×10^{15}	150
$AgGaSe_2$	1.8		$>10^5$				$>10^5$		
$AgInSe_2$	1.2	N	10^4	8×10^{11}	750	N	0.02	5×10^{17}	600

7.4.1　CuInSe₂ 之薄膜製程

　　高效率 CIS 太陽電池都是使用共蒸鍍（Co-evaporation）或硒化（Selenization）反應法鍍製 CIS 薄膜。其他如共濺鍍（Co-sputtering）方式則因較高的能量的薄膜表面撞擊而產生缺陷，以及 In 排斥現象造成對薄膜組成的控制有所不足等缺憾，目前尚無法以此製程產出高效率太陽電池；再者，如低成本的電化學沉積法（Electrodeposition）所鍍製的薄膜則因品質不佳亦不適用於高效率太陽電池之製作。

　　三源（CIS）或四源（CIGS）之共蒸鍍製程是使用元素態蒸發源，在 450 ～ 600°C 的基板溫度下蒸著。因 Se 元素的蒸氣壓高，所以常在 Se 維持過量（Overpressure）的情況下來調整 Cu 與第三族元素（In、Ga）的比例。當成長條件為 Cu-rich（Cu/In>1）時，晶粒約有幾百甚至上千奈米的大小，薄膜呈現粗糙的表面；而 In-rich 薄膜則因晶粒小於幾十奈米，薄膜表面平滑光亮。CIS 薄膜蒸鍍的過程中，係先形成 Cu₂Se 和 In₂Se₃ 兩個二元相（binary phase），再進一步反應生成 CuInSe₂ 三元相（ternary phase）。

　　在 1980 年代，美國波音公司實驗室所製作的 CIS 太陽電池突破 10% 的能量轉換效率達到 12%，其 CIS 薄膜是先後分別以 Cu-rich 和 In-rich 之蒸鍍條件製備。在 Cu-rich 的條件下可得到晶粒大的 CIS 薄膜但卻含有 Cu₂Se 二次相，在複晶薄膜的成長過程中，Cu₂Se 為液態並呈現於表面和晶界面（grain boundary），此有助於晶粒長大；緊接著 In-rich 的成長條件將可讓多餘的 In₂Se₃ 二元相跟 Cu-rich CIS 膜中的 Cu₂Se 二次相完全反應而消除之，最後得到的是大晶粒且單一相的 CIS 薄膜，當然薄膜中先形成的組成富含稍多的銅而呈現 p-type 導電特性，而稍後形成的部分則為銦偏多的組成因而具高電阻率 n-type 接近本質（intrinsic）半導體的導電特性。

　　同時期，ARCO solar 公司亦發展 CIS 的硒化製程，以該製程製作的 CIS 太陽電池其效率雖略遜於以蒸鍍製程所製作之太陽電池但卻緊追在後。硒化製程是先分別鍍製特定厚度的 Cu 和 In 金屬膜以達成特定的原子數配比，再置於

H₂Se 氣體或 Se 蒸氣之中，以 400℃以上的溫度讓其反應成 CuInSe₂。以硒化法製備之薄膜，其組成均勻度略遜於蒸鍍者，但仍能達到高效率太陽電池的要求，其好處在於可使用大面積濺鍍製程，甚至低成本的墨印（Ink Printing）製程，適合量產之規劃。尤有進者，新式的硒化法採用快速退火（rapid thermal annealing，升溫速率至少 10℃ /sec 以上），將基板上 Cu/In/Se 三元素預鍍層（precursor films）以 400～500℃的溫度在極短時間（1～5 分鐘）內完成硒化反應 [11]，顯然此一製程更具產量大與成本低的優勢。

硒化法若以逐漸升溫的方式為之其成膜的過程是一連串的反應先後在進行，亦即先有銅化硒和銦化硒等多種二元中間相的形成，最後合成三元的 CIS 單一相，表 7.4 是以 X 光繞射等方法所測到的數據分析而得的中間反應過程

表 7.4　CIS 硒化製程的中間反應過程

New reaction set with CuIn

$2In+Se \rightarrow In_2Se$ k_2
$In_2Se+Se \rightarrow 2InSe$ k_3
$2CuIn+2Se \rightarrow Cu_2Se+In_2Se$ k_A
$2InSe+Cu_2Se+Se \rightarrow CuInSe_2$ k_7

New reaction set with Cu₂Se

$2In+Se \rightarrow In_2Se$ k_2
$In_2Se+Se \rightarrow 2InSe$ k_3
$2Cu_2Se+3Se \rightarrow 2Cu_2Se+In_2Se$ k_A
$2InSe+Cu_2Se+Se \rightarrow 2CuInSe_2$ k_7

Previously proposed reaction set with Cu₁₁In₉

$2In+Se \rightarrow In_2Se$ k_2
$In_2Se+Se \rightarrow 2InSe$ k_3
$2Cu_{11}In_9+20Se \rightarrow 11Cu_2Se+9In_2Se$ k_A
$2InSe+Cu_2Se+Se \rightarrow 2CuInSe_2$ k_7

Reaction rate constants	$T=400℃$	$T325℃$	$T=250℃$	Energy of activation E_{ai} (KJ mol⁻¹)	Frequency factor K'_{10}
K'_3 (min⁻¹)	0.3	0.1-0.2	0.011	66	$(4-6.2)\times10^4$(min⁻¹)
K'_A (min⁻¹)	0.16-0.4	0.016	0.001	95-112	$(0.4-16)\times10^7$(min⁻¹)
K'_7 (cm³ mol⁻¹ min⁻¹)	26	10	7	25	2×10^3(cm³ mol⁻¹ min⁻¹)

[11]。如果使用快速升溫即可跳過中間相的形成，直接合成 CIS 化合物，以此方式所製備的材料並不會造成電池效率減損，至於薄膜形成的機制則因合成速度太快而難以得知，但仍可利用間接的方式尋求更好的材質。

目前以 CIGS 為主要吸收層的太陽電池，其最高轉換效率已達 19.2%，是由美國 NREL 於 2003 年所發表。NREL 使用改良式的蒸鍍法稱之為三階段製程（Three-stage process），顧名思義此法是將整個製程分作三個階段來調變基板溫度與控制不同的元素源及其蒸發溫度 [12]，見圖 7.10。第一階段是將已鍍

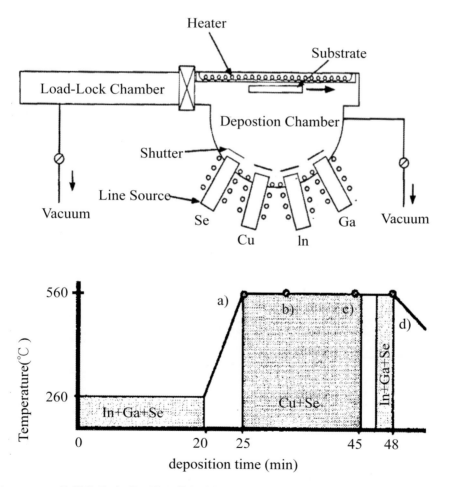

圖 7.10　NREL 使用的改良式三階段蒸鍍製程，以三個階段來調變基板溫度與控制不同的元素源及其蒸發溫度

上鉬（Mo）金屬的鈉玻璃加熱至 260℃，並同時提供元素 In、Ga 與 Se 成長 $(In,Ga)_2Se_3$ 先驅物；第二階段則關閉元素 In 與 Ga，改提供元素 Cu 以及 Se，並加熱基板至 560℃，此時四元化合物 $Cu(In,Ga)Se_2$ 開始形成，並伴隨產生 $Cu_{2-x}Se$ 二次相於薄膜表面，該二次相呈液態有助於產生大晶粒且緻密的柱狀結晶，見圖 7.11；第三階段即關閉元素 Cu 並保持基板溫度在 560℃，再繼續提供 In、Ga 與 Se 一小段時間後也關閉 In 與 Ga，使足夠的元素 In 與 Ga 與二次相 $Cu_{2-x}Se$ 再次反應，在表面形成 $Cu_2(In,Ga)_4Se_7$ 或 $Cu_1(In,Ga)_3Se_5$ 薄膜，故最後會形成稍微銅不足（Cu-poor）的 $Cu(In,Ga)Se_2$ 薄膜，其組成比值在 $0.93 < Cu/(In+Ga) \leq 0.97$ 之間，最後在元素 Se 氣氛下，作 5 至 10 分鐘的高溫退火進行再結晶（recrystallization）。

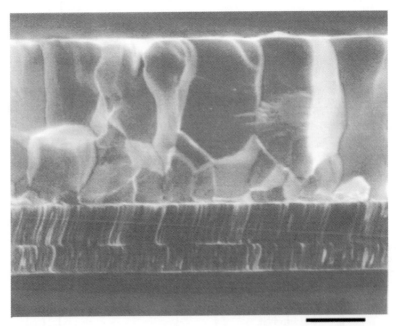

S2051-2   1μm 20000X

圖 7.11　以三階段蒸鍍製程所成長的 CIGS 薄膜之剖面晶粒結構

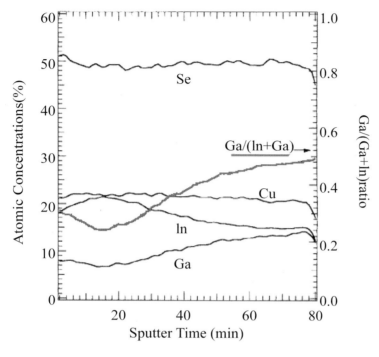

圖 7.12　CIGS 薄膜之組成元素縱深分布

　　以此法製備的 CIGS 薄膜，其組成元素縱深分布如圖 7.12 所示 [13]。藉著加入 Ga 形成四元化合物 $CuIn_{1-x}Ga_xSe_2$，可增大主吸收層的能隙值，如此能增加開路電壓約 20 ～ 30mV。至於 Ga 的濃度分布梯度則援引 a-SiGe 太陽電池之能帶設計概念，使導帶形成 V 形雙斜率，此設計帶有背向電場用來推動電子往 *p-n* 接面移動，有助於減少在背面金屬接觸界面處複合（recombination）的機會並加強電荷的收集，而光入射方向則得利於能隙漸減的斜率設計，擴大光吸收波段的涵蓋範圍。整體而言，可增加短路電流。

　　上述的材料及元件設計理念成功的運用是能夠將 CIGS 太陽電池效率推向 15% 以上的主要原因。事實上，以硫取代硒之一部分成為 $CuInSe_{1-y}S_y$ 四元化合物也可以使能隙增加而得到如 CIGS 類似的效果，只是硫的蒸氣壓較硒高許多，若使用蒸鍍法在控制上得使用特殊之蒸發源設計以特製閥門調節硫蒸氣之

太陽電池

輸出。目前在 CIG 硒化量產製程中，也可以同時置入硒和硫合成 CIGSS 五元化合物 [14]。

7.4.2 CIGS 高效率太陽電池的元件結構

高效率的 CIS 太陽電池常用的元件結構如圖 7.13a，各層材料能隙值 ZnO：3.30eV、CdS：2.42eV、CuInSe$_2$：1.02eV，由上往下遞減，可廣泛涵蓋太陽光譜的吸收範圍。通常先鍍 p-type Cu-rich CIS 薄膜在鍍鉬的玻璃基板上以形成良好的歐姆接觸，再調升 In 蒸發源溫度繼續鍍上電性近乎 Intrinsic 的 In-rich CIS 薄膜，此時其晶粒結構承襲下層的 Cu-rich CIS 薄膜，也是大晶粒及粗糙的表面。CIS 之上的 n-type CdS 緩衝層是為求異質接面電性的最佳匹配而設，為能完整無缺的覆蓋稍粗糙的表面而使用化學水浴沉積法（Chemical Bath Deposition）。最後以濺鍍方式陸續成長 ZnO 和 Al/Ni 薄膜，完成整個元件結構。以 CIS 為主吸收層的太陽電池，其能量轉換效率目前最高可達

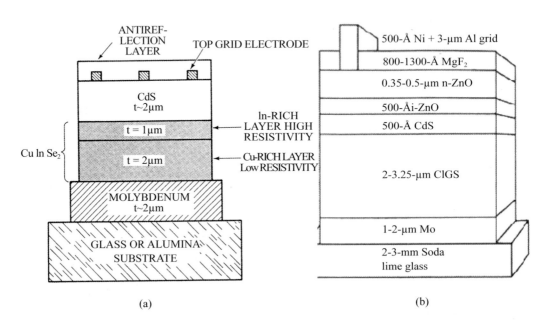

圖 7.13　(a) 高效率 CIS 太陽電池結構、(b) 高效率 CIGS 太陽電池結構

288

15.4%；而新近的 CIGS 太陽電池效率則接近 20% [8]，其元件結構如圖 7.13b 所示。

上述高效率 CIS 太陽電池的元件結構中，各層材料的搭配係自 1976 年第一個 CIS 太陽電池發表以來即有一脈相承的痕跡，但與 1980 年代波音公司突破 10% 之 CIS 太陽電池結構之材料相較，卻有了一些重要的更動，包括玻璃基板改用鈉玻璃（Sodalime glass），以 CIGS 取代 CIS，在抗反射層與透光層部分也略有更動。以下則就各層材料的選用及其特點略做說明。

在玻璃基板的選用上，最初使用硼玻璃（Borosilicate glass），稍後即以較低成本的鈉玻璃為主。鈉原子在固態材料中有很強的擴散（Diffusion）能力，在 CIS 蒸鍍的過程中就能穿過鉬層進入 CIS 鍍層中，那時的溫度大約在 500℃ 上下，時間則約 60 分鐘左右。鈉在 CIS 薄膜成長的過程中出現一些意料之外卻很正面的影響，在相關的研究中得到一些初步了解：(1) 它抑制了結晶缺陷的形成；(2) 它對 p-type 的導電性有所貢獻。雖然尚未獲得明確的實驗證據，間接的實驗結果指出這些影響甚至及於電池效率的顯著改善 [10]，這個實驗是刻意在鉬層上方鍍一很薄的含鈉 NaF 薄膜，再成長 CIS 並完成上述的元件結構，表 7.5 即呈現電池效率值提升了 3% 左右。

在背電極之歐姆接觸方面，已有實驗證實在 CIS 與 Mo 之間有一僅幾個原

表 7.5　在 Mo 層上方鍍一很薄的 NaF 膜後所完成的 CIGS 太陽電池之電性改善情形

set #	Efficiency (%)		Voc (mV)		Jsc (mA/cm^2)	
	no NaF	w/NaF	no Naf	w/NaF	no Naf	w/NaF
1	11.2	14.2	528	621	30.3	31.0
2	10.6	13.4	510	604	30.8	30.4
3	9.3	13.2	510	602	27.4	30.0
4	10.1	13.2	515	602	29.0	29.7
5	10.0	13.1	517	599	28.6	29.8
6	10.6	12.9	518	594	30.3	29.9
7	10.2	12.1	514	589	30.0	28.4

太陽電池

子層厚度的 MoSe2 在 CIS 薄膜成長時形成，這讓本來具蕭基接觸特性的 CIS/Mo 界面得以改質，而呈現良好的歐姆接觸特性。

　　長期以來，CdS 被認為是與 CIS 形成 p-n 接面的最佳搭配，在不少論文中針對兩者所形成的能帶結構多所探討 [10]。更有一些看法認為 Cd 會擴散進入 CIS 取代 Cu 成為 n-type 摻雜導致 p-n 接面的位置內移至 CIS 中，讓 p-n 接面所形成的內在電場脫離原來 CdS/CIS 異質接面（heterojunction）因晶格不符合（lattice mismatch）所致的缺陷造成載子復合（carrier recombination）的區域。最初在 1980 年代，n-CdS 的角色主要是透光層（window layer），但因 Cd 是重金屬元素之故，即大幅減少該層之厚度，而今常稱之為緩衝層（buffer layer）。因 CIGS 薄膜表面有些許高低不平，此一 CdS 薄層之鍍製常以化學水浴法（chemical bath deposition，簡稱 CBD）為之，以確保該層薄膜得以連續且完整的覆蓋 CIGS 表面，新近的研究發現不連續的 CdS 薄膜將使得 CIGS 太陽電池效率無法高於 18%[4]，相關之數據見圖 7.14。此一緩衝層也有阻擋濺鍍 ZnO 時原子撞擊的效果，減少缺陷的產生。現今的研究對此緩衝層材料也傾向使用不含 Cd 者，以目前的研究結果，在同一條件的直接比較下如圖 7.15 所示 [8]，某些材料如 ZnS 等之緩衝層搭配下所製成的 CIGS 太陽電池，其效

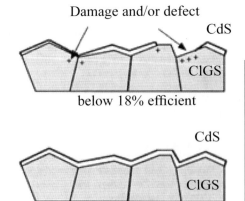

Cell number	CIS520	CIS1034
Efficiency (%)	17.6	18.5
Open-circuit voltage V_{oc}(V)	0.649	0.674
Short-circuit current I_{sc} (mA cm^{-2})	36.1	35.4
Fill factor	0.751	0.774
Series resistance (Ω cm^{-2})	0.5	0.5
Shunt resistance (Ω cm^{-2})	7400	4800
Diode quality factor n	1.5	1.4
Saturation current I_s (A cm^{-2})	7×10^{-9}	6×10^{-10}

圖 7.14　不連續的 CdS 薄膜使得 CIGS 太陽電池效率無法高於 18%

290

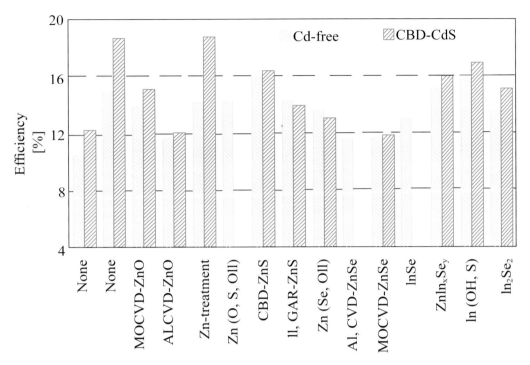

圖 7.15　緩衝層使用各種 Cd-free 材料與 CdS 之 CIGS 電池效率之比較

率已在伯仲之間。

　　在以往的 CIS 太陽電池結構中，ZnO 是防反射層（anti-reflection layer），而在高效率 CIGS 太陽電池結構中，它兼具多重的角色，因此電性近本質半導體的 i-ZnO 為透光層，摻雜 Al 導電性良好的 ZnO：Al（又稱 AZO）做為透光導電又防反射等多重功能的最外層。

7.4.3　CIGS 太陽電池模組的量產製程

　　CIGS 太陽電池經過長期的研究與發展，在 1990 年代末期，小面積太陽電池效率已提升至 19% 上下，大面積太陽電池模組的開發也在當時開始進行，CIGS 模組因面積放大而增加電阻，所以會使所測得的效率降低，圖 7.16 顯示

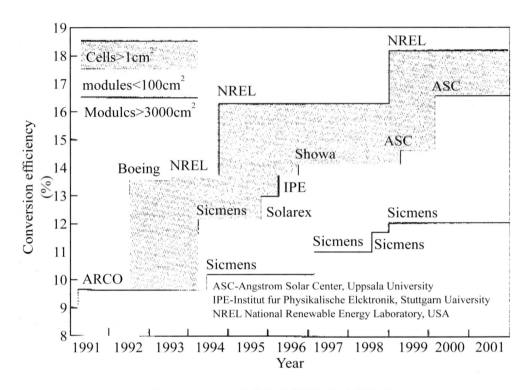

圖 7.16　CIGS 太陽電池與模組效率的關聯

CIGS 太陽電池與模組效率的關聯 [8]，兩者的亦步亦趨也表示 CIGS 材料並不因面積放大而有材質不良的問題，這也隱含 CIGS 材料組成的均勻度或其組成變動的容忍度在量產上不至於有麻煩。

　　薄膜太陽電池模組之製作與結晶矽模組不同，薄膜可以大面積鍍在大型玻璃基板或具可撓性的軟式基板（如金屬箔片、高分子膠片）上，藉由在鍍膜的不同階段，適當的施以雷射與機械切割來區劃單一電池的面積並連結個別的電池以得到適切的電池輸出，此稱之為 monolithic interconnection，見圖 7.17[8]。

　　CIGS 模組之量產線規劃會因基板型式而有差異，各段的製程如果是依上一節所述的元件結構來設計，除了因 CIGS 薄膜製程的不同而有些修改，其他

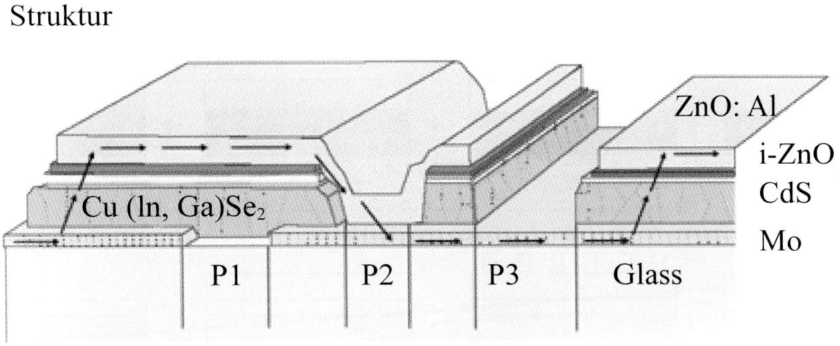

Struktur

ZnO: Al
i-ZnO
CdS
Mo

Cu (ln, Ga)Se$_2$

P1　　P2　　P3　　Glass

圖 7.17　以雷射與機械切割來區劃單一電池的面積並連結個別的電池以得到適切的電池電力輸出

則雷同。首先來介紹極適合大面積 in-line 硒化量產製程的規劃，由圖 7.18 可以看到在鍍上 Mo 之後即進行雷射切割（分離背電極），接著分別鍍上 Cu、In，並在富含 Se 氣氛的 RTA 爐中完成 CIS 材料之合成；再以 CBD 法鍍上 CdS 後進行第二次切割，此次切割是以機械方式為之，以不切開 Mo 膜為準（AZO 鋪上後即與 Mo 背電極接觸成為單一電池間的連接）；以濺鍍方式成長 AZO 薄膜之後，再做第三次的機械方式切割，也是切到 Mo 之前為止（分離上電極）；最後完成封裝。

　　近年來，美國 ISET 公司開發一種非真空的硒化製程，見圖 7.19。在該製程中，Cu 和 In 的先趨物薄膜是分別以其氧化物漿料塗布的方式製作後再予還

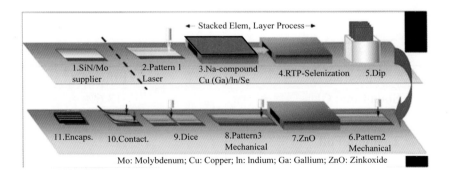

圖 7.18　In-line 硒化量產製程

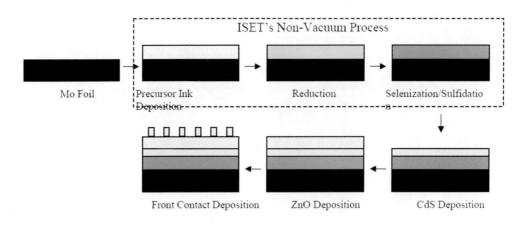

圖 7.19　美國 ISET 公司開發一種非真空的硒化製程

原（reduction），其他製程除了 ZnO 之濺鍍改為化學氣相沉積法（chemical vapor deposition，簡稱 CVD）之外，均與上例雷同。此法進一步降低了設備成本，也因墨印（ink printing）製程的使用，大幅降低材料的成本。尤有進者，以此法在不同基板上所製作的 CIGS 太陽電池與模組，其效率均有不錯的結果，見表 7.6。顯然這是未來低成本薄膜太陽電池與模組製程的一個重要趨勢。

　　雖然以三階段蒸鍍法所製作的 CIGS 太陽電池擁有最高的電池效率，但是其量產製程必得使用線型蒸發源（line source）之設計，見圖 7.20[15,16]，其在溫度及均勻度方面較難有好的控制，而且尚未有現成的零組件，需自力研發，因此形成一個障礙。

表 7.6　以美國 ISET 公司非真空硒化製程所製作的 CIGS 太陽電池效率（AM 1.5）

Substrate	Efficiency
Soda Lime Glass	13.6%
Molybdenum Foil	13.0%
Titanium Foil	9.5%
Polyimide Film	10.4%
Stainless Steel	9.6%

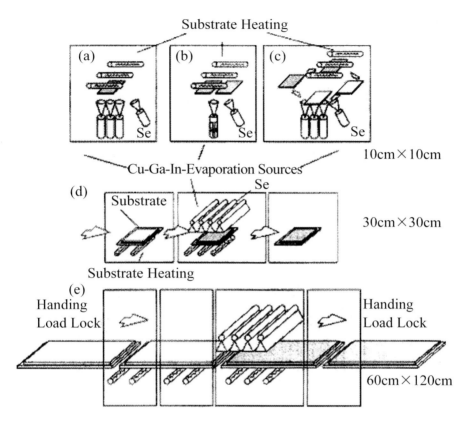

圖 7.20 蒸鍍法之 in-line 量產型設計

7.4.4 CIGS 薄膜太陽電池的未來發展

　　未來薄膜太陽電池產品將有如現今的電腦 CPU，產品的需求也可由不斷提升的能量轉換效率來刺激。究竟以一定的面積來看，不論是住宅的屋頂、大樓的外表、衣服皮包的表面等一些薄膜太陽電池可能的應用安裝之處，無庸置疑，其電力輸出隨著效率成比例增加。如何進一步提升產品的能量轉換效率是一大挑戰，也是產品決戰勝負之關鍵，雖然降低產品之製造成本是另一要素，兩者相較之下，前者同時也兼具降低成本的效果，確應更加重視才是。

提升 CIGS 太陽電池效率的方法較傳統的是使用串接式結構，即不同的材料所製成的 p-n 接面依能隙大小由上到下順序堆疊，其示意圖見圖 7.21，經理論計算，三個電池的串接可達到最經濟實惠的效果，見圖 7.22[6]。各電池間可用透光導電層串聯為一體，個自負責不同波段太陽光的吸收，如此可提升效率至 30% 以上。以 III-V 化合物半導體為例，目前最高已可達 40%。I-III-VI 族也具備可調整能隙的不同材料組合提供元件之設計利用，相關之材料數據以 I(Cu,Ag)-III(Al,Ga,In)-VI(S,Se,Te) 為例，可參考圖 7.23。

另一提升 CIGS 太陽電池效率的研究方向即在奈米結構中沉積超薄吸收層（extremely thin absorber，此類電池簡稱 ETA cell），見圖 7.24[17]，其運作原理與染料敏化 TiO_2 太陽電池類似。若能沉積形成量子點，利用其光吸收特性不同於塊材，當材料尺寸縮小至其粒子大小低於載子的平均自由路徑時，可以降低光產生的載子複合，並可由尺寸大小的調整來控制奈米晶體的能隙值，提高太陽光能量利用率，也可讓能量高於能隙較多之

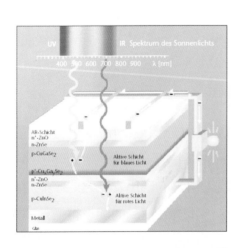

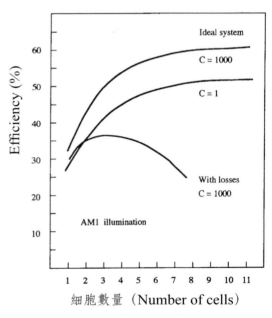

圖 7.21　I-III-VI 化合物之串接式結構示意圖

圖 7.22　串接式太陽電池之能量轉換效率計算值

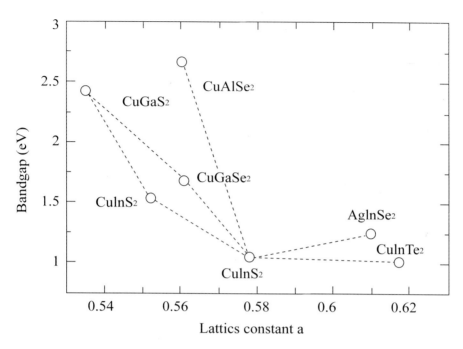

圖 7.23 I-III-VI 族化合物可藉由不同材料組成的調整改變能隙以符合串接式太陽電池元件之設計

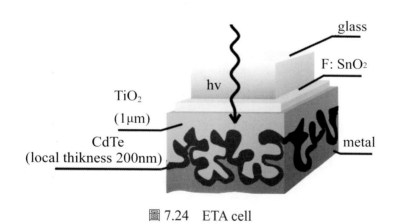

圖 7.24 ETA cell

光子產生不止一對之電子與電洞，藉此提升電池效率。此類新型之設計稱為第三代太陽電池。由於是新興的技術，仍有問題待克服，未來如果效率能夠有效

提升至 10% 以上，即有可能成為薄膜太陽電池的市場主流之一。

比起厚達 200μm 的結晶矽太陽電池，薄膜太陽電池則可在可撓性基板上建立其產品特色，圖 7.25a 是可撓式 CIGS 太陽電池在不同基板上製作所測得之效率值之比較圖 [18]。高效率的 CIGS 太陽電池通常在 500℃ 以上製備，若使用不鏽鋼等金屬箔片做為基板是可行的。但若要大幅減少重量以方便成為個人電源之使用或有利於外太空電源之應用，則常選用質輕的高分子基板，由圖 7.25b 可看到在不同基板溫度下所製作的 CIGS 太陽電池效率值在 450℃ 以上即開始下降 [19]，就是因為該類基板在該溫度有裂解現象之故，此即需要低溫製程來製備 CIGS 薄膜。德國 Solarion 公司即發展滾筒式（roll-to-roll）製程在可撓式高分子基板上製作 CIGS 太陽電池，如圖 7.26，其元件結構依 Polyimide/Mo/CIGS/CdS/ZnO 疊層製作，其中 CIGS 薄膜使用離子束輔助蒸鍍法製備，但電池效率僅約 8%，離子束在鍍膜時所產生的缺陷會使薄膜特性受影響，而導致發電效率偏低。我們實驗室曾經以紫外光輔助蒸鍍在 300℃ 可成長高品質約 CIS 磊晶薄膜 [20]，以低溫製程的研發而言，此方法應是更好的選擇了。

CIGS 太陽電池在量產方面有一令人擔心的問題，即 In 是否會在大量需求時有缺料之虞。雖然有些論點提出 In 之礦產存量足夠的說法，卻不見得被採信。未雨綢繆之際，目前確有研究以 Zn 與 Sn 來取代 In 的想法，但因有二次相的伴隨產生而無法成功。使用能隙相近的 $CuGaTe_2$ 進行研究可做嘗試。另一方面，以減量使用為訴求也是解決方法之一，若能尋求元件結構設計的突破，儘量利用 CIGS 光吸收係數極高的特性，將 CIGS 之厚度減半甚至四分之一，也是另一種解決方式。這些都可能是未來研發的重點。

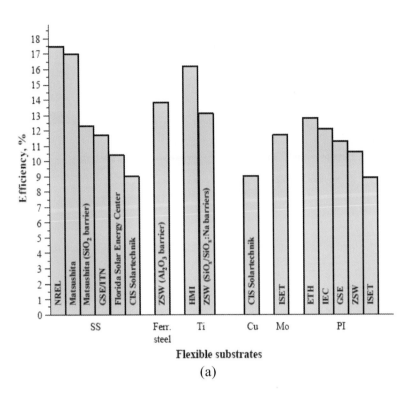

(a)

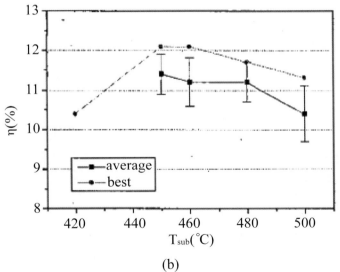

(b)

圖 7.25 (a) 在各種可撓性基板上製作之 CIGS 太陽電池的效率比較圖、(b) 以 Polyimide
為基板在不同的基板溫度下所製作的 CIGS 太陽電池效率值

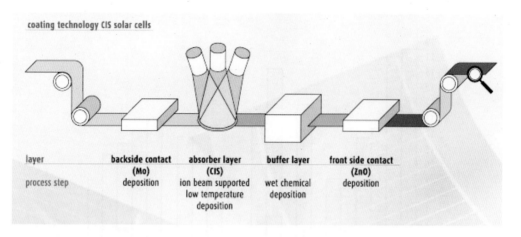

圖 7.26　Solarion 公司以可撓式 polyimde 為基板的滾筒式（roll-to-roll）製程

7.5　結語

　　由於近年來結晶矽太陽電池的需求明顯擴大，矽材之原料廠商策略性的不配合同步擴產，因而造成缺料窘境，亟欲搭上順風車參與投資設廠者則望之卻步，轉而投入薄膜太陽電池之生產，因為非晶矽太陽電池之量產技術成熟而且易於取得，由 2007 年初前後一時間成立好幾家非晶矽太陽電池製造廠，然而非晶矽太陽電池模組效率低，短期間可應付市場需求，長期卻不看好。在薄膜太陽電池的檯面上另一個選擇即是 CIGS，其電池與模組之效率直逼多晶矽材料製成的產品，CIGS 的量產技術並非純熟，但已有小型量產線問世，近期內更有具全套技術之 turn-key 量產設備商來到臺灣推銷出售。

　　上述訊息與發展讓此一行業受人注目，我們可以看到在太陽電池的領域可以有不同的材料、不同的製程、不同的產品等各擅勝場。高出一等的效率，低廉的成本是勝出的關鍵，目前來看還未有明確的答案。這方面的研究仍有許多可去探討，我們注意到新的想法與時俱進，不斷的推出新的技術與材料組合。

今天太陽電池的研究與發展已跳脫舊有的框架，正迎向新的未來，很有機會進入人類的日常生活中成為廉價的潔淨能源。

參考文獻

1. 曾百亨，光訊，第 68 期，27-30 頁（1997）。

2. H.W. Schock, *Applied Surface Science*, 92, 606 (1996).

3. K. Ramanathan, M.A. Contreras, C. L. Perkins, S. Asher, F. A. Hasoon, J. Keane, D. Young, M. Romero, W. Metzger, R. Noufi, J. Ward and A. Duda, *Prog. Photovolt.: Res. Appl.*, 11, 225 (2003).

4. Y. Hamakawa, *Thin-Film Solar Cells: Next Generation Photovoltaics and Its Applications*, Springer (2004).

5. J. Poortmans and V. Arkhipov, *Thin Film Solar Cells: Fabrication, Characterization and Applications*, John Wiley & Sons (2006).

6. H. J. Moller, *Semiconductors for Solar Cells*, Artech House (1993).

7. R. H. Bube, *Photovoltaic Materials*, Imperial College Press (1998).

8. A. Luque and S. Hegedus, *Handbook of Photovoltaic Science and Engineering*, John Wiley & Sons (2003).

9. J. L. Shay and J.H. Wernick, *Ternary Chalcopyrite Semiconductor, Growth, Electronic Properties and Applications*, Pergamon press (1975).

10. S. Siebentritt and U. Rau, *Wide-Gap Chalcopyrites*, Springer (2006).

11. N. Orbey, H. Hichri, R. W. Birkmire, and T. W. F. Russell, *Prog. Photovolt.: Res. Appl.*, 5, 237 (1997).

12. M.A. Contreras, B. Egaas, K. Ramanathan, J. Hiltner, A. Swartzlander, F. Hasoon, R. Noufi, *Prog. Photovolt.: Res. Appl.*, 7, 311 (1999).

13. Y. Tanaka, N. Akema, T. Morishita, D. Okumura, K. Kushiya, *Proceedings of the 17th EC*

Photovoltaic Solar Energy Conference, p. 989 (2001).

14. T. Markvart and L. Castaner, *Practical Handbook of Photovoltaics: Fundamentals and Applications*, Elsevier Science (2003).

15. B. Dimmler, M. Powalla and H. W. Schock, *Prog. Photovolt.: Res. Appl.*, 10, 149 (2001).

16. T. Soga, *Nanostructured Materials for Solar Energy Conversion*, Elsevier Science (2007).

17. K. Otte, L. Makhova, A. Braun and I. Konovalov, *Thin Solid Film*, 10 (2006).

18. D. Bremaud, D. Rudmann, G. Bilger, H. Zogg and A. N. Tiwari, *Proceeding of IEEE Photovoltaic Specialists Conference*, p. 223 (2005).

19 B. H. Tseng and S. B. Lin, *Appl. Surf. Sci.*, 92, 412 (1996).

第 八 章

III-V 族半導體
太陽電池

李威儀
交通大學電子物理系教授

李世昌
交通大學電子物理系博士

8.1　前言

　　在地球上人類所使用的能源，無論是石化燃料、水力、風力、以及各種形式的其他能源，幾乎都是源自於太陽。石油與煤炭等化石燃料是自然界億萬年累積的結果，終有用盡的一刻，而且使用石化燃料排放過多二氧化碳所造成的溫室效應，也令人為未來的地球環境擔憂。由半導體製成的太陽電池可以將太陽光能直接轉換成電能，一直是大家寄予厚望的替代能源產生方式之一。經過多年的發展，大規模使用太陽光發電已經逐漸變得可行。利用矽太陽電池的發電系統，在特定地區與用途已經可以與使用石化燃料的發電系統競爭。全世界在 2000 年的太陽電池生產量是 0.3GW，絕大部分是平板式矽太陽電池，矽太陽電池的最高能量轉換效率現在已經超過 20%，而成本也降低至每瓦 10 元美金以下，與 20 年前的太陽光發電產業比較，無論是效率、成本以及產能而言，這些都是非常大的進步。尤其在 2005 年石油原油價格開始飆漲，使得許多生產製造矽太陽電池的企業獲利倍增，太陽能源相關產業的未來似乎無限光明，但是這樣的太陽能利用方式是否真的符合未來的需求？

　　目前用來作為發電的太陽電池主要為平板式的多晶矽太陽電池與單晶矽太陽電池。如果我們進行一些簡單的估算，會發現大量利用矽太陽電池發電的最大限制是矽材料的供應量。舉例來說，假設我們使用能量轉換效率 20% 的矽太陽電池來發電，那麼利用這些矽太陽電池的產生 1GW 的電力大約需要 10^7 平方公尺的面積。土地面積並不是問題，重點是在於矽材料的用量。太陽電池等級的矽材料其品質等同於半導體等級的矽材料，而 10^7 平方公尺相當於 1.37×10^8 片 12 吋矽晶圓，也就是一億三千多萬片的 12 吋矽晶圓，如此多的高品質矽晶圓需求讓利用太陽光能發電的目標變得很艱鉅，而且要生產出如此多的矽晶圓也必須耗用許多能源。

　　一個可行的方法是使用聚光的技術，利用便宜的透鏡或是反射鏡，將太陽光聚焦於一個小的太陽電池上，讓太陽電池的用量大幅降低。一個聚光式的太陽電池發電系統，聚光的倍率越高，以及所使用的太陽電池的能量轉換效率越

高，發電的成本就越低。那麼 III-V 族太陽電池在這裡能提供怎樣的幫助呢？

　　III-V 族太陽電池對聚光式太陽光能發電系統的幫助主要有兩方面。第一方面是更高的聚光倍率：由於矽半導體的材料特性，矽太陽電池的聚光倍率被限制在 200 倍到 300 倍左右，而 GaAs 太陽電池則可以達到 1,000 倍到 2,000 倍。第二方面是能提供更高的能量轉換效率：單晶矽太陽電池在量產時，20% 能量轉換效率幾乎就是上限，但是 GaInP/GaAs 雙接面太陽電池，則可以達到 25～30%，而更多接面的太陽電池，更預期能夠達到 30～40% 的能量轉換效率。

　　事實上，在高倍率的聚光情形下，太陽電池的能量轉換效率遠比太陽電池成本重要。舉例來說，一個能量轉換效率 34% 的 GaInP/GaAs/Ge 三接面太陽電池在 1,000 倍聚光倍率下，如果太陽電池的成本是每平方公分 10 元美金，這個系統的發電成本效益，就比能量轉換效率 28%（註：在高倍聚光的條件下，太陽電池的能量轉換效率還會升高）的矽太陽電池在 200 倍聚光倍率下，但是矽電池成本每平方公分 0.5 元美金的系統還要好。因此很明顯的，如果將來太陽光能發電系統希望成為將來世界能源需求的主要提供方法之一，利用高效率的 III-V 族太陽電池加上聚光模組的發電方式設計是必然的趨勢。

相對於矽或是其他材料，利用 III-V 族半導體製造太陽電池具有四項優點：

⑴ III-V 族材料種類眾多，選擇不同材料，或是調整多元素材料的成分比例，可以讓材料特性有很大的分布範圍，所以可以調整材料能帶隙去符合太陽光譜，以達到最佳效果。而且此特點對製造多接面太陽電池，也非常重要。

⑵ 選用合適的磊晶基板與磊晶技術，可以生產出高品質、低缺陷的半導體材料，避免因電子—電洞對在材料中缺陷的再結合，而造成能量轉換的損耗。

⑶ 大部分 III-V 族半導體為直接能隙，所以可以製造薄膜太陽電池。

⑷ 優良的抗輻射能力，讓 III-V 族半導體太陽電池在太空中使用時，可以減緩太陽電池的老化速率，保持良好的輸出功率。

但是利用 III-V 族半導體製造太陽電池的缺點有：

(1) 需要昂貴的單晶基板，例如 GaAs、InP、Ge 等。

(2) 需要較複雜的磊晶技術，例如有機金屬氣相磊晶法（MOCVD）或是分子束磊晶法（MBE）。

雖然 III-V 族半導體太陽電池的製造成本遠比矽太陽電池高出許多，但是在太空上，或是聚光式太陽光能發電系統中，III-V 族半導體太陽電池卻是更好的選擇。

8.2 III-V 族太陽電池的應用

8.2.1 在衛星上或是太空中使用

要在太空中使用的太陽電池基本上要考慮三個重點：

(1) 高能量轉換效率：衛星上或是太空中的太陽光譜（AM0）與地表上（AM1.5）不同，其差別在AM0主要是短波長的光較多，太陽電池的效率在AM0會較差，只能達到AM1.5的0.85～0.9。過去衛星上主要使用矽太陽電池與GaAs太陽電池。一般衛星用矽太陽電池的效率約在12.7～14.8%，而高效率的矽太陽電池可達16.6%。單接面GaAs太陽電池的效率為19%，雙接面III-V族太陽電池為22%，而三接面III-V族太陽電池最高可達26.8%。

(2) 良好的抗輻射能力：太空中存在各種能量的輻射，從 50KeV 到 50MeV 都有。太空輻射會在太陽電池內部產生缺陷，降低轉換效率，因此如果未把能量轉換效率衰減的因素考慮進入系統設計，太陽電池運行一段時間後，會發生供電不足的問題。在單接面太陽電池中，InP 太陽電池的抗輻射能力最好，GaAs 太陽電池次之，而矽太陽電池最差。

(3) 輕量化：發射衛星或太空船的成本約為美金 10,000 元 /Kg，為了降低發射成本，必須考慮太陽電池的重量，或是功率 / 重量比（W/Kg）。矽

太陽電池在這方面有很好的優勢，其單位面積的重量約 $0.13 \sim 0.50\,kg/m^2$。GaAs 基板因為太重同時機械強度較弱，因此改用 Ge 作為基板，儘管如此，使用 Ge 基板的 GaAs 太陽電池或是雙接面、三接面太陽電池，其單位面積的重量仍然達 $0.8 \sim 1.0kg/m^2$。

III-V 族太陽電池由於其高能量轉換效率與良好的抗輻射能力，因此已經逐漸取代矽太陽電池，運用在衛星與太空船上。過去幾年來，在新發射的衛星上，GaAs 太陽電池已經取代了矽太陽電池。GaInP/GaAs/Ge 太陽電池，在太陽電池模組的組裝與整合上與 GaAs 太陽電池非常類似，能量轉換效率更高，抗輻射能力與 GaAs 太陽電池同樣好，更多了高電壓、低電流的優點，因此預期將成為下一代的太空用太陽電池。

8.2.2 地表發電

目前在地表上，太陽光能發電系統的應用非常廣泛，從小型消費性產品的電力供應，到大型發電廠都有。在前言中提到，因為 III-V 族太陽電池的成本太貴了，因此除了像衛星這種特殊用途，III-V 太陽電池很少用來製作平板式太陽電池使用。根據計算，如果要達到可接受的的發電成本，聚光條件至少要達到 400 倍（400suns）以上。

使用 GaInP/GaAs/Ge 高效率太陽電池，在高聚光條件下（例如 1,000suns），發電成本有機會降到美金 0.07 元 /kWh[4]。目前太空用太陽電池的產能每年約 0.5MW，如果將這些產能轉換成生產 1,000X 的聚光型太陽電池，發電量可以達到每年約 0.5GW。目前 GaInP/GaAs/Ge 太陽電池的最高效率紀錄是 34%（AM1.5G, 210 suns），而戶外模組的轉換效率在低聚光倍率下從 25% 到 29%，這些資料顯示 III-V 族太陽電池用於地表發電的可能性非常高。當然，在實際大規模投資發電系統之前，仍然需要先有穩定可靠的產品。

8.3　太陽電池相關之 III-V 族半導體材料與磊晶技術

III-V 族化合物半導體材料的範圍相當廣泛，各種材料的特性、磊晶技術、與元件用途等都可以成為一門很大的課題。本節主要針對 III-V 族半導體，特別是與太陽電池相關的材料與磊晶技術，作一簡單的介紹。

8.3.1　III-V 族半導體材料簡介

簡單而言，III-V 族化合物材料，就是由元素週期表上的 III 族元素，與 V 族元素，所形成的化合物。不同元素形成的 III-V 族化合物，其特性也非常不同，從半金屬（semi-metal）到半導體（semiconductor）、絕緣體（insulator）都有。常見的 III-V 族半導體材料，其中 III 族元素包括鋁（Al）、鎵（Ga）、銦（In）等，而 V 族元素包括氮（N）、磷（P）、砷（As）、銻（Sb）等。由這些 III-V 族元素形成的二元材料（指由一種 III 族元素與一種 V 族元素形成的半導體，如 GaAs、InP 等），隨著元素的不同，晶體的晶格大小與半導體的能帶隙也就不同。一般而言，晶格常數越小，半導體的能帶隙就越大。而混合各種 III-V 族元素形成的三元或是四元材料，可以藉由調整材料中的元素成分比例，達到所需要的晶格大小或是能帶隙大小。III-V 族化合物半導體用途廣泛，被用來製造各種光電材料，包括發光二極體、雷射二極體、光偵測器、太陽電池，以及高頻電子元件等。

圖 8.1[5] 展示不同 III-V 族化合物半導體的晶格常數（符號為 a，單位為 Å）與能帶隙（符號為 E_g，單位為 eV）。圖中二元材料如 GaAs、InP、GaSb 等用空心圓圈的符號表示，而晶格常數與 GaAs、InP 吻合的三元材料如 $Ga_{0.51}In_{0.49}P$ 或是 $Ga_{0.47}In_{0.53}As$ 則用實心圓點表示。兩種二元材料之間的連線，顯示當成分改變時，晶格常數與能帶隙的變化；例如 GaAs 與 InAs 之間的連線，表示 $Ga_xIn_{1-x}As$ 三元材料，在不同 Ga 與 In 比例下的晶格常數與能帶隙關係。

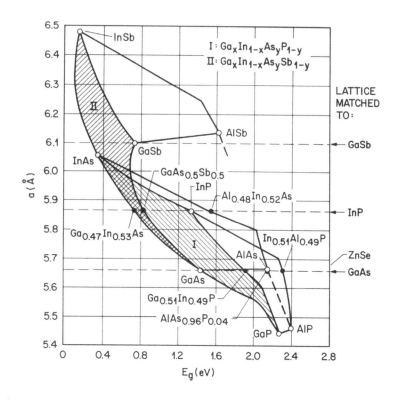

圖 8.1　常見半導體之晶格常數與能帶隙關係圖

　　三元材料的晶格常數與材料組成呈線性關係，這稱為 Vegard's law。這個簡單的定律讓我們可以利用高解析度的 X-ray 繞射方法分析出三元材料的組成。而一般認為四元材料也遵守 Vegard's law。

　　不過能帶隙 E_g 與材料的組成就不是那麼線性。假設一個三元的 III-V 族半導體材料 $A_xB_{1-x}M$ 是由 AM 與 BM 組成，而其能帶隙分別為 $Eg(A_xB_{1-x}M)$、$Eg(AM)$ 與 $Eg(BM)$。則能帶隙的關係如下：

$$Eg(A_xB_{1-x}M) = x*Eg(AM)+(1-x)*Eg(BM)+c*x^2$$

這裡 c 被稱為 bowing parameter，c 隨著材料不同而有不同的值，大部分的 III-V 族半導體材料其 bowing parameter 都很小，唯一比較特殊的是 III-Vnitride 材料，例如 GaN$_x$As$_{1-x}$，其 bowing parameter 非常大，因此 GaN 雖然是寬能隙半導體材料，能帶隙為 3.4eV，但是將 N 加入 GaAs 中反而造成能帶隙下降。

8.3.2　太陽電池相關之 III-V 族半導體材料

在提到與太陽電池相關之 III-V 族半導體材料時，最重要的應該是 GaAs 系列材料，而所謂 GaAs 系列，事實上是指晶格常數與 GaAs 吻合的材料，這包括 Al$_x$Ga$_{1-x}$As、(Al$_x$Ga$_{1-x}$)$_{0.51}$In$_{0.49}$P 材料（x = 0 ～ 1），以及 Ge 等。另外在發展 III-V 族半導體太陽電池的過程，也出現過 InP 太陽電池、GaSb 等太陽電池。而一些較新的材料，將在 8.5 節介紹。

1.GaAs 系列材料

(1) GaAs：GaAs 為直接能帶隙的材料，常溫下，GaAs 的晶格常數為 5.6532Å，能帶隙為 1.424eV，其能帶隙就理論上而言相當適合製作單一接面太陽電池。GaAs 晶圓的取得也相當普遍，常被用來製造各種光電元件。

(2) AlAs 與 Al$_x$Ga$_{1-x}$As：AlAs 為間接能帶隙材料，能帶隙為 2.14eV，晶格常數為 5.660Å，與 GaAs 幾乎完全相同。由於 AlAs 晶格常數與 GaAs 非常吻合，因此在 GaAs 上生長 Al$_x$Ga$_{1-x}$As 產生的差排、錯位等缺陷密度很低，這項優點對於在早期磊晶技術較不成熟時，提供很大的助益。表 8.1[5] 列出許多三元 III-V 族半導體材料在 300K 時，其材料成分變化對能帶隙的關係。Al$_x$Ga$_{1-x}$As 在 Al 比例約 45% 時由直接能帶隙轉變成間接能帶隙。在單一接面 GaAs 太陽電池中，Al$_x$Ga$_{1-x}$As 主要作為視窗層，用來降低 GaAs 表面缺陷的影響，Al 的含量約在 80% ～ 90%。另外在雙接面太陽電池的應用裡，Al$_x$Ga$_{1-x}$As 也可以用來製作上層子太陽電池。

表 8.1　常見 III-V 族三元化合物半導體，其成分比例對半導體能帶隙的影響

Compositional Dependence of the Energy Gap in III-V Temary Alloy Semiconductors at 300K

Alloy	Direct Energy Gap E_r	Indirect Energy Gap	
		E_x	E_L
$Al_xIn_{1-x}P$	$1.34+2.23x$	$2.24+0.18x$	
$Al_xGa_{1-x}As$	$1.424+1.247x(x<0.45)$	$1.905+0.10x+0.16x^2$	$1.705+0.695x$
	$1.424+1.087x+0.438x^2$		
$Al_xIn_{1-x}As$	$0.36+2.35x+0.24x^2$	$1.8+0.4x$	
$Al_xGa_{1-x}Sb$	$0.73+1.10x+0.47x^2$	$1.05+0.56x$	
$Al_xIn_{1-x}Sb$	$0.172+1.621x+0.43x^2$		
$Ga_xIn_{1-x}P$	$1.34+0.511x+0.6043x^2$		
	$(0.49<x<0.55,\ VPE\ layer)$		
$Ga_xIn_{1-x}As$	$0.356+0.7x+0.4x^2$		
$Ga_xIn_{1-x}Sb$	$0.172+0.165x+0.413x^2$		
GaP_xAs_{1-x}	$1.424+1.172x+0.186x^2$		
$GaAS_xSb_{1-x}$	$0.73-0.5x+1.2x^2$		
InP_xAs_{1-x}	$0.356+0.675x+0.32x^2$		
$InAs_xSb_{1-x}$	$0.18-0.41+0.58x^2$		

(3) Ge：Ge 是 IV 族半導體材料，晶格常數為 5.6461Å，能帶隙為 0.67eV。Ge 的晶格常數與 GaAs 幾乎完全相同，熱膨脹係數也很接近，因此很適合在 Ge 上生長 GaAs。Ge 材料比 GaAs 便宜，可以降低 GaAs 太陽電池的製造成本，而且 Ge 材料的機械強度是 GaAs 的兩倍，因此可以用厚度較薄的 Ge 基板製作 GaAs 太陽電池，藉以降低太陽電池模組的重量，有利於太空上使用。另外在 GaInP/GaAs/Ge 三接面太陽電池中，Ge 電池也負責轉換能量較低的光子為電能。

(4) GaInP 與 AlInP：為了讓 GaInP 與 AlInP 材料的晶格常數與 GaAs 匹配，Ga 或 Al 與 In 的比例必須為 0.5：0.5 左右（更精確的數字是 0.51：0.49），而且在四元材料 $(Al_xGa_{1-x})_{0.5}In_{0.5}P$ 中，改變 Al 的含量對材料晶格常數

的影響微乎其微，因此能保持與 GaAs 晶格匹配的狀態。$(Al_xGa_{1-x})_{0.5}In_{0.5}P$ 材料 Al 含量對能帶隙影響公式如下 [10]：

直接能帶隙　　$E_\Gamma(x) = 1.91+0.61x$　　　　　　　　　　(eV)

間接能帶隙　　$E_X(x) = 2.19+0.085x$　　　　　　　　　　(eV)

根據以上公式的結果，x 值在大於 0.53 時，Γ 能帶會高於 X 能帶，因此 $(Al_xGa_{1-x})_{0.5}In_{0.5}P$ 材料在 Al 含量在 0.53 左右會由直接能帶隙轉成間接能帶隙。在單一接面 GaAs 太陽電池中有時會使用 $Ga_{0.5}In_{0.5}P$ 或是 $(Al_xGa_{1-x})_{0.5}In_{0.5}P$ 代替 AlGaAs 作為視窗層材料，因為其含鋁量低，因此相對於 AlGaAs 材料，比較不易受氧氣或水氣影響而氧化。而在 GaInP/GaAs 雙接面太陽電池中，$Ga_{0.5}In_{0.5}P$ 主要作為上層子太陽電池材料，而 $(Al_xGa_{1-x})_{0.5}In_{0.5}P$ 則作為 $Ga_{0.5}In_{0.5}P$ 子電池的視窗層以及背表面電場（back surface field, BSF）層。在以後的章節中，與 GaAs 晶格常數匹配的 GaInP 與 AlInP 材料，會分別被簡稱為 GaInP2 與 AlInP2。

2.InP 材料

(1) InP：InP 也是直接能帶隙的材料，常溫下，InP 的晶格常數為 5.8687Å，能帶隙為 1.35eV，其能帶隙就理論上而言也是相當適合製作單一接面太陽電池。不過 InP 基板的成本比 GaAs 還高，而且在製作單一接面太陽電池時缺乏合適的材料作為視窗層，因此在製作太陽電池並不常被使用。

(2) GaInAs：$Ga_xIn_{1-x}As$ 在 x = 0.47 時與 InP 的晶格常數匹配，常與 InP 配合製作光電元件。$Ga_{0.47}In_{0.53}As$ 的能帶隙約為 0.73eV，如果搭配 InP 做成 $InP/Ga_{0.47}In_{0.53}As$ 雙接面太陽電池，在理論上能量轉換效率是相當高的（見圖 8.16）。

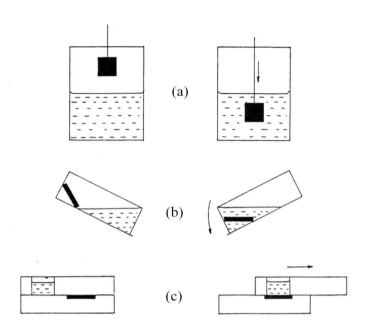

圖 8.2　三種液相磊晶法常用的方法示意，其中 (a) 為浸入法（dipping）、(b) 為傾斜法（tipping）、(c) 為滑船法（sliding-boat）

3.GaSb 材料

　　GaSb 的能帶隙為 0.72eV，用來製作單一接面太陽電池的效率並不好。其用途主要是搭配 GaAs 單一接面太陽電池，利用機械疊合方式形成 GaAs/GaSb 雙接面太陽電池。利用這種方式，Fraas 與 Avery[2] 在 1990 年就展示出效率超過 35% 的 GaAs/GaSb 雙接面太陽電池。

8.3.3　III-V 半導體材料的磊晶方法介紹

　　太陽電池的元件結構主要就是 p/n 接面。一開始二元材料如 GaAs、InP 等 III-V 族半導體太陽電池的 p/n 接面製作方式，多採用雜質擴散方式，但是隨著 III-V 族太陽電池結構演進日趨複雜，因此磊晶方式便成為製作 III-V 族化合物

半導體太陽電池結構的主要方式。III-V 族半導體的磊晶方法，主要可以分成三種：包括液相磊晶法（LPE）、分子束磊晶法（MBE）、有機金屬氣相磊晶法（OMVPE）。目前高效率的 III-V 族太陽電池，無論是單一接面 GaAs 太陽電池，或是單石堆疊多接面太陽電池，都是採用有機金屬氣相磊晶法作為製作太陽電池元件結構的磊晶方法。

1. 液相磊晶法（Liquid-Phase Epitaxy, LPE）

液相磊晶法在早期研究 III/V 族或是 II/VI 族半導體時經常被使用。液相磊晶法將做為磊晶層成分的元素用高溫融化成液態，控制溫度使溶液保持在飽和或是過飽和狀態，然後將磊晶基板浸入溶液或是設法讓基板表面接觸溶液，讓過飽和溶液在基板上長出半導體晶體。圖 8.2[6] 顯示液相磊晶法常用的三種方式示意，其中 (a) 為浸入法（dipping），(b) 為傾斜法（tipping），(c) 為滑船法（sliding-boat）。

液相磊晶法的優點是簡單，而且可以長出低雜質、低點缺陷（point defect）濃度的高品質材料。另外一項優點是在成長含鋁成分的材料時，例如 AlGaAs，液相磊晶法具有去除氧的功能，因為鋁會與氧結合形成穩定的 Al_2O_3，浮在溶液表面。這讓在早期時液相磊晶法長的 AlGaAs 材料品質遠優於其他磊晶技術。

在 1972 年，IBM 的 Hovel 等研究者便利用液相磊晶法成長 p/n GaAs 太陽電池，這個電池的表面利用 p 型摻雜的 AlGaAs 視窗層降低 GaAs 表面缺陷的影響。而在 1979 年，Yoshida 等研究者就更進一步達到在 AM0 條件下 19% 的轉換效率 [2]。

但是液相磊晶法也有許多缺點；液相磊晶法無法生長太多層而複雜的磊晶結構，磊晶層之間的界面無法非常陡峭，以及磊晶層厚度無法控制很薄而且精準，所以許多化合物半導體元件結構的磊晶成長，目前都改用分子束磊晶法以及有機金屬氣相磊晶法來進行。

2. 分子束磊晶法（Molecular-Beam Epitaxy, MBE）

分子束磊晶法基本上而言是一種真空蒸鍍固態薄膜的方法。分子束磊晶法將磊晶基板置於超高真空的環境中加熱，然後將元素的分子束或是原子束射到磊晶基板表面，生長出磊晶層。由於磊晶過程屬於物理反應，並無複雜的化學反應，因此磊晶的成長動力學就變得比較單純容易研究，而磊晶膜的成分控制也比較單純。分子束磊晶法使用元素作為磊晶原料。將元素材料置於稱為 effusion cells 的特製「坩鍋」中，利用控制 effusion cells 的溫度來調整分子束的發射量，而擋板可以控制分子束是否射出到磊晶基板表面。圖 8.3[5] 是一個分子束磊晶系統的真空腔體裝置圖。

由於分子束磊晶系統的反應腔體是超高真空系統，因此很方便可以在反應腔上裝設各種分析設備進行各種即時分析，例如 Auger 電子光譜分析（AES）以及反射式高能量電子繞射設備（RHEED）等。AES 主要用來監控磊晶基板的表面狀態，確認基板表面潔淨程度。RHEED 提供磊晶過程表面的重建狀

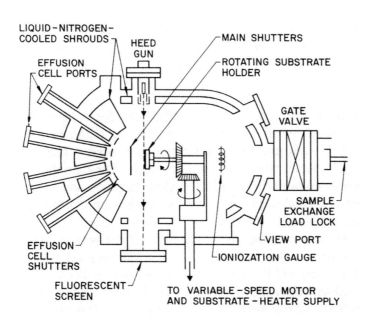

圖 8.3 分子束磊晶系統之反應腔體裝置圖

態、微結構，以及表面平整度等，這些資訊有助於成長機制的分析，另外也可以提供磊晶速率與厚度等資訊。

分子束磊晶法可以提供原子等級大小的厚度控制，以及非常陡峭的磊晶介面，非常適合製作量子井（quantum well）或是超晶格（superlattice）這類特殊磊晶結構。但是分子束磊晶法也有許多缺點，包括不適合生長混合砷與磷（As/P）的化合物半導體、不容易生長銻化物（antimonide）半導體、也不容易長氮化物（nitride）半導體，以及產能低、設備昂貴等等。

氣體原料的分子束磊晶法（Gas Source MBE）與有機金屬原料分子束磊晶法（Metal-Organic MBE）是分子束磊晶法的改良版。它們設法在分子束磊晶系統內使用氣體原料如 PH_3、NH_3 或是 N_2 等，以及有機金屬原料。這些改良擴充了分子束磊晶法可以生長的化合物半導體種類。

基於量產成本的考量，過去除了一些少數學術上的研究論文，幾乎沒有 III-V 族太陽電池是使用分子束磊晶法來進行磊晶。不過在未來一些新的研究發現也許會改變這個狀況。例如目前學術界正在研究的量子點結構太陽電池，或是 InN 材料的太陽電池等。目前對生長 InAs 以及 InGaAs 量子點的控制，分子束磊晶法就比有機金屬氣相磊晶法穩定。

3. 有機金屬氣相磊晶法（Organometallic Vapor-Phase Epitaxy, OMVPE）

有機金屬氣相磊晶法又稱做有機金屬化學氣相沈積法（Metal-Organic Chemical Vapor Deposition），這種磊晶法的英文縮寫可能出現 OMVPE、MOVPE、OMCVD、MOCVD 等各種不同縮寫，不過都是指相同的磊晶方式。有機金屬氣相磊晶法是目前製作 III-V 族化合物半導體元件最常用的磊晶方法，包括各種發光二極體、雷射二極體、光偵測器、太陽電池，以及 HBT 與 HEMT 等微波元件。

有機金屬氣相磊晶法使用有機金屬材料與氫化物作為磊晶原料。幾乎大部分的 III/V 族元素以及作為摻雜用的 II/V/VI 族元素都有合適相對應的有機金屬原料或是氫化物原料，因此有機金屬氣相磊晶法可以長的材料範圍非常廣泛，

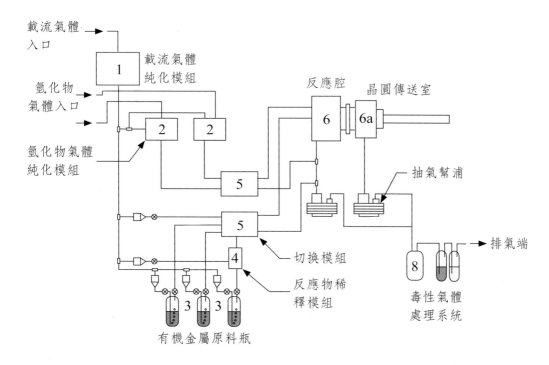

圖 8.4　有機金屬氣相磊晶系統圖

無論是氮化物、砷化物、磷化物、銻化物，或是各種三元或多元的化合物半導體材料，都可以利用有機金屬氣相磊晶法來磊晶成長。

圖 8.4[7] 是有機金屬氣相磊晶系統的系統圖，一般有機金屬氣相磊晶系統可以分成 8 個子系統 [7]，以下將針對這 8 個部分進行說明：

(1) 載流氣體模組（carrier gas module）：有機金屬氣相磊晶法需要高純度的氣體將反應物推送至反應腔，也需要這些氣體在反應腔內建立穩定的氣流流場。最常用的載流氣體是氫氣（H_2），一般會使用鈀金屬純化器（palladium cell）來純化氫氣。有時也會使用氮氣（N_2）、氦氣（He）或是氬氣（Ar）作為載流氣體，這時主要使用吸附式純化器來純化載流氣體。

(2) 氫化物氣體模組（hydride gas module）：氫化物主要作為 V 族原料以

及部分 n- 型摻雜原料，主要的氫化物包括 AsH$_3$、PH$_3$ 與 NH$_3$，這些氫化物，特別是 AsH$_3$ 與 PH$_3$ 都是劇毒的危險氣體，需要謹慎使用與處理。常用的 n- 型摻雜原料包括 SiH$_4$、Si$_2$H$_6$（提供 IV 族的 Si 雜質），H$_2$Se（提供 VI 族的 Se 雜質），以及屬於有機金屬的 DETe（提供 VI 族的 Te 雜質）等。這些 n- 型摻雜原料都以氫氣或是氮氣稀釋，將濃度降到 100ppm ～ 1,000ppm 的範圍，以方便使用。

(3) 有機金屬原料模組（metal-organic module）：有機金屬原料主要提供 III 族原料，以及部分 p- 型摻雜原料。常使用的 III 族有機金屬原料包括 TMGa（三甲基鎵）、TEGa（三乙基鎵）、TMAl（三甲基鋁）、TMIn（三甲基銦）等，而 p- 型摻雜原料包括 DMZn、DEZn（提供 II 族的 Zn），Cp$_2$Mg（提供 II 族的 Mg），CBr$_4$（提供 IV 族的 Carbon）等。大部分有機金屬原料在常溫下為液態，少部分則為固態，有機金屬原料一般被裝於高潔淨度的金屬鋼瓶內，使用時將鋼瓶浸置於恆溫水槽中保持有機金屬原料溫度穩定，以固定有機金屬原料的蒸氣壓，利用通入高純度的氫氣或是氮氣作為載流氣體，將有機金屬原料的蒸氣帶出鋼瓶送進反應腔。由於在通入載流氣體時由於會在液態有機金屬產生氣泡，所以裝置有機金屬原料的鋼瓶又稱做 bubbler。要穩定有機金屬原料的供應量，必須嚴格保持鋼瓶溫度穩定並且控制鋼瓶的壓力，然後利用控制載流氣體的流量來控制有機金屬原料的流量。

(4) 稀釋模組（dilute module）：有時磊晶時需要非常低量的反應物，可以利用稀釋模組的設計將反應物濃度再降低。稀釋模組將載流氣體加入反應物原料，然後取出所需的量再流入反應腔。例如當實驗中需要 0.1sccm 的 SiH$_4$，可以將 10sccm 的 SiH$_4$ 混合 990sccm 的氫氣，再將混合後的氣體取 10sccm 通入反應腔，就可以達到 0.1sccm 的等效流量。

(5) 切換模組（switching manifolds）：為了讓磊晶系統可以長出多重量子井或是超晶格等結構，在磊晶過程中必須能夠讓反應物快速切換，而且在切換的過程中，必須保持反應物流量、反應腔載流氣體流量與反應腔

壓力的穩定平衡，這樣才能維持異質磊晶界面的陡峭程度。切換模組的設計重點在於儘量減少閥門管路上的死角空間，以免反應物在關閉後有少量殘存反應物持續釋出到反應腔，而且要注意切換時對流量與壓力的變化做適當的補償。

(6) 反應腔的設計（reactor design）：反應腔的設計是有機金屬氣相磊晶法的核心部分，為了達到磊晶的均勻性與提升反應物的使用效率，反應腔設計必須考慮氣體流場、反應腔內溫度梯度分布，以及反應物濃度分布，現在由於對 CVD 反應機制了解的提升，以及利用電腦進行數值模擬的幫助，新型有機金屬磊晶反應腔已經可以達到相當大規模的生產量。圖 8.5[7,8] 是數種反應腔設計的典型代表：

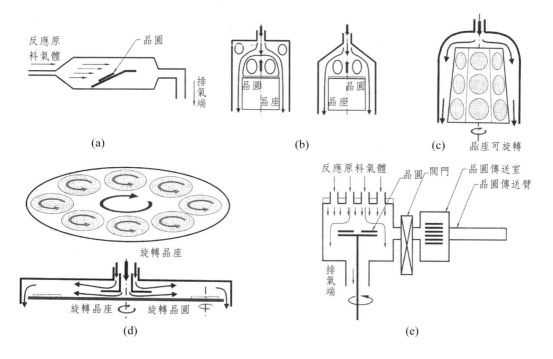

圖 8.5 常見之有機金屬氣相磊晶系統反應腔設計：(a) 水平式反應腔，(b) 垂直式反應腔，(c) 桶形反應腔（barrel type reactor），(d) 雙進氣口多晶圓行星型反應腔（multi-wafer planetary reactor），(e) 高速旋轉之轉盤式反應腔（high speed rotating-disk reactor）

① 水平式反應腔：這是早期有機金屬氣相磊晶系統常用的反應腔形式之一，目前仍常用於小型實驗與研發。

② 垂直式反應腔：這也是早期常用的反應腔形式之一，目前仍常用於小型實驗與研發。

③ 桶形反應腔（barrel type reactor）：這種反應腔的設計可以說是將圖 8.5(a) 中水平式反應腔捲起來的多晶片反應腔設計。相對於水平式反應腔，由於兩邊的邊界消失了，加上可以設法旋轉晶座，因此均勻性變得比較好。過去主要被用來生長 GaAs、AlGaAs 材料。

④ 雙進氣口多晶圓行星型反應腔（multi-wafer planetary reactor）：這種磊晶反應腔設計是目前用來進行 III-V 族半導體元件量產的反應腔之一。藉由低轉速的公轉與自轉，可以有效控制多晶片的磊晶均勻性。

⑤ 高速旋轉之轉盤式反應腔（high speed rotating-disk reactor）：這種也是目前主要用來進行 III-V 族半導體元件量產的反應腔之一。利用調整磊晶基座旋轉轉速產生的栓塞流場（plug flow mode），加上在進氣口調整反應物的分布，達到良好的多晶片磊晶均勻性控制。

(7) 排氣系統（the exhaust system）：排氣系統包含一組抽氣幫浦與節流閥，以控制反應腔的壓力。同時此部分也包含一些過濾裝置，將一些磊晶過程生成物儘量過濾下來，以免阻塞幫浦以及更後端的排氣管路。

(8) 廢氣處理系統（toxic gas scrubbing system）：由於有機金屬氣相磊晶系統使用了毒性氣體，同時產生許多有毒的化合物，因此必須有良好的廢氣處理系統對所排出的氣體進行處理。目前廢氣處理方式大致分成三類：① 吸附式，利用活性炭或是樹脂類產品將有毒物質吸附。② 燃燒式，加入適量的氧氣燃燒有毒物質或是將其高溫分解。③ 濕處理式，利用化學藥品將有毒物質反應成其他化合物。許多廢氣處理系統可能混和了其中兩種或三種方式，以達到最好的效果。

目前在 III-V 族半導體的磊晶技術上，包括 III-V 族半導體太陽電池，有機金屬氣相磊晶法是最具有技術與量產上的優勢。當然，設備與原物料太過昂貴，磊晶過程使用有毒的氣體等缺點，也是必須被詳細評估考量的。

8.4　單一接面 III-V 族半導體太陽電池

8.4.1　各種單一接面太陽電池所使用之材料

　　被研究用來製造太陽電池的 III-V 族半導體材料相當多，包括二元材料的 GaAs、InP、GaSb，以及三元材料的 $Al_xGa_{1-x}As$、$In_xGa_{1-x}P$、$In_xGa_{1-x}As$ 等。對於單一 p/n 接面的半導體太陽電池而言，能量轉換效率最高的材料能帶隙約為 1.2eV 到 1.6eV 左右（請參考圖 8.6[1]），而最佳的材料能帶隙隨著日照條件的不同，例如 AM0、AM1.5D、AM1.5G 等，會有些微變化。就理論計算上看起來，Si、GaAs、InP 等材料都是製作單一接面太陽電池的理想材料。Si

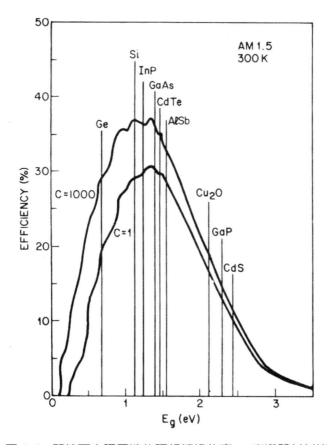

圖 8.6　單接面太陽電池的理想轉換效率 vs 半導體材料能

的能帶隙在室溫時為 1.2eV，GaAs（砷化鎵）的能帶隙為 1.42eV，而 InP（磷化銦）的能隙為 1.35eV，這三種半導體材料的太陽電池，在 AM1.5 的太陽光譜下，理論上能量轉換效率都能達到 30% 以上。表 8.2[9] 列出目前各種太陽電池在 AM1.5G 照光條件下的最佳能量轉換效率紀錄，其中單晶矽為 24.7%，單晶 GaAs 為 25.1%，而單晶 InP 為 21.9%。

表 8.2　目前各種太陽電池在 AM1.5G 照光條件下的最佳能量轉換效率紀錄

Confirmed terrestrial cell and submodule efficiencies measured under the global AM1-5 bspectrum (1000Wm^{-2}) at

Classification[a]	Effic[b] (%)	Area[c] (cm^2)	V_{oc} (V)	J_{sc} (mA/cm^2)	FF^2 (%)	Test centre[e] (and date)	Description
Silicon cells							
Si (crystalline)	24.7±0.5	4.00(da)	0.706	42.2	82.8	Sandia(3/99)	UNSW PERL[7]
Si(multicrystalline)	19.8±0.5	1.09(ap)	0.654	38.1	79.5	Sandia(2/98)	UNSW/Eurosolare[7]
Si(thin film transfer)	16.6±0.4	4.017(ap)	0.645	32.8	78.2	FhG-ISE(7/01)	University of Stuttgart(45 μm thick[8])
III-V cells							
GaAs(crystalline)	25.1±0.8	3.91(t)	1.022	28.2	87.1	NREL(3/90)	Kopin, AlGaAs window
GaAs(thin film)	23.3±0.7	4.00(ap)	1.011	27.6	83.8	NREL(4/90)	Kopin, 5mm CLEFT[9]
GaAs(multicrystalline)	18.2±0.5	4.011(t)	0.994	23.0	79.7	NREL(1/95)	RTI, Ge substrate[10]
InP(crystalline)	21.9±0.7	4.02(t)	0.878	29.3	85.4	NREL(4/90)	Spore, epitaxial[11]
Polycrystalline thin film							
CIGs(cell)	18.4±0.5[f]	1.04(ap)	0.669	35.7	77.0	NREL(2/01)	NREL, CIGs on glass[12]
CIGS(submodule)	16.6±0.4	16.0(ap)	2.643	8.35	75.1	FhG-ISE(3/00)	University of Uppsala, 4 serial cells[13]
CdTe(cell)	16.5±0.5[f]	1.032(ap)	0.845	25.9	75.5	NREL(9/01)	NREL, mase on glass[14]
Amorphous/ nanocrystalline Si							
Si (nanocrystalline)	10.1±0.2	1.199(ap)	0.539	24.4	76.6	JQA(12/97)	Kaneka(2 μm on glass)[15]
Photochemical							
Nanocsystalline dye	8.2±0.3	2.36(ap)	0.726	15.8	71.2	FhG-ISE(7/01)	ECN[16]
Nanocsystalline dye (submodule)	4.7±0.2	141.4(ap)	0.795	11.3	59.2	FhG-ISE(2/98)	INAP
Multijunction cells							
GaInP/GaAs	30.3	4.0(t)	2.488	14.22	85.6	JQA(4/96)	Japan Energy (monolithic)[17]
GaInP/GaAs/Ge	32.0±1.5	3.989(t)	2.622	14.37	85.0	NREL(1/103)	Spectrolab (monolirhic)[4]
GaAs/CIS (thin film)	25.8±1.3	4.00(t)				NREL(11/89)	Kopin/Boeing (4 terminal)

Classification[a]	Effic[b] (%)	Area[c] (cm^2)	V$_{oc}$ (V)	J$_{sc}$ (mA/cm^2)	FF^2 (%)	Test centre[e] (and date)	Description
a-Si/CiCs (thin film)[g]	14.6±0.9	2.40(ap)				NERL(6/88)	ARCO (4 terminal)[18]

[a] CiGS = CuInGaSe$_2$; a-Si = amorphous silicon/hydrogen alloy.
[b] Effic = efficiency.
[c] (ap) = a perture area; (t) = total area; (da) = designated illumination area.
[d] FF = fill factor.
[e] FhG-ISE = Fraungofer-Insitut für solare Energiseysteme; JQA = Iapan Quality Assurance.
[f] Not measured at external laboratory.
[g] Unstabilzed results.

GaAs 與 InP 的材料成本比 Si 高出許多，而且要製作高效率的 GaAs 或是 InP 太陽電池必須使用較昂貴的磊晶技術，如 MOCVD 或是 MBE。據估計，GaAs 太陽電池的成本約為 Si 太陽電池的 5 ～ 10 倍，而 InP 太陽電池的成本就更高，因此必須有非常好的理由才會使用 GaAs 與 InP 太陽電池。GaAs 與 InP 太陽電池最主要被考慮的用途就是衛星上以及其他太空任務。圖 8.7[2] 為 Si、GaAs 以及 InP 太陽電池在模擬太空輻射照射下，能量轉換效率衰減的表現。很明顯的，InP 的抗輻射能力最佳，GaAs 其次，Si 最差。雖然 InP 太陽電池的抗輻射能力最佳，但是由於製造成本、能量轉換的差異，以及其他因素，例如 InGaP/GaAs 雙接面太陽電池的發展等，InP 太陽電池的發展在 1990 年以後就逐漸式微，而 III-V 半導體太陽電池的發展就幾乎集中在 GaAs 太陽電池以及相關的半導體材料上。

8.4.2 單一接面 GaAs 太陽電池

GaAs 是直接能帶隙的材料，對光的吸收效果相當好，當光子能量大於 GaAs 的能帶隙時，材料對光的吸收係數約為 $10^4 cm^{-1}$。圖 8.8[3] 顯示 Si、GaAs 與 InP 等半導體材料對不同波長的光吸收係數，因此 GaAs 太陽電池結構厚度只要 $4\mu m$ 左右即可。直接能隙材料對光的高吸收率雖然是優點，但是在

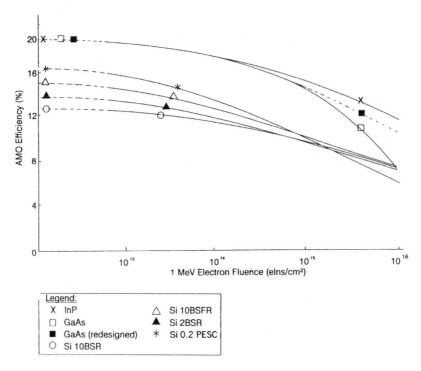

圖 8.7 Si、GaAs 以及 InP 太陽電池在模擬太空輻射（1MeV 的電子輻射）照射下，能量轉換效率（AM0）隨輻射劑量增加而衰減情形

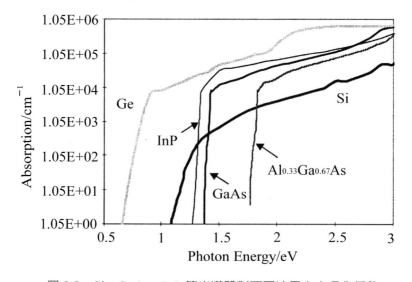

圖 8.8 Si、GaAs、InP 等半導體對不同波長之光吸收係數

製造太陽電池時也產生其他問題。

半導體材料的表面有許多未鍵結的 dangling bond，形成大量的表面缺陷。這些表面缺陷會造成照光產生的電子電洞對，在太陽電池的表面再度結合，使得光能無法轉換成為電能，降低太陽電池的能量轉換效率。這個效應對直接能隙半導體太陽電池影響更大。一般我們會用表面再結合速度（surface recombination velocity，單位為 cm/sec）這項參數來評估表面缺陷的影響。GaAs 材料的表面再結合速度約在 10^7cm/sec 左右，這數字非常高，圖 8.9 計算不同表面再結合速度對 GaAs 太陽電池光頻譜響應的影響，當表面再結合速度越高，對短波長光子的量子轉換效率就越差，表面再結合速度必須降至 10^4cm/sec 以下，GaAs 太陽電池才會有好的轉換效率。

為了提升 GaAs 太陽電池的能量轉換效率，必須降低表面缺陷的影響。一般而言，降低表面缺陷影響的方法有四種：

(1) 第一種是設法讓晶體表面鈍化（passivation），降低表面的缺陷密度。例如在 Si 表面產生 SiO_2 就能大幅度降低表面再結合速度。不過在

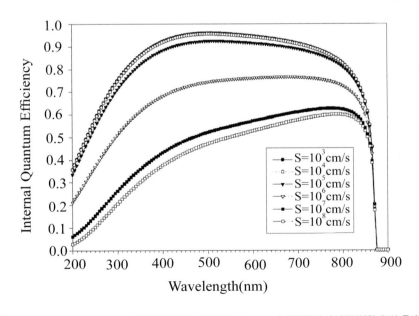

圖 8.9 AlGaAs/GaAs 界面再結合速度對 GaAs 太陽電池光頻譜響應的影響

GaAs 材料並無合適而穩定的氧化物能達到此種效果。

(2) 第二種是讓 p/n 界面儘量靠近太陽電池的表面。對於 GaAs 這樣具有高光吸收效率的材料，p/n 接面的深度必須控制在 50nm 才能降低表面缺陷的影響。

(3) 第三種是利用正面表面電場（front surface field）。這與 Si 太陽電池的背面表面電場（back surface field）的原理相同，也就是利用高／低摻雜的結構形成一個內建電場，避免照光產生的次要載子擴散到太陽電池表面，藉以降低表面缺陷的影響。例如對一個原本為 p 型射極 /n 型基極（p-type emitter/n-type base）結構的太陽電池，將 p 型射極改成 p^+/p 的高低摻雜結構，而且 p^+ 層必須非常薄，降低對光的吸收。

(4) 第四種就是在太陽表面再長一層視窗層（window layer）。視窗層是一層能帶隙較大的材料，可以讓大部分的入射光通過，又可以防止電子與電洞擴散至太陽電池表面，受到表面缺陷影響而再結合。視窗層除了要選擇能讓大部分太陽光通過的材料，同時視窗層與太陽電池射極的界面缺陷密度必須很低，這表示視窗層材料的晶格常數必須與射極層材料差異非常小，以降低晶格不匹配所產生的缺陷。

GaAs 太陽電池可以說是單一接面 III-V 族半導體太陽電池中被研究最多而且發展最好的一種，對於製作單一接面太陽電池，GaAs 在材料特性上的優點包括：

(1) GaAs 材料的能帶隙最接近單一接面太陽電池的理論最佳值。

(2) GaAs 太陽電池的抗輻射能力比 Si 太陽電池優良。

(3) GaAs 太陽電池有很好的視窗層材料：$Al_xGa_{1-x}As$。AlAs 的晶格常數幾乎與 GaAs 完全匹配，這使得在 GaAs 上生長 $Al_xGa_{1-x}As$，無論 Al 的成分比例多少，都不容易產生差排缺陷（dislocation）。而高含鋁量的 $Al_xGa_{1-x}As$ 是間接能隙材料，只要光子能量低於 3eV 都幾乎能穿透 $Al_xGa_{1-x}As$ 視窗層。

(4) GaAs 太陽電池的轉換效率對溫度比較不敏感。Si 半導體的能帶隙比較

低，所以當溫度升高時，材料中的載子濃度變化較大。另外 Si 是間接能隙半導體，其載子的生命週期（carrier life time）受到聲子（phonon），也就是晶格震動（lattice vibration）的影響較大，溫度升高時，Si 半導體的載子生命週期會快速降低。因此 Si 太陽電池隨溫度升高，能量轉換效率會快速降低。

(5) GaAs 基板比 InP 便宜，同時有更便宜的替代基板 Ge。Ge 的晶格常數、熱膨脹係數等與 GaAs 幾乎相同，這使得 Ge 基板變成製造 GaAs 太陽電池非常好用的替代基板。而且 Ge 材料的機械強度是 GaAs 的 2 倍，因此採用 Ge 基板製造的 GaAs 太陽電池，其厚度可以降到 $90\mu m$ 左右，大幅減輕 GaAs 太陽電池的重量。而用 Ge 基板製作的太陽電池，其效率幾乎與 GaAs 基板製作的太陽電池一樣好。

GaAs 太陽電池從 1960 年代開始發展，在 1972 年時，IBM 利用 LPE 方式製作出一種 heteroface 的 GaAs 太陽電池。這個太陽電池的結構為 p 型 GaAs emitter，n 型 GaAs base，在 p 型 GaAs 上面還有一層 p 型 AlGaAs 視窗層。由於 AlGaAs 視窗層阻擋電子電洞對擴散至 GaAs 太陽電池的表面，降低了材料表面缺陷的影響，因此大幅提升了 GaAs 太陽電池的效率。這個 heteroface 的 GaAs 太陽電池結構後來也發展成 GaAs 太陽電池的基礎。在使用 LPE 發展 GaAs 太陽電池的同時，也有許多人採用有機金屬氣相磊晶法發展 GaAs 太陽電池，由於有機金屬氣相磊晶法對元件結構的厚度與摻雜濃度有著優異的控制能力，因此能製作出相當高效率的 GaAs 太陽電池（22%, AM0）。

圖 8.10[2] 為 heteroface GaAs 太陽電池的結構圖。其包括 n 型的磊晶基板、n 型 GaAs 緩衝層、n 型 GaAs 基極、p 型 GaAs 射極、p 型 $Al_xGa_{1-x}As$ 視窗層、抗反射膜。磊晶基板可以是 GaAs 或是 Ge，如果是 Ge 基板，在磊晶時必須注意兩個問題：

(1) GaAs 是極性半導體材料，而 Ge 是非極性半導體材料，如果在磊晶時，GaAs/Ge 界面磊晶條件控制不適當，在 GaAs 上會形成 anti-phase domain，產生差排缺陷，降低 GaAs 太陽電池的效能。

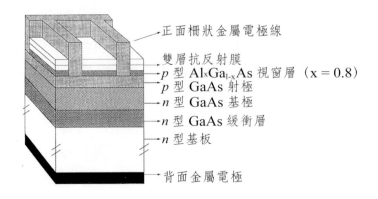

正面柵狀金屬電極線

雙層抗反射膜

p 型 $Al_xGa_{1-x}As$ 視窗層 （x = 0.8）

p 型 GaAs 射極

n 型 GaAs 基極

n 型 GaAs 緩衝層

n 型基板

背面金屬電極

圖 8.10　典型 GaAs 太陽電池結構圖

(2) 另外，由於磊晶時的高溫，Ga 與 As 原子會擴散進入 Ge 基板中，使 Ge 基板活化產生 *p/n* 接面。活化的 Ge 基板理論上可以形成另一個太陽電池，提高 GaAs 太陽電池的效率，但是事實上由於 GaAs 電池與 Ge 電池的光電流不匹配，反而降低了 GaAs 太陽電池的效率，因此在 Ge 上製作 GaAs 太陽電池時，一般都會設法讓 Ge 不要活化。

　　而解決以上兩個問題的關鍵就在於 *n* 型 GaAs 緩衝層。適當的緩衝層磊晶條件可以避免 anti-phase domain 與 Ge 活化的產生。

　　n 型 GaAs 基極一般厚度約在 $3.5\mu m$ 左右，而摻雜濃度約在 $1.0 \sim 2.0 \times 10^{17} cm^{-3}$。一些研究顯示摻雜材料會影響電洞的壽命週期，例如用 Se 作為 *n* 型摻雜的 GaAs 材料，其電洞的壽命週期就比用 Si 摻雜的 GaAs 高，所以太陽電池的轉換效率也較高。*p* 型 GaAs 射極的厚度約在 $0.5\mu m$ 左右，一般使用 Zn 作為 *p* 型摻雜，濃度約在 $2.0\times10^{18} cm^{-3}$ 左右。$Al_xGa_{1-x}As$ 視窗層是很重要的部分，Al 含量越高，視窗層透光率越高，但是也容易氧化變質，一般而言，視窗層的 Al 比例都在 $80 \sim 85\%$ 左右，然後在太陽電池製程中儘快鍍上抗反射膜，以保護視窗層免於氧化。視窗層的厚度約在 50nm 左右，而摻雜濃度要盡可能的高（$>2.0\times10^{18} cm^{-3}$），以降低異質介面的電位降與串聯電阻。

　　抗反射膜對太陽電池效能的影響也非常重要。GaAs 的光學折射率約在 3.6

左右，如果沒有抗反射膜，超過 30% 的太陽光會被反射而無法進入太陽電池。如果使用合適厚度 SiN$_x$ 單層抗反射膜，光的反射率可以降至 10% 左右，而採用 MgF$_2$/ZnS 雙層抗反射膜，可以進一步將反射光降至 3% 左右。

8.4.3 用於聚光模組的 GaAs 太陽電池

在地表上使用高效率的單晶半導體太陽電池發電，無論是單晶 Si 太陽電池，或是 GaAs 太陽電池，電池的成本都太過於昂貴。一個替代方式是使用聚光式太陽電池發電系統，利用便宜的聚光模組，將單晶半導體太陽電池使用量降到百分之一，甚至千分之一。表 8.3[2] 為聚光式 GaAs 太陽電池的結構參數，包括 p-on-n 型與 n-on-p 型，與非聚光型的 GaAs 太陽電池比較，聚光式 GaAs 太陽電池的結構在基極層（base layer）下方多了一層 (Al$_{0.2}$Ga$_{0.8}$)As 將次要載子反射回來，以增進電池效率。聚光式的設計不但能降低太陽電池的用量，同時也能提高太陽電池的轉換效率，這主要是因為開路電壓 V$_{oc}$ 提升，以及 fill factor 的提高。目前 GaAs 太陽電池在聚光條件下，最高轉換效率紀錄為 27.6%（AM1.5, 255suns）。

表 8.3　聚光式 GaAs 太陽電池的結構設計與參數

	p-on-n Cell		p-on-p Cell	
	μm	cm^{-3}	μm	cm^{-3}
GaAs cap layer	0.6	p = 5×10^{19}	0.6	n = 2×10^{18}
(Al$_{0.9}$Ga$_{0.1}$)As window	0.04	p $\approx 10^{19}$	0.04	n $\approx 10^{18}$
GaAs emitter	0.5	p = 2×10^{18}	0.2	n = 1×10^{18}
GaAs base	3.5	p = 2×10^{17}	3.8	p = 5×10^{17}
(Al$_{0.2}$Ga$_{0.8}$) As window	0.2	n = 1×10^{18}	0.2	p = 2×10^{18}
GaAs buffer	0.6	n = 1×10^{18}	0.6	p = 2×10^{18}

在聚光式太陽電池發電系統中，由於單一太陽電池產生的電流達數安培以上，因此串聯電阻對效率的影響非常大，過高的串連電阻會降低 fill factor，嚴重降低電池效率。串聯電阻的主要來源包括柵狀電極線的電阻 R_G，金屬與半導體之間的接觸電阻 R_C，以及電流要穿越射極層的橫向片電阻 R_S（見圖 8.11[2]）。要降低電池本身的串聯電阻，有幾種方式：

(1) 增加柵狀電極的密度：增加柵狀電極的密度可以同時降低整個太陽電池的柵狀電極線的電阻 R_G、接觸電阻 R_C 與橫向片電阻 R_S，不過增加柵狀電極的密度往往也增加遮光的面積，因此會降低電池的效率。

(2) 增加射極層的導電性：增加射極層的導電性可以降低橫向片電阻 R_S，由於 n 型 GaAs 比 p 型 GaAs 導電性佳，因此 n-on-p 的結構是較佳的選擇。

(3) 降低接觸電阻 R_C：對聚光型 GaAs 太陽電池而言，接觸電阻 R_C 通常必須小於 $10^{-5}\Omega\text{-cm}^2$。在柵狀電極與半導體之間增加一層薄薄的合金，例如 Au/Zn/Au 或是 Au/Ge/Ni/Au，再搭配適合的熱融合條件，可以有效降低接觸電阻 R_c 至所需範圍。

圖 8.12[2] 顯示聚光型太陽電池的電極設計，放射狀的柵狀電極將電流由太陽電池中央區域導引至外圍，不過實際上柵狀電極的密度比圖中所顯示高出

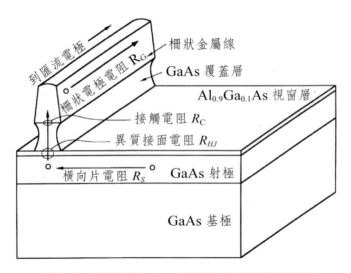

圖 8.11　聚光式 GaAs 太陽電池的串聯電阻分析

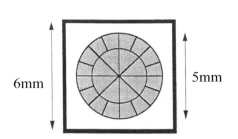

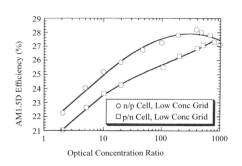

圖 8.12 聚光式 GaAs 太陽電池的柵狀電極設計示意，實際的柵狀電極密度遠比圖中所顯示高出許多

圖 8.13 p-on-n 型與 n-on-p 型這兩種不同聚光式 GaAs 太陽電池設計在不同聚光條件下的效率變化

許多。為了兼顧降低串聯電阻與降低遮光面積，柵狀電極的遮光比例會儘量控制在 4% 到 8% 之間。而圖 8.13[2] 則比較 p-on-n 型與 n-on-p 型聚光式 GaAs 太陽電池在不同聚光條件下的效率，由於 n 型 GaAs 的導電性較佳，因此可以採用較低密度的柵狀電極設計，用以降低遮光面積，達到較高的效率。不過當聚光強度超過 400 倍，低密度柵狀電極設計的 n-on-p 型 GaAs 太陽電池效率開始飽和，而採用高密度柵狀電極設計的 p-on-n 型 GaAs 太陽電池，其效率可以隨著聚光強度至 1000 倍而持續提升。這個結果顯示柵狀電極的設計方式是聚光式太陽電池的重點，依據聚光倍率對柵狀電極的設計進行最佳化，有效降低串聯電阻，同時儘量降低遮光面積來提升光電流，才能提升電池的效率。

8.5 多接面疊合之 III-V 族半導體太陽電池

8.5.1 多接面太陽電池的理論

在討論多接面太陽電池之前，我們先回顧一下單一接面太陽電池的能量轉換限制的基本原因。考慮一個由半導體能帶隙 E_g 的材料所製作的理想太陽電池，當入射到電池內部的光子能量 $h\nu > E_g$ 時，光子會被吸收並且轉換成電能，

但是此時轉換的電能量只有 E_g，多餘的能量 $h\nu-E_g$ 會變成熱散失。而當 $h\nu<E_g$ 時，光子將不會被吸收轉成電能。而只有在 $h\nu = E_g$ 的情況下，光能轉換成電能的效率才能達到最高。要注意的是，即使在 $h\nu = E_g$ 的情況下，最大的能量轉換效率仍然低於 100%。

太陽光譜的範圍非常寬，從 0eV 到 4eV，因此單一接面太陽電池對太陽光的轉換效率自然遠低於對單頻光的轉換效率。一個解決這個問題的簡單想法，就是將太陽光譜根據其能量分成數種波段，每個波段利用合適能帶隙的太陽電池將光能轉換成電能，以提高光能轉換成電能的效率。例如，將太陽光譜分成三個波段：$h\nu1 \sim h\nu2$，$h\nu2 \sim h\nu3$，$h\nu3 \sim \infty$，在這裡 $h\nu1<h\nu2<h\nu3$。而在這些光譜範圍的光子將分別用三個不同能帶隙的太陽電池 $E_g1 = h\nu1$，$E_g2 = h\nu2$，$E_g3 = h\nu3$ 來轉換光能。如果能把光譜波段數目分的更多，理論上就能達到更高的能量轉換效率。

學者 Henry 曾經計算在 AM1.5、one sun 的條件下，多接面太陽電池的能量轉換效率極限 [11]。當太陽電池的接面數目為 1、2、3 與 36 時，最高能量轉換效率分別為 37%、50%、56% 與 72%。能量轉換效率由單一接面太陽電池變成兩個接面時，增加幅度最明顯，而更多接面對能量轉換效率的提升就變得有限。這個計算結果某些方面而言的確是好消息，因為要實際製作出 4 或 5 個接面的太陽電池是非常困難的，而且如果要讓多接面太陽電池真正提升能量轉換效率，每一個子電池（sub cell）材料的能帶隙是否選擇正確就非常重要。

8.5.2 多接面太陽電池的分光方式與電能取出設計

要讓多接面太陽電池發揮提升能量轉換效率的功效，必須設法將不同能量的光子導引到為其設計的子電池上。一種最簡單的想法是利用可以折射光線的光學元件，例如棱鏡，將不同波長的太陽光分開至不同位置，然後被不同能帶隙的太陽電池吸收，如圖 8.14(a)[4] 所示。這個概念雖然簡單易懂，可是在實做時因為機械與光學設計非常複雜，因此一般並不這樣做。

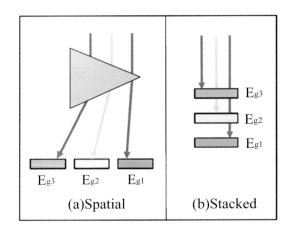

圖 8.14 多接面太陽電池的分光方式：
(a) 使用三棱鏡將不同波長的太陽光分開
至不同位置，(b) 將不同能帶隙的太陽電
池疊起來，太陽電池本身兼具濾光功能

　　比較常用的做法是將數個不同能帶隙的單一接面太陽電池疊起來，如圖 8.14(b)[4] 所示。這種形式的太陽電池，每個電池的能帶隙必須由上往下遞減，也就是 $E_{g3}>E_{g2}>E_{g1}$。每個接面電池除了吸收能量大於能帶隙的光子，同時也扮演低通濾光片（low pass optical filter）的角色。在圖 8.14(b) 中，光子能量 $h\nu>E_{g3}$ 的部分被第一個子電池吸收，而 $E_{g3}>h\nu>E_{g2}$ 的部分被第二個子電池吸收，而 $E_{g2}>h\nu>E_{g1}$ 的部分就被第三個子電池吸收，如果電池結構中含有更多子電池，就依照這種方式繼續動作。堆疊排列的設計不需要額外的光學元件來進行分光的動作，因為每一個子電池本身就具有分光的功能。另外，如果每一個子電池如果是獨立分開的，也可以將這些獨立的電池設法疊在一起成為精簡的模組，這稱為機械疊合方式（mechanical stack）。另外一種方法，就是在同一基板上，利用磊晶技術，將能帶隙由小至大依序生長製作出所有的子電池，這稱為單石堆疊（monolithic-stack）太陽電池。這種單石堆疊型態的多接面太陽電池在製作技術上，特別是磊晶技術上，較為困難，但是有許多其他優點，後續的內容將著重於探討單石堆疊的多接面太陽電池。

　　將多接面太陽電池的電能導出的方法也有許多種。圖 8.15[4] 以雙接面太陽電池為例子，從電極接出的方式就可以分成三種：(1) 四個電極端點，(2) 三個電極端點，以及 (3) 兩個電極端點，以下針對這三種設計方式進行說明：

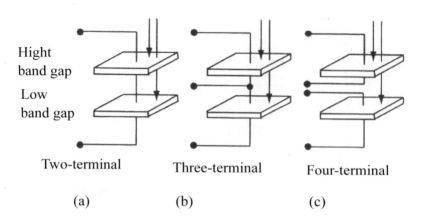

圖 8.15 雙接面太陽電池的電極接出設計方式：(a) 兩個電極端點、(b) 三個電極端點，以及 (c) 四個電極端點

⑴ 四個電極端點

四個端點電極的設計讓每一個子電池都有獨立的兩個電極，而且每個子電池所產生的電力是相互隔絕的。這種設計的好處是不需要考慮每個子電池的電極方向（*p/n* 或是 *n/p*），產生的電流以及電壓，每個子電池產生的電能用外接的電路設計達到匹配。四電極的設計主要用於機械疊合式的雙接面太陽電池。

⑵ 三個電極端點

在三個電極點的設計方式裡，兩個子電池在電路上並非隔開的，它們共用同一個電極點。這種設計方式主要用在單石堆疊雙接面太陽電池，但是上、下子電池產生的光電流無法匹配的狀況下。三電極的設計讓上、下兩個子電池工作時的光電流不用相同，不過上、下兩個子電池的極性必須相反；例如，上方的子電池如果是 p/n 極性，下方的子電池就必須是 n/p 極性。而且中間共用的電極端點，在製程上必須用比較複雜的方法將電極接出來。

(3) 兩個電極端點，上、下子電池以串聯方式連結

這種兩個電極端點，串聯方式的結構在雙接面太陽電池設計條件上最為嚴苛。這種結構要求上、下兩個子太陽電池的正、負極必須極性方向一致，而且照光時，上、下子電池產生的光電流必須非常接近，因為如果上、下電池的光電流不一致，整體電池的能量轉換效率會受限於較小的光電流。為了達到上、下電池的光電流吻合一致，必須謹慎選擇上、下電池的材料能帶隙。但是相對於其缺點，這樣的設計也有很重要的優點；這種太陽電池只有上、下兩個電極接點，與單一接面太陽電池相同，因此很輕易的就能使用在原本為單一接面太陽電池設計的模組上。

8.5.3　雙接面太陽電池：理想的能帶隙的選擇與從實際半導體材料觀點考量

調整 III-V 族半導體的合金成分，可以控制材料的能帶隙範圍從 0.5eV 以下到 2.0eV 以上，這些半導體合金內還包括一些我們已經相當熟悉其材料特性的二元化合物半導體材料，例如 GaAs、InP、GaSb 等。利用這些半導體材料的一般特性，輸入太陽光譜，再運用適當的電腦程式計算，對於雙接面太陽電池，許多研究者繪出了根據改變上、下子電池能帶隙，所形成太陽理論能量轉換效率的等高線圖。

圖 8.16[2] 是 Wanlass 等人在 1991 年計算的結果，其中包括太空中（AM0）太陽光譜以及地表太陽光譜（AM1.5）的計算結果，同時這是在上、下子電池獨立連接狀態下的結果（也就是四個電極端點的情形）。根據這項計算結果，上、下子電池的最佳能帶隙分別位於 1.65V 以及 0.9V 附近。許多研究者專注於製作各種三元或是四元 III-V 族半導體材料的子電池，包括 AlGaAs、GaInP2、GaAsP、GaInAs、GaAsSb 等這些能帶隙接近 1.65V 或是 0.9V 的材料。不過這些努力都無法實際產生出轉換效率超過 30% 的雙接

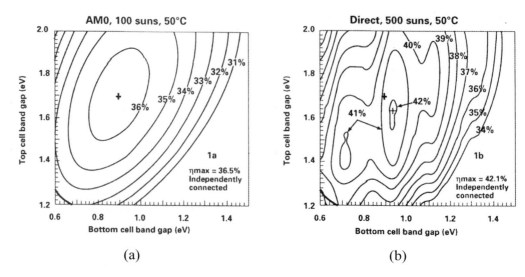

圖 8.16　雙接面太陽電池上、下子電池的能帶隙組合對效率的關係，其中 (a) 為 AM0，100 倍聚光的照光條件，(b) 為 AM1.5D，500 倍聚光的照光條件

面太陽電池。由材料產生的各種問題，包括晶格不匹配、三元材料的成分控制、原料的純度、磊晶的困難等，都是讓這些努力無法獲得重大進展的原因。

8.5.4　機械疊合雙接面太陽電池的例子：GaAs/GaSb 雙接面太陽電池

在 1987 年時，Fraas 等研究者提出製作 GaAs/GaSb 雙接面太陽電池的構想，因為這種太陽電池只由兩種簡單的二元化合物半導體材料構成，可以避免當時製作三元或是多元化合物半導體材料所產生的問題。在 1990 年，Fraas 與 Avery 製作出轉換效率超過 35% 的 GaAs/GaSb 雙接面太陽電池（AM1.5D, 100suns）。如果我們重新再看一次圖 8.16(b)，GaAs/GaSb 的能帶隙 1.42eV/0.72eV 其實落在理論上能量轉換效率次高的位置：41%，只比最佳位置 1.65V/0.95V 的 42% 低 1%。

圖 8.17[2] 展示 GaAs/GaSb 雙接面太陽電池的組合方式，這個雙接面太陽

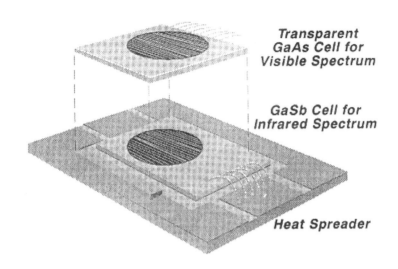

圖 8.17　GaAs/GaSb 雙接面太陽電池的組合方式

電池包含兩個長方形的子太陽電池。上電池為 GaAs 太陽電池，GaAs 太陽電池的正、背面都使用柵狀圖案的電極，以便讓紅外光透到下方的 GaSb 電池。組合時將電池相對旋轉 90 度，然後用透明的黏著劑黏合在一起。這樣的設計使用四個電極接點，可以分開獨立處理兩個子電池照光產生的電能。

　　這個 GaAs/GaSb 雙接面電池太陽電池的效率，後來經過 Sandia 實驗室對量測設備的重新校正，將轉換效率資料修正為 32.6%±1.7%。即使如此，這個太陽電池的能量轉換效率仍然是目前雙接面太陽電池中最高的紀錄。

8.5.5　串聯、兩電極端點的單石多接面太陽電池

　　發展單石、兩電極端點的單石多接面太陽電池，一直是研究太陽電池一個很重要的目標。因為一旦磊晶（Epitaxy）步驟完成，其他的部分，包括電極製程、電池模組，以及整個太陽光電系統的設計，都與單一接面的太陽電池幾乎完全相同，所以許多過去根據單一接面太陽電池設計的技術與裝置很容易就可以直接再運用。

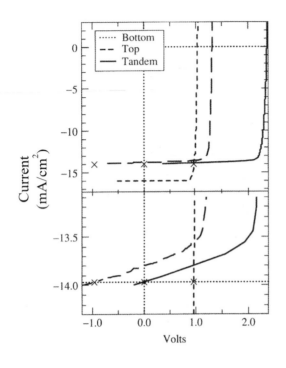

圖 8.18　串聯式雙接面太陽電池，在照光時上、下子電池，以及整個雙接面太陽電池的電流－電壓關係曲線（J-V curves）

　　串聯式雙電極端點的多接面太陽電池，當每一個子太陽電池在逆向電壓時都無漏電狀況下，其最大電流輸出會受限於短路電流 J_{sc} 最小的子電池，而電壓部分，則是每一個子太陽電池產生的電壓總和。圖 8.18[4] 顯示一個串聯式雙接面太陽電池，在照光時上、下子電池，以及整個雙接面太陽電池的電流－電壓關係曲線（J-V curves）。在這個範例中，由於上面的子電池產生的短路電流 J_{sc} 較低，因此整體太陽電池的短路電流就受限於上面的子電池的 J_{sc}。不過仔細觀察可以發現，整個雙接面太陽電池的 J_{sc} 比上面的子電池的 J_{sc} 略高一些，這表示上面的子電池在逆向電壓時有輕微的漏電情況。

　　圖 8.19[4] 顯示在串聯情況下，上、下子電池的能帶隙對雙接面太陽電池效率的影響。其中圖 (a) 顯示在上電池厚度為∞，照光條件為 AM1.5G 時，變化上、下子電池能帶隙所繪出的能量轉換效率等高線，而圖 (b) 與圖 (c) 則分別考慮針對上電池的厚度進行最佳化後，在 AM1.5G 與 AM1.5D 照光條件下的轉換效率等高線。此結果顯示，串聯式雙接面太陽電池的最佳能帶隙組合為

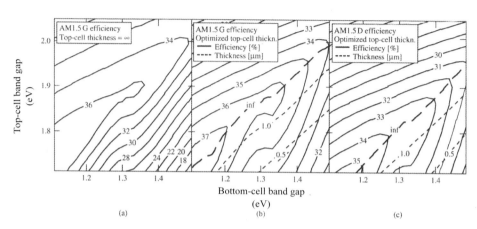

圖 8.19 串聯情況下（電流匹配），上、下子電池的能帶隙對雙接面太陽電池效率的影響：(a) 上電池厚度為∞，照光條件 AM1.5G，(b) 對上電池的厚度進行最佳化，照光條件 AM1.5G，(c) 對上電池的厚度進行最佳化，照光條件 AM1.5D

1.75eV/1.13eV，其效率接近 38%。

　　單石多接面太陽電池最困難的部分主要在於磊晶這個步驟。單石多接面太陽電池的磊晶製程，必須能嚴格控制每一個子太陽電池的成分、厚度均勻性，以及摻雜濃度，所以除了子電池的材料選擇與太陽電池的結構設計之外，磊晶方式與設備也是製作單石多接面太陽電池重要關鍵。以下將說明高效率單石多接面太陽電池的關鍵因素：

1. 子電池材料與基板的晶格匹配度

　　子電池材料如果與基板的晶格常數不匹配，會產生差排（dislocation）缺陷，差排缺陷會降低次要載子生命期（minority carrier life time）與擴散長度（diffusion length），因此降低太陽電池的短路電流 J_{sc}。同時 p-n 接面空乏區的再結合電流也會增加，造成開路電壓 V_{oc} 的降低。

2. 子電池材料品質的提升

　　磊晶基板選擇完成後，由於必須注意晶格匹配問題，這時可以選擇的材料

限制就隨之提高。例如目前單石多接面太陽電池的研究主要使用 GaAs 或是 Ge 基板，因此上方的子電池只能選用 AlGaAs 或是 $Ga_{0.51}In_{0.49}P$（簡稱 GaInP2）。早期磊晶技術較不成熟時，使用 AlGaAs 材料能夠避晶格不匹配的問題，但是 GaInP2 材料具有較低的界面再結合速度（interface recombination velocity），而且也可以降低氧污染的問題，因此當使用 MOCVD 成長 GaInP、AlInP 的磊晶技術提升後，GaInP 便取代 AlGaAs 材料，用來製作 GaInP/GaAs 雙接面以及 GaInP/GaAs/Ge 三多接面太陽電池。

3. 製作良好的穿遂接面（tunnel junction）來連接每個子電池

另一個製作高效率單石串接多接面太陽電池的關鍵就是如何連接每一個子電池。利用高摻雜的穿遂接面來連結每一個子電池，是最方便而且節省成本的作法，因為這只要在磊晶過程中多加一道步驟就能夠達成。為了降低光學吸收，穿遂接面最好採用很薄而且寬能隙的材料，但是利用寬能隙材料製作穿遂接面是一項非常困難的挑戰，因為穿遂電流密度會隨著半導體能帶隙的增加而呈現指數遞減。另外，高摻雜濃度的穿遂接面，其雜質可能會在後續磊晶製程中擴散，產生其他問題。如果是為了在聚光型太陽電池發電系統中使用的多接面太陽電池，其穿遂接面的最高穿遂電流密度必須能達到 $1A/cm^2 \sim 30A/cm^2$，視聚光的倍率而定。

4. 寬能帶隙的視窗層（window layer）與背面表面電場層（back surface field layer）

對一個 p/n 接面半導體太陽電池，如果其基極（base）厚度與射極（emitter）厚度與它們的次要載子擴散長度相近，甚至更短，這時存在半導體的表面缺陷（或是界面缺陷）就會對太陽電池產生不良影響。在單接面 GaAs 太陽電池中，多使用寬能隙的 AlGaAs 材料覆蓋在 GaAs 射極上作為視窗層，用來降低射極的表面再結合速度，而在 Si 太陽電池中，則用高 / 低摻雜方式在基極的背面形成背面表面電場層，降低背面缺陷的影響。

對於單石疊合多接面太陽電池而言，由於子太陽電池的厚度往往低於次要載子的擴散長度，因此利用寬能隙材料作為視窗層以及背面表面電場層對效能的提升作用很大。一般而言，對 GaAs 子太陽電池多使用 AlGaAs 材料，而對於 GaInP2 子太陽電池則使用 AlInP2 材料。

8.5.6　GaInP2/GaAs/Ge 三接面太陽電池

利用 GaInP2、GaAs、Ge 這三種半導體材料來製作三接面 GaInP2/GaAs/Ge 太陽電池的最重要原因，就是這三種半導體材料的晶格常數差異很小，可以避免因為差排缺陷降低太陽電池的轉換效率。圖 8.20 為 GaInP2/GaAs/Ge 三接面太陽電池結構圖，這三接面太陽電池由三層 n/p 子電池構成，由上而下

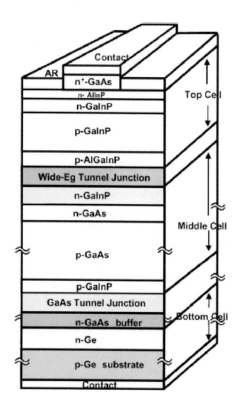

圖 8.20　GaInP2/GaAs/Ge 三接面太陽電池結構圖

的半導體結構包括：(1) 高摻雜濃度 n^+GaAs 接觸層：以降低金屬與半導體的接觸電阻，(2)n/p GaInP2 太陽電池，(3) 寬能隙半導體的電流穿遂層，(4)n/p GaAs 太陽電池，(5)GaAs 電流穿遂層，(6)GaAs 緩衝層與 (7)n/p Ge 太陽電池。

在 8.5.5 節中提到，製作串聯式多接面太陽電池要注意的一項重點就是每個子電池產生的短路電流 J_{sc} 要儘量匹配，才能達到最好的效果。因此我們首先就 GaInP2/GaAs/Ge 三接面太陽電池中，每個子電池產生的光電流分析，接下來再針對每一個子電池與穿遂接面進行討論。

1.GaInP2、GaAs、Ge 太陽電池的最大短路電流分析

在室溫下，Ge 的能帶隙為 0.67eV，GaAs 為 1.42eV，而 GaInP2 依據磊晶條件的不同，能帶隙的變化會從 1.85eV ～ 1.90eV，不過目前利用有機金屬氣相磊晶法所成長的 GaInP2 其能帶隙大多是 1.85eV，因此目前先以 1.85eV 進行分析。圖 8.21[2] 顯示在量子轉換效率為 100% 的狀況下，不同能帶隙的單接面半導體太陽電池所能產生最大短路電流密度 J_{sc}max。我們以 AM1.5G 的太陽光譜為例，Ge、GaAs、GaInP2 能產生的最大短路電流密度 J_{sc}max 分別為 60.5mA/cm^2、33.0mA/cm^2 與 20.0mA/cm^2 左右。如果將三個厚度無限大的子電池疊在一起，則每一個 Ge、GaAs、GaInP2 子電池能產生的最大短路電流密度 J_{sc}max 將分別為 27.5mA/cm^2（0.67eV ～ 1.42eV）、13.0mA/cm^2（1.42eV ～ 1.85eV）與 20.0mA/cm^2（1.85eV ～∞）左右。其中以 GaAs 子電池的 J_{sc} 最小，這種情況下嚴重限制了這個多接面太陽電池的效率，解決這個問題的方式是減少並控制在 GaAs 上面 GaInP2 子電池的厚度，讓部分的光穿透 GaInP2 子電池，使 GaAs 子電池與 GaInP2 電池產生的 J_{sc} 變成都是 16.5mA/cm^2，讓 GaInP2/GaAs 雙接面太陽電池的效率達到最高。而在 Ge 子電池部分，由於其 J_{sc} 為 27.5mA/cm^2 遠高於 GaInP2/GaAs 電池的 J_{sc}：16.5mA/cm^2，所以 Ge 子電池對這個多接面太陽電池的貢獻主要在增加電壓。

以上的估算是基於在量子轉換效率為 100% 的狀況下，也就是所有光子都被轉換成光電流的狀況下的簡單估算。如果將 GaAs 與 GaInP 的各種半導體參

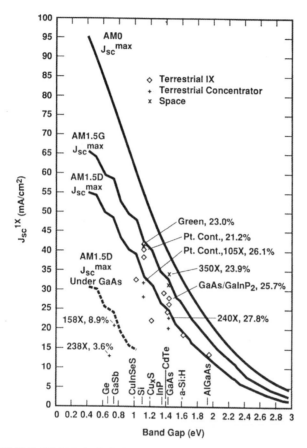

圖 8.21　不同能帶隙的單接面半導體太陽電池理論上所能產生最大短路電流密度 $J_{sc}max$

數考慮進去，可以得到更有用的資訊。圖 8.22(a)[4] 顯示，在 AM1.5G 以及 GaAs 上面的子電池的厚度為無限厚時，則上方子電池的能帶隙約在 1.95eV 左右才能讓上、下電池的電流匹配，圖 8.22(b) 的結果表示，在 AM1.5G 以及使用 GaInP2 為上方的子太陽電池時，GaInP2 太陽電池的厚度必須降至 $0.7\mu m$ 才能達到電流匹配的情形。而圖 8.22(d) 則顯示當照光條件改變為 1.5D 時，GaInP2 太陽電池的厚度要增加至 $1.2\mu m$ 左右才能達到電流匹配。

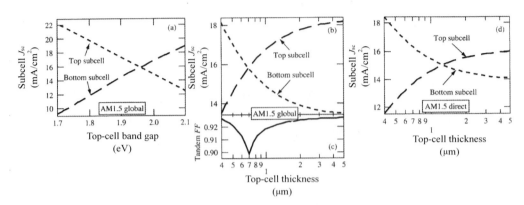

圖 8.22　(a) 在 AM1.5G 照光條件，以及上方子電池的厚度為∞時，改變上方子電池的能帶隙對上、下子太陽電池 J_{sc} 的影響。(b) 在 AM1.5G 照光條件，以及使用 GaInP2 為上方子太陽電池時，改變 GaInP2 太陽電池的厚度對上、下子太陽電池 J_{sc} 的影響。(d) 則顯示在 AM 1.5D 照光條件，以及使用 GaInP2 為上方子太陽電池時，改變 GaInP2 太陽電池的厚度對上、下子太陽電池 J_{sc} 的影響

2.GaInP2 太陽電池

　　要完成一個好的 GaInP2 太陽電池，必須注意的關鍵點很多，包括晶格匹配、能帶隙控制、視窗層與背面表面電場等，這裡針對這些重點說明如下：

(1) 晶格匹配問題：為了降低差排缺陷，GaInP2 的晶格常數要盡可能與 GaAs 接近。一般常用雙晶 X- 光繞射量測（double crystal X-ray rocking-curve diffraction）來測定上下磊晶層晶格不匹配程度。由於 GaInP2 太陽電池的厚度約在 $1\mu m$ 左右，根據 Matthews 與 Blakeslee 兩位學者提出的理論，晶格不匹配比例要小於 200ppm 才不會產生差排缺陷，換算成 X- 光繞射量測 $\delta\theta$ 約為 50arcsec 左右。另外由於 GaInP 與 GaAs 熱膨脹係數的差異，實際上最合適的 X-ray 繞射差值 $\delta\theta$ 並非 −50arcsec ～ +50arcsec；例如在 625℃成長與 GaAs 晶格完全吻合的 GaInP，在室溫下的 X-ray 量測是 −200arcsec，因此如果在 625℃進行 GaInP 磊晶，在室溫的最佳 X-ray 量測結果應該是 −250arcsec < $\delta\theta$

< −150arcsec。

(2)GaInP2 能帶隙的控制：Ga₀.₅In₀.₅P 材料存在所謂順序排列結構／非順序排列結構（ordered structure/disordered structure）的問題，這對 Ga₀.₅In₀.₅P 的能帶隙影響很大，範圍可以從 1.8eV 變化到 1.9eV。完美的順序排列結構指 Ga₀.₅In₀.₅P 在 {111} 的方向由 GaP 平面與 InP 平面交替組成，此時 Ga₀.₅In₀.₅P 的能帶隙最低。而 MOCVD 的磊晶條件會影響順序排列／非順序排列的程度，造成 Ga₀.₅In₀.₅P 能帶隙的變化，這些磊晶參數包括基板的晶面方向（substrate orientation）、磊晶溫度、磊晶速率、V 族原料與 III 族原料的比例、摻雜濃度等等。圖 8.23[4] 顯示使用 MOCVD 方法在 GaAs 上生長 Ga₀.₅In₀.₅P 時，GaAs 基板偏角（misorientation）與磊晶溫度對 Ga₀.₅In₀.₅P 能帶隙的影響。雖然我們希望 Ga₀.₅In₀.₅P 的能帶隙儘量接近 1.9eV，但是使用極端的磊晶條件可能會造成其他材料品質問題，因此在這個問題上要依據磊晶層品質與材料能帶隙兩項考量，設法達成磊晶條件的最佳化。

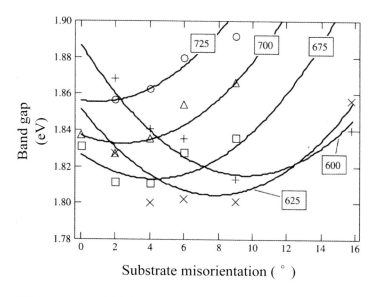

圖 8.23　使用 MOCVD 方法在 GaAs 上生長 Ga₀.₅In₀.₅P 時，GaAs 基板偏角（misorientation）與磊晶溫度對 Ga₀.₅In₀.₅P 能帶隙的影響

(3) AlInP 視窗層（window layer）：對於 n-on-p 的 GaInP 太陽電池，要作為有效果的視窗層，其材料選擇必須符合：

① 晶格常數與 GaInP 接近。

② 能帶隙必須遠大於 GaInP，讓短波長的光能透過。

③ 視窗層與太陽電池射極的價電帶差值（valence-band offset）必須夠大，能有效阻擋電洞擴散。

④ 電子濃度必須夠高（$n>1\times10^{18}/cm^3$）。

⑤ 材料品質必須很好，以提供很低的界面再結合速度。

　　AlInP 就是很好的視窗層材料。$Al_{0.53}In_{0.47}P$ 與 GaAs 晶格匹配，其間接能隙為 2.34eV，利用 Si 或是 Se 作為摻雜雜質可以很輕易將達到所需電子濃度。沒有任何表面處理的 GaInP 射極表面，其表面再結合速度高達 10^7cm/sec，而好的 AlInP/GaInP 界面再結合速度可降至 10^3cm/sec。使用好的 AlInP 視窗層的 GaInP 太陽電池，其內部量子轉換效率在光子能量 3.5eV（354nm）時仍然大於 40%。

(4) 背面障礙層（back-surface barrier）：對於 n-on-p 的 GaInP 太陽電池，背面障礙層的作用是阻擋基極的電子往基極 / 穿遂接面的界面擴散。如果此界面的載子再結合速度過高將嚴重影響光頻譜響應（特別是長波長部分）與 V_{oc}。圖 8.24[4] 顯示變化基極的厚度，與基極表面再結合速度 S_b 對 V_{oc} 的影響。由於在 GaInP/GaAs 雙接面太陽電池中，GaInP 電池的厚度只有 $0.7\mu m \sim 1.2\mu m$，因此降低基極表面再結合速度 S_b 對提升 V_{oc} 有很大的幫助。要成為有效的背面障礙層材料，必須：

① 晶格常數與 GaInP 接近。

② 能帶隙必須大於 GaInP，讓下面 GaAs 太陽電池要吸收的光子通過。

③ 與 GaInP 的導電帶差值（conduction-band offset）必須夠大，能有效阻擋電子。

④ 電洞濃度必須夠高（$n>1\times10^{18}/cm^3$）。

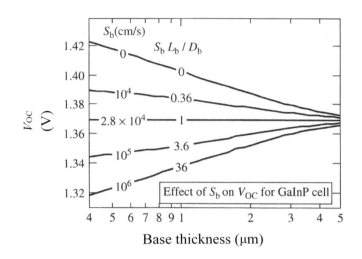

圖 8.24　不同基極的厚度與基極表面再結合速度 S_b 對 GaInP 太陽電池 V_{oc} 的影響

對於背面障礙層，有些研究者用非順序排列、能隙較大的 $Ga_{0.5}In_{0.5}P$，也有人使用 Ga 較多的 $Ga_xIn_{1-x}P$。不過目前最常用的是 $(AlGa)_{0.5}In_{0.5}P$ 以及 $Al_{0.5}In_{0.5}P$。

3. GaAs 太陽電池

在 GaInP/GaAs/Ge 三接面太陽電池中，GaAs 子電池與單接面 GaAs/Ge 太陽電池的磊晶方式相近，主要是先以適當的磊晶條件長一層 GaAs 緩衝層，降低 GaAs/Ge 異質磊晶容易產生的缺陷，這些缺陷主要是 antiphase domains（APDs）。在 GaAs 中加入 1% 的 In 可以讓 GaAs 與 Ge 的晶格更匹配。在某些最佳的條件下，在 Ge 上長 $Ga_{0.99}In_{0.01}As$ 太陽電池，其表現會比 GaAs 太陽電池稍微好一些。

在 GaAs 太陽電池中仍然需要視窗層與背面障礙層，包括 AlGaAs、GaInP、AlInP 都被用來作為製作視窗層與背面障礙層的材料。不過由於 GaInP/GaAs 的界面再結合速度非常低（S<1.5cm/sec），因此 GaInP 被認為最適合用在 GaInP/GaAs 太陽電池中，作為 GaAs 子電池的視窗層與背面障礙層材料。

4.Ge 太陽電池

由於電流匹配問題，Ge 太陽電池在 GaInP2/GaAs/Ge 三接面太陽電池中的角色，主要是增加 GaInP/GaAs 太陽電池的電壓。Ge 是間接能帶隙，能帶隙大小只有 0.67eV，因此，可以提供的 V_{oc} 最多只有 300mV，而且對溫度很敏感。

目前 Ge 太陽電池 n/p 接面的製作主要靠擴散方式。不過由於 Ga、As、In、P 對 Ge 而言都是淺階雜質（shallow dopants），因此形成 Ge 的 n/p 接面的製程就變得非常複雜。在 III-V 族材料磊晶的過程中，要避免 III 族與 V 族的原子擴散進入 Ge 中是不可能的，而挑戰的重點就是如何形成好的 Ge 子電池同時又長出低缺陷的 GaAs 異質磊晶層。以下說明幾個形成 Ge 子電池的重點：

(1) 溫度是影響擴散的最重要參數，製程中保持低溫可以避免雜質擴散，維持 *n/p* 接面的穩定。

(2) 在 700℃時，As 在 Ge 中的擴散係數比 Ga 高，但是，Ga 的溶解度較 As 大。

(3) 對一個擁有良好品質 Ge 子電池的三接面 GaInP/GaAs/Ge 太陽電池，Ge 電池只會影響 V_{oc} 而已，因為 Ge 電池的 J_{sc} 比 GaInP（或 GaAs）子電池高出許多。

(4) 目前 Ge 太陽電池的 V_{oc} 最高為 0.239V。而且 Ge 太陽電池的 V_{oc} 值對 III-V/Ge 界面品質與製作方法非常敏感。

(5) AsH_3 會蝕刻 Ge，溫度越高以及 AsH_3 濃度越高，蝕刻速率就越快。因此要避免 Ge 單獨在 AsH_3 中曝露過久。

(6) PH_3 對 Ge 的蝕刻率較低，而且磷的擴散係數在 600℃時比砷原子低兩個數量級，所以也許 PH_3 是比 AsH_3 好的 *n* 型雜質原料。

5. 穿遂接面

寬能隙穿遂接面的目的主要是要連接 GaInP 與 GaAs 兩個子太陽電池，並且避免吸收太多 GaAs 太陽電池的需要的光子。一個穿遂接面就是簡單的 p++/

n++ 接面，這裡的 p++ 或是 n++ 指材料的摻雜濃度很高，已經達到簡併狀態（degenerate）了。一個穿遂接面最大的穿遂電流密度 J_p 與能帶隙、摻雜濃度的關係為

$$J_p \propto \exp\left(-\frac{E_g^{3/2}}{\sqrt{N^*}}\right)$$

這裡 E_g 是能帶隙，$N^* = N_A N_D / (N_A + N_D)$ 稱為等效摻雜濃度。最大的穿遂電流密度 J_p 必須比太陽電池產生的光電流大，否則會嚴重降低太陽電池的轉換效率。在 1000 倍的聚光條件下，GaInP/GaAs/Ge 太陽電池的 J_{sc} 約為 $14A/cm^2$。

一開始高效率 GaInP/GaAs 雙接面太陽電池使用 GaAs 穿遂接面。最好的 GaAs 穿遂接面使用 carbon 與 Se 作為摻雜雜質，因此在後續的磊晶過程中相當穩定。這個穿遂接面的厚度低於 30nm，對在下面的 GaAs 太陽電池只減少 3% 的入射光，而 GaAs 穿遂接面的最高穿遂電流密度 J_p 可達 $300A/cm^2$。

另一個被提出的穿遂接面是 p++AlGaAs/n++GaInP 異質穿遂接面。其中 p++AlGaAs 使用 carbon 作為摻雜雜質，而 n++GaInP 使用 Se 作為摻雜雜質，因此可以得到很高的等效摻雜濃度 N^*。這個穿遂接面的最高穿遂電流密度 J_p 達 $80A/cm_2$，而且非常穩定，在 650℃ 熱退火 30 分鐘後，J_p 仍然有 $70A/cm^2$，而在 750℃ 熱退火 30 分鐘後，J_p 降到 $30A/cm^2$ 左右。這個穿遂接面的好處是比 GaAs 穿遂接面透明，因此應該能產生更高的光電流。

8.6 具潛力的 III-V 族半導體太陽電池新材料

目前多接面太陽電池的能量轉換效率在 GaInP2/GaAs/Ge 三接面太陽電池已經開始出現瓶頸，為了突破這項瓶頸，尋找新的 III-V 族半導體材料，用以製作更多接面的太陽電池，或是用來調整每一個子電池的能帶隙使整體太陽電池效率更趨近理想值，是非常重要的工作。本節將介紹一些具潛力的半導體太陽電池新材料。

8.6.1　利用 InGaNAs 材料製作 GaInP/GaAs/InGaNAs/Ge 四接面太陽電池

在 8.5.6 的分析中，由於 GaInP 與 GaAs 子電池在 AM1.5G 的條件下，最多只能產生 16.5mA/cm^2 的短路電流 J$_{sc}$，而 Ge 子電池卻可以產生 27.5mA/cm^2 的短路電流，因此對於 Ge 子電池，超過 16.5mA/cm^2 的光電流部分就被浪費掉了。根據計算，如果能夠找到半導體能帶隙約 1.0eV 的材料，作成太陽電池，置放於 GaAs 與 Ge 子電池之間，將可以進一步提升太陽電池的轉換效率 [14]。

在過去常見的 III-V 族半導體材料，往往能帶隙越小，晶格常數就越大，例如 InGaAs 或是 GaAsSb 等材料，雖然可以達到 1.0eV 的能帶隙，但是晶格常數與 GaAs 的差異讓這些材料很難加入 GaAs 太陽電池中變成多接面太陽電池。在 1996 年，Kondow 等研究者發現在 GaAs 中加入少量氮（nitrogen）成分，不但材料晶格變小，而且能帶隙 E$_g$ 也變小；而在 GaAs 中加入 In，卻會使得材料晶格變大，不過能帶隙 E$_g$ 仍然變小。因此如果調整 In$_x$Ga$_{1-x}$N$_y$As$_{1-y}$ 中 In 與 N 的含量，不但可以使 InGaNAs 的晶格常數與 GaAs 匹配，而且能夠在 GaAs 基板上製作長波長的光電元件，例如 1.3μm 通訊用雷射 [13]，或是控制 InGaNAs 的能帶隙降至 1.0eV，用來製作 GaInP/GaAs/InGaNAs/Ge 四接面太陽電池 [14]，圖 8.25[13] 說明 GaAs、GaAsN、InGaAs 以及 InGaNAs 材料的晶格常數與能帶隙關係。

不過目前在 InGaNAs 太陽電池的開發上，遭遇相當大的困難 [15,16]，最主要的困難有兩項：(1) 相對於 GaAs，N 原子在 InGaAs 的溶解率相當低，因此為了達到 InGaNAs 中所需的 N 含量，必須儘量降低 As/N 的比例，或是降低磊晶溫度。(2) 目前所長的 InGaNAs 材料品質仍然不佳，次要載子的遷移率（mobility）很低，而且生命期（life time）相當短，所以擴散長度（diffusion length）很短，造成目前 InGaNAs 太陽電池的能量轉換效率非常差。

雖然 InGaNAs 材料具有晶格常數與 GaAs 匹配的優點，但是由於材料

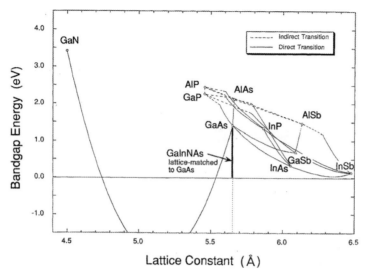

圖 8.25 GaAs、GaNAs、InGaAs 以及 InGaNAs 的晶格常數與能帶隙關係

品質上的問題，因此目前仍然無法有效利用 InGaNAs 材料於 GaInP/GaAs/
InGaNAs/Ge 四接面太陽電池，再繼續提升太陽電池的能量轉換效率。而
未來針對 InGaNAs 材料特性作更深入的研究與改善，可能是 GaInP/GaAs/
InGaNAs/Ge 四接面太陽電池是否能成功的重點。

8.6.2 晶格不匹配的 $Ga_{0.35}In_{0.65}P/Ga_{0.83}In_{0.17}As/Ge$ 三接面太陽電池 [17]

對於雙接面太陽電池而言，$Ga_{0.51}In_{0.49}P/GaAs$ 太陽電池的能帶隙 1.85eV/
1.42eV 並非最佳選擇，圖 8.26[17] 顯示在 AM1.5D，500X 聚光條件下，
$Ga_{0.51}In_{0.49}P/GaAs$ 雙接面太陽電池的理論效率約為 37%。如果在維持上、下子
電池材料晶格常數匹配的前提下，改用 $Ga_{0.35}In_{0.65}P/Ga_{0.83}In_{0.17}As$ 雙接面太陽電
池的效率會提升至 43% 左右（能帶隙為 1.68eV/1.18eV）。

但是要將 $Ga_{0.83}In_{0.17}As$ 長在 GaAs 或是 Ge 基板會遭遇晶格不匹配的問題，

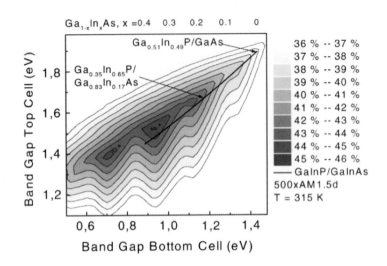

圖 8.26 串聯情況下（電流匹配），上、下子電池的能帶隙對雙接面太陽電池效率的關係。而圖中的直線表示當上、下層 GaInP/GaInAs 晶格常數匹配時的能帶隙位置

A. W. Bett 等研究者對此問題進行研究，他們利用 In 成分漸變的 $In_xGa_{1-x}As$ 緩衝層，在 GaAs 上生長 $Ga_{0.83}In_{0.17}As$ 太陽電池，雖然因為晶格不匹配的缺陷達 $10^7/cm^2$，但是電池效率在 AM1.5G 條件下仍然達到 21.6%，作為對照組的 GaAs 太陽電池效率則為 24.2%。另外他們也在 GaAs 上製作 $Ga_{0.35}In_{0.65}P/Ga_{0.83}In_{0.17}As$ 雙接面太陽電池，其電池效率在 AM1.5G 條件下為 25.1%，而作為對照組的 $Ga_{0.51}In_{0.49}P/GaAs$ 雙接面太陽電池效率則為 27.0%。為了要降低缺陷對太陽電池效率的影響，採用 n-i-p 結構取代 *n-p* 結構是重要關鍵之一。圖 8.27(17) 為 $Ga_{0.35}In_{0.65}P/Ga_{0.83}In_{0.17}As$ 雙接面太陽電池結構圖。

　　A. W. Bett 的研究結果顯示如果能設法降低缺陷密度，在 GaAs 或是 Ge 上生長晶格不匹配的 $Ga_{0.35}In_{0.65}P/Ga_{0.83}In_{0.17}As$ 雙接面太陽電池，其效率是有機會超越 GaInP2/GaAs 雙接面太陽電池，而 $Ga_{0.35}In_{0.65}P/Ga_{0.83}In_{0.17}A/Ge$ 三接面太陽電池的效率也應該能勝過 GaInP2/GaAs/Ge 三接面太陽電池。

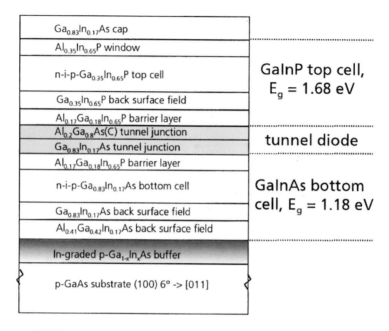

圖 8.27 $Ga_{0.35}In_{0.65}P/Ga_{0.83}In_{0.17}As$ 雙接面太陽電池結構圖

8.6.3 InGaN 材料

對於氮化物材料的能帶隙，過去一般認為 GaN 為 3.4eV，而 InN 為 1.9 ～ 2.0eV 左右，但是在 2002 年，Wladek Walukiewicz 帶領的研究群發現，InN 的能帶隙並非 1.9eV，而是 0.7eV[18]。這項發現表示，只要改變 In 成分，InGaN 的能帶隙可以從 3.4eV 變化到 0.7eV，涵蓋範圍從紫外光到紅外光，因此我們有可能利用氮化物材料製作出全波域的高效率太陽電池（見圖 8.28）。

雖然這項發現顯示出利用氮化物製作高效率太陽電池的可行性，但是如何進行卻是個極大的挑戰。目前要用氮化物製作太陽電池有三個主要問題：

⑴ 晶格不匹配問題：GaN、InN 與 sapphire 基板之間有很嚴重的晶格不匹配問題，造成磊晶層的缺陷密度非常高。

⑵ 載子的生命期非常短。

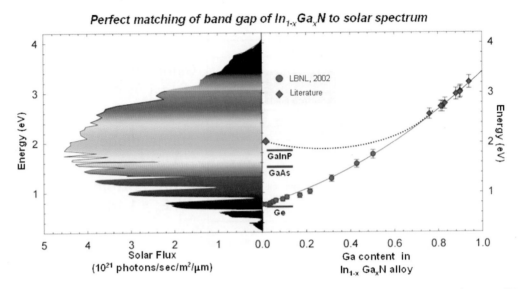

圖 8.28　In$_{1-x}$Ga$_x$N 材料對太陽光譜的涵蓋範圍，紅色的點是 W. Walukiewicz 在 2002 年的實驗結果

(3) *p*- 型摻雜對 InN 與高 In 含量的 InGaN 非常困難：目前 InN 與高 In 含量的 InGaN 為濃度非常高的 *n*- 型半導體，因此形成 *p*- 型材料對 InN 與 InGaN 也是一項挑戰。

　　目前尚無使用 InN 或是 InGaN 製作太陽電池的例子，儘管目前看起來困難重重，但是利用氮化物材料製作出全波域高效率太陽電池的夢想仍然有實現的可能。

8.7　結語

　　目前太陽電池要突破能量轉換效率 30% 的門檻，利用 III-V 族半導體做成的多接面疊合式太陽電池仍然是唯一選擇。但是隨著半導體 p/n 接面數目的增加，太陽電池的製作技術也就越趨困難。

　　未來要如何將太陽電池的效率提升至 40 ～ 60% 以上，相信 III-V 族半導

體做成的多接面疊合式太陽電池依然會是許多研究者的努力方向之一；如何找到更合適的半導體材料、如何改善磊晶技術、如何提升材料品質等，都是重要的研究課題。

　　不過許多研究者也開始研究新的想法，例如量子轉換效率超過 100% 的多重電子－電洞對（multiple electron-hole pairs）太陽電池、熱載子（hot carrier）太陽電池，或是中間能帶隙（intermediate band）太陽電池。這些太陽電池的理論與實驗目前都還在發展中，使用的電池結構包含了量子點等零維量子結構，而太陽電池材料也混合了半導體與其他材料。我們期望這些想法能突破目前的太陽電池的極限，以達到簡單、價廉、高效率的太陽電池。

參考文獻

1. S. M. Sze, Physics of Semiconductor Devices, 2nd Edition, Chapter 14: Solar Cells, John Wiley & Sons, Inc., 1981.

2. Larry D. Partain (Editor), Solar Cells and Their Applications, John Wiley & Sons, Inc., 1995.

3. Jenny Nelson, The Physics of Solar Cells, Imperial College Press, 2003.

4. Antonio Luque and Steven Hegedus (Editors), Handbook of Photovoltaic Science and Engineering, Chapter 9: High-Efficiency III-V Multijunction Solar Cells, John Wiley & Sons Ltd., 2003.

5. V. Swaminathan and A.T. Macrander, Materials Aspects of GaAs and InP Based Structures, Prentice-Hall, Inc., 1991.

6. A. W. Vere, Crystal Growth: Principles and Progress, Chapter 4: Growth from the Liquid Phase, Plenum Press, New York, 1987.

7. William S., Jr. Rees (Editor), CVD of Nonmetals, Chapter 4: Semiconducting Materials, Wiley-VCH Verlag GmbH, 1996.

8. 宋齊有，半導體薄膜材料有機金屬化學氣相沈積反應器之氣體動力特性與熱流設計，科儀新知 137，第 25 卷，第三期，pp. 71-82，中華民國 92 年 12 月。

9. Martin A. Green et al, Solar Cell Efficiency Tables (Version 22), Progress in Photovoltaics: Research and Applications, 2003; 11:347-352.

10. Gerald B. Stringfellow, M. George Craford (Editors), High Brightness Light Emitting Diodes: Semiconductors and Semimetals Volume 48, Chapter 4 OMVPE Growth of AlGaInP for High-Efficiency Visible Light-Emitting Diodes, Academic Press, 1997.

11. C. H. Henry, Limiting efficiency of ideal single and multiple energy gap terrestrial solar cells, J. Appl. Phys. 51, 4494-4500 (1980).

12. M. Yamaguchi, III-V compound multi-junction solar cells: present and future, Solar Energy Mat. and Solar Cells 75, 2003, pp. 261-269.

13. M. Kondow et al., GaInNAs: A Novel Material for Long-Wavelength-Range Laser Diodes with Excellent High-Temperature Performance, Jpn. J. Appl. Phys. 35, 1273 (1996).

14. S. R. Kurtz, et al., Projected Performance of Three- and Four-Junction Devices using GaAs and GaInP, 26th IEEE PVSC, 1997, pp. 875-878.

15. D. J. Friedman, et al., 1-eV Solar Cells with GaInNAs Active Layer, J. Cryst. Growth 195, 1998, pp. 409-415.

16. S. R. Kurtz, et al., InGaAsN Solar Cells with 1.0 eV Band Gap, Lattice Matched to GaAs, Appl. Phys. Lett. 74, 1999, pp. 729-731.

17. A.W. Bett et al., Advanced III-V solar cell structures grown by MOVPE, Solar Energy Mat. and Solar Cells 66, 2001, pp. 541-550.

18. J. Wu, W. Walukiewicz, K. M. Yu, J. W. Ager III, E. E. Haller, H. Lu, W. J. Schaff, Y. Saito, and Y. Nanishi, Unusual properties of the fundamental band gap of InN, Appl. Phys Lett. 80, 3967-3969 (2002).

第九章
太空用太陽電池

林堅楊

雲林科技大學電子工程系副教授

9.1　前言

　　第一個太空太陽電池陣列（Space Solar Array）被用在太空飛行器（Space Craft）上的是1958年3月17日美國凡格一號（Vanguard 1）人造衛星（Satellite）。之前，在1957年10月4日，雖然當時的蘇聯已成功的發射了全世界第一枚衛星史布尼克一號（Sputnik 1），但這枚衛星是靠化學電池供應能源，只在太空軌道運行了21天；而凡格一號衛星運用太陽電池作為發電能源因而得以在軌道上運行了6年。從此，太陽電池就成為人造衛星的主要能源[1]。

　　近年，全世界對人造衛星的需求量大幅增加。除了國防軍事及太空探險的任務（譬如伽利略木星探險）之外，商用衛星的數量急速增加而成了衛星需求量的主流。這些衛星的主要用途在於三方面：

1. 直接電視廣播（Direct TV Broadcast）

　　直接從衛星接收電視信號，具有更高品質的畫面及更多的頻道選擇。

2. 遠距離通訊（Telecommunication）

　　個人行動電話經由衛星一次傳達訊息而不需地面轉播站，聲音更清晰且不受地形地區限制。

3. 太空遙測（Remote Sensing）

　　由衛星作地面照相以從事氣象及地球科學的研究。

　　在過去30年裡，太陽電池一直是太空船（太空飛行器、人造衛星的統稱）唯一的主要電能供應來源。由於太陽電池在它的能量轉換效率、系統重量，以及費用各方面不斷的改進，其他能源始終無法取代它。

　　太陽電池是一種將太陽光直接轉換成電能的半導體裝置。將太陽電池用在太空飛行器上可以無限的使用太陽光作為它的電能來源，而不需要攜帶數量龐大的燃料以產生電能。

太空用太陽電池的材料早期主要是使用 Si，但最近幾乎都已使用 GaAs 或 InP 之類的化合物半導體為電池的材料 [2]，其發展趨勢概述如下：

1. 性能要求

(1) 高效率化

圖 9.1 為通信衛星用之太陽電池電力與電池效率之發展趨勢圖 [2]。通信衛星的大電力化，已使太陽電池從最初 Vanguard 1 號之 200 ～ 300mW 變成 Skylab 之數十 kW。故高效率化有其必要性，特別是在衛星之輕量化，可使衛星發射費用大大的降低。

(2) 抗輻射特性

在太空中，Van Allen 輻射帶等處其輻射環境是很嚴酷的，半導體可能因為高能質子或電子之轟擊作用而產生晶格缺陷，使太陽電池的功率輸出降低。

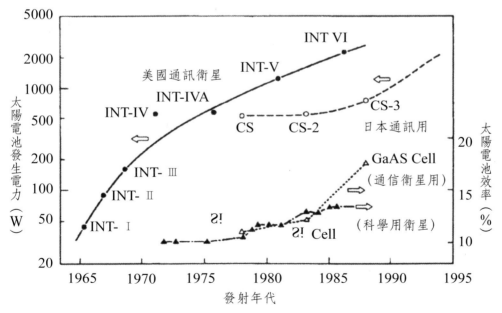

圖 9.1 通訊衛星用太陽電池電力及效率之發展趨勢 [2]

因此，太空用太陽電池特別要求抗輻射特性。此外，為防止低能質子之損傷，表面亦須有覆蓋玻璃保護。

⑶ 低成本化

不只高效率化，還要低成本化，目前太陽電池陣列的成本約為 500 ～ 1,000U\$/Wp。

⑷ 輕量化

輕量化也是太空用太陽電池要求的重要特性之一。

⑸ 可靠性

太空發射任務對可靠性的要求是不言自明的。具有太空品質要求的太陽電池陣列都需要經過一系列機械、熱循環、電性等嚴苛的可靠性測試。

⑹ 具有寬的工作溫度範圍

在太空環境中，溫度通常在 ±100℃之間變化。在一些特定的發射中，還要求更高的工作溫度。例如，美國 NASA 發射的火星地表探測器（MGR），考慮到在火星大氣中剎車時阻力生熱，要求太陽電池組件能耐受 180℃的高溫，在一些星際發射任務中，也要有寬的溫度變化範圍 [3,4]。太陽電池陣列的工作溫度要求在火星為 9.5℃，木星為 130℃，土星為 168℃，天王星為 199℃，海王星為 214℃，冥王星為 221℃。至於接近太陽的探星發射，因為受到更強陽光的照射，會要求更高的工作溫度。

⑺ 高的 AM0 能量轉換效率

太空品質的太陽電池應具有較高的轉換效率，以便在重量和體積受限制的條件下，能獲致所要求的額定功率輸出。特別是在一些特定的發射中，如在微小衛星（重量在 50 ～ 100kg）上的太陽電池組件，一般都直接安裝在衛星體上，其重量和面積均受到嚴格的限制，更需要較高的單位面積或單位重量的功率比

輸出。

太空用太陽電池在地球大氣層外工作，在近地球軌道上接受太陽輻射的平均強度基本上是定值，通常稱為 AM0 輻射，其光譜分布接近 5,800°K 黑體輻射譜，強度為 135.3mW/cm²。因此，太空用太陽電池太多是針對 AM0 光譜而設計與檢測的，這一點對於多接面電池的電流匹配設計更為重要。

太陽電池陣列轉換效率的提高對於太空系統有十分重要的意義。它可以降低系統的重量，改善系統的搭載能力，減少軌道運行的阻力，還可以降低系統的成本，用以補償因用高效率電池增加的成本而有餘。圖 9.2 顯示，當電池的轉換效率從矽電池的 13%、GaAs/Ge 電池的 19%，提高到雙接面疊層 GaInP/GaAs/Ge(DJ) 電池的 22% 時，太空電源系統的面積得以縮小的情況 [4,5]。

2. 太空用 Si 太陽電池發展情形

從 1958 年以來，開始使用 Si 太陽電池。美國的 Exprola 1 號發現范艾倫輻射帶，而 Exprola 6 號的 Si 太陽電池功率輸出，10 天內降低了 25%。1965 年起，NASA 即以 Si 太陽電池當作中心耐放射線實驗的結構。

Si 太陽電池之所以能高效率化，主要在於 Si 單晶的高品質化、構造最佳化及鈍化技術等的進步，因此，已有 20.8% 的轉換效率。但這種高效率 Si 太

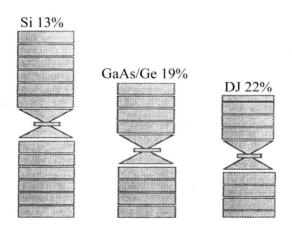

圖 9.2　太空電源系統面積可隨太陽電池轉換效率提高而縮小 [4]

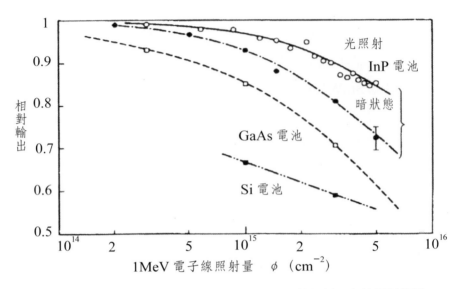

圖 9.3　Si、GaAs 及 InP 太陽電池於 1MeV 電子線照射下之抗輻射情形 [2]

陽電池的抗輻射能力相當弱，如圖 9.3 所示 [2]。Si 中的輻射缺陷為原子空位與不純物所組合之複合缺陷，故 Si 太陽電池之輻射劣化，也與 Si 中不純物種或不純物濃度有關係。而實用的太空用 Si 太陽電池的 AM0 效率為 12 ～ 14%。

1998 年計畫之太空站 1 號，預定用效率 14.2% 之 $8 \times 8 cm^2$ Si 太陽電池（10Ω-cm、p-Si 基極、200μm 厚、BSF 構造），由 32,800 片太陽電池所構成的陣列 8 板，其 BOL 功率輸出達 250kW。各陣列面積為 $36 \times 12 cm^2$ 而重量約為 1 噸，陣列之功率輸出重量比為 32W/kg。

3. 太空用化合物半導體太陽電池發展情形

太空用化合物半導體太陽電池以 III-V 族化合物為最有潛力的材料。其能階屬直接能隙型，故此類太陽電池作用層的厚度與 Si 太陽電池做比較，可以薄 10 ～ 20 倍，故化合物太陽電池不易受放射線影響。再者，InP 本質上也具有強的抗輻射特性。此外，GaAs 與 InP 太陽電池的最高效率比 Si 更高。傳統

上太空用太陽電池是採用 Si，但 GaAs 與 InP 太陽電池已用於 CS-3 通信衛星及 MUSES-A 科學衛星等太空飛行器上。

美國 NASA 中心、Hughes 公司與 ASEC 等針對 GaAs 太陽電池製造進行研究，特別是在太空用途上。傳統上 GaAs 使用 LPE 法製造，最近在太空用 GaAs 電池之量產系統上，三菱及 ASEC 已導入能處理 40～48 片 4～5cm 晶圓之 MOCVD 製程（2×2cm^2 實用電池之 AM0 太陽光照射環境下有 17.5% 的轉換效率）。ASEC 公司至 1989 年已出貨 40kW 以上作為太空用途，其使用 300μm 厚之 GaAs 基板，在上面製作 4×2cm^2 之 GaAs 電池。從大面積化、薄層化及經濟化之觀點來看，200μm 厚 Ge 基板之 4×2cm^2 太空用 GaAs 電池的 MOCVD 法，產線上有 2000 電池／週之產能。40 批次之平均 AM0 轉換效率為 18.7%±0.5%。Spire 公司在 AM0 下，轉換效率已經可以達到 21.7%（實驗室）。

在抗輻射佳之 InP 太陽電池方面，其 AM0 轉換效率已達 19.1%。日本鈜業公司已開發出可一次處理 50 片 2 吋晶圓之擴散法，而用於 InP 太陽電池之量產上（2×1cm^2 電池之 AM0 轉換效率為 16～17%）。未來，由於具低成本及輕量化等特性，在 Si 基板上製作 GaAs 電池及 InP 電池或 Si 與化合物半導體整合之 Tandem 電池較有發展潛力。此外，a-Si 及 CIS 等之薄膜型太陽電池也頗有發展潛力。Kopin 公司之 GaAs-CLEFT 電池，在 AM0 之轉換效率可達 20.6%，GaAs-CLEFT/CuInSe$_2$ 的 Tandem 電池在 AM0 轉換效率達 23.1%。GaAs 及 InP 之單一接合電池效率在 24～26%（AM0），為了再提高效率，可將其作成堆疊型電池，AM0 轉換效率有可能高達 34～36% 的。最近，Boeing 公司 GaAs/GaSb Tandem 電池於 100 倍集光下已實現 AM0 轉換效率達 32.2%。

除了 GaAs 及 InP 適合作為太空用太陽電池之外，也可能發現比 InP 更具抗輻射特性之材料，如圖 9.4 所示 [2]，因此，這方面的基礎研究有其必要性。此外，圖 9.5 所示為 III-V 族化合物半導體太陽電池之特性 [2]。目前，III-V 族太陽電池之生產規模在 10kW/ 年以下。

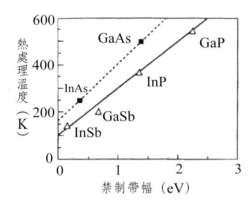

圖 9.4 各種 Ⅲ - Ⅴ 族化合物材料的禁制帶幅 [2]

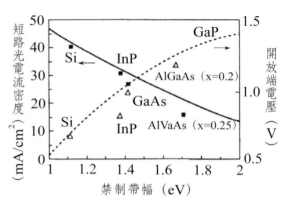

圖 9.5 Ⅲ-Ⅴ族化合物太陽電池之短路電流密度及開路電壓 [2]

9.2 電池結構設計考量

太空用太陽電池的操作，必須能適應寬的太陽光強度和溫度。為了要能在太空環境中順利的運作，太空用太陽電池必須要有高的可靠度，因為太空任務是否能成功，與電池的功率輸出有密不可分的關係。

而太陽電池在太空中的應用是很難去被取代的，雖然整個太空任務的成本相當的高，可是太陽電池在整個任務當中的成本比例就顯得微不足道。以下有幾點特性是必須要注意的：

(1) 由於太陽電池在太空中都是被固定住的，所以電池的面積與效率是很重要的。

(2) 在太空環境中，會有輻射的損傷，所以如何抗輻射也是相當重要的。

(3) 太陽電池陣列必須要輕量。

(4) 太陽電池的溫度有可能因為輻射而使電池溫度升高，故要盡可能使紅外線波段之光波再輻射出去。

若能結合以上這些條件，將可使太空用太陽電池更加堅固、具高可靠度，

並能足以抵抗發射時的機械壓力、環境的溫度。

　　太空用太陽電池的設計關係到整個太空任務是否成功。若是靠近地球的任務，將只需要中等的功率輸出，每一個衛星只需要幾 kW 即可。若是有太空人操縱的任務，將需要更高的功率，而太空站需要近 120kW 的功率輸出，若是能增加太陽電池能板，可將功率輸出提高的 200kW。另外有一些星座區域，需要幾百千瓦的輸出，並且盡可能提高到幾百萬瓦。有些任務中太陽電池除了需要很高的功率輸出外，也需要強化其抗輻射能力。

　　許多寬能隙的太陽電池已經被研究發展出來，$GaInP_2$ 就是其中一個很好的材料，另外，GaAs 與 Si 兩種材料也被廣泛的應用在太空用太陽電池當中。而 Si 常被使用在較遠的任務上，因為 Si 在低溫的環境當中，可以更有效率的運作。但為了要解決電池輕量化的問題，III-V 族的單一接面及多層接面將比 Si 電池更能勝任。不過由於 Si 電池的成本較低且較具穩定的效率，所以 Si 電池在未來還是會被使用在太空用太陽電池上。無論如何，太陽電池會是太空中最重要的電力來源 [6]。

9.3　太空光譜考量

　　太陽電池的能量來源是太陽光，因此入射太陽光的強度（intensity）與頻譜（spectrum）就決定太陽電池輸出的電流與電壓。物體置放於陽光下，其接受太陽光有二種型式，一為直接（direct）陽光，另一為經過地表其他物體散射後擴散（diffuse）陽光。一般的情況，直接陽光約占太陽電池入射光的80%。因此以下的討論也以直接陽光的情況。太陽光的強度與頻譜，可以用頻譜照度（spectrum irradiance）來表達，也就是每單位面積每單位波長的光照功率（$W/m^2\mu m$）。而太陽光的強度（W/m^2），則是頻譜照度的所有波長之總和。太陽光的頻譜照度則和量測的位置與太陽相對於地表的角度有關，這是因為太陽光到達地表前，會經過大氣層的吸收與散射。位置與角度這二項因素，一般

就用所謂的空氣質量（air mass, AM）來表示。對太陽光照度而言，AM0 是指在外太空中，太陽正射的情況，其光強度約為 135mW/cm^2，約略地等同於溫度 5,800°K 的黑體輻射產生的光源。AM1 是指在地表上，太陽正射的情況，其光強度約為 100mW/cm^2。AM1.5 是指在地表上，太陽以 48.2 度角入射的情況，其光強度約為 83.2mW/cm^2。一般也使用 AM1.5 來代表地表上太陽光的平均照度。

由於太陽電池的功用是將太陽光能轉換成電能，所以太陽光譜對太陽電池的效率影響相當大。太陽的中心溫度約為 2 百萬 °K，但是這並不是太陽表面電磁波輻射的黑體（black body）輻射溫度，因為大部分的電磁輻射會被太陽表面附近的氫原子層再吸收，所以太陽的表面溫度會比內部溫度低許多，大約在 6,000°K 左右。圖 9.6 為太陽光譜圖，其中包括 6,000°K 之黑體輻射光譜、AM0、AM1、以及 AM2 等太陽光譜 [7]。

在大氣層外的太陽輻射，由於不受大氣層影響，定義為 AM0。對於太空中使用的太陽電池，我們常使用 AM0 的照光條件進行測試，以模擬太陽電池

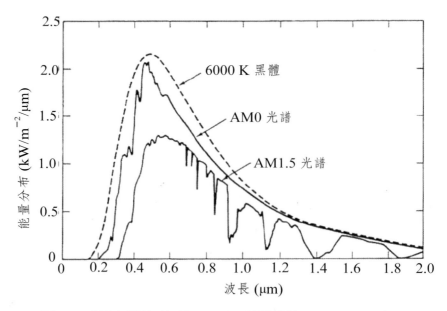

圖 9.6　太陽光譜圖（包括 6,000°K 黑體輻射、AM0、AM2）[7]

在太空使用的情況。從上圖中可以看到，AM0 之光譜分布與 6,000°K 黑體輻射光譜非常相似；而陸地上的太陽光譜與大氣外的太陽光譜相較之下，我們可以看到在入射光會在某些波段被吸收。這是因為入射光子在進入大氣層後，會被大氣中的臭氧層、水蒸氣等吸收；波長低於 400nm 之區域被吸收的原因為臭氧會吸收紫外光，再來我們看到 900、1100 與 1,400nm 的吸收則是由水蒸氣所造成。而當太陽光垂直入射地球到達海平面時，太陽光經過了一個大氣層厚度的距離，所以定義為 AM1。表 9.1 列出美國太空總署（NASA）所定出之空氣質量與單位面積入射功率的標準 [8]。

9.4 抗輻射強化考量

太空用太陽電池在地球大氣層外會受到高能荷電粒子（主要是離化的氫原子—電子和質子）的輻射，而引起電池性能的退化。這些高能荷電粒子主要來自太陽。太陽球心的核聚變反應（$H_2 \rightarrow He$）不斷向外層空間輻射出巨大的能量（電磁波）和大量的高能粒子（太陽風），特別是在太陽黑子爆發時特別劇烈。當這些高能荷電粒子靠近地球時，受到地球兩極磁場的作用而發生偏轉，向赤道上方的一定空域集中，形成沿著赤道面的類橢球分布，並在一些局部空域形成由帶電高能粒子組成的強輻射帶。當衛星的運行軌道穿過這些強輻射帶時，曝露在衛星表面的太空用太陽電池組件會受到來自各方向的高能粒子的轟擊，

表 9.1 美國太空總署 (NASA) 所定之空氣質量與單位面積入射功率標準 [8]

空氣質量條件	單位面積入射功率（mW/cm^2）
AM0	135
AM1	100
AM1.5	83.2
AM1.5G	100
AM2	69.1

電池材料晶格原子因而會發生位移，偏離平衡位置，甚至脫離原來位置而形成空位。這些輻射引起的晶格缺陷，可能形成光生少數載子的復合中心而減短少數載子的壽命，影響少數載子的收集效率，導致電池性能的退化。因此太空太陽電池應具有良好的抗輻射性能。對於不同的太空發射任務，在不同的軌道、不同高度的運行，以及具有不同預期壽命的衛星，其抗輻射性能的要求各有不同。在電池組件的設計上，不僅在衛星發射的初期（BOL）、在經過長期輻射衰變後、甚至在衛星預期壽命終期（EOL），其效率和輸出功率都應滿足任務需求 [4,9]。

一般而言，GaAs 電池具有良好的抗輻射性能。經過 1MeV 劑量為 $1 \times 10^{15} \text{cm}^{-2}$ 之高能電子輻射後，GaAs 電池的光電轉換效率仍能保持原值的 75% 以上；而先進的高效率太空 Si 電池經受同樣的輻射條件下，轉換效率只能保持其原值的 66%。當受到高能質子輻射時，兩者的差異尤為明顯。以商業發射為例，對於 BOL 效率分別為 18% 和 13.8% 的 GaAs 電池和 Si 電池，經過低地球軌道運行的質子輻射後，EOL 效率將分別為 14.9% 和 10%，即 GaAs 電池的 EOL 效率為 Si 電池的 1.5 倍 [10]。

抗輻射性能好是直接能隙化合物半導體材料的共同特徵 [11]。圖 9.7 所示為 GaAs 和 InP 有關的多元化合物經 1MeV 電子輻射後，其少數載子擴散長度之損傷係數 K_1 隨 InP 組成而變化的關係 [4]。K_1 與電子輻射的劑量 ϕ_e 之間的關係為

$$1/L_P^2 = 1/L_O^2 - K_1 \phi_e$$

式中 L_O 和 L_P 分別為輻射前、後少數載子的擴散長度。由於 $L = (D\tau)^{1/2}$，故上式可改寫為少數載子壽命 τ 與輻射劑量 ϕ_e 的關係，即

$$1/\tau_P = 1/\tau_o - K_1 \phi_e$$

這裡假設擴散係數 D 為常數，因為它對輻射劑量不敏感。上式表示，K_1 正比於

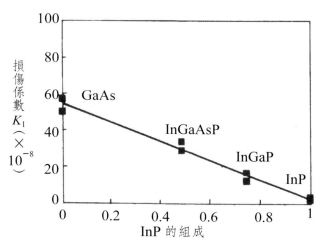

圖 9.7　GaAs 和 InP 相關的多元化合物中少數載子擴散長度之損傷係數 K_1 與 InP 組成的變化關係 [4]

輻射引起的少數載子復合中心的數目，反映了輻射在電池材料中引起損傷缺陷的難易程度。這些關係式對質子輻射也適用，只是損傷係數 K_1 值有所不同。

　　從上圖可以看出，隨著 InP 的增加，抗輻射性能增強，K_1 值減小。K_1 值從 GaAs 時的 5×10^{-7} 減小為 InP 時的近 10^{-8}。矽電池的 K_1 值更小，n 型矽基極區之 K_1 約為 1×10^{-8}；p 型矽基極區之 K_1 約為 2×10^{-10}。何以 GaAs 比 Si 的抗輻射性能好呢？這是因為 GaAs 及 III-V 族直接能隙材料原來固有的少數載子壽命和擴散長度遠比矽小，GaAs 的少數載子壽命通常約為 10^{-8}s，而 Si 的少數載子壽命約為 10^{-3}s，所以 GaAs 中的輻射缺陷對其電池的光伏參數的影響相對較小。

　　為了直接反映輻射對電池性能的影響，可用下列經驗關係式描述之 [12]

$$P_{\max}/P_0 = 1 - C \ln(1 + D_0/D_x)$$

式中，P_0 和 $P_{\max}$ 分別為輻射前、後電池的最大功率輸出；$D_0(\text{MeV/g})$ 為單位質量所吸收的輻射能量；C 與 D_x 為比例常數。

對於電子輻射，D_0 與輻射劑量 ϕ_e 的關係為

$$D_0 = \phi_e S_e$$

式中 Se 為非離化能量損失（MeV·cm²/g）。對於質子輻射，上式略有不同。可以根據測試數據，定量預期太空用太陽電池的終期壽命。

電池材料抗輻射性能的優劣是由材料結構所決定的。一般來說，材料組成的原子量大或原子之間鍵合力強，抗輻射性能就好。此外，抗輻射性能也與材料的摻雜類型和厚度有關。通常 p 型基極區電池的抗輻射性能較好，因為少數載子是電子，具有較大的遷移率；薄層材料抗輻射性能更佳，因為高能電子的穿透能力很強，在數十微米厚度中引發的缺陷密度基本上是均勻分布的。如果將電池射極層減薄，即意味著減少了輻射缺陷的總數，電池的抗輻射性能也會比較好。

而 InP 太陽電池引人注目的特點是它的抗輻射能力更強，不僅遠優於 Si 電池，也遠優於 GaAs 電池。在一些高輻射劑量的太空發射中，例如需穿越 Van Allen 強輻射帶時，Si 和 GaAs 電池的 EOL 效率低，只有 InP 電池能勝任這樣的環境下的太空任務 [13]。圖 9.8 表示 InP、GaAs 和 Si 電池工作 10 年的 EOL 功率密度與 60° 地球軌道高度的變化關係 [4]。

輻射劑量隨軌道高度和空域而變化，5,000km 左右為 Van Allen 強輻射帶。上圖中 InP、GaAs 和 Si 太陽電池的功率密度都是以相同的單位面積重量（1.2kg/m²）計算的。其中，InP 電池製作在 400μm 左右厚的 Si 基板上，BOL 效率為 12.5%；GaAs 電池製作在約 140μm 厚的 Ge 基板上，BOL 效率為 20%；Si 電池厚度約 200μm，BOL 效率為 14%。這些電池都用最佳厚度的玻璃覆蓋著。由圖 9.8 可以看出，InP/Si 電池的 BOL 效率雖然較低，但在強輻射條件下（約 5,000km 高度）的 EOL 功率密度約為 GaAs/Ge 或 Si 電池的 2 倍以上。在這樣強輻射條件下工作 10 年，太空用太陽電池大約會接受 1MeV 電子 1×10^{16}cm^{-2} 以上等效劑量的輻射。

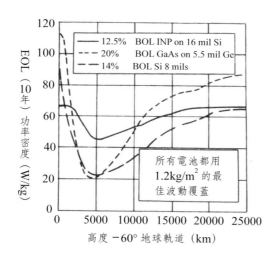

圖 9.8　InP/Si、GaAs/Ge 和 Si 太空用電池 10 年 EOL 功率密度與 60° 傾斜軌道高度的關係 [4]

9.5　熱循環考量

　　熱循環問題對太空用太陽電池十分重要 [14]。以往，對太陽電池能板一般都要求做熱真空試驗，在對太陽電池能板進行驗收試驗時，要在真空條件下進行十次熱循環測試。因為這樣做更真實，同時也更能曝露出因太陽電池能板結構內存在空隙所產生的力學效應，特別是太陽電池下面的黏著劑問題。然而，因為在低溫下的輻射傳熱速度很緩慢，所以熱真空試驗是一個很費時且費用很高的過程。

　　考慮到降低太陽電池能板的測試費用和縮短產製時間，歐洲一家技術領先的太陽電池能板製造公司 Fokker Space BV 在幾年前發展了一項新的技術，以常壓熱循環試驗設施對太陽電池能板進行熱循環測試。常壓熱循環試驗的優點是因為使用強迫的對流熱交換，可以較快和較便宜地模擬太陽電池能板結構中誘發的熱應力。至今 Fokker Space BV 公司已經用該設施做了許多太陽電池

能板的熱循環試驗。過去，熱真空試驗的時間需要兩週，每次只能測試兩塊能板；而現在，用該常壓熱循環試驗設施的測試時間為 3～5 天，一次可測試 4 塊能板，試驗費用也只有原先的一半。

嚴格適當的太陽電池陣列熱應力測試，在太空任務中是很重要的 [15]。太空用太陽電池陣列設計，必須要能禁得住太空環境中嚴厲的考驗，並且在任務期間能保持電池陣列結構的穩固，至少希望能保持 10 年左右。熱循環測試時，須將受測的電池模組放置在一個標準的熱循環測試系統腔體中，就如圖 9.9 所示 [15]。

採自動化控制溫度的均勻性、熱轉換、減少循環週期、並減少總測試時間，能提供有用的參考數據用於設計更有效率的太陽電池及太空飛行器。此種更快更好的熱循環測試系統，循環的週期為 10 分鐘，所以在一週內可以完成

圖 9.9　熱循環測試系統 [15]

1,000 個熱循環。此種新型系統在頂部有一熱隔間，底部有一冷隔間，熱隔間通入氮氣，氣體的壓力可以減緩水份的凝結、氧化、腐蝕，並促進熱的傳導。利石英—鹵素燈當作熱源，測試的太陽電池會被此熱源快速地均勻加熱，而底部的隔間通入液態氮，這樣的設計不會使上下互相影響，並且維持一定的溫度。此測試系統可以提供溫度週期性變化，並更適合大尺寸太陽電池的測試，其熱循環週期為 10 ～ 12 分鐘，一年可以執行 50,000 次熱循環。此系統如圖 9.10 所示 [15]。

在未來的太空任務中，會更接近太陽或是水星，故太陽電池的熱循環考量會越來越重要，不可或缺，也期待更新、更快、更準確的熱循環系統的研究開發，使太空任務得以順利進行。

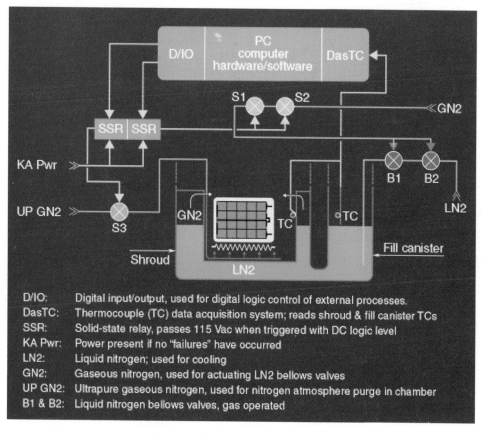

圖 9.10　新型熱循環測試系統 [15]

9.6 高效率太空用太陽電池種類

太空用的高效率太陽電池大致上可分為單晶矽太陽電池及化合物太陽電池兩大類,茲略述如下:

1. 單晶矽太陽電池

單晶矽太陽電池早已廣泛的應用在太空用太陽電池上,不管在過去或是未來,矽太陽電池仍將被使用在需要低成本、低功率的太空任務上。矽太陽電池基本上都是使用 10 或 2Ω-cm 的 P 型晶圓,並且背面鍍有背反射層(BSR),而其正面及背面都有可焊的接點。矽太陽電池的平均轉換效率可以達到 13.2% 以上。

2. 化合物太陽電池

化合物半導體太陽電池之優點在於光電轉換效率高。以 GaAs/Ge 所形成之單一接面(SJ)太陽電池,將 GaAs 太陽電池利用金屬有機化學氣相沉積系統(MOCVD)成長於 140 ~ 150μm 厚的 Ge 材料基板上,而此單一接面的 GaAs/Ge 太陽電池,表面鍍上抗反射層,正面與背面有可焊的接點,在 AM0 的太陽光照射環境之下,其平均轉換效率可以達到 18.5% 以上。至於 GaInP$_2$/ GaAs/Ge 多層接面(MJ)太陽電池將所有的三層接面鍍有多層的抗反射膜,並且正面與背面的接點跟分流二極體整合在一起,以避免受到反向偏壓下降的影響,此三層接面太陽電池在 AM0 的太陽光照射環境之下,其轉換效率可以達到 27%,若在八個太陽的集光照射下,其轉換效率還可高達 30%。

下節將分別針對高效率太空用的單晶矽太陽電池及化合物太陽電池進一步介紹與討論。

9.7 單晶矽太陽電池

高效率太空用單晶矽太陽電池常用的結構有兩種，一種是 NRS/LBSF（Non-Reflective Surface/Localized Back Surface Field cells）電池，如圖 9.11 所示 [16]；而另一種為 NRS/BSF（Non-Reflective Surface/Back Surface Field cells）電池，如圖 9.12 所示 [16]。

以上兩種結構除了有兩個地方不一樣之外，其餘結構都相同。NRS/LBSF 只有局部的擴散 p^+ 至背面場，且在電池的邊緣部分沒有 n 擴散層；而 NRS/BSF 則有正常的 p^+ 擴散至背面場，且有標準的 PN 接面。在這兩種電池的頂部皆有倒金字塔型的結構，且倒金字塔的斜邊皆為 45°，此結構是為了減少入射光的反射而設計的，讓入射光更有效率的在電池內部被吸收及運用。而在電池的正面與背面的 SiO_2 鈍化層，是為了能夠減少少數載子的再復合。NRS/LBSF 是使用 2Ω-cm 的 Si 基板，因為 2Ω-cm 的 NRS/LBSF 的填充因數比 10Ω-cm 的填充因數高。表 9.2 為此類三種不同結構太陽電池的光電壓特性比較。在這些電池結構當中，NRS/LBSF 的效率最高，可達 18.0%（AM0）；而

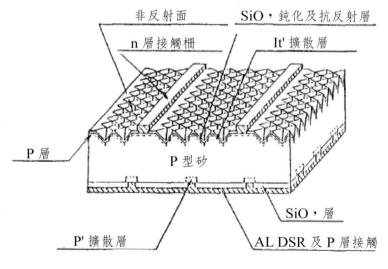

圖 9.11 NRS/LBSF 電池結構 [16]

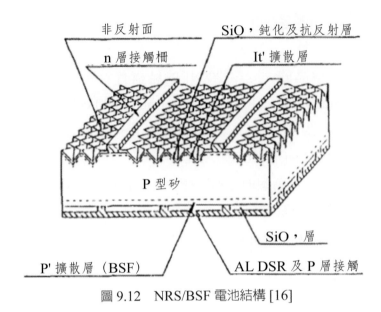

圖 9.12　NRS/BSF 電池結構 [16]

表 9.2　三種不同 NRS/LBSF 及 NRS/BSF 太陽電池的光電壓特性比較 [16]

Cell type	Resistivity (Ω cm)	V_{oc}(mV)	I_{oc}(mA)	FF	P_{max}(mW)	Eff.(%)	2s
NRS/LBST	2	637	194	0.79	97.6	18.0	0.84
NRS/BSF	2	630	191	0.78	93.6	17.3	0.85
NRS/BSF	10	625	191	0.77	92.0	17.0	0.85

Note: AMO, 135.3 mW/cm^2. 28℃ ; cell Size 2 cm×2 cm, 100 μm thick.

NRS/BSF 的效率次之，有 17.3%（AM0）。

　　NRS/LBSF 及 NRS/BSF 電池為了避免太陽電池的熱斑（Hot-Spot）現象，可以加入 IBF（intergrated bypass function）結構，例如圖 9.13 所示含有 IBF 之 NRS/BSF 太陽電池 [16]。此類太陽電池的光電壓特性參數如表 9.3 所示 [16]。與沒有 IBF 的 NRS/LBSF 及 NRS/BSF 太陽電池來做比較，此類電池的效率分別降了 0.8% 與 0.3%，此與填充因數的降低有關。

　　在2001年由Sharp與NASDA研究出抗輻射的Si太陽電池，電池面積大小為2×2cm^2，沉積在超薄的基板上，主要特色為利用雙面接面結構（both-side

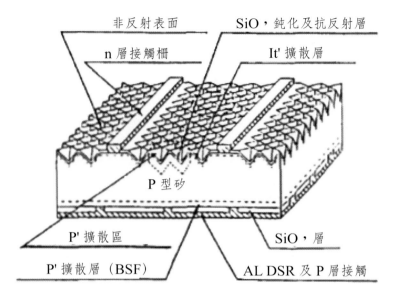

圖 9.13 含有 IBF 之 NRS/BSF 太陽電池結構 [16]

表 9.3 含有 IBF 之 NRS/LBSF 及 NRS/BSF 太陽電池的光電壓特性比較 [16]

Cell type	Resistivity(Ωcm)	V_{oc}(mV)	I_{oc}(mA)	FF	P_{max}(mW)	Eff.(%)	2s
NRS/LBST with IBF	2	625	193	0.77	92.9	17.2	0.84
NRS/BSF with IBF	2	625	191	0.77	92.0	17.0	0.85
NRS/BSF with IBF	10	620	191	0.76	90.3	16.7	0.85

Note: AMO, 135.3 mW/cm^2. 28℃ ; cell Size 2 cm×2 cm, 100 μm thick.

junction, BJ），在AM0、28℃的環境下，其轉換效率可達13.4%，這樣的雙面接面結構Si太陽電池，由光產生的少數載子可以有效的到達p-n接面，而達到抗輻射線的效果，其結構如圖9.14所示[17]。

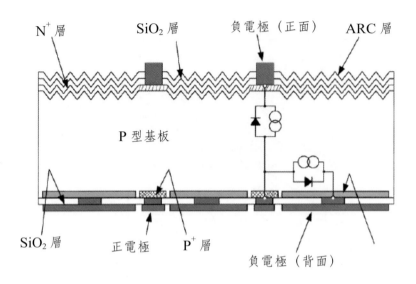

圖 9.14　BJ 電池的剖面結構與等效電路圖 [17]

9.8　化合物太陽電池

9.8.1　砷化鎵太陽電池特性 [4]

　　砷化鎵是一種典型的 III-V 族化合物半導體材料，具有與矽相似的閃鋅礦晶體結構，不同的是 Ga 和 As 原子交替排列。GaAs 具有直接能隙特性，能隙值為 1.42eV (300°K)。GaAs 還具有很高的光發射效率和光吸收係數，已成為當今光電子領域的重要材料，在太陽電池領域也扮演著重要的角色。

1. 光吸收係數

　　GaAs 的光吸收係數 α，在光子能量超過其能隙值後大幅上昇至 10^4 cm^{-1} 以上，如圖 9.15 所示 [4]。也就是說，當能量超過其能隙值的光子經過 GaAs 時，只需要 1μm 左右的厚度就可以使光強度因被吸收而衰減到原值的 1/e 以上（e 為自然對數），同時產生光生電子—電洞對；換句話說，只需要 3μm 左右，

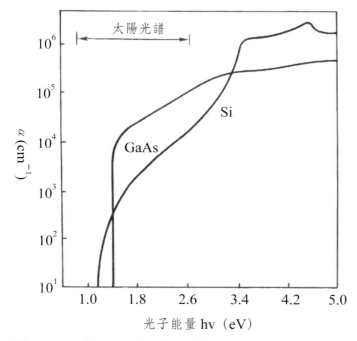

圖 9.15　Si 與 GaAs 光吸收係數隨光子能量的變化關係 [4]

GaAs 就可以吸收 95% 以上此一光譜段的陽光，而此一段光譜正是太陽光譜中最強的部分。所以，GaAs 太陽電池的作用區厚度多選取在 3μm 左右。這一點與具有間接能隙的矽不同。矽的光吸收係數在光子能量大於其能隙（300°K 時為 1.12eV）後是緩慢上昇的，在太陽光譜很強的大部分區域，它的吸收係數都比 GaAs 小一個數量級以上。因此，矽需要厚達數十微米才能充分吸收陽光。

2. 能隙值與太陽光譜匹配

　　GaAs 的能隙值正好位於最佳太陽電池材料所需要的能隙範圍。由於能量小於能隙的光子基本上不能被電池材料所吸收；而能量大於能隙的光子，除了部分能量用於產生光生電子—電洞對而轉變為有效電能外，多餘的能量基本上會釋熱給晶格。因此，如果太陽電池採用單一的材料構成，則需考量其能隙是否落在與太陽光譜匹配的最佳能隙範圍。如前面所述，Si 與 GaAs 都是優良的

光伏材料，但 GaAs 的能隙與太陽光譜較匹配，因此，GaAs 比 Si 具有更高的理論光電壓轉換效率。

3. 溫度係數

　　太陽電池的效率隨溫度昇高而下降 [18]。主要原因是電池的開路電壓隨溫度昇高而下降；電池的短路電流則對溫度較不敏感，隨溫度昇高還略有上昇。圖 9.16 所示為 GaAs 電池和 Si 電池相對於 20℃時的歸一化（normallized）效率隨溫度變化的關係 [4]。在較寬的溫度範圍內，GaAs 電池效率隨溫度變化近似於線性關係，GaAs 電池效率的溫度係數約為 0.23%/℃；而 Si 電池的溫度係數為 0.48%/℃。GaAs 電池效率隨溫度昇高而降低的情形比較和緩，可以工作在更高的溫度範圍。例如，當溫度升高到 200℃時，GaAs 電池效率只下降近 50%，而矽電池效率則下降近 75%。這是因為 GaAs 的能隙較寬，需要更高的溫度才能使載子的本質激發占優勢。

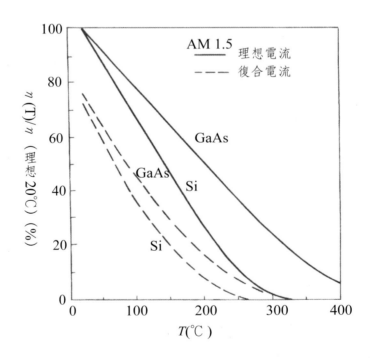

圖 9.16　GaAs 和 Si 電池相對於 20℃的歸一化效率隨溫度變化情形 [4]

4. 異質基板電池和疊層電池材料

GaAs 材料另一個顯著的特點就是易於獲得晶格匹配或光譜匹配，或兼而有之的異質基板電池和疊層電池材料，例如，GaAs/Ge 異質接面電池、$Ga_{0.52}In_{0.48}P/GaAs$ 和 $Al_{0.37}Ga_{0.63}As/GaAs$ 疊層電池等。這使得電池的設計更為靈活，得以截長補短，從而大幅度提高 GaAs 電池的轉效率並降低成本。

5. 先進的製程技術

GaAs 太陽電池的研製技術得益於光電子技術的長時間發展。液相磊晶（LPE）、金屬有機氣相磊晶（MOVPE）及分子束磊晶（MBE）等電池製程技術，都是借重自光電子技術長期以來的蓬勃發展基礎。但太陽電池是一種大面積元件，在此基礎上又發展了獨特的工藝技術，如 MOVPE 設備的規模已擴大到每爐可生長 $0.25m^2$ 的均勻磊晶層材料，其厚度和組成的均勻性對 GaAs 層和 AlGaAs 層分別可達到 $\pm3\%$ 和 $\pm1.5\%$。

9.8.2 單接面 GaAs 太陽電池

隨著太空科技的發展，對太空用太陽電池的性能要求也愈來愈高。在 80 年代初期，蘇聯、美國、英國和義大利等開始研究和發展 GaAs 太陽電池。80 年代中期，GaAs 電池已開始用於太空系統，例如，蘇聯的和平號軌道太空站裝備了 10kWGaAlAs/GaAs 異質接面電池，單位面積功率達到 $180W/m^2$。據 1994 年 IEEE 光伏會議報導，這些電池陣列在太空運行 8 年後，輸出功率總衰減不超過 15%[19]。這些年來，GaAs 太陽電池的製造技術經歷了從 LPE 到 MOVPE、從同質磊晶到異質磊晶、從單一接面到多層接面結構的演變。GaAs 電池的能量轉換效率，從最初的 16% 增加到現在的 24%，工業生產的規模已擴大到年產 100kW 以上，並在太空系統中得到廣泛的應用。尤其在小衛星太空電源系統中，GaAs 電池組件所占的比例正逐年增大。表 9.4 統計了小衛星採用的太空用太陽電池的情況，主要收集了歐洲國家發射的小衛星數據。其

表 9.4　小衛星採用的太空用太陽電池類型趨勢 [20]

名　稱	發射時間	組件功率	太陽電池類型
UoSAT-1	1981	60	Silicon
UoSAT-2	1984	60	Silicon
UoSAT-3	1990	120	GaAs LPE
UoSAT-4	1990	110	GaAs LPE
BADR-A	1990	56	Silicon
UoSAT-5	1991	90 15	GaAs/Ge MOVPE GaAs LPE
TUBSA-A	1991	60	Silicon
S80/T	1992	116	GaAs/Ge MOVPE
KITSAT-A	1992	116	GaAs/Ge MOVPE
KITSAT-B	1993	136	GaAs MOVPE
Healthsat-B	1993	136	GaAs MOVPE
PoSAT-1	1993	136	GaAs MOVPE
ARSENE	1993	180	GaAs LPE
BREMSAT-1	1994	100	Silicon
STRV-1A	1994	130	GaAs LPE GaAs/Ge MOVPE
STRV-1B	1994	140	GaAs/Ge MOVPE GaAs MOVPE
CERISE	1995	200	Silicon
ORSTED	1995	210	GaAs LPE
TECHSAT-1	1995	90	Silicon
UPM-Pst-1	1995	90	Mostly Silicon
FaSat-Alfa	1995	140	GaAs MOVPE
SAC-B	1996	220	GaAs LPE
MINISAT/INTA	1996	—	GaAs LPE
FASat-Bravo	1996	140	GaAs MOVPE
BADR-B	1996	200	GaAs LPE & GaAs MOVPE
TMSat	1997	140	GaAs MOVPE
SUNSAT	1997	95 33	GaAs LPE GaAs/Ge MOVPE

名　稱	發射時間	組件功率	太陽電池類型
TECHSAT-1B	1997	90	Silicon
SACL-1	1997	150	GaAs MOVPE

中，GaAs 電池組件所占的比例，1981 ～ 1991 年為 43%，1992 ～ 1996 年為 74%[20]，顯然已成為太空用太陽電池的主流結構。

1.LPE GaAs 太陽電池

　　GaAs的液相磊晶（LPE）技術是利用Ga在GaAs的飽和液於緩慢降溫過程中在GaAs基板上析出磊晶層，實現材料的磊晶生長。此一磊晶技術簡單、毒性小，而且磊晶層是在近似熱平衡條件下生長的，所以材料品質很好，其室溫和低溫（77°K）電子遷移率分別高達9,000 cm^2/V-sec和195,000cm^2/V-sec[21]。

　　LPE 法製備 GaAs 太陽電池的主要問題在於 GaAs 的表面復合速率高。由於 GaAs 是直接能隙材料，對短波長光子的吸收係數高達 $10^5 cm^{-1}$ 以上，所以高能量光子基本上可被數十奈米厚的表面層吸收；加上 GaAs 沒有像 SiO_2/Si 那樣好的的表面鈍化層，所以表面復合嚴重影響了 GaAs 電池的性能。在 GaAs 表面生長一薄層 AlGaAs 視窗層，可以克服此一問題。圖 9.17(a) 及 (b) 所示分別為 LPE GaAs 電池的結構和能帶示意圖 [4]。當 x = 0.8 時，AlGaAs 是間接能隙材料，Eg = 2.1eV，對光的吸收較低，具有視窗層的作用。採用 AlGaAs/GaAs 異質介面結構可以降低表面復合速率而使 LPE GaAs 電池的效率大大的提高。和平號軌道太空站及 1995 年發射的阿根廷科學衛星 SAC-B 的 GaAs 電池（約 1,000 片，EOL 功率 215W） 等都採用此種結構。LPE 技術的改進主要是實現了多片磊晶，國外不少單位都達到了每爐生長上百片（2cm ×2cm 或 2cm×4cm） GaAs 磊晶的水準，這使 GaAs 太陽電池的量產成為可能。LPE GaAs 電池的效率也相當高，如 SAC-B 衛星電池組件的平均效率已達 17%[22]。

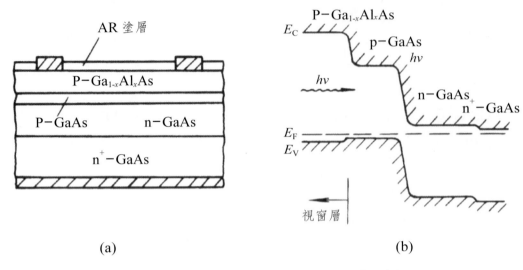

(a)   (b)

圖 9.17　LPE GaAs 電池的 (a) 結構和 (b) 能帶示意圖 [4]

2.MOVPE GaAs/Ge 太陽電池

　　與LPE比較，金屬有機氣相磊晶（MOVPE）設備昂貴、技術複雜，但可以實現異質磊晶生長，有潛力獲得更高的太陽電池轉換效率。因為在一次MOVPE生長過程中，通過氣源的變換可以生長出多層很薄的均勻異質磊層，大大增加了電池結構設計的靈活性，甚至可以生長多層接面結構。通過擴大MOVPE設備的生產規模，也有可能大大降低其生產成本。MOVPE生長AlGaAs/GaAs異質接面太陽電池常用的有機金屬源為液態三甲基鎵（TMGa）、液態三甲基鋁（TMAl）和電子級純氫稀釋的砷烷（AsH$_3$）。其P型摻雜劑為二甲基鋅，N型摻雜劑為電子級純氫稀釋的硒化氫（H$_2$Se）。

　　美國率先在 80 年代初期發展 MOVPE 同質磊晶 GaAs 電池，並在 80 年代中期開始批量生產。美國應用太陽能公司（ASEC）在此時期已生產出 250,000 片（4cm×2cm）GaAs/GaAs 電池，平均轉換效率為 17%（AM0，28℃），基板厚度約 300μm。為了降低成本，又採用 Ge 基板取代 GaAs 基板。Ge 的晶格常數與 GaAs 的晶格常數相近，兩者熱膨脹係數也比較接近，所以

容易在 Ge 基板上實現 GaAs 單晶磊晶生長，Ge 基板不僅遠比 GaAs 便宜（Ga
價格貴），而且機械強度是 GaAs 的兩倍，不易破碎，從而提高了電池的產量。
圖 9.18 所示為 GaAs/Ge 電池的結構示意圖 [4]。

MOVPE GaAs/Ge 電池在太空發射中已獲得日益廣泛的應用。第一個例
子是德國的 TEMPO 數位通信衛星，採用 80,000 片 GaAs/Ge 電池（43mm×
43mm）組成三塊太陽電池陣列，電池效率為 18.3%[23]。第二個例子是美國
兩次的火星探測發射。「火星地表探測者（MGS）」兩翼共四塊太陽電池陣列，
其中兩塊用 GaAs/Ge 電池組成，兩塊用高效率 Si 電池組成 [24]。「火星探路者」
1997 年在火星上登陸，它的供電系統由三塊 GaAs/Ge 電池陣列與可充電銀鋅
電池組成，有效工作期超過了預期工作天（30 天）。由於火星灰塵在電池表面
累積，使電池效率每天會下降 0.28%[25]。

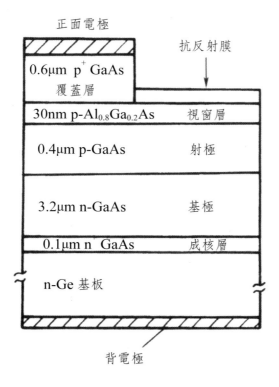

圖 9.18　MOVPE 異質生長 GaAs/Ge 單接面太陽電池結構圖 [4]

9.8.3 多接面 GaAs 太陽電池

由單一材料構成的太陽電池，只能吸收和轉換特定光譜範圍的陽光，能量轉換效率較難有所突破。如果以多種不同能隙的材料組成太陽電池，並按各材料能隙值的大小從上而下疊合起來，各材料層選擇性地吸收和轉換太陽光譜的不同波段，就有可能大幅度提高電池的整體轉換效率，如圖 9.19 所示 [4]。這樣的結構就是多接面疊層電池。理論計算可得，於 AM1.5 光譜和 1000 倍太陽光強度下，雙接面電池的極限效率為 50%，最佳匹配能隙為 $E_{g1} = 1.56eV$、$E_{g2} = 0.94eV$；三層接面電池極限效率為 56%，最佳匹配能隙為 $E_{g1} = 1.75eV$、$E_{g2} = 1.18eV$、$E_{g3} = 0.75eV$；超過三層接面以後，多接面電池效率的提高會隨接面數目的增加而變緩，如 36 層接面電池的理論效率為 72%[26]。

多接面疊層電池一般分為兩類。一類是單片多層接面電池，只有兩個輸出端，各子電池在光學上和電學上都是串聯著的，下面介紹的 AlGaAs/GaAs 和 GaInP/GaAs 疊層電池即屬於此類。這類電池的電壓是各子電池電壓 V_i 之和：

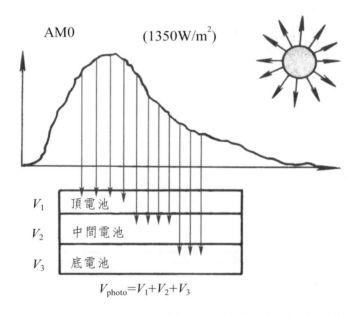

圖 9.19　多接面電池中每個子電池選擇性地吸收和轉換特定波段的陽光 [4]

$$V = \sum V_i$$

而疊層電池的電流 I 應滿足電流連續性原理，即流經各子電流的電流 I_i 相等：

$$I = I_1 = I_2 = \cdots = I_i = \cdots = I_n$$

因此在設計疊層電池時，應滿足各子電池光電流相等的條件，這樣可以得到最大的轉換效率；否則，疊層電池的光電流將受限於各子電池中光電流最小者，造成電流的復合損失。另一類疊層電池則有兩個以上的輸出端，各子電池在光學上是串聯的，但在電學上是各自獨立的，而在計算電池總效率時是把各子電池的效率相加起來。

1.$Al_{0.37}Ga_{0.63}As/GaAs$ 雙接面疊層電池

在光電子技術領域，對 AlGaAs/GaAs 異質結構已有長期且深入的研究；而在太陽電池領域，$Al_{0.8}Ga_{0.2}As$ 層作為 GaAs 電池的視窗層也已普遍被採用。因此，$Al_{0.37}Ga_{0.63}As/GaAs$ 晶格匹配和光譜匹配系統很自然地在研製疊層電池時首先受到關注，兩者的能隙 $E_{g1} = 1.93eV$ 及 $E_{g2} = 1.42eV$，正好處在疊層電池所需要的最佳匹配範圍。

在 1988 年，美國採用 MOVPE 技術生長了 $Al_{0.37}Ga_{0.63}$/GaAs 雙接面疊層電池，其 AM0 和 AM1.5 效率分別達到 23.0% 及 27.6%，電池面積為 $0.5cm^2$。AM0 效率偏低的原因是，對 AM0 光譜而言，上電池基極區（3.8μm）偏厚。其主要的問題是如何生長高品質的 $Al_{0.37}Ga_{0.63}As$ 層。由於鋁容易氧化，對氣源和系統中的殘留氧很敏感，所以採用了多重吸氣技術以降低殘留氧含量。其次是實現上下電池之間的電學串聯連接。他們並非採取高電導的隧道連接法，而是採取後腐蝕開窗口的方式以金屬互聯上下電池，如圖 9.20 所示 [4]。為了減少金屬互聯線的遮光作用，藉助了菱鏡蓋玻璃以偏轉入射光。由於有這些困難，之後似乎沒有人在這方面取得新的進展。

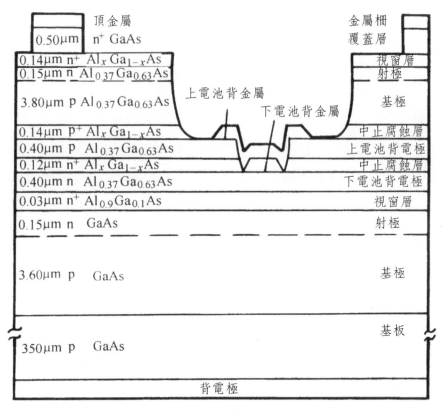

圖 9.20　$Al_{0.37}Ga_{0.63}As/GaAs$ 雙接面疊層電池結構示意圖 [4]

2.$Ga_{0.5}In_{0.5}P/GaAs$ 多接面疊層電池

$Ga_{0.5}In_{0.5}P$ 是另一個寬能隙且與 GaAs 晶格匹配的化合物半導體。1989年，美國國家再生能源實驗室（NREL）的 Olson 等人比較了 $Ga_{0.5}In_{0.5}P/GaAs$ 與另外兩個晶格匹配系統 $Al_{0.4}Ga_{0.6}As/GaAs$ 和 $Al_{0.5}In_{0.5}P/GaAs$ 的介面品質 [27]。根據光激冷光衰減時間常數推算，$Ga_{0.5}In_{0.5}P/GaAs$ 介面復合速率最低，約為 1.5cm/s，而 $Al_{0.4}Ga_{0.6}As/GaAs$ 和 $Al_{0.5}In_{0.5}P/GaAs$ 介面復合速率（上限）分別為 210cm/s 和 900cm/s。結論是 $Ga_{0.5}In_{0.5}P/GaAs$ 介面品質最好。並且指出可能是由於 GaInP/GaAs 介面比較清潔，而 AlGaAs/GaAs 介面可能受到

與氧有關的深能階雜質的影響。在同樣組成條件下，$Ga_{0.5}In_{0.5}P$ 的能隙可以在 1.82eV 到 1.89eV 之間變化，這取決於結構的排列情形。

⑴$Ga_{0.5}In_{0.5}P$/GaAs 雙接面疊層電池的研究

1990 年，Olson 等人在 p 型 GaAs 基板上製作了小面積（0.25cm²）的 $Ga_{0.5}In_{0.5}P$/GaAs 雙接面疊層電池，其 AM1.5 效率高達 27.3%[28]。此元件主要採用了 MOVPE 技術進行磊晶生長，上下電池之間採用高電導的隧穿連接。MOVPE 的Ⅲ族源採用三甲基銦、三甲基鎵、三甲基鋁；Ⅴ族源採用磷烷和砷烷；摻雜劑是二甲基鋅和硒化氫。基板載臺為包覆 SiC 的石墨板，垂直向上，用高頻電感線圈加熱，反應溫度大約 700℃。生長 GaAs 隧穿層時，生長速率為 40nm/min。上下電地的基極區均為 p 型，摻 Zn 濃度為（1 ～ 4）× $10^{17}cm^{-3}$；射極區和視窗層為 n 型，摻 Se 濃度約 $10^{18}cm^{-3}$，而隧穿層摻雜濃度將近 $10^{19}cm^{-3}$。上下電極接觸均為鍍 Au，金屬柵線面積大約占全面積 5%。抗反射層為 MgF_2/ZnS，厚度分別為 120nm 和 60nm。他們還用白光光電流法研究了 $Ga_{0.5}In_{0.5}P$ 層的品質。發現少數載子擴散長度對生長溫度和Ⅴ族源與Ⅲ族源的比率並不敏感，但與 $Ga_{0.5}In_{0.5}P$/GaAs 晶格不匹配度關係密切，尤其是其伸張應力使光電流值明顯下降。上電極用 AlInP 層作為視窗層，改善了電池的藍光響應和短路電流。經計算分析，上下電池的厚度偏高，上下電池的電流不夠匹配。

1994 年，Bertness 等人進一步改進了電池結構 [29]。同樣 0.25cm² 面積的 $Ga_{0.5}In_{0.5}P$/GaAs 雙接面疊層電池，其 AM1.5 和 AM0 效率分別達到 29.5% 和 25.7%。該電池的結構如圖 9.21 所示 [4]。值得注意的是，AM0 效率最佳的電池結構僅是將上電池基極區的厚度從 0.6μm 減少為 0.5μm。電池結構的改進，首先是採用了背面場結構（BSF）。對於下電池，背面場為 0.07μm 薄層 GaInP，p 型摻雜濃度為 $3×10^{17}cm^{-3}$，如果降低此濃度將影響開路電壓。對於上電池，其背面場也是採用 0.05μm 的 GaInP，但具有較寬的能隙（1.88eV）。這一層的組分也是 $Ga_{0.5}In_{0.5}P$，以保持晶格與 GaAs 匹配。第二項改進是修正

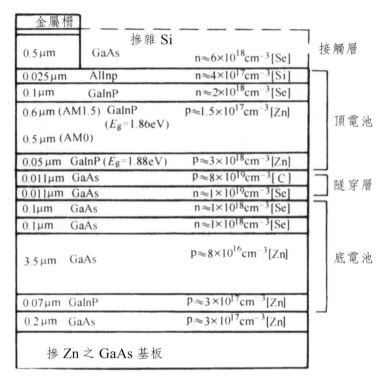

圖 9.21　$Ga_{0.5}In_{0.5}P/GaAs$ 雙接面疊層電池結構 [4]

有關柵線的設計，從所占面積 5% 降為 1.9% 而不影響電池的填充因數，這是由於疊層電池的光電流密度近乎減半，而射極的薄層電阻又減小到 420Ω/□的緣故。第三項改進的是，降低了視窗層 AlInP 中的氧含量，將磷烷純化或用乙矽烷取代硒化氫作摻雜劑。第四項改進是在隧穿層生長過程中減少摻雜記憶效應，用 Se-C 取代 Se-Zn，同時調低了砷烷分壓。

　　日本能源公司的 Takamoto 等人 [30] 在 1997 年曾報導，他們在 p^+GaAs 基板上研製了大面積（$4cm^2$）InGaP/GaAs 雙接面疊層電池，AM1.5 效率達到了 30.28%，電池結構如圖 9.22 所示 [4]。與 Olson 等人的電池結構相比較，主要的改進之處在於採用 InGaP 隧穿接面取代 GaAs 隧穿層；並且隧穿層處高摻雜的 AlInP 對下電池具有視窗層作用，對上電池又有背面場作用。結果提高了開路電壓和短路電流，填充因數雖略有下降，但整體效率卻有所提升。

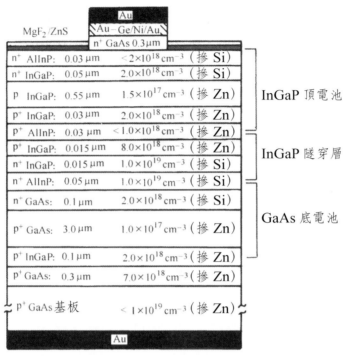

圖 9.22 具 InGaP 隧穿接面和 AlInP 視窗層之 InGaP/GaAs 雙接面疊層電池 [4]

⑵Ga$_{0.5}$In$_{0.5}$P/GaAs/Ge 疊層電池的開發

在 Olson 小組工作的基礎上，美國能源部光伏中心在 1995 年提出了發展 GaInP/GaAs 電池的產業計畫 [31]。該計畫的重點主要為：到 1997 年底試生產出總面積達 16,000cm^2 的 Ga$_{0.5}$In$_{0.5}$P/GaAs/Ge 疊層電池；電池的批量平均效率為 24%（AM0），單塊電池面積 16cm^2，電池厚度 140μm；電池的抗輻射性能與單接面 GaAs/Ge 電池相當，即經過 1MeV 劑量為 1×10^{15}/cm^2 的電子輻射後，轉換效率仍保持原值 75% 以上；疊層電池的生產成本不超過單接面 GaAs/Ge 電池生產成本的 15%（即為 115%）。

該計畫主要由 TECSTAR 和 Spectrolab 兩家公司承擔。前者主要採用 pn/pn/n（Ge）雙接面疊層結構，Ge 為基板；後者採用 np/np/np（Ge）三接面疊層結構，Ge 基板中包含第三個 np 接面。小批量試生產的結果，TECSTAR 的

雙接面疊層電池，批量平均效率為 22.4%，最高效率為 24.1%；Spectrolab 的三接面疊層電池，批量平均效率為 24.2%，最高效率可達 25.5%。他們生產的 $Ga_{0.5}In_{0.5}P/GaAs/Ge$ 電池的抗輻射性能和溫度係數均與 GaAs/Ge 電池相當或略優於後者。

⑶GaInP/GaAs/GaInNAs/Ge 四接面疊層電池的設計

Olson 等人對 GaInP、GaAs、Ge 等材料構成的單片多接面疊層電池進行了理論計算 [32]。他們指出 $Ga_{0.5}In_{0.5}P$（1.85eV）、GaAs（1.42eV）和 Ge（0.67eV）不能構成理想的三接面疊層電池，因為 Ge 的能隙偏低，但 Ge 可以構成四接面疊層電池的底部電池。所以，構成四接面疊層電池的關鍵是尋求晶格匹配的第三接面疊層電池材料，它應當具有直接能隙 0.95eV ～ 1.05eV（對於 AM0 光譜）或 0.95eV ～ 1.10eV（對於 AM1.5 光譜）。為了獲得四接面疊層電池的理論效率，他們分別計算各電池的 I-V 曲線，然後串聯連接起來，如圖 9.23 所示 [4]。

計算時，取第四接面 Ge 的厚度為 150μm，在前三接面材料厚度不得超過 3μm 的前提下，調節各層的厚度以獲得電流的匹配。假定電池具有理想的 *p-n*

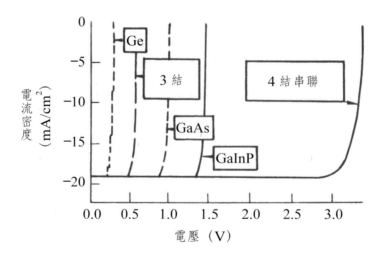

圖 9.23　GaInP/GaAs/GaInNAs/Ge 四接面疊層電池 I-V 特性曲線 [4]

接面特性曲線，並忽略表面復合，忽略等效串、並聯電阻損失，並假定一個光子只產生一對電子—電洞。GaInP 和 GaAs 的光吸收係數按實測數據計算，第三接面材料吸收數據可參考 GaAs 的曲線（只是 Eg 較低）；而 Ge 是間接能隙（Eg = 0.67eV）材料，第一直接能隙 Eg = 0.8eV，其吸收係數用下式計算

$$\alpha(E) = 0.5(E\text{-}0.8)^{0.5} + 5(E\text{-}0.67)^2$$

式中 E 為光子能量（eV）。從上式中可以看出吸收係數與光子能量之間的關係：第一項滿足直接能隙的平方根律，第二項為間接能隙的平方關係。計算結果顯示，這樣構成的四接面疊層和雙接面疊層（前二接面）在 300°K、AM0 光譜下的理論效率分別可達到 40% 和 32%。從雙接面疊層電池的效率實際已達到 25.7%（AM0）來看，如果能找到適當的第三接面材料，並能最佳化每個子電池結構，四接面疊層電池的 AM0 效率可望達到 32%。

　　雖然四接面電池的特性對溫度和太陽光譜的變化頗為敏感，然而四接面電池帶來的性能改進畢竟更多。最近 Olson 等人在研究第三接面材料方面已取得進展，發現 $Ga_{1-x}In_xN_yAs_{1-y}$（y = 0.35x）與 GaAs 晶格匹配，並且當 y = 3% 時，能隙約為 1.0eV，以此為材料作成了第三接面電池，初步結果顯示其 $J_{sc} = 7.4mA/cm^2$，$V_{oc} = 0.28V$[33]。

　　(4) $Ga_{0.5}In_{0.5}P$/GaAs/Ge 疊層電池在太空系統中的應用

　　1997年，Hughes太空和通訊公司（HSC）發射了一顆HS601 Hp系列衛星，用了$Ga_{0.5}In_{0.5}P$/GaAs/Ge疊層電池作為太空電源。這是採用此種疊層電池的首顆商業衛星，電池的BOL平均效率為21.6%，遠高於GaAs/Ge電池的效率（18.5%），顯著增加了電池陣列的功率輸出能力。針對這些電池的電性、抗輻射性能及機械性能進行了全面的評估，發現完全達到太空品質要求和衛星應用要求[31]。

3.GaAs/GaSb 疊層電池

前面介紹了 GaAs 與寬能隙 AlGaAs 和 GaInP 構成的疊層電池。相對的，GaAs 與窄能隙材料 GaSb 構成的疊層電池，可以擴展對太陽光譜近紅外波段的吸收和能量轉換。GaSb 的能隙寬度為 0.72eV，以之作為底部電池材料，與 GaAs 構成疊層電池，理論轉換效率可以達到 38%。然而，GaSb 的晶格與 GaAs 間的晶格不匹配，只能做成四端疊層電池。實際上，MOVPE GaAs/GaSb 四端疊層聚光電池的效率已達到 32%。

最近德國與俄羅斯合作，採用廉價毒性小的 LPE 技術研製 GaAs 頂部電池，用 Zn 氣相擴散法製作 GaSb 電池，經四端疊層後構成如圖 9.24 所示之結構 [4]。GaAs/GaSb 四端疊層電池，能量轉換效率在 100 倍 AM1.5 光照強度下達到 31.3%，用這樣的元件組裝成 486cm^2 電池陣列，外部效率達到 23%[34]。

9.8.4　InP 太陽電池

在 III-V 族太空用太陽電池中，除了 GaAs 系列電池外，InP 系列電池也受到很多關注，而且也獲得了相當大的進展。InP 也是直接能隙的半導體材料，對太陽光譜最強的可見光和近紅外光波段也有很大的光吸收係數，所以 InP 電池的作用層厚度也只需 3μm 左右。InP 的能隙為 1.35eV（300°K），也在匹配於太陽光譜的最佳能隙範圍內，因此，InP 電池的理論能量轉換效率和溫度係數介於 GaAs 電池與 Si 電池之間。室溫下 InP 的電子遷移率高達 4600cm^2/V-sec，也介於 GaAs 與 Si 之間。所以 InP 電池有潛力達到較高的能量轉換效率。早在 1990 年，Spire 公司採用 MOVPE 技術在 InP 基板上生長的 n$^+$/p 接面 InP 太陽電池就獲得了 19.1% 的效率（AM0），而 p$^+$/n 接面太陽電池效率也已達 17.6%（AM0）[35]。

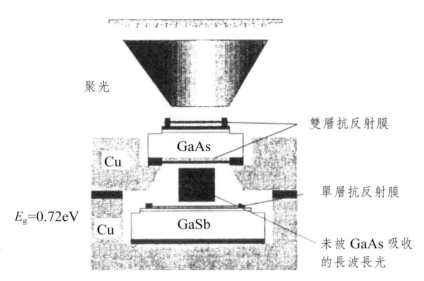

E_g=0.72eV

圖 9.24　GaAs/GaSb 四端疊層聚光太陽電池 [4]

1.InP/Si 異質磊晶單接面太陽電池

因為 InP 材料價格昂貴且容易破碎，所以近年來著重發展在 Si、Ge 或 GaAs 基板上生長 InP 異質磊晶電池。尤其是 Si 基板，價廉而且機械強度高，更是首選的基板材料。

雖然由於 Si 基板與 InP 磊晶層之間的晶格不匹配，會因為晶格弛緩而產生大量差排缺陷，限制了少數載子的壽命，使 InP/Si 電池的 BOL 效率（約 12.5%）遠低於同質生長的 InP 電池；但是，在大劑量輻射條件下，輻射損傷缺陷對少數載子壽命的影響可能更嚴重，從而掩蓋了異質磊晶不匹配差排缺陷的影響，所以，InP/Si 異質磊晶電池與 InP 同質磊晶電池，擁有相近的 EOL 效率。

在 Si 上異質磊晶生長 InP 電池，無論 n^+/p 還是 p^+/n 電池結構，都採用 n^+（100）Si 基板。表 9.5 列出了 n^+/p 結構各磊晶層的參數 [4]。在 n^+ 矽基板上首先長一薄層 GaAs 成核層，然後生長 5μm 厚 n 型 InP 緩衝層。由於 Si 原子從基板向外擴散，這一層總是 n 型的。為生長 n^+/p 結構，採用 p^+/n^+ InGaAs 隧道

表 9.5　MOVPE 異質磊晶生長 n^+/p InP/Si 電池結構 [4]

0.3μm 10^{19}cm^{-3} n 型 0.74eV InGaAs 接觸層
0.025μm 10^{10}cm^{-3} n 型 InP 射極區
3μm 10^{17}cm^{-3} p 型 InP 基極區
1μm 2×10^{18}cm^{-3} p 型 InP 背面場
1μm 10^{19}cm^{-3} n 型 0.74eV InGaAs 隧穿層
1μm 10^{19}cm^{-3} p 型 0.74eV InGaAs 隧穿層
5μm 10^{18}cm^{-3} n 型 InP 緩衝層
GaAs 成核層
16mil 10^{19}cm^{-3} n 型 Si 片

接面過渡，其上再生長 1μm 厚 p^+-InP 背面場（BSF）、3 μm 厚 p-InP 基極區、0.025μm 厚 n^+-InP 射極區和 0.3μm 厚 n^+/InGaAs 接觸層。

如果採用 p^+/n 電池結構，就無需隧道過渡，在 InP 緩衝層上直接生長 n^+-InP BSF、n-InP 基極區和 p^+-InP 射極區，以及上接觸層 p^+-InGaAs，製程上相對較簡單。然而 n^+/p 電池結構似乎比 p^+/n 電池結構優越。因為 n^+ 射極區的多數載子電子的遷移率高，同樣的薄層電阻所需的厚度較小，可以減少 n^+ 區的光吸收損失。同時，p 型基極區中電子是少數載子，有較大的擴散長度，抗輻射性能也更好。其次，n^+/p 結構形成之前採用的隧道接面還具有減少差排和阻擋 Si 擴散的作用。

2.InP/InGaAs 疊層電池

如圖 9.25 所示 [4]，InP 與晶格匹配的窄能隙材料 InGaAs（Eg = 0.74eV）構成疊層電池，可以擴展對太陽光譜長波段的吸收和轉換。早在 1991 年，InP/InGaAs 單片三端疊層電池效率已達到 31.8%（50 倍 AM1.5 照光，25℃）[13]。但由於上下電池間的隧道連接及電流匹配未解決，所以採用了三端結構。

近年來，NREL 的 Wanlass 等人 [36] 在 InP/GaInAs 單片雙端疊層電池研製方面取得了較大的進展。InP/Ga$_{0.47}$In$_{0.53}$As 疊層電池採用 MOVPE 技術生長；

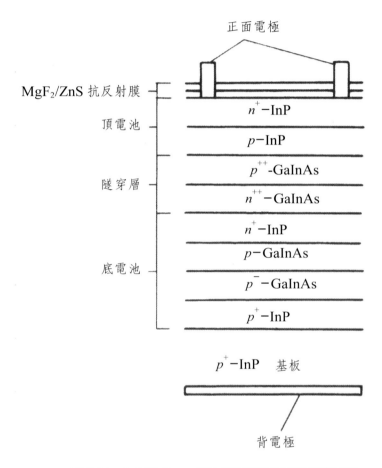

圖 9.25　InP/GaInAs 單片雙端疊層電池之結構 [4]

Ⅲ族源為三甲基銦（TMI）和三甲基鎵（TMG），並且發現用三己基鎵（TEG）
取代三甲基鎵可以改善對 Ga 與 In 比例的控制；Ⅴ族源為砷烷和磷烷；p 型和
n 型摻雜劑用氫稀釋的二甲基鋅和硫化氫；生長溫度為 620℃；InP 層的生長
速率為 0.075μm/min，$Ga_{0.47}In_{0.53}As$ 層的生長速率為 0.14μm/min。研製的 InP/
$Ga_{0.47}In_{0.53}As$ 單片雙端疊層電池的效率達到 22.2%（AM0，25℃）。另外還研
製了大面積（>4cm²）InP/$Ga_{0.47}In_{0.53}As$ 疊層電池，其中五片電池送 STRV-1 衛
星進行太空飛行搭載試驗。這 5 片樣品電池效率在 19.4% 到 21.1% 之間，這
顯示了製備大面積 InP/$Ga_{0.47}In_{0.53}As$ 疊層電池的技術已趨成熟。經過進一步改

善其表面鈍化，減少長短波損失及減少金屬柵線電阻，$InP/Ga_{0.47}In_{0.53}As$ 疊層電池的效率可望達到 26%，可與 $GaInP/GaAs$ 疊層電池相媲美。然而 GaInAs 的抗輻射性能遠不如 InP，削弱了所構成 $InP/Ga_{0.47}In_{0.53}As$ 電池的抗輻射特性。

9.9 太空用太陽電池能板

太空用太陽電池陣列技術與系統結構在這幾年有明顯的改變，為了要符合高功率的輸出與各式各樣太空任務的需要，電池陣列技術與系統結構的改變是必須的。太陽電池陣列技術，應用在太空船上，最重要的考量就是重量、體積、成本和輸出功率。在有關太陽電池陣列技術當中，能夠追蹤太陽光的技術是最重要的，因為如此一來才可真正的提供太陽電池高功率的輸出，而隨著太空船進入太空中，開始環繞天體軌體運行，搭載太陽電池的機翼部分就會展開，開始進行發電工作。太空用太陽電池陣列的效能，跟其尺寸、質量、成本有絕對的關係，且也要視著 LEO 或 GEO 的應用，來做陣列效能的調整。由於電池陣列的尺寸、質量、成本會限制陣列的應用，所以設計陣列時，必須要確定所需的尺寸和大小，才能設計出所需的陣列，並符合所需的功率輸出。太空用太陽電池陣列的結構一般有四種，包括：堅固平板型、可撓式平板型、可撓式薄膜型和集中型 [37]。

9.9.1 堅固平板型陣列

堅固平板型太陽電池陣列的設計 [38]，使用了許多的太陽電池板，並且將這些電池板鑲在一起，每一個太陽電池板都使用了堅固的基板，而這些基板的芯材是使用蜂巢式（honeycomb）的結構，主要的材料為鋁，如此一來才能達到輕量的需求，另外為了要達到電池陣列大面積化，也可以利用其他的框架來支撐這些太陽電池板。此類太陽電池板皆約 18mm 厚，其結構為將蜂巢狀的芯

材（鋁）夾在兩塊面板之間，而正面以 0.05mm 厚的 Kapton 板來當隔熱材料。堅固平板型太陽電池陣列，其重量密度為 1.3kg/m²，可以提供 GEO（與地球同時運行）與 LEO（低軌運行）的任務應用。

9.9.2　可撓式平板型陣列

可撓式平板型陣列為輕量型的薄膜合成結構，它是利用石墨纖維強化塑膠（GFRP）所組成的基板，其厚度約為 0.13mm，並且在它的表面包裹了正反兩面的 Kapton 板，厚度約為 0.05mm。此太陽電池陣列密度只有 0.65kg/m²，比起堅固平板式陣列的重量輕一半以上，並且是比較先進的太陽電池陣列（APSA）。可撓式平板型陣列還是得依靠堅硬的框架來做支撐，並且需要特殊的容器或盒子，才能裝載在太空船上。

9.9.3　可撓式薄膜型陣列

可撓式薄膜型陣列是利用數個薄膜太陽電池模組，相互的連結在一起形成電池陣列。這種薄膜太陽電池模組採用標準的自動化薄膜沉積技術，將太陽電池沉積在可撓式、輕薄的合成基板上 [39]，大面積化的薄膜太陽電池直接沉積在可撓式基板，並且利用雷射將其圖案化，再用機構將太陽電池組合起來。這種長條型的太陽電池陣列，經過測試，具有較安全的工作結構，而且這種長條型陣列結構也比較簡單。經過計算，可撓式薄膜型太陽電池陣列重量密度為 0.35kg/m²，利用印刷將電路嵌進高分子合成基板裡。這種輕量型記憶式合金（SMA）基板是太陽電池陣列的關鍵，這種可撓式薄膜型陣列可以減少碰撞的機會、改善太空船的動力學、而且也比較容易操作。另外，目前 SMA 是比較便宜且簡單的材料，也可將之用在堅固平板型的太陽電池陣列上。在太空船發射之前，這種可撓式薄膜型陣列可以摺疊成 Z 字型，到了外太空開始運行時，才將電池陣列展開。

9.9.4 集中型陣列

在過去，有許多不同的集中型太陽電池陣列被研究發展，其中只有一些是比較成熟且可實用於太空船上 [40]。以下將介紹兩種比較成熟的結構，一種是反射式，另一種為折射式。這兩種集中型陣列皆需使用多層接面且效率高的太陽電池，如此一來才可使陣列在 AM0 環境當中使用，並且有效的將太陽光轉換成所需電能。

1. 反射式集中型陣列

反射式太陽電池陣列是由堅固的平板所組合而成的集中型陣列，可用來收集太陽光。當太空船發射時，反射鏡會被壓縮、折疊並裝載到太陽電池能板中。等到進入太空中，反射鏡將會被展開，且旋轉到固定位置準備工作。

2. 折射式集中型陣列

折射式集中型陣列，是使用輕量型的合成材料當基板，並且利用鏡片（SLA）來集中太陽光。這裡的合成基板的另一項功能，是可以當作太陽電池陣列的散熱片，提供散熱的功能，而太陽電池就鑲在合成基板上。由於折射式陣列比較薄，所以可以攜帶較多的陣列去太空，提供較多的功率輸出。

9.10 結語

本章介紹了太空用太陽電池主要的結構考量，諸如太空光譜、抗輻射強化、熱循環，以及高效率等考量；接著介紹了幾種常用的高效率太空用太陽電池結構，尤其以 GaAs 或 InP 系列材料構成多接面疊層電池，在轉換效率、抗輻射等性能方面都有相當好的表現；此外，也介紹了幾種常用的太空用太陽電池能板結構。由於太空任務的花費極高且太空環境極為特殊，因此，太空用太陽電池的諸多性能要求大異於地面用太陽電池，而其對太空任務的重要性更是不言可喻。

參考文獻

1. 楊懷東，太陽電池在太空上的應用，電子月刊第二卷第十期。

2. 莊嘉琛，太陽能工程，全華科技圖書股份有限公司，第四章，p.149-p.163。

3. P. P. Jenkins, D. A. Scheiman, D. J. Brinker, J. Appelbaum, Photovoltaic Specialists Conference, 1996, Conference Record of the Twenty Fifth IEEE, 13-17 May 1996, pp.317-320.

4. 雷永泉，新能源材料，新文京開發出版股份有限公司，pp.408-450。

5. E. B. Linder, J. P. Hanley, Manufacturing experience with GaInP/GaAs/Ge solar paneis for space demonstration, Proceedings of 25th IEEE PVSC, 1996, pp.267-270.

6. P. A. Iles, Evolution of space solar cells, Solar Energy Materials & Solar Cells, Vol.68, pp.1-13, (2001).

7. L. D. Partain, Solar Cells and Their Applications, pp.367-369.

8. 蕭立君，抗反射膜對 III-V 族太陽電池量子效率之影響，中原大學電子工程學系。

9. M. V. Zombeck, Handbook of space astronomy and astrophysics, Cambridge, Cambridge University Press, 1982.

10. G. C. Datum, S. A. Billets, Gallium arsenide solar arrays-a mature technology, Proceedings of 22nd IEEE PVSC, 1991, pp.1422-1428.

11. M. Yamaguchi, S. Katsumoto, C. Amano, A unified model for radiation-resistance of advanced space solar cells, Proceedings of WCPEC-1, 1994, pp.2149-2152.

12. G. P. Summers, R. J. Walters, M. A. Xapsos, et al., A new approach to damage prediction for solar cells exposed to different radiations, Proceedings of WCPEC-1, 1994, pp.2068-2075.

13. S. Wojtoczuk, P. Colter, N. H. Karam, et al., Radiation-hard light-weight 12% AM0 bol InP/Si solar cells, Proceedings of 25th IEEE PVSC, 1996, pp.151-156.

14. 趙衛忠，國際太空，pp.22-23，2001 年 9 月號。

15. R. W. Francis, C. Sve, and T. S. Wall, Thermal Cycling Techniques for Solar Panels,

http://www.aero.org/publications/crosslink/fall2005/04.html.

16. A. Suzuki, High-efficiency silicon space solar cells, Solar Energy Materials and Solar Cells, Vol.50, pp.289-303, (1998).

17. Y. Tonomura, M. Hagino, H. Washio, M. Kaneiwa, T. Saga, O. Anzawa, K. Aoyama, K. Shinozaki, S. Matsuda, Development of both-side junction silicon space solar cells, Solar Energy Materials & Solar Cells, Vol.66, pp.551-558, (2001).

18. J. J. Wysocki, P. Rappaport, Effect of temperature on photoltaic solar energy conversion, J. Appl. Phys., Vol.31, p.571, (1960).

19. M. Kagan, V. Nadorov, V. Rjecski, An analysis of eight-year operation of GaAs array at space station, Proceedings of WCPEC-1, 1994, pp.2066-2067.

20. T. A. Cross, C. M. Hardingham, C. R. Huggins, S. P. Wood, GaAs solar panels for small satellites: performance data and technology trends, Proceedings of 25th IEEE PVSC, 1996, pp.277-282.

21. L. Y. Lin, Z. Q. Fang, B. J. Zhou, S. Z. Zhu, X. B. Xiang, R. Y. Wu, J. Cryctal Growth, Vol.35, p.535, (1981).

22. A. Caon, L. Brambilla, G. Contini, et al., The GaAs deployable solar array for SAC-B, Proceedings of WCPEC-1, 1994, pp.2014-2017.

23. W. D. Schultze, Design and manufacturing experience with GaAs/Ge solar cells as gained with the tempo solar generator program, Proceedings of 25th IEEE PVSC, 1996, pp.357-360.

24. P. M. Stell, R. G. Ross, B. S. Smith, G. S. Glenn, K. S. Shamit, Mars global surveyor (MGS) high temperanre survival solar array, Proceedings of 25th IEEE PVSC, 1996, pp.283-288.

25. G. A. Landis, P. P. Jenkins, Dust on mars: materials adherence experiment results from mars pathinder, Proceedings of 25th IEEE PVSC, 1997, pp.865-870.

26. C. H. Hency, Limiting efficiencies of ideal single and multiple energy gap terrestrial solar cell, J. Appl. Phys., Vol.51, p.4494, (1980).

27. J. M. Olson, R. K. Ahrenkiel, D. J. Dunlavy, et al., Ultralow recombination velocity at Ga0.5In0.5P/GaAs heterointerfaces, Appl. Phys. Lett., 1989:55:1 208-1 210.

28. J. M. Olson, S. R. Kurtz, A. E. Kibbler, et al., 27.3% efficient Ga0.5In0.5P/GaAs tandem solar cell, Appl. Phys. Lett., Vol.56, pp.623-625, (1990).

29. K. A. Bertness, S. R. Kurtz, D.J. Friedman, 29.5% efficent Ga0.5In0.5P/GaAs tandem solar cell, Appl. Phys. Lett., Vol.65, pp.989-991, (1994).

30. T. Takamoto, E. Ekeda, H. Kurita, Over 30% efficient Ga0.5In0.5P/gGaAs tandem solar cell, Appl. Phys. Lett., Vol.70, pp.381-383, (1997).

31. D. N. Keener, D. C. Marvin, D. J. Brinker, et al., Progress toward technology transition of GaInP/GaAs/Ge multijunction solar cells, Proceedings of 26th IEEE PVSC, 1997, pp.787-792.

32. S. R. Kurtz, D. Myere, J. M. Olson, Projected performance of three-and four-junction devices using GaAs and GaInP, Proceedings of 26th IEEE PVSC, 1997, pp.875-878.

33. J. F. Geisz, D. J. Friedman, J. M. Olson, et al., New materials for future generaticons of Ⅲ-Ⅴ solar cells, Proceedings of 15th NCPV PV Program Rev., 1998, pp.372-377.

34. A. W. Bett, S. Keser, G. Stollwerck, et al., Over 31% efficient GaAs/GaSb tandem concentrator solar cells, Proceedings of 26th IEEE PVSC, 1997, pp.931-934.

35. R. W. Hoffman, J. N. S. Fatemi, P. P. Jenkins, et al., Improved performance of P/N InP solar cells, Proceedings of 26th IEEE PVSC, 1997, pp.815-818.

36. M. W. Wanlass, J. S. Ward, K. A. Emery, et al., Improved large-area, two-terminal InP/ Ga0.47In0.53As tandem solar cells, Proceedings of 1st WCPEC, 1994, pp.1717-1720.

37. M. R. Reddy, Space solar cells - tradeoff analysis, Solar Energy Materials & Solar Cells, Vol.77, pp.175-208, (2003).

38. T. Horie, M. Okubo, M. Goto, 26th IEEE Photovoltaic Specialist Conference, Anaheim, CA, September 29 - October 3, 1997, p.1023.

39. D. J. Hoffman, T. W. Kerslake, A. F. Hepp, M. K. Jacobs, D. Ponnusamy, Proceedings of the 31st Intersociety Energy Conversion Engineering Conference, Las Vegas, NV,

July, 24-28, 2000, NASA TM-2000-210342.

40. M. R. Reddy, Development of concentrator solar array for space applications, ISRO Satellite Centre, Bangalore, India, (2001).

第 十 章

新型太陽電池：
染料敏化、有機、
　混成、量子點

林唯芳
臺灣大學材料科學與工程研究所教授
王立義
臺灣大學凝態科學研究中心研究員
戴子安
臺灣大學化工研究所副教授
陳俊維
臺灣大學材料科學與工程研究所副教授

10.1 前言

　　人類警覺化石能源將於 50 年內耗盡，可再生潔淨能源的發展因此是勢在必行，政府已在 2005 年時設定 2010 年國內的再生能源要達到全部能源使用的 10%。由於太陽電池是再生潔淨能源重要技術之一，而近來全球太陽電池市場快速成長，近 5 年內已高過 300% 的成長率，生產數量以日本領先（～50%），歐洲次之（～ 26%），美國第三（～ 11%）。

　　太陽電池由 1954 年發明至今已進入第三代的發展，第一代的太陽電池為晶圓技術，材料以矽元素為主，其技術已發展相當成熟，目前占全部各類太陽電池生產量之 98% 以上，其元件壽命預期超過 25 年，而目前第一代太陽電池之最高效率為 21.5%，此類產品為美國 Sun Power 公司所產生之矽單晶光電池。而目前市場主流（產量～ 56%）為價格較低之多晶矽太陽電池，其效率約在 15% 左右。而目前臺灣所量產之多晶矽太陽電池其效能已達到此水準。III-V 族材料可以製作更高效能太陽電池(效率 >25%)，但其昂貴的製造成本，已使產品朝向高效率聚光型之太陽電池發展，歐洲將在近斯推出 500 倍聚光（500X）產品，效能為～ 25%，臺灣核研所的 III-V 聚光型太陽電池目前亦已達到 19% 效率。

　　第二代的太陽電池為薄膜技術，製作程序較矽晶圓技術變化多且製作成本低。然而達到可供電力用的只有 CuInSe（CIS）太陽電池，目前在歐洲已量產，效率約為 13% 左右。其他較廉價但中等效率微晶矽（～ 8%），非晶矽（～ 10%），II-VI 族（～ 10%）已廣泛用於消費電子產品，如手錶與計算機中。也有多種可撓性之電池產品，如瑞士 Flexcell 公司的 Sunpack 7W，售價為美金 180 元左右。由於薄膜技術程序多變，可經由能隙工程設計（bandgap engineering），改進太陽光吸收效率，進而增加光電轉化率。

　　第三代太陽電池包含所有創新、啟蒙中的新太陽電池技術。其中分成兩大類，第一類是極高效能（>31%）新型太陽電池，第二類是價廉可製作大面積之有機太陽電池。極高效能太陽電池的現況，例如有利用 GaSb 或 GaInSb 等

熱能轉化晶體加在 GaAs 光電池之上，可使效能增至 30%。在疊層太陽電池方面，以 GaAs 為基材的電池，效率可達 39%，並接近商品化。而中隙能太陽電池（Intermediate band solar cell IBSC）其理論模擬鈦元素之量子點在 GaP 或 GaAs 中可達到 63.2% 效率，還有待實驗的驗證。

有機太陽電池方面，以染料敏化電池為代表，含液態電解液，此類太陽電池，實驗室的疊層電池可達 11% 的效率，商品化產品 8% 效率，保證 15 年壽命。美國 Konarka 公司推出以鈦金屬膜為基板，利用凝膠電解質之可撓性染料敏化電池，其效率約為 5%，保固約為 5 年的產品。導電高分子製作的全固態太陽電池是目前全世界爭相投入研發的方向，含 C_{60} 的摻合系統，效率最高可達 5%，Konarka 公司希望在 2 年內產品化。2007 年在日本舉行的世界太陽能會議，歐洲及日本皆建立開發的里程碑，10 年內要研發高於 10% 效率的高分子太陽電池用於一般電力上，並預估如將高分子太陽電池應用在建材，可使成本降低至 U.S.$25/m^2$，那時電力用太陽電池當可普及化。

10.2 極高效能（>31%）新型太陽電池 [1]

傳統矽太陽電池的效能損失可由圖 10.1 所示，其損失來自四種過程：(1) 熱損失，(2) 界面電位損失（junction voltage loss），(3) 接觸點電位損失（contact voltage loss），及 (4) 再結合損失（recombination loss）。其中以熱損失為最關鍵之效能損耗。在熱損失過程高於矽能隙能量的光激子，其光激子能量會很快地轉變為熱能，所以低能量的紅色光激子與很高能量的藍色光激子在轉換成電能時，具有產生相同光電子之功效，而其損失的能量最後以熱能傳送出元件，使得太陽電池的效率被限制在 44% 左右。第 (4) 種損失為再結合損失是由電子－電洞結合而來，也是很重要的損失。我們可選擇使用適當材料其具備有長壽命的光激發電荷，並且其晶體結構完美不含缺陷，則可將再結合之損失降至最低。蕭克里（Shockley）及坤舍（Queisser）[2] 探討理想電池所發出

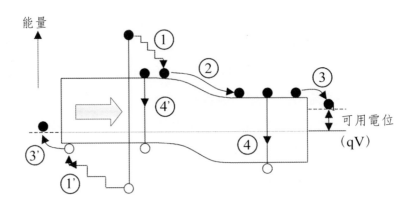

圖 10.1 標準太陽電池之效能損失過程：(1) 熱損失；(2) 和 (3) 界面處與接觸點電位損失；
(4) 再結合損失

的光與黑體幅射二者的關係，推算出能階為 1.3eV 理想電池，其效率只可達到 31.0%。這個數據較前所述之最佳效能 44% 為低，是因為電池的輸出電壓較理論上能階之位能差為低，其間的差距即為第 (2) 損失過程的界面電位損失及第 (3) 損失過程的接觸點電位損失。如果我們使用最大的聚焦太陽（46,200 倍），也就是太陽正射（90° 角垂直）在電池上，則這兩項損失可以減少，而使效率增至 40.8%。

如果我們純粹由熱力學的觀點，從 6,000K 的太陽能源傳到地球為 300K，其轉換效率以卡諾（Carnot）效率來看，應為（1-300/6,000）= 95.0%，但是此效率值是假設沒有被電池所吸收的光，能夠完全送回到太陽，來維持太陽的溫度。第三代新型的高效能太陽電池其設計之概念，主要是結合非傳統的元件設計及新穎的材料之開發。其主要目的為朝向理論之能量效率轉換值而設計，並突破傳統矽太陽電池的極限。

10.2.1 疊層太陽電池（Tandam Cell）

如果所吸收光子的能量只是稍微比電池的吸收能階高些，則在圖 10.1 中第

4 種電子－電洞再結合的損失過程可以忽略，這就是疊層太陽電池所使用的概念，將不同能階的電池從小能階電池開始到大能階電池疊起來，每個電池只將靠近其能階的光能變成電能，如圖 10.2 所示。計算顯示在太陽正射的情況下，無限多的電池疊層可達到 86.8% 的轉換效率 [3]。

疊層電池的結構最好是並聯，串聯時電池需具有匹配的輸出電流，如果低於下一個電池的 5% 以下，就必須將其短路，否則反而成為消耗電流，而非產生電流。疊層電池已商品化，且用於太空梭上，美國 Spectrolab 製作的四個連接面（junction）的 GaAs 類的疊層太陽電池，地面效率已超過 39%，非晶質矽薄膜的疊層電池也商品化，BP solar 公司的 a-Si/a-SiGe 疊層電池組其效率可達到 7% 左右，但價格要較 GaAs 類型低得多。

10.2.2 多數電子－電洞對太陽電池（Multiple electron-hole pairs）

如果可將太陽光照射在太陽電池過量的能量，不以熱能形式消耗，則在符合守能原理（energy conservation）情況下，可利用此概念來製造更多的電子－電洞對，以增加太陽電池的效率。坤舍研究團隊就以光激發的載子，在元

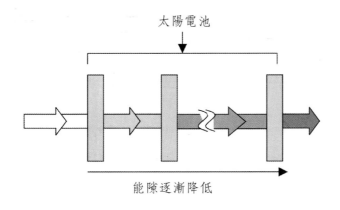

圖 10.2　疊層太陽電池

件材料上具有衝擊性的離子化作用，而使高能量的光子產生多於一個的電子－電洞對之情形[4]。由理論計算顯示，如果太陽電池的能隙趨近於零時，理想電池的效率可高達85.9%。但是實驗數據顯示效率的改善非常微小，因為高能量的光激子鬆弛（relaxation）的過程，較離子化過程，有效率得多。

近年來葛林 [5] 建議一個新的想法來利用太陽能，其電池稱為拉曼螢光（Raman Luminescence）太陽電池，其原理示於圖 10.3。拉曼散射是一種非彈性散射的光子，亦即利用散射來改變光子能量及方向。一般而言，散射是因為光子的動量守恆，但並不一定是動能守恆，而產生虛擬的電子－電洞對。由不平衡的能量，來決定這虛擬電子－電洞對，在短時間內的存在性。在這短時間內，經由虛擬對的衰退，拉曼螢光會產生。其與原有產生電子－電洞對的光子是不同的。拉曼螢光太陽電池的理論分析，所得到轉換效率的結果與衝擊離子化作用理論是相同的。因此製備 85.9% 效率的太陽電池是原理上有可能的，取決於如何實施在真實情況中。

10.2.3 熱載子太陽電池（Hot Carrier Cells）

當光激載子彈性碰撞另一個載子時，並沒有能量的損失。但當載子與原子產生非彈性碰撞時，能量以光子方式釋放而損失。理論上，如果光激載子在元

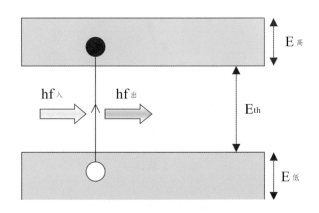

圖 10.3 拉曼螢光太陽電池

件中傳送的時間內，可以避免非彈性的原子碰撞，則在圖 10.1 中的第一種過程的能量損失就不會發生。

　　我們可以利用短脈衝單光雷射，照在直接能隙的太陽電池來鑑別熱載子壽命之不同的時間常數。如圖 10.4 所示，此脈衝雷射會產生熱載子，可清楚看出其動能與動量之分布，電子存在於導電帶，而電洞存在於共價帶。首先在第一階段（<1ps），載子的碰撞，會將能量及動量的分布模糊化，分布曲線變得較寬，趨近 Boltzmann 的分布型態。如果載子以彈性的碰撞同類的載子，則沒有能量會因此損失。熱載子分布的溫度，決定於脈衝雷射所產生載子的總數及每種載子所給予的能量。電子與電洞可以有不同的溫度，除非其能有效的共享能量。

　　下一階段（>1ps），則載子與晶格原子的碰撞機制變為重要時，會產生能量損失（以聲子能量方式釋放）。在此階段中，電子與電洞的數目是不變的，但是載子的能量與溫度會降低。電子與電洞的溫度相互平衡，載子在材料中走動，同時會降低溫度。最後（～ 1ns），半導體中的電子與電洞的再結合變成重要時，在常溫下電子與電洞的分布維持相同的形態，但是電子與電洞的數目降低至照射雷射脈衝之前。

　　傳統太陽電池的設計是將載子，在電子電洞結合前收集起來。熱載子太陽

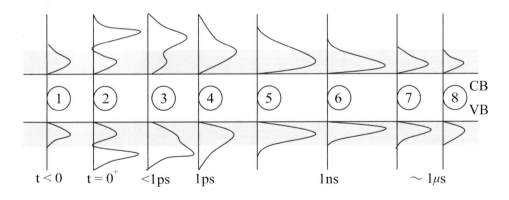

圖 10.4　於 t＝0 時受高能雷射脈衝照射後之載子能量鬆弛圖示

電池則需在載子冷卻前收集。所以載子必須要在材料中移動得很快或其冷卻的速度很慢。此種電池還需要特別的接觸點其不會使載子冷卻。其效率與無限層疊層電池類似，可以達到 86.8%，但是要達到此效率，載子的冷卻速度必需大幅的降低或是幅射結合（radiative recombination）速度加速非常快，所以後者要較前者快。還需要特定的能帶結構。量子點的太陽電池使用這一類的設計概念 [6]。

10.2.4　多能帶太陽電池（Multiband Cells）

傳統的太陽電池依賴著共價帶與導電帶間的激發。馬丁的研究團隊 [7] 建議加入第三個不純物的能帶可以增加電池的效率，如圖 10.5 所示。這項理論及實驗，工作已被延伸至 n- 能帶電池（n-band cell），如寬能隙的半導體含有高濃度的稀有元素，形成多層不純物能量帶或已知的 I-VII 及 I_3-VI 化合物，其具有多層窄能階，可運用超晶格中的微小能帶（miniband）的激發，來控制聲子鬆弛。這類的電池也可達到多層疊層電池的 86.8% 效率，但其有效電極的連接，較串連的疊層電池要來得簡單，所以較能夠忍受太陽光譜的多變性。

圖 10.6 顯示多層量子井電池，可以達到三能帶電池的效率，圖中的第 3 激發態的能量，不是由光子來，而是由一定的化學電位（finite chemicalpotential）及熱聲子（hot phonons）來。葛林的團隊 [8] 延伸多能帶的概念，製作出元件

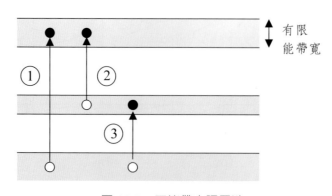

圖 10.5　三能帶太陽電池

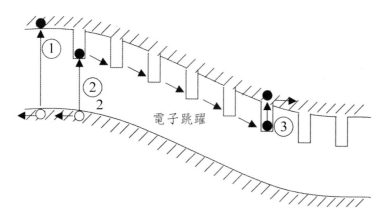

圖 10.6　多層量子井電池可達到三能帶電池的效率

具有清晰的中階不純物能帶，可有效的傳送能量，增加效率。

10.2.5　熱光太陽電池及熱光元件

　　熱光太陽電池非新的概念，其光由加熱的物件而來而非由太陽光。較新的熱光元件，為使用能帶與能帶的再結合而產生具有級數增強的光。圖 10.7 為熱光元件的示意圖，其具有一種對稱的結構。二個二極體元件為太陽電池 / 發光

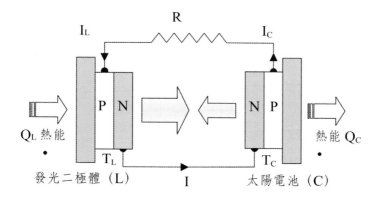

圖 10.7　熱光太陽電池（僅為概念圖示，任何非輻射性再結合都必須要有儲存單元）

二極體,彼此面對面,以一個電阻連接起來。將一個二極體加熱至比另一個二極體熱,其熱會被另一個二極體取走,而降溫。這二個二極體的光是結合在一起,但是熱是分開的,如此的設計,使得較熱的元件,在電阻中將熱能變成電能,其效率應可達到卡諾的理論值。簡單來說,加熱的元件如同窄能帶(kT內)的發光體。這近單波長的光可以很有效率的變成電流,而且這電池所發的光可以再利用,啟動發光二極體。因為相同的電流,在電池及二極體的源極(source)流動,當二極體在較高的溫度,二極體間的電壓,要較橫跨電池來得低。如此功能就在電阻中失散了。

元件的設計是日新月異的進步中,可使太陽電池與發光二極體,其幅射過程(radiative processes)都可具有非常有限的內部結合,這是熱光元件所必存的特性。如果我們將轉換太陽光的功能與吸熱的元件結合,理論上,我們是可以得到 85.4% 的效率。另外,我們也可以用相同的概念,增加石化燃料的轉換效率。

10.3　價廉大面積有機太陽電池

目前,以有機分子作為光作用材料的太陽電池主要可區分為四大類:(1)染料敏化太陽電池(dye-sensitized solar cell, DSSC);(2)全有機半導體材質之太陽電池;(3)高分子摻混碳六十及其衍生物之太陽電池;以及(4)高分子摻混無機奈米粒子之太陽電池。其原理與效能均不盡相同。分述於下面章節。

10.3.1　染料敏化太陽電池

以感光性染料為吸光材質之太陽電池,我們稱之為染料敏化太陽電池,染料敏化太陽電池在 1990 年代以前,電池的光電轉換效率普遍偏低,沒有受到重視。直到 1991 年,瑞士之 Grätzel 教授發表利用多孔性二氧化鈦奈米粒子,

搭配 Ru 金屬有機錯合物感光性染料以及液態電解質的染料敏化太陽電池。以有機染料吸收太陽光以激發出電子電洞對，再於染料與 TiO_2 之界面進行電子轉移，形成自由之電子與電洞，電子與電洞再分別由 TiO_2 通道與電解質之氧化還原作用，傳導至相對的負極與正極，形成光電流（圖 10.8）。如此之創舉將光電轉換效率以倍數增加，達到 ～ 7% 之譜，因而開啟了染料敏化太陽電池的研究風潮與產業契機。

　　文獻中，染料敏化太陽電池所使用的材質，在電解質部分，早期均以液態電解質為主。近年來，有使用固態或膠態電解質電池的發展。在染料方面，一般多選用以 Ru 等過度金屬形成之有機錯合物染料作為光吸收層，再搭配多孔性的無機奈米粒子，如 TiO_2、ZnO 及 SnO_2 等。一方面作為電池之電極，一方面也可作為傳遞電子的媒介，同時多孔特性亦可增加染料與奈米粒子的界面面積，而眾多相關報導中，主要是探討材質之開發、材質之間的相容性以及其光

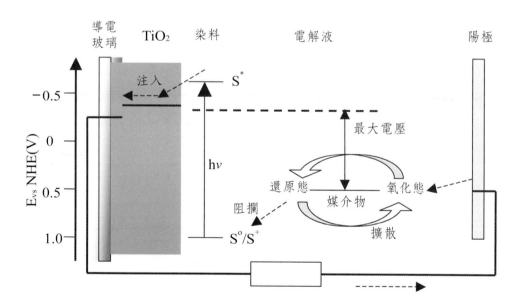

圖 10.8　染料敏化太陽電池的工作原理示意圖。陰極為多孔性 TiO_2 半導體，接收染料被光激發產生的電子。染料被光激發氧化後對媒介物（電解液中的還原物質）進行氧化。媒介物在陽極藉由外電路的電子進行還原再生

電轉換機制。在此一領域中，目前多數突破性技術及專利仍由 Grätzel 團隊所掌握，如 1991 年 Grätzel 等人於自然期刊（Nature）上發表使用多孔性 TiO_2 搭配 Ru(2,2'-bipyridine-4,4'-dicarboxylic)$_2$[μ-(CN)Ru(CN)(2,2'-bipyridine)$_2$]$_2$ 與含有 I-/I$_3$- 的電解液（poly carbonate），製成結構為 TiO_2/ 作用層－電解質 /Au 的電池元件，其能量轉換效率可達 7.1 ～ 7.9%[9]。1998 年，Grätzel 等人再度於自然期刊上刊載了利用有機電洞傳遞材質取代液態電解質，製成全固態之染料敏化太陽電池，其單色光下之光電轉換效率可達到 33%，而太陽光之光電轉換效率雖僅有 0.74%[10]，但固態結構已改善了液態電解質易侵蝕無機半導體及液漏的缺點，因此引起關注。而 2005 年，Grätzel 發表全固態之染料敏化太陽電池，以電洞傳導有機化合物代替液態電解液，能量轉換效率可達 4%[11]。由於 Grätzel 在此領域貢獻卓著，因此此類之染料敏化太陽電池又被稱為 Grätzel Cell。

1. 染料的種類

　　染料敏化太陽電池的研究報導不計其數，若以不同染料材質細分，常見染料分子如 Ru 有機錯合物、Pathalocyanine 系列與香豆素（coumarin）等，在搭配多孔性 TiO_2 之條件下，文獻中較顯著的成效如：1991 年 Grätzel 等人使用 Ru(2,2'-bipyridine-4,4'-dicarboxylic)$_2$[μ-(CN)Ru(CN)(2,2'-bipyridine)$_2$]$_2$，光電轉換效率為 7.1 ～ 7.9%[9]。1993 年，Kay 與 Grätzel 等人使用 Cu-2-α-oxymesoisochlorin 染料，光電轉換效率最高為 2.6%[12]。同年 Grätzel 團隊使用 N3 染料，轉換效率高達 10%[13]。2000 年，Yanagida 等人使用 Ru-phenantroline 衍生物染料，可得到 6.1% 的光電轉換效率 [14]。以及近年來 Grätzel 團隊利用黑色染料（black dye）可將效率提高至 10.4%[15]，或者利用不同的感光染料，如 N-719、Z-907、K-19 等製備成的太陽電池，探討之間的效率值，結果使用 Z-907、N-719 及 K-19 染料，可分別得到 6.0%、6.7% 與 7.0% 的光電轉換效率 [16]。除 Grätzel 外，日本學者 Hara 等人，也進行了一系列染料敏化太陽電池開發，如 2004 年利用香豆素染料 NKX-2677 及加入

4-tert-butylpyridine（TPB）添加劑的方法，與 TiO_2 搭配，光電轉換效率可達到 7.5%[17]。而 2005 年使用 NKX-2753 染料，最高轉換效率為 6.7%[18]。染料之吸光性能，直接左右著元件之光電轉換效率，若應用於染料敏化太陽電池則必須考量幾項特性：(1) 染料之吸收波長與太陽光之放光波長相匹配，對太陽光有良好的吸收性，具有高的吸收係數；(2) 染料分子能緊密吸附於無機奈米粒子表面，如一般多選用帶有 -COOH、-SO_3H、PO_3H_2 等官能基團之染料與 TiO_2 表面進行吸附，使電子轉移更加容易，而染料結構上帶有官能基之數目亦會影響染料對無機半導體間的吸附行為，過多之官能基存在之結構有可能因體積障礙而影響染料之吸附量，為選用考量時之重點；(3) 激發態之壽命夠長；(4) 染料激發態與無機奈米粒子之導電電位相匹配；(5) 激發時之熱穩定性等。

2. 電子傳輸層的種類

染料敏化太陽電池製備上是以多孔性電極含浸於染料溶液中吸附染料分子，一般多孔性奈米晶體多是以微米厚度成膜於導電玻璃表面，半導體材質、孔徑的大小與緻密性直接影響了電池製作後的性能，目前研究中常使用的 TiO_2 奈米粒子薄膜多是以溶凝膠法或化學沉積法製備，當 TiO_2 為奈米級時，由於量子尺寸效應，TiO_2 之載子（carrier）會被限制在小尺寸的位能井（potential well）中，造成導帶與價帶由連續能帶變為分立能帶，使得有效帶隙增加，同時粒徑減小，同時有助於比表面積的增大，增加與染料之接觸面積。Hara 等人曾利用自行合成之染料 $Ru(dcphen)(NCS)_2(TBA)_2$ 搭配不同之無機奈米粒子 TiO_2、ZnO、SnO_2、In_2O_3 比較光電轉換效率，結果以 TiO_2 可獲得最高效能 3.8%，ZnO 次之 [19]。而 Grätzel 團隊曾比較利用不同的金屬氧化物（ZnO、TiO_2、ZrO_2）塗布在以 SnO_2 為電極的太陽電池上，可改善其染料吸收性及增加其光電轉換效率，SnO_2 塗布 ZnO 電極時，轉換效率為 1.2%，SnO_2 塗布 ZrO_2 電極時為 3.7%，而 SnO_2 塗布 TiO_2 電極時則為 5.1%[20]。

3. 電解質的種類

電解質之選用在染料敏化太陽電池上亦是重要之課題，種類可分為：(1) 液態電解質，(2) 膠態電解質與 (3) 固態電解質，後兩者主要是以高分子或 p-type 半導體材料為電解質。目前以液態電解質製得之元件效率最高，但因其有電解液洩漏與侵蝕無機半導體等缺點，近年來逐漸發展於使用膠態（半固態）電解質與固態電解質之元件，如 Grätzel 等人最早利用有機電洞傳遞材質取代液態電解質製成全固態之染料敏化太陽電池，其量子效率達到 33%，光電轉換效率為 0.74%[10]。或利用離子液體高分子膠（ionic liquid polymer gel）：1-methyl-3-propylimidazoliumiodide（MPII） 和 poly（vinylidenefluoride-cohexafluoropro pylene）（PVDF-HFP）製備成半固態 TiO₂ 太陽電池，光電轉換效率可達 5.3%[21]。利用溶凝膠方法把二氧化矽、界面活性劑（Triton X）、碘、離子液體（1-methyl- 3-propylimidazolium iodide）形成有機材料與 TiO₂ 製備成感光性的半固態染料敏化太陽電池，轉換效率為 5.4%[22]。而使用低分子量的 1,3:2,4-Di-O-benzylidene-D-sorbital（DBS）為凝固劑凝固染料敏化太陽電池中的電解液，製備成半固態太陽電池，其製備成的半固態太陽電池光電轉換效率為 6.1%[23]。全固態電解質方面，使用電洞傳導化合物以混摻的方式將 4-tert-butylpyridine（tBP）和 Li[CF₃SO₂]₂N 混摻，然後再以 spiro-MeOTAD 製備成固態感光性太陽電池，元件結構為 TiO₂/ 作用層－固態電解液 /Au，效率為 2.56%[24]。而目前全固態之染料敏化太陽電池元件之能量轉換效率，Grätzel 團隊發表已可達 4%[11]。

4. 染料敏化電池的國內外現況及其價格和壽命

染料敏化太陽電池在研發上以美、日、瑞士、荷蘭、德國等投入最多研發資源，在商業化發展上，位於澳洲的 Sustainable Technologies International（STI）公司 [25] 與美國的 Konarka Technologies, Inc.（KTI）[26] 公司為世界最早商業化量產染料敏化太陽電池之公司，其中 STI 生產之產品之能量轉換效率約為 7%，其展示樣品售價為 300 美元。而瑞士的 Lechlanché（Greatcell

Solar SA）[27] 與 Solaronix SA[28] 公司也有從事染料敏化太陽電池產品的生產，Solaronix SA 所生產之商品可達 10% 的光電轉換效率，在穩定度部分，於陽光下有 6 千小時以上的壽命，若在 70℃ 環境下仍可達 1 千小時以上，價格上以 10cm×10cm 的展示樣品而言，售價約為 350 美金。染料敏化太陽電池在成本上最主要來自於染料之價格，目前市售之高效率染料價格居高不下，如 STI 公司販售的 N3 染料約為 500 美元 / 公克，N719 染料則為 600 美元 / 公克，而 Solaronix SA 販售之 N3（Ruthenium 535）與 N719（Ruthenium 535-bisTBA）染料則約為 900 美元 / 公克，代號為 Ruthenium 620（black dye）之產品，每公克售價更高達 2,900 美金。而日本在產業化方面，AIST（產業技術綜合研究所）於 2002 年已開發出轉換效率達 7.5% 之香豆素染料敏化太陽電池 [29]。

國內在染料敏化太陽電池發展上，近年來主要有臺灣大學化工所何國川教授 [30,31]，高雄師範大學化學所彭金恢教授 [32]，成功大學化工所鄧熙聖教授及材料所黃肇瑞教授 [33]，東華大學化學所系羅幼旭教授 [34]，大同大學材料所胡毅教授 [35] 及南台科技大學電機所閔庭輝、黃建榮 [36]，機械所魏慶華、黃忠仁教授 [37] 等人相繼投入研究。其中臺大化工所何國川教授所製作的太陽電池效率可達 8%。

染料敏化太陽電池的優點為成本較無機矽半導體太陽電池的成本低，製作容易，缺點則為壽命及效率較低，目前實驗室最高效率的疊層電池為 11% 左右，商業化產品效率約 8%，主要原因係因為有機染料之穩定性及耐候性較差，照光後易產生裂解，壽命為 15 年，故至今尚無法達到戶外發電，25 年壽命的需求。而在未來的發展上，如無機奈米粒子的開發，降低電阻；新型染料的開發，以擁有較好之吸收性及降低成本；固態電解質的採用，防止漏液問題等，均是尚待解決與力求進步之課題。

10.3.2 全有機半導體太陽電池

全有機半導體太陽電池相較於其他形態之有機太陽電池，有機／有機材質之間的接觸界面可較有機／無機材質而言，擁有較佳的親合性，在研究上仍有其發展優勢。有機半導體其激子的鍵能較矽為高（0.1 ～ 1eV），元件的內電場（10^6 ～ 10^7V/m），無法直接將激子分解成載子 [38]。因此需要特殊的結構，將電子－電洞有效的分開。例如半導體－金屬的界面及給體－受體（D-A）的結構均可將電位減低。

第一種有機太陽電池結構為熱蒸鍍 P- 型有機半導體單層膜夾在兩個不同功函數的金屬電極間。如圖 10.9 所示，有機半導體與鋁電極接觸的介面為 Schottky junction，半導體的能階彎曲，形成空乏區（薄 W 層），其相對應的電場可以使激子分開成電子與電洞。因為大部分的有機半導體材料的激子擴散距離小於 20nm，只有在距離電極小於 20nm 內的激子會產生光電流。由於元件內高的串聯電阻，具有較低的填充因子（Filling Factor; FF），所以一般的效率皆非常低（<0.01%）。

第二種有機太陽電池為給體加在受體上，二者間具有平面的界面，形成雙層異質界面的元件結構如圖 10.10 所示，電荷在界面分離，其難易由給體與

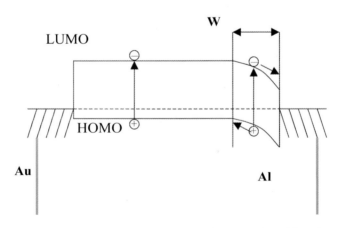

圖 10.9　在 Al 電極接觸面具有 Schotty junction 的單層膜元件結構示意圖。光激子只能在空乏區（薄 W 層）內分離，所以此元件效率受激子擴散的限制。

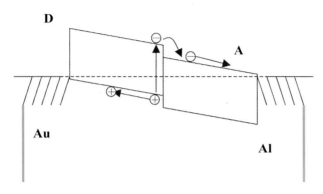

圖 10.10　雙層異質介面元件結構示意圖。給體（D）與受體（A）分別接觸功函數較高（Au）與功函數較低（Al）的電極，使其能有效的收集電洞與電子。光激子只能在異質界面處的薄層分離，因此元件效率受到激子擴散的限制

受體間能階的差來決定。雙層結構是置於二個電極中，一個電極是與給體的 HOMO，另一個電極是與受體的 LUMO 相匹配的，如此可有效的移動載子。此結構會有光電流的產生，因為在受體中的電洞與給體中的電子結合的速度較電荷傳送的速度要低得多。此雙層結構較單層結構的電荷分離與傳送易控制，光電流與入射光強度成正比，薄膜顯示有大的填充因子（FF）值。

　　全有機半導體太陽電池目前在開發上效率仍舊偏低（普遍小於 1%），如 Friend 團隊利用 poly（9,9'-dioctylfluoreneco-bis-N,N'-(4-butylphenyl)-bis-N,N'-phenyl-1,4-phenylene-diamine）（PFB）與 poly（9,9'-dioctylfluorene-co-benzo-thiadiazole）（P8BT）材質，製備 ITO/PEDOT/PFB: P8BT/Al 元件，量子效率僅為 4%[39]。Veenstra 團隊曾使用 p-type 的 MDMO-PPV 搭配 n-type 的 PCNEPPV，製備結構為 ITO/PEDOT/MDMO-PPV: PCNEPPV/LiF/Al 的元件，其轉換效率為 0.75%[40]。以及 Samson 團隊以 poly（p-phenylene vinylene）（PPV）搭配 poly(benzimidazobenzophenanthroline ladder)（BBL），元件結構為 ITO/PPV/BBL/Al，其光電轉換效率可達 1.5%[41]。而目前最高為 1998 年，劍橋大學 Friend 團隊於自然期刊上發表，以 polythiophene 衍生物 POPT 與 PPV 衍生物 MEH-CN-PPV 製作元件，效率為 1.9%[42]。

　　Forrest 研究團隊亦致力於有機小分子製作的疊層太陽電池，這類電池是以真空蒸鍍法製成，不易達到大面積的商用目標，而且小分子的熱穩定度也較不可靠。此型太陽電池，主要為兩種疊層結構薄膜製成，其結構如圖 10.11 所示。而要讓電荷在子電池(subcell)中傳導，所以讓一些金屬顆粒(～ 5A 直徑)沉澱在其表面，可以使其在表面自由流動 [43]。在 A.M.1.5 的條件下，轉換功能為 5.7%，Voc 為 1.02V[43]。

　　而國內方面主要以清華大學化工系陳壽安教授進行此方面研究，陳教授利用polyfluorene衍生物PFO摻雜TCNQ製備結構為ITO/PEDOT/PFO摻雜TCNQ/Ca/Al的全有機半導體太陽電池，量子效率約為0.33%[44]，以及使用polyfluorene衍生物（OXD50PFO）混摻P8BT製備元件，效率為0.448%[45]。

　　全有機半導體太陽電池之發展上仍有許多問題尚待克服，短期內應無法有商品化產品上市，但未來發展潛力依舊不容小覷。

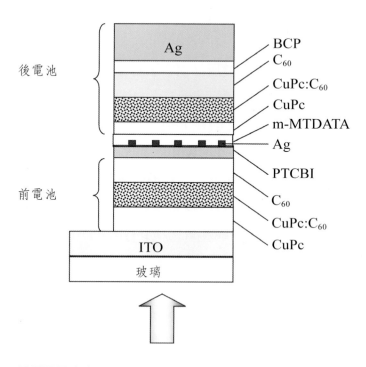

圖 10.11　雙層疊層式太陽電池是由兩個平面式混合異質界面子電池堆疊而成

10.3.3　高分子摻混碳六十及其衍生物之太陽電池

　　半導體高分子的形成主要是由於碳原子的 sp^2 軌域混成電子在 pz 軌域中會與鄰近的 pz 電子形成 π-bond，擁有電子極性，電子會移動（delocalization）。大部分的有機導電性高分子，為電洞傳導，其光能隙（optical band gap）大約為 2eV 左右，高於矽材質。此外有機導電性高分子，有化學合成的彈性，方便應用，和相對便宜簡單的製造方法，且可大量生產。綜合諸多優點，在學界及工業上，都有非常廣泛的研究與應用。

　　添加 C_{60} 衍生物於導電高分子中，可以增加其光導電性，所以發展出高分子－碳簇（polymer-fullerene）的雙層－異質界面（bilayer-heterojunction）和塊材－異質界面（bulk-heterojunction）的結構。無機奈米粒子與導電高分子也可形成塊材的異質界面結構。塊材－異質界面太陽電池的原理如圖 10.12 所示，導電高分子吸收太陽光形成激子，遇到 C_{60} 或無機奈米粒子，電荷在兩物質的界面很有效的分離，電子經由奈米粒子傳導出去，電洞由導電高分子傳導

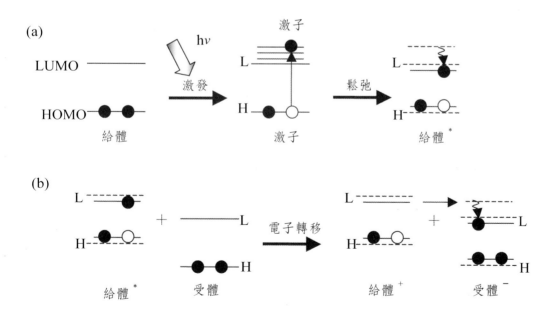

圖 10.12　混摻太陽電池之工作原理：(a) 光激發過程、(b) 界面處載子分離

出去，如此形成電流。由於奈米粒子的存在，因此整體塊材的高分子與奈米粒子界面非常大，所以電荷的分離非常有效率，使得高分子太陽電池的效率有等級數的增加（>1%），引起學業及產業界的注意，而有現今蓬勃的發展，目前 Heeger 的研究團隊已將 Polythiophene-PCBM 系統的太陽電池達到 5.86% 的效率，值得商品化。現將此類的太陽電池從材料、電池結構、效率、壽命分別討論於下面段落。

1. 材料的種類

材料的選擇上，除了能吸收光，產生載子外，還有就是要擁有傳遞載子的能力，擁有這兩種特性的大部分材料，通常為有非局部（delocalized）π-electron 系統。由於大部分有機材料的光能隙大約為 2eV 左右。增加其傳遞載子的能力，通常會經由分子或電化學摻雜（doping）的方式，如受體（donor）型的材料，曝露於氧中或強氧化劑環境下，會產生摻雜的效應，此種效應可以使電子由基態移轉至氧化劑上，如此便可增加傳遞載子的能力。又如 n-type 型材料 perylene，曝露於氫中，亦會有摻雜的效應產生。由於這些摻雜的效應，使得原本幾近絕緣體的材料，可以如 p-n junction 般運作。一般常用的材料，如 MDMO-PPV、P3HT、CN-MEH-PPV、PCBM 等，其結構如圖 10.13 所示。

2. 電池結構與效率

Sariciftci 團隊 [46] 將 MDMO-PPV 和 [60]PCBM 混合，溶劑為氯苯，以旋轉塗布的方法製作太陽電池的作用層（active layer），以 ITO 和 PEDOT 為基層，而所選擇的 LiF/Al 為最外層的電極，電池結構：ITO/PEDOT:PSS/P3HT:PCBM[60]/LiF/Al，示如圖 10.14。在 A.M.1.5 日光照射下，其光電轉換效率為 2.5%，Voc 為 0.82V，Isc 為 5.25mA/cm^2，FF 為 0.61。

Brabec 研究團隊 [47] 以 P3HT 取代 MDMO-PPV，因為導電性的改善，光電轉換效率增加至 3.85%，Isc 為 15mA/cm^2，在 550nm 的波長下，外量子效率（EQE）高達 80%，如果能克服填充因子和開路電壓的損失，光電效率應可達到 7% 以上。

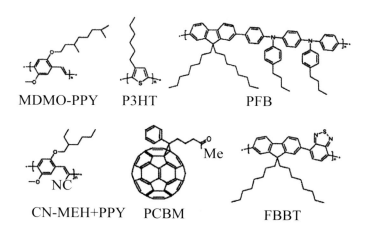

圖 10.13 　有機太陽電池中所使用的數種可液態加工之導電高分子與一種 C₆₀ 衍生物

上列：P 型電洞傳導給體高分子

　　　MDMO-PPV(poly[2-methoxy-5-(3,7-dimethyloctyloxy)]-1,4-
　　　phenylenevinylene)

　　　P3HT(poly(3-hexylthiophene-2,5-diyl))

　　　PFB(poly(9,9'-dioctylfluorene-co-bis-N,N'-(4-butylphenyl)-bis-N,N'-
　　　phenylenediamine))

下列：電子傳導受體高分子

　　　(poly-[2-methoxy-5-(2'-ethylhexyloxy)-1,4-(1-cyanovinylene)-phenylene])

　　　F8TB(poly(9,9'-dioctylfluoreneco-benzothiadiazole))

　　　和一個可溶的 C₆₀ 衍生物

　　　PCBM(1-(3-methoxycarbonyl)propyl-1-phenyl[6,6']C₆₁)

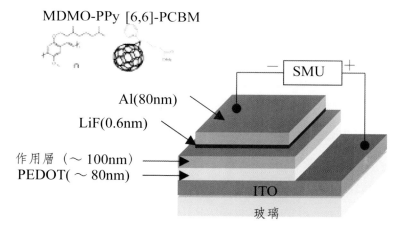

圖 10.14　元件結構與化學結構。元件的作用層面積一般約為 10mm²

Janssen 研究團隊 [48] 在 MDMO-PPV-PCBM 的作用層中，以 [C_{70}]PCBM 取代 [C_{60}]PCBM，C_{70} 具極性，有較佳的吸光性及導電性，使得 MDMO-PPV-PCBM[70] 光電效率上升至 3.0%，Voc 為 0.77V，Isc 為 7.6mA/cm^2，FF 則為 0.51。

Yang 研究團隊以熱處理的方法，可以將 P3HT-PCBM 系統的效率提高到 4.4%[49]。熱處理將 P3HT 形成較有序排列，而增加載子的流動率。

10.3.4　高分子摻混無機奈米粒子太陽電池

無機奈米粒子取代碳簇類（fullerene）奈米粒子在塊材異質界面的太陽電池中具有的優點包含：(1) 奈米粒子的種類非常多，如半導體化合物（III-V，II-VI etc.），高能隙氧化物（TiO_2，ZnO，etc.）等，(2) 奈米粒子的形狀多種如球型、中空型、核—殼型、棒型、管型等，(3) 尺寸較碳簇類大，形成連續接頭少，導電性佳，(4) 密度大，使高分子熱穩定性加強。Alivisator 研究團隊在 2002 年將 CdSe 奈米粒子混在 polythiophene（P3HT）中，製作的太陽電池效率為 1.7%[50]，為混成太陽電池發展的先趨者。這類電池的進入門檻較高，因為需要有跨領域的人才，不僅包含物理學家、化學家、材料學家、電子工程師，化學家中還需包含有機材料專家及無機材料專家，所以進步的情況較碳簇類混摻高分子系統為慢。

Coakley 團隊 [51] 以 P3HT 和 TiO_2 為太陽電池的作用層，而其 TiO_2 為有孔洞的。其製造的方法為在玻璃基材上以旋轉塗布法將 TiO_2 的先驅物（titanium ethoxide-block copolymer）形成薄膜，然後在 400 ～ 450℃之間鍛燒此薄膜，形成結晶狀的 TiO_2。選擇 F-SnO_2 為外層電極，一般而言，以 ITO 的選擇居多，但在此鍛燒過程中如果選擇 ITO，其銦組成會流失。在孔洞狀的 TiO_2 薄膜處理好後，接著將 P3HT 塗布於其上，加熱使 P3HT 分子能滲入其孔洞間。其結構如圖 10.15 所示。此太陽電池中，P3HT 吸收光，光激子在 P3HT 和 TiO_2 的界面分離，然後傳導電洞至最上層電極，而 TiO_2 接受電子並傳遞電子至最

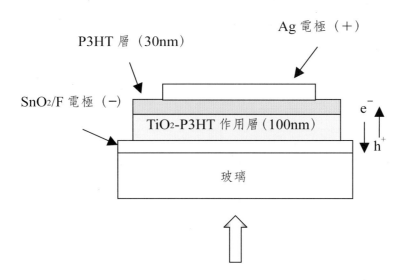

圖 10.15　P3HT 摻混多孔性 TiO₂ 太陽電池之元件結構（最佳化之元件尺寸）。電極面積約為 5mm²

下層電極。在 514nm 單光照射下，其光電轉換效率為 1.5%，Voc 為 0.72V，Isc 為 1.4mA/cm²，FF 為 0.51。換算成在 A.M.1.5 的日光照射條件下，其光電轉換效率約為 0.5%。

　　Kumar 研究團隊 [52] 以 PTAA 和 TiO₂ 為太陽電池作用層，其將 TiO₂ 以旋轉塗布的方法在 F-SnO₂ 電極上成膜，然後再以 PTAA 成膜在 TiO₂ 上，最後以 Pt 為最外層的電極。在 A.M.1.5 日光照射下，其光電轉換效率為 1.5%，Voc 為 0.46V，Isc 為 5.7mA/cm²。

　　Greenham 的研究團隊 [53] 以 CdSe 奈米粒子和導電高分子 poly（2-methoxy-5-(3',7'-dimethyl-octyloxy)-p-phenylenevinylene）(OC₁O₁₀-PPV)，為太陽電池的作用層。其結構圖如圖 10.16 所示。電洞傳輸層 poly（styrene sulfonate）(PEDOT/PSS) 厚度為 70nm 覆蓋於以氧電漿處理過的導電基板（ITO）上，然後在氮氣下於 1500C 烘乾 2 小時。奈米粒子溶液（300μL）和高分子溶液（125μL 的 10mg/mL OC1O10-PPV）在二氯苯裡完全的混合，且將此混合物覆蓋於 PEDOT/PSS。典型的薄膜厚度是 160 ～ 180mm，其中

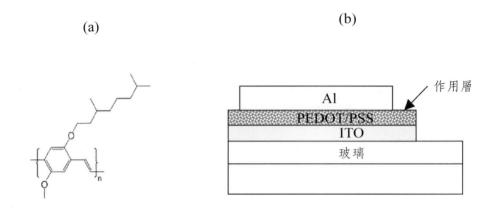

(a)　　　　　　　　　　　(b)

圖 10.16　(a)OC$_1$C$_{10}$-PPV 的化學結構、(b) 太陽電池元件結構

奈米粒子的含量約為 86%（重量）。奈米粒子有二種：四角粒子（tetrapod）及奈米棒（nanorod）。以 CdSe 四角粒子來說，在 480nm 波長、0.39mW cm^{-2} 的照光下可達到 45%EQE。奈米棒較四角粒子低，為 23% 的 EQE。在 1.5AM 照光下，Voc、Isc 和 FF 個別為 0.65V，$-$7.30mA cm^{-2}，0.35，$\eta = 1.8\%$。在此狀況下，高分子 / 四角粒子作用層的功率轉換效率比高分子 / 奈米棒作用層之效率高一些。

　　Alivisatos 的團隊 [50] 用奈米棒 CdSe 和 P3HT 為太陽電池的作用層，其結構圖如圖 10.17，其介於兩電極中間薄膜的厚度約為～ 200nm，作用層面積約為 1.5mm×2.0mm。此類結構，將非有機的奈米棒均勻散布在 P3HT 中為一大挑戰，因為複雜的表面化學會限制其在高分子中的溶解度，此外如果調整奈米晶體的球、柱狀相對比例，可以發現高相對比例的奈米晶體有較低的溶解度，但是對太陽電池之效能來說，卻是希望以高相對比的奈米晶體為較佳的電子傳導模式，所以為調整此情況，研發出混合溶劑可適合 CdSe 奈米棒和 P3HT，CdSe 奈米棒和 P3HT 溶解於 pyridine 和 chloroform 的混合溶劑中，以旋轉塗布的方式，製成一均勻薄膜。在 A.M.1.5 太陽光和在氫氣的條件下，光電轉換效率為 1.7%，Voc 為 0.7V，Isc 為 5.7mA/cm^2，FF 為 0.4。

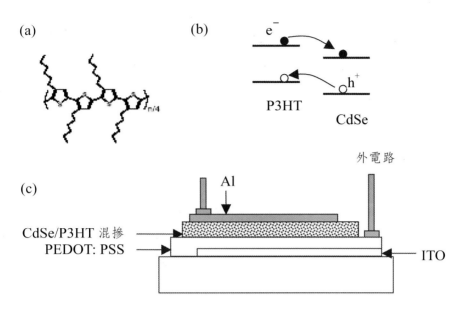

圖 10.17 （a) 立體規則性 P3HT 之結構；(b)CdSe 奈米棒與 P3HT 之能階示意圖，顯示電子傳向 CdSe 而電洞傳向 P3HT；(c) 元件結構：200nm 厚的薄膜夾於 Al 電極和鍍於 ITO 上之 PEDOT：PSS 透明導電電極(Bayer AG, Pittsburgh, PA)之間。作用層的面積為 1.5mm ×2.0mm。薄膜製備自 90wt%CdSe 奈米棒與 P3HT 砒碇－氯仿的混合溶液，以旋轉塗布法製膜

　　我們實驗室發展出四種高分子奈米粒子作用層，分別為 MEHPPV-CdS、MEH-PPV-CdSe、MEHPPV-TiO₂ 及 P3HT-TiO₂ 系統 [54]。在 MEHPPV-CdS 系統中電池結構為 Al/MEHPPV-CdS/ITO，在 532nm 及 50mw 單光的照射下，MEHPPV-CdS 的系統較純 MEHPPV 的系統，外量子效率（EQE）增加 13 倍，光電轉化率增加 64 倍，證明奈米粒子會增加激子的分離率而增加效率。MEHPPV-CdSe 的作用層，以時析光譜分析，我們發現隨著 CdSe 的量由 20% 增加至 80%（重量百分比），激子的壽命由 420ps 減至 330ps，這也證明激子的分離效率增加，我們同時也發現奈米粒子會使得高分子較具規則性而使螢光光譜紅移，效率增加。我們用無毒的 TiO₂ 取代 CdSe，製作成奈米棒與 MEHPPV 摻混，其 EQE 為 20%。在 532nm（0.4W/m²）的單光照射下，Voc

為 0.87V，FF 為 0.32，光電轉換效率為 2.2%。TiO_2 奈米棒與較導電的 P3HT 摻混，在 AM1.5 太陽光的照射下，光電轉換效率為 2.2%，為目前所知的最高值。導電高分子 -TiO_2 的作用層是具有潛力發展成低毒性，長壽命及高效率的太陽電池。

10.3.5　有機摻混材料太陽電池的效率

由上述所討論之系統及其所對應的光電轉換效率整理示於圖 10.18。就光電轉換效率的值而言，在塊材異質界面結構的高分子 / 碳簇混摻系統中，其中以 ITO/PEDOT:PSS/P3HT:PCBM[60]/LiF/Al 的效率可達到 3.85%[47]。而 ITO/CuPc/CuPc:C_{60}/C_{60}/PTCBI/Ag/m-MTDATA/CuPc/CuPc:C_{60}/C_{60}/BCP/Ag 的系統，其效率值可達 5.7%[43]。

其中在塊材異質界面結構的高分子 / 碳簇混摻系統中，PCBM[60] 和 PCBM[70] 的應用上，如前述，PCBM[70] 由於其 π-bond 的緣故，使其吸收光的能力優於 PCBM[60]。此外，單就 MDMO-PPV:PCBM[60] 的系統和 MDMO-PPV:PCBM[70] 的系統而言，其光電轉換效率是以後者 3% 優於前者 2.5% 的。再者，以 P3HT 和 MDMO-PPV 的材料做比較，同樣我們也可發現，用 P3HT 的光電轉換效率是高於 MDMO-PPV 的，所以我們可以推測，如果以 P3HT:PCBM[70] 為主要的作用層，應該可以有更好的光電轉換效率 [46 ～ 48]。

所以就光電轉換效率的觀點來看，倘若我們以塊材異質界面結構的高分子 / 碳簇混摻系統為主，加上用類似雙層堆疊界面的結構（如 double heterojunction 型），應該也可以得到不錯的效率值。綜觀幾項討論，雖然在光電轉換效率上，尚無法達到非常高，但也還算適中，而且尚有發展的空間，但在相對價格以及其他方面上，有機太陽電池發展極具潛力。

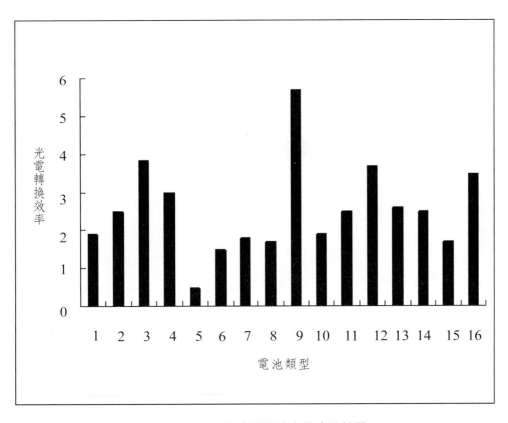

圖 10.18　有機太陽電池之效率比較圖

1.ITO or PEDOT on Au/POPT:MEH-CN-PPV/Ca

2.ITO/PEDOT:PSS/MDMO-PPV:PCBM[60]/LiF/Al

3.ITO/PEDOT:PSS/P3HT:PCBM[60]/LiF/Al

4.ITO/PEDOT:PSS/MDMO-PPV:PCBM[70]/LiF/Al

5.SnO$_2$:F/P3HT:ordered structureTiO$_2$/Ag

6.SnO$_2$:F/TiO2/PTAA/Pt

7.ITO/PEDOT:PSS/CdSe(branched):OC1O10-PPV/Al

8.ITO/PEDOT:PSS/CdSe(rod):P3HT/Al

9.ITO/CuPc/CuPc:C$_{60}$/C$_{60}$/PTCBI/Ag/m-MTDATA/CuPc/CuPc:C$_{60}$/C$_{60}$/BCP/Ag

10.ITO/PV/PA-PPV/PEDOT:PSS/Au

11.ITO/PEDOT/P3HT:PCBM/Ca/Ag

12.ITO/PEDOT:PSS/CuPc/C$_{60}$/BCP/Al

13.ITO/PEDOT/PPV:PCBM/LiF/Ag

14.ITO/PEDOT/CuPc/PTCBI/Ag/CuPc/PTCBI/Ag

15.ITO/PEDOT:PSS/CdSe(rod):P3HT/Al

16.ITO/PEDOT:PSS/P3HT:PCBM/Al)

10.3.6　價格與成本討論

　　由於高分子摻混碳六十及其衍生物之太陽電池、及高分子摻混無機奈米粒子之太陽電池目前仍在研究階段，尚未量產化，因而只能估計成本。就價格而言，由於有機太陽電池，在作用層的部分幾乎都是以旋轉塗布的方式塗布成膜，在這樣製程中，就太陽電池的製造花費而言，是比一般 Si 太陽電池來得低的。此外，在材料的選擇上，同樣會影響整體製造太陽電池的花費，像是一些常用的如 P3HT、MDMO-PPV 的製造，其合成技術上的開發算是成熟，也被廣泛的應用與研究，所以在材料花費上，基本上應該不算太高。此外像是 TiO_2、CdSe……等，非有機質材的部分，由於其本身具有不錯的性質，在取得與製造的花費上，亦不高。所以綜合前述幾個系統，其相對製造的成本都不算太高。

　　再來，我們來看效率與價格的競爭關係，如圖 10.19 所示，圖上大致分為三個區域，其中 I 類即為，前面所提到的第一代 Si 太陽電池，II 類即為第二代薄膜類的太陽電池，在區域 III 類第三代太陽電池其中又可細分為 IIIa 和 IIIb 區，而 IIIa 區為高效率但相對亦為較高價格，此類需要新技術的開發，在 IIIb

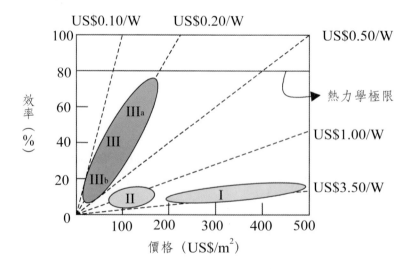

圖 10.19　第一代、第二代、第三代太陽電池之價格－效率分析

區中，即為有機類太陽電池類，擁有適中的效能，但相對非常低廉的價格。所以，按照如此趨勢而言，有機類太陽電池的發展潛能，應該是非常被看好的[55]。

10.3.7　電池壽命討論

在考慮製作太能電池之時，壽命亦是一項重要的考量因素，一般而言，就市場平衡的觀點來看，對於一個低成本的裝置而言，其使用壽命大約為3,000 ～ 5,000 小時。圖 10.20 高分子太陽電池其效率對時間之作圖，其效率在 1,000 小時後，約下降 20%，在 2,000 小時後，約下降 50%（at85℃）[56]。

10.4　結語

太陽電池的普遍使用，需要使用很多材料，材料的費用會不斷的增加，解

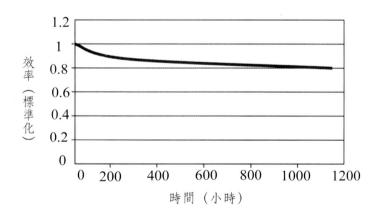

圖 10.20　高分子－碳簇塊材異質介面太陽電池的壽命量測圖表。此處的電池壽命資料量測是在 85℃下加速進行的。元件是用鹵素燈泡以 0.5 倍日光強度進行照射，並維持在短路條件。電流／電壓每小時介於 +2V 和 −1V 之間。此條件下的元件在 85℃下具有 2,000 小時的電池壽命（定義為效率降為初始值 50% 的時間）

決方法之一是發展高效率的太陽電池，以上所談的技術，使得新型的太陽電池趨近熱力學原理可達的效能。新的技術包含奈米尺寸的結構，使得元件的尺寸可以變小並多元化。高效率的太陽電池其製作成本高，因為材料昂貴，製作設備投資成本高，製作程序繁瑣，所以此類型的太陽電池，在短期間內將無法普及化。

有機的太陽電池材料便宜，製作設備簡單，製作程序容易，可製作大面積並具可撓性，產品可多樣化、多元化，但目前效率及壽命都亟需改善以供廉價電力用。

參考文獻

1. Green, M. A., Physica E, 2002, 14(1-2), 65-70.

2. Shockley, W.; Queisser, H.J., J.Appl. Phys., 1961, 32(3), 510-519.

3. Marti, A., Araújo, G. L., Sol. Energy Mater. Sol. Cells, 1996, 43(2), 203-222.

4. Kolodinski, S.; Werner, J. H.; Wittchen, T.; Queisser, H.J., Sol. Energy Mater. Sol. Cells, 1994, 33, 275.

5. Green, M. A., Prog. Photovoltaics, 2001, 9(2), 123-135.

6. Nozik, A. J., Physica E, 2002, 14(1-2), 115-120.

7. Luque, A.; Marti, A., Phys. Rev. Lett., 1997, 78(26), 5014-5017.

8. Green, M. A., Mater. Sci. Eng. B, 2000, 74(1-3), 118-124.

9. O'Regan, B.; Grätzel, M., Nature, 1991, 353(6346), 737-740.

10. Bach, U. ; Lupo, D.; Comte, P.; Moser, J. E.; Weissörtel, F.; Salbeck, J.; Spreitzer, H.; Grätzel, M., Nature, 1998, 395(6702), 583-585.

11. Grätzel, M., MRS Bulletin, 2005, 30(1), 23.

12. Kay, A.; Grätzel, M., J. Phys. Chem., 1993, 97(23), 6272-6277.

13. Nazeeruddin, M. K.; Kay, A.; Rodicio, I.; Humphry-Baker, R.; Mueller, E.; Liska, P.;

Vlachopoulos, N.; Grätzel, M., J. Am. Chem. Soc., 1993, 115(14), 6382-6390.

14. Yanagida, M.; Singh, L. P.; Sayama, K.; Hara, K.; Katoh, R.; Islam, A.; Sugihara, H.; Arakawa, H.; Nazeeruddin, M.K.; Grätzel, M., J. Chem. Soc. Dalton. Trans., 2000(16), 2817-2822.

15. Grätzel, M., Prog. Photovolt. Res. Appl., 2000, 8(1), 171-185.

16. Wang, P.; Klein, C.; Humphry-Baker, R.; Zakeeruddin, S. M.; Grätzel, M., J. Am. Chem. Soc. 2005, 127(3), 808-809.

17. Hara, K.; Dan-oh, Y.; Kasada, C.; Ohga, Y.; Shinpo, A.; Suga, S.; Sayama, K.; Arakawa, H., Langmuir, 2004, 20(10), 4205-4210.

18. Wang, Z. S.; Hara, K.; Dan-oh, Y.; Kasada, C.; Shinpo, A.; Suga, S.; Arakawa, H.; Sugihara, H., J. Phys. Chem.B, 2005, 109, 3907-3914.

19. Hara, K.; Sugihara, H.; Tachibana, Y.; Islam, A.; Yanagida, M.; Sayama, K.; Arakawa, H., Langmuir, 2001, 17(19), 5992-5999.

20. Kay, A.; Grätzel, M., Chem. Mater. 2002, 14(7), 2930-2935.

21. Wang, P.; Zakeeruddin, S. M.; Exnar, I.; Grätzel, M., Chem. Commun. 2002(24), 2972-2973.

22. Stathatos, E.; Lianos, P.; Zakeeruddin, S. M.; Liska, P.; Grätzel, M., Chem. Mater. 2003, 15(9), 1825-1829.

23. Mohmeyer, N.; Wang, P.; Schmidt, H. W.; Zakeeruddin, S. M.; Grätzel, M., J.Mater. Chem. 2004, 14(12), 1905-1909.

24. Krüger, J.; Plass, R.; Cevey, L.; Piccirelli, M.; Grätzel, M.; Bach, U., Appl. Phys. Lett. 2001, 79(13), 2085-2087.

25. Sustainable Technologies International (STI) http://www.sta.com.au/.

26. Konarka Technologies, Inc. (KTI) http://www.konarkatech.com/.

27. Lechlanché (Greatcell Solar SA) http://www.greatcell.com/.

28. Solaronix SA http://www.solaronix.com.

29. 日本產業技術綜合研究所 http://www.aist.go.jp.

30. 張芳碩、何國川，臺灣大學化工所 91 碩士論文，染料敏化二氧化鈦光電化學太陽電池。

31. Liao, J. Y.; Ho, K.C., Sol. Energy Mater. Sol. Cells, 2005, 86(2), 229-241.

32. 蔡吉原、彭金恢，高雄師範大學化學系 91 碩士論文，利用 TPP 紫質化合物作為太陽電池光敏劑之研究。

33. 蔡忠憲、鄧熙聖，成功大學化工所 92 碩士論文，以二氧化鈦奈米管為前驅物製作染料敏化太陽電池之陽極電極。

34. 彭懷夫、羅幼旭，東華大學化學所 92 碩士論文，中孔性二氧化鈦薄膜於染料敏化太陽電池之應用。

35. 馬銓佑、胡毅，大同大學材料所 92 碩士論文，光敏劑太陽電池之研究。

36. 朱奕融、閔庭輝、黃建榮，南台科技大學電機所 92 碩士論文，奈米 TiO_2 粒子應用於染料敏化太陽電池之研究。

37. 郭正鏞、魏慶華、黃忠仁，南台科技大學機械所 92 碩士論文，應用於染料敏化太陽電池之二氧化鈦薄膜與粉末製程及其特性。

38. Hoppe, H.; Sariciftci, N.S.; J. Mater. Res., 2004, 19, 1924-1945.

39. Snaith, H.J.; Arias, A.C.; Morteani, A.C.; Silva, C.; Friend R.H., Nano Lett., 2002, 2(12), 1353-1357.

40. Veenstra, S. C.; Verhees, W. J. H.; Kroon, J. M.; Koetse, M. M.; Sweelssen, J.; Bastiaansen, J. J. A. M.; Schoo, H. F. M.; Yang, X.; Alexeev, A.; Loos, J.; Schubert, U. S.; Wienk, M. M., Chem. Mater., 2004, 16(12), 2503-2508

41. Jenekhe, S. A.; Yi, S., Appl. Phys. Lett., 2000, 77(17), 2635-2637.

42. Granström, M.; Petritsch, K.; Arias, A.C.; Lux, A.; Andersson, M. R.; Friend, R. H., Nature, 1998, 395, 257-260.

43. Forrest, S. R., MRS Bulletin, 2005, 30, 28-32.

44. 陳壽安，2004 高分子研討會論文集，臺灣，淡水。

45. 陳壽安，2005 高分子研討會論文集，臺灣，新竹。

46. Shaheen, S. E.; Brabec, C. J.; Sariciftci, N. S.; Padinger, F.; Fromherz, T.; Hummelen, J.

C.; Appl. Phys. Lett., 2001, 78(6), 841-843.

47. Brabec, C. J.; Solar Energy Materials and Solar Cells, 2004, 83(2-3), 273-292.

48. Wienk, M. M.; Kroon, J. M.; Verhees, W. J. H.; Knol, J.; Hummelen, J. C.; van Hal, P. A.; Janssen, R. A. J.; Angewandte Chemie-International Edition, 2003, 42(29), 3371-3375.

49. Huang, J.; Li, G.; Yang, Y.; Appl, Phys. Lett, 2005, 87(11), 112105-112107.

50. Huynh, W. U.; Dittmer, J. J.; Alivisatos, A. P.; Science, 2002, 295(5564), 2425-2427.

51. Coakley, K. M.; McGehee, M. D.; Appl. Phys. Lett., 2003, 83(16), 3380-3382.

52. Kim, Y. G.; Walker, J.; Samuelson, L. A.; Kumar, J.; Nano Letters, 2003, 3(4), 523-525.

53. Sun, B., Marx, E., Greenham, N. C., Nano Letters, 2003, 3(7), 961-963.

54. (a)Lin, Y. Y. ; Chen, C. W. ; Chang, J.; Lin, T. Y. ; Liu, I. S. ; Su, W. F., 2006, Nanotechnology, 17(5), 1260-1263.

    (b) Zeng, T. W.; Lin, Y. Y.; Chen, C. W.; Su, W. F.; Chen, C. H.; Huang, H. Y., 2006 Nanotechnology, 17, 5387-5392.

    (c) Lin, Y. Y.; Chu, T. H.; Chen, C. W.; Su, W. F., 2008 , Applied Physics Letters, 92, 053312.

    (d) Lin, I. S.; Lo, H. H.; Chein, C. T.; Lin, Y. Y.; Chen, C. W., Chen, Y. F.; Su, W. F., Liou, S. C. 2008, J. Materials Chemistry, 18, 675-682.

55. Shaheen, S. E.; Ginley, D. S.; Jabbour, G. E., MRS Bulletin, Jan. 2005, 30(1), 10-19.

56. Brabec, C. J.; Hauch, J. A.; Schilinsky, P.; Waldauf, C., MRS Bulletin, Jan. 2005, 30(1), 50-52.

第十一章
太陽電池之經濟效益
與未來展望

曾百亨
中山大學材料科學研究所教授

11.1 前言

在自然界中除了礦產之外，原來就存在一些可利用做為能源的因素如：空氣流動所造成的風、山谷中高低落差間流動的水、每日晨昏之間照亮地表的陽光以及受陽光照射的水面所產生的溫差，這些能源取之不盡用之不竭，在現今環保意識高漲之時，期藉人類科技的實力在不製造污染的情形下能夠予以充分的利用。太陽電池就是一種將太陽能轉換為電力的裝置，原本以偏遠地區之供電為主要應用；繼而因應環保對再生能源運用的強調，配合政府的補助成為少數重視環保的國家，如德國等力推的替代能源，同時在此一階段建立與市電並聯的發電方式將太陽電池的應用及於住家與公共場所，故自此太陽電池有機會融入人類的日常生活中。近年來石油價格飛漲加上主要工業國家達成二氧化碳排放減量的協議，未來積極使用再生能源已勢在必行。繼歐洲、日本之後，美國也大力提倡太陽能的應用，這造成太陽電池模組市場的大幅成長。此一趨勢將帶動太陽電池製造廠的投資設立，也將促使太陽電池相關的研究蓬勃發展，這些結果則會大幅降低太陽電池的製造成本並促成太陽電池效率的有效提升，全人類將從此共享乾淨又廉價的能源。

從近觀到遠景，太陽電池將在全球能源的使用上逐漸占一重要角色，圖11.1 即為此趨勢之預估，2050 年預計在能源使用的比例上占有大約 10%。因太陽電池在使用的過程並不會產生任何污染，就其經濟效益而言，立即可計入發電的利益，然而在太陽電池製造生產的過程，包括原料的取得與製備都或多或少需要電能，也會有污染產生。因此在整體評估太陽電池所衍生的經濟效益上就有所謂的 Energy Pay-Back Time（亦即以製造太陽電池所需之電能除以太陽電池每年所產生的電能，簡稱 EPBT）以及二氧化碳排放值（CO_2 Emission）等兩個參數做為指標。

本章的內容即評估結晶矽太陽電池以及薄膜太陽電池如非晶矽、CIGS 等不同產品之經濟效益並對未來太陽電池的產品應用和研發趨勢提出個人看法。

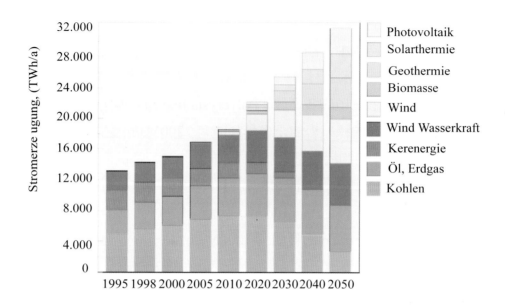

圖 11.1　過去與未來能源的使用趨勢

11.2　太陽電池的經濟效益

我們看太陽電池的經濟效益必得是實質的，除了產品的正面因素即其所產出的電能之外，也必須計入負面因素如產品的製作過程的耗電量等相關聯的一些成本以及再生能源應用所強調的環保影響。我們列舉現有產品的相關數據如能量轉換效率（Energy Conversion Efficiency）和產品製作過程的各項能源需求以計算出 EPT 值，這些計算是以 2002 年的相關數據進行評估 [1]，可以讓大家了解並比較不同類別的產品如結晶矽太陽電池和薄膜太陽電池的基本差異，進而對將來太陽電池在材料製程的改良以至於元件發電效率的提升之後所衍生的經濟效益能夠有所體認。一般常以二氧化碳排放值來估算 PV 系統的污染程度，而如前所述，只有製程階段會產生污染，PV 系統的運作並不造成問題，二氧化碳排放值即與 EPBT 值息息相關。

11.2.1　現有 PV 系統之耗能評估

太陽電池的產品中，結晶矽材料占有九成以上的市場，首先就針對結晶矽太陽電池模組來了解其材料與元件製程所耗費的能量（以 MJ/m^2 表示），表 11.1 呈現製作一個典型的多晶矽（Polycrystalline Si）模組之能量消耗。從表中可以看到矽原料的採礦與純化過程耗能有 $2200MJ/m^2$ 占總耗能大約一半左右，不過其中最主要的耗能還是來自於純化，這是以高純度電子級（electronic grade）的矽材來計算的，太陽電池對材料純度的要求可以更低些。矽晶片的產製來自於電子級矽材之長晶、研磨、切割、切片、拋光等過程，原材料的損失達六成以上，這一部分的耗能達 $1000MJ/m^2$。至於電池與模組的製程以及模組上下包覆材料之製造所產生的耗能則分別為 $300MJ/m^2$ 與 $200MJ/m^2$。此外，工廠之廠務耗材與生產設備等也算入耗能項目時估計有 $500MJ/m^2$。總計上述各項估算，得到 $4200MJ/m^2$。而市面銷售的產品有含鋁框和無框者，若有鋁框則耗能另須增列 $400MJ/m^2$。對單晶矽（Single-Crystalline Si）模組而言，耗能增加 $1500MJ/m^2$。如果能量轉換效率設為 13%，模組的功率輸出則為 $130Wp/m^2$，進一步換算多晶矽模組，其每瓦功率輸出之耗能為 32MJ/Wp；加計鋁框則為 35MJ/Wp。

表 11.1　製作一個典型的多晶矽（Polycrystalline Si）模組之能量消耗

Process	Energy requirements (MJ/m^2)
Silicon winning and purification	2200
Silicon wafer production	1000
Cell/module processing	300
Module encapsulation materials	200
Overhead operations and equipment manufacture	500
Total Module (without frame)	4200
Module frame (aluminum)	400
Total Module (with frame)	4600

　　隨著石油價格的高漲以及技術的演進，將來在市場上具較低成本優勢的薄膜太陽電池模組也會占有一席之地，雖然無法預測何種材料會成為市場主流，仍然可以現今量產技術較成熟的的非晶矽（Amorphous Si）模組為例，來估計薄膜模組每平方米之耗能值。表 11.2 很明顯的呈現較結晶矽低許多的耗能值，即 1200MJ/m² (無框) 或 1500MJ/m² (鋁框)，這是因為薄膜厚度僅在微米（μm）範圍用料甚少之故。若將能量轉換效率設為 7%，則非晶矽薄膜模組每瓦功率輸出之耗能為 17MJ/Wp；加計鋁框為 23MJ/Wp。

　　對於其他量產技術尚在開發階段之際的薄膜材料如 CdTe、Cu(In,Ga)Se₂（簡稱 CIGS）等，其耗能在量產規模下可在 1,000 ～ 2,000MJ/m² 之間（對於 CdTe 另需考慮 Cd 污染回收之因素），所採用的製程方法是影響耗能值的主要因素。然而 CdTe、CIGS 俱為多晶結構之薄膜其電池效率均高於非晶矽，尤其是 CIGS 更有潛力在電池效率上與多晶矽相提並論，因此極有可能使得每瓦功率輸出之耗能值降至 10MJ/Wp 以下。

　　整個 PV 系統的建置除了發電模組之外，如果是電網並聯系統（Grid-Connected System）還有電源轉換器（Inverter）、電纜、支架等，對於獨立發電系統（Autonomous System）得加上蓄電池。這些附加於發電模組的所有部件稱之為系統附件（Balance-of-System，簡稱 BOS），其中電源轉換器和電纜

表 11.2　製作一個典型的多晶矽（Polycrystalline Si）模組之能量消耗

Process	Energy requirements (MJ/m²)
Cell material	50
Module encapsulation materials	350
Cell/module processing	400
Overhead operations and equipment manufacture	400
Total Module (without frame)	1200
Module frame (aluminum)	400
Total Module (with frame)	1600

之耗能值大約 1.6MJ/Wp，而支架之耗能值依其設計有較大的變化，甚至可達 240MJ/m² 以上；至於蓄電池，若以鉛酸電池而言，其壽命約 3 年，以 20 年來計算，耗能值為 7,300MJ/Ah。因為獨立發電系統可能連接燃油發電機輔助供電，其 EPBT 值的估算顯然有較不確定的因素，所以在此不做評估。

當 PV 系統的電力輸出值確立後即可根據上述的耗能值算出 EPBT 值。PV 系統的電力輸出值與所在地區之日照量有關，可分為三個不同區域，即高日照量（2,200kWh/m²/Year，如美國西南部或撒哈拉沙漠地區）、日照量（1,700 kWh/m²/Year，如南歐地區）、低日照量（1,100kWh/m²/Year，如中歐地區）。至於所使用的 PV 系統選用上述的多晶矽模組與非晶矽薄膜模組並分別以屋頂（Rooftop）型和地面（Ground-mounted）型兩種電網並聯系統估計之。

圖 11.2 即呈現估算的結果。可以看出來在不同的日照量之下，EPBT 值從 2 ～ 3 年到 4 ～ 6 年不等；而且 BOS 和鋁框合占的能耗比例不小，尤其是地

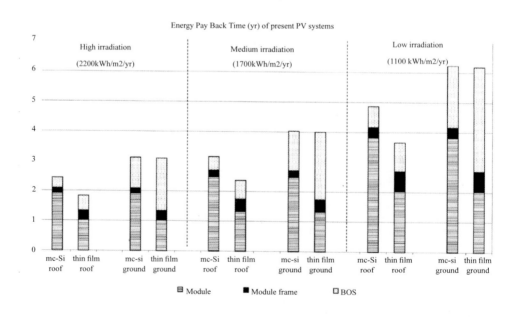

圖 11.2　多晶矽模組與非晶矽薄膜模組分別應用於屋頂型和地面型兩種電網並聯 PV 系統之 EPBT 值

面型的系統。值得一提的是薄膜型的模組因其電池效率低，因而在 EPBT 值的評比上並沒有較優越之處，所以要彰顯薄膜太陽電池的優勢提升其電池效率立可奏功。雖然 EPBT 值達 2 ～ 6 年，但模組壽命通常有 25 ～ 30 年，因此就整體發電效益來看，仍是可觀的。

11.2.2　未來 PV 系統之耗能評估

　　如何藉由技術的精進與突破進一步降低 EPBT 值來獲致更大的經濟效益，是未來太陽電池產業能夠擴大強壯的重要動力。以下即就現今產品在未來幾年以改善 EPBT 值為著眼點的一些實質的做法。

　　首先針對多晶矽模組之耗能值降低的一些方式來做說明。由矽原料製備程序的改良可有斬獲；再者，從矽晶片厚度之由稍早的 $300\mu m$ 減薄至目前的 $200\mu m$ 立即可在材料的使用上減量三分之一，進一步的薄化將可有效的省料，但對元件結構促進光吸收的設計以及破片率的增加卻需要解決；此外，量產規模的擴大有助於降低生產成本，加上無框模組的設計都能顯著的降低能耗，預計能耗值在 2,600MJ/m² 左右是可以達到的。如果多晶矽模組的能量轉換效率能夠逐年改善，比方說以每年百分之一的增加率計算（這對一般成熟的量產技術而言是合理的假設 [2]），那麼在 2020 年模組效率預期可達 17%，以此估算則無框模組每瓦功率輸出之耗能將為 13MJ/Wp。

　　同樣的，對非晶矽薄膜模組從材料和製程的改良至元件效率的提升（假設模組效率可達 10%），其每瓦功率輸出之耗能預估為 9MJ/Wp。對 CIGS 薄膜模組而言，若其模組效率達 15%，則每瓦功率輸出之耗能可低至 5MJ/Wp。

　　以上述之預估數據來推算 EPBT 值，可得到如圖 11.3 的結果，預期在 2020 年屋頂型系統之 EPBT 值低於 1.5 年，地面型系統之 EPBT 值則低於 2 年；同時也可發現，薄膜模組只要其發電效率能高於 10%，其效益即顯著優於多晶矽模組。

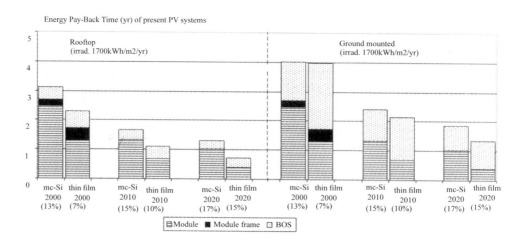

圖 11.3　多晶矽與薄膜 PV 系統之 EPBT 值預估

11.3　太陽電池的未來展望

11.3.1　產品開發與應用

　　太陽電池初期的用途在人造衛星和偏遠地區的獨立發電以及做為計算機和手錶等消費性電子產品的電源,從圖 11.4 可看到自 1990 年以來,連網並聯發電系統開始被應用做為一般住家的輔助電源,連同用於獨立發電的產品,它們的銷售量均逐年增加,前者的銷售量於 1997 年超過後者成為市場主流。而較大型的太陽發電站雖然在 2000 年之前仍不普遍,但將來做為再生能源的一部分,預期它的裝置容量會逐漸增加到可觀的規模。太陽電池模組確是此一產業市場之大宗,相較之下,應用於消費性電子產品的太陽電池只能算是小量了,但產品賦予個人化設計,在實質獲利上可以有較高的利潤。

　　目前太陽電池市場的拓展幾乎依靠政府的政策補助,無法普及的原因就是設備較貴以至於發電成本太高,所以要能成為民生必需品就得有效降低成本。近年來經由環保法規與石油價格的飛漲刺激了市場的起飛,一時間太陽電池成

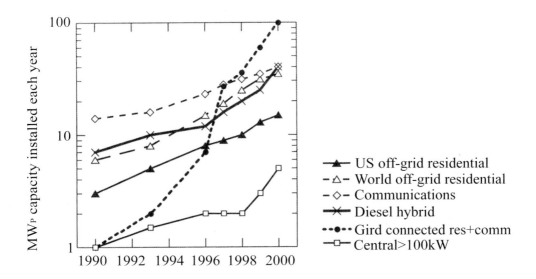

圖 11.4　1990 年至 2000 年間太陽電池之應用趨勢

為熱門話題，也成為更多人力與經費投入的研究對象，相信在這樣的情況下能
夠促進太陽電池技術的快速進展，有機會藉由低成本製程與新材料的開發以
及電池效率的提升，雙管其下的擴大應用範圍並提高價格競爭力。我們可以想
像未來新的建築將會融入各種節能的設計，其中必包括建築用整合型太陽光電
（Building-Integrated Photovoltaics，簡稱 BIPV）產品，不管是屋頂、牆面、
窗戶等均涵蓋；對於個人使用的電子產品也是另一個可能。這些應用實例，前
者其照光面積固定，後者具機動性講究輕便；因此，電池發電效率愈高，其實
用性愈顯著，可以預見能量轉換效率將是未來產品的決勝關鍵。

11.3.2　太陽電池的研發趨向

　　以發電成本來看，根據臺電 2002 年的資料各項能源單位發電成本如下：
水力 2.24 元／度、天然氣 2.75 元／度、燃油 1.95 元／度、燃煤 0.87 元／度、
核能 0.67 元／度；太陽電池則大約 16 元／度，顯然與傳統電源比較還有一大
段距離。因此目前占市場主力的結晶矽太陽電池模組絕對不會是最終的產品，

只能說是初階而已，也因而未來的研究發展空間相當大，本書的第十章對新世代的太陽電池有詳細的介紹與討論。研發通常需要一段時間，進展也不見得一定順利，當新型太陽電池尚在萌芽階段之際，在此即就不遠的將來以目前已登上檯面具備較成熟量產技術的產品來看這些太陽電池的發展趨勢。

表 11.3 列出現今的太陽電池產品，就其實際表現如電池效率、穩定性等，以及可撓性、太空應用、未來可降低生產成本至每瓦 1 美元以下之可能性等進行評比。很明顯的，在降低成本方面，薄膜太陽電池較有機會，尤其是 CIGS 和結晶矽薄膜這兩類材料，此與前述的推估符合。而且量產規模愈大，成本可

表 11.3　現今太陽電池產品之比較表

Material	Crystalline	Thin Films			
	Si	a-Si	CdTe	CIGS	Thin film Si
Manufacturing Process	*Crystal Growth and Doping*	PECVD	*Close Space Sublimation*	*Evaporation/ Selenization*	PECVD
Champion Cell Efficiency	21%	13% Triple junction	16%	19.5%	>10%
Champion Module Efficiency	~ 15%	7.5%	8.5%	13.4%/16.6%	N/A
Potential for Production Cost of <$1.00/Watt	Doubtful	Fair	Good	V. Good	V. Good
Flexible Modules	No	Yes	No	Yes	Possible
Stability	Very Good	Intrinsic Degradation	Contact Degradation	No Known Degradation	Assumed Good
Space Power Application	Yes	-	No	Yes	Unknown
Remarks	Shortage of Feedstock	Poor materials utilization	Cadmium Toxicity	Non-Vacuum Process for low cost production	Prospect for Distant Future

表 11.4　薄膜太陽電池之產量增大對成本所產生之效益

	20MW	2GW
a-Si (η = 7%)	$ 2.02	$ 0.30
CdTe (η = 11%)	$ 1.25	$ 0.21
CuInGaSe2 (η = 12%)	$ 1.34	$ 0.26

以壓得愈低，表 11.4 提供這樣的數據，當產量達 2GW 時，生產成本可降至每瓦 0.3 美元以下。量產規模的擴大需要強大的市場需求，在另一方面　可藉著低成本製程的開發來達到目的，第七章中我們提到 CIGS 材料 roll-to-roll 非真空製程的成功開發就是一個很好的例子。

　　目前主力產品都是半導體材料，也都使用 P-N 接面的元件設計，因為無機材料的良好穩定性，產品壽命至少可達 20 年以上。藉由這項材料的優勢以及多接面太陽電池（**Multi-junction Cells**，參考第 8 章 5.2 節）可有效且大幅提升能量轉換效率到 40% 以上的特點，在前述提到效率對產品競爭的重要性下更有其開發空間，尤其是化合物半導體如 CIS 系列之 I-III-VI$_2$ 族材料。至少在未來的 10 到 20 年內，從傳統的半導體材料到新一代的奈米有機材料都有機會在這期間內綻放光彩。

參考文獻

1. A. Luque and S. Hegedus, ed., "Handbook of Photovoltaic Science and Enginnering", Chapter 21, John Wiley & Sons (2003).
2. T. Markvart and L. Castaner, ed., "Practical Handbook of Photovoltaics: Fundamentals and Applications", Elsevier (2003).

國家圖書館出版品預行編目資料

太陽電池／黃惠良等著.
--初版.--臺北市： 五南， 2008.12
面； 公分
ISBN 978-957-11-5347-6（平裝）

1.太陽能電池

337.42   97015176

5D79
太陽電池

總 編 輯 — 黃惠良　曾百亨
作　　者 — 黃惠良　蕭錫鍊　周明奇　林堅楊　江雨龍
　　　　　曾百亨　李威儀　李世昌　林唯芳（依照章節順序排列）
發 行 人 — 楊榮川
總　　輯 — 王翠華
編　　輯 — 王者香
文字編輯 — 李敏華
封面設計 — 杜柏宏
出 版 者 — 五南圖書出版股份有限公司
地　　址：106台北市大安區和平東路二段339號4樓
電　　話：(02)2705-5066　傳　　真：(02)2706-6100
網　　址：http://www.wunan.com.tw
電子郵件：wunan@wunan.com.tw
劃撥帳號：01068953
戶　　名：五南圖書出版股份有限公司
台中市駐區辦公室/台中市中區中山路6號
電　　話：(04)2223-0891　傳　　真：(04)2223-3549
高雄市駐區辦公室/高雄市新興區中山一路290號
電　　話：(07)2358-702　傳　　真：(07)2350-236
法律顧問　林勝安律師事務所　林勝安律師
出版日期　2008年12月初版一刷
　　　　　2014年10月初版四刷
定　　價　新臺幣820元